高校土木工程专业规划教材

岩土与地下工程监测

夏才初 · 潘国荣 编著

中国建筑工业出版社

图书在版编目（CIP）数据

岩土与地下工程监测/夏才初，潘国荣编著. —北京：
中国建筑工业出版社，2017.1（2021.6重印）
高校土木工程专业规划教材
ISBN 978-7-112-20182-2

Ⅰ. ①岩… Ⅱ. ①夏… ②潘… Ⅲ. ①岩土工
程-监测-高等学校-教材②地下工程测量-高等学校-教材
Ⅳ. ①TU413②TU198

中国版本图书馆 CIP 数据核字（2016）第 321152 号

　　本书详细介绍了岩土与地下工程中各种监测项目的仪器和监测方法、监测方案制订和工程实例。在监测方案制订方面重点论述岩土与地下工程中所需进行的监测项目的确定、监测手段的选择、仪器仪表量程和精度的确定、监测频度和预警值的确定，以及预警制度等监测规划大纲制订中的重要技巧。

　　全书既体现有关标准、规程和规范，也融入大量国内外在该领域的最新科研成果和经验资料，特别注重介绍近几年来已在国内工程建设中得到广泛应用并取得成功的新元件、新仪器、新技术和新方法。相当一部分为作者近年承担的国家重大科研项目或工程监测与咨询任务积累的经验和成果，反映了作者及其所属学科组在这一工程应用领域研究的水平和特点。

　　本教材可作为地下建筑工程、隧道工程、岩土工程等土木工程专业方向以及地质工程专业的本科教材，也是从事土木工程监测的技术人员以及从事土木工程的设计、施工和监理等科技人员必备的工具书。

＊　　＊　　＊

　　责任编辑：吉万旺　王　跃　仕　帅
　　责任校对：李欣慰　刘梦然

高校土木工程专业规划教材
岩土与地下工程监测
夏才初　潘国荣　编著

＊

中国建筑工业出版社出版、发行（北京海淀三里河路 9 号）
各地新华书店、建筑书店经销
北京红光制版公司制版
北京建筑工业印刷厂印刷

＊

开本：787×1092 毫米　1/16　印张：23¼　字数：561 千字
2017 年 3 月第一版　　2021 年 6 月第三次印刷
定价：**59.00** 元
ISBN 978-7-112-20182-2
（37411）

前　言

　　1995 年起作者给土木工程专业地下建筑与工程专业方向的本科上"地下结构测试"的课，仅有油印的讲义，其内容受建筑工程专业方向课程"结构试验"教材的影响较深，没能体现地下建筑与工程的特点。岩土与地下工程是结构与岩土介质相互作用的共同体，因而，岩土与地下工程监测和结构试验有较大的不同和独特的问题。随着 20 世纪 90 年代起高层建筑深基坑、地铁、高速公路隧道的快速发展，岩土与地下工程的施工监测越来越多，而且对工程施工也越来越重要。1997 年作者将"地下结构测试"的课程改造成"地下工程测试与监测"，并编著了教材《地下工程测试理论与监测技术》，1999 年由同济大学出版社出版。国内的许多高等院校先后设立了地下建筑或地下工程专业，也采用了该教材，书出版后经常有工程界的技术人员来咨询基坑工程和隧道工程施工监测方面的技术问题，说明工程界对该方面的技术有迫切的需要。由此，于 1999 年和 2000 年举办了两期土木工程监测技术培训班，在培训班讲义的基础上编写了《土木工程监测技术》一书，2003 年由中国建筑工业出版社出版，以满足广大工程技术人员的急需。很多与工程监测相关的公司将该书作为员工上岗培训的资料，出乎意料的是，有数十所高校的土木工程专业将该书作为相关课程的教材，还有作为研究生考试的指定教材或参考书的，到 2015 年该书被重印了六次。1998 年起作者也给隧道与地下建筑工程方向的研究生上"地下结构试验与测试技术"的课，采用教材也还是同济大学出版社出版的《地下工程测试理论与监测技术》，但在讲授内容安排上，测试与试验部分讲得多一些深一些，监测部分则讲得少一些。这对本科是本校的研究生来说，内容还是有较多的重复。随着大学的扩招，对本科生的要求更加注重应用型，培养方案也要求增加实践环节，压缩理论课时，而《地下工程测试理论与监测技术》对本科生来说内容确实也是偏多偏难的。所以，从 2004 年开始，本科生以《土木工程监测技术》为教材，研究生以《地下工程测试理论与监测技术》为教材，因监测部分的内容已经在本科阶段讲过，所以只讲监测的新进展和新技术。本科期间没有学过《土木工程监测技术》一书的研究生需在自学或随本科生学习的基础上再学《地下工程测试理论与监测技术》。因此，本教材除了测试系统和传感器的基本知识外，主要包括建筑物变形监测、基坑工程、岩石隧道工程、软土隧道工程（盾构、顶管等）、边坡工程和软土路基路堤工程等的施工监测，以及作为隧道监控量测重要部分的隧道地质超前预报。作为本科生的教材和员工的培训教材，从而与应用型人才培养密切结合起来。而即将修订的《地下工程测试理论与监测技术》，作为其姐妹篇则主要涉及岩土与地下工程测试与试验，以及检测和监测的新技术，作为研究生教材。

　　岩土与地下工程监测是一门综合性和实践性很强的学科，它是以土力学、岩体力学、钢筋混凝土力学及土木工程设计理论和方法等学科为理论基础，以仪器仪表、传感器、计算机、测试技术等学科为技术支持，同时还融合土木工程施工工艺和积累的工程实践经验。同时，它又是在不断快速发展的学科，随着城市地下空间开发、地铁和高速公路建设

3

越来越多，监测工作的复杂性和难度在增加，对监测的重要性认识和要求也不断提高，国家和行业主管部门相继制订了监测有关的规范或规程并不断修订，各种测试与监测的元件和仪器设备层出不穷，监测技术和监测方法也在不断创新和进步。为了完善和更新教学内容以使该学科贴近专业发展前沿，需将岩土与地下工程测试与监测方面的新技术和新方法、国内外在该领域的最新研究成果编入到教材中，并体现近几年国家和行业相继制订的相应规范和规程的精神，使学生能接触到本学科最新知识和技术。《土木工程监测技术》（2003版）本来并不是作为教材出版的，然而出版以后，很荣幸地被数十所高校相关专业方向用作教材，作者一直注意认真征求和收集他们的建议和意见，自己在使用这本教材的过程中也有新的认识和新的经验，本教材采纳了他们的宝贵建议和意见，使教材的结构和内容更加完善，更好地符合教学规律，为提高该专业领域学生的技能和素质起更大的作用，也欢迎更多的高校和更多的相关专业方向使用该教材。

岩土与地下工程建造在岩体介质中，由于岩体介质性质的复杂性、人们对其认识水平的局限性以及岩体介质与地下工程结构之间复杂的相互作用，使得岩土与地下工程的建设程序有别于地面建筑遵循"勘察—设计施工"的流程。岩土与地下工程的建设普遍采用信息化设计施工方法，它是根据既有的资料和经验进行初期设计，根据设计进行施工，在施工中进行现场监测，根据监测结果调整施工参数和工艺或调整设计参数和方法，这种用监测数据进行反馈来施工和设计的方法就是信息化设计施工方法。在大型岩土与地下工程的建造过程中，测试与监测几乎贯穿于勘察、设计、施工和运营的全过程，起着极其重要的眼睛作用。岩土与地下工程监测已越来越成为继勘察、设计、施工、监理之后的又一个产业，其知识和技术可直接应用于科研与生产实际，本教材可以让学生掌握获得岩土与地下工程设计基础数据的基本手段和施工过程中监测和监控的专业知识和技能。监测是岩土与地下工程设计的必要内容和施工的必需环节，本教材中监测的知识和技术是地下建筑工程方向学生今后从事设计、施工、科研和建设管理的必备的基础专业知识。观察、试验是人类认识自然的基本手段，本教材将使学生从专业领域的角度大大提高观察事物、认识自然和工程现象的能力，以及进行科学试验和工程监测的实际技能，因而，也是学生基本素质教学的组成部分。有效数字对处理数据的精度表达是一个重要的概念，但当前无论是工程上提交的监测报告还是刊物上发表的学术论文，不按有效数字取舍规则而随意增加数据位数的现象经常出现，可能是由于现在都用计算机计算多算几位也不费劲，而忘记了保留有效数字的科学含义。对原始记录数据在记录时要充分尊重，但在呈现时是可以按一定的规则进行剔除和滤波处理的，选择性地处理数据不是科学的态度，但不进行去伪成真、去粗成精的处理也是不妥的，增加了有效数字和滤波处理等内容是对前置课程知识点的特别强调。本教材在拓宽学生专业知识的同时，更加扎实打好专业基础知识的基石，提高学生的综合素质和能力，使本专业学生的知识结构、综合素质和能力跃上一个新的台阶。

全书由夏才初主持编著，潘国荣编著第二章，陈忠清参与了第五和第七章的资料整理，罗帅、黄曼、包春燕、彭岩岩、薛飞分别参与了第一、三、四、六、八章的资料整理，刘宇鹏、王岳嵩参与了全书的校对工作。

限于我们的水平，书中不当之处在所难免，敬请读者批评指正。

目　　录

第一章 测试系统与传感器基础

第一节 测试系统的组成和性能指标

测试（measurement and test）是测量与试验的概括，是人们借助于一定的装置，获取被测对象有关信息的过程。测试包含两方面的含义：一是测量，指的是使用测试装置通过实验来获取被测量的量值；二是试验，指的是在获取测量值的基础上，借助于人、计算机或一些数据分析与处理系统，从测量值中提取被测量对象的有关信息。完成测试任务首先要设计或配置出合适的测试系统，主要包括测试系统总体设计、传感器及其优化布设、信号传输和处理技术等，它是以客观和实验方式对客体或事件的特性或品质加以定量描述。用以实现测试目的所运用的方式方法称为测试技术。只有对测试系统有一个完整的了解，才能根据实际需要设计或配置出一个有效的测试系统，以达到实际测试的目的。随着现代科学技术的迅猛发展和生产水平的提高，各种测试技术已越来越广泛地应用于各种工程领域和科研工作中，测试技术水平的高低越来越成为衡量国家科技现代化的重要标志之一。当代测试技术的功用主要有四个方面：

（1）各种参数的测定；

（2）控制过程中参数的反馈、调节和自控；

（3）现场实时检测和监控；

（4）试验过程中的参数测量和分析。

当代科技水平的不断发展，为测试技术水平的提高创造了物质条件，反过来，拥有高水平的测试理论和测试系统又会促进新科技成果的不断发现和创新。传感器技术的发展和新型传感器的研制也大大推动了现代测试技术的发展。随着电子技术的不断突破和计算机技术的快速发展，测试技术越来越朝着智能化方向发展，并且出现了"虚拟仪器"的新概念。

传统测试系统采用模拟电子技术实现，信号的传递方式是电压等模拟量，采用指针、示波器、函数记录仪和磁带记录仪等显示和记录结果，如动态和静态电阻应变仪等。传统测试系统的特点是以模拟量为主要传递方式，仅有显示和记录功能。将模拟信号的测量转化为以数字方式输出最终结果的数字化仪器，如数字电压表、数字频率计等，也归为传统测试系统。

计算机辅助测试系统是将模拟仪器输出的模拟量经过模数转换，经接口输入计算机进行数据处理的系统，有数据显示、分析、记录和输出等功能，在实现这些功能过程中信号的传递方式是数字量。

现代测试系统是具有自动化、智能化、可编程化等功能的测试系统的统称，有智能仪器、自动测试系统、虚拟仪器三个层面的类型。

智能仪器是内置有微处理器、单片机或体积很小的微型机，有操作面板和显示器，能进行自动测量的仪器，具有自动校准、数据处理、量程自动切换、修正误差和报警等功能。

自动测试系统是指在人极少参与或不参与的情况下，自动进行量测和处理数据，并以适当方式显示或输出测试结果的系统。自动测试系统由微机或微处理器、可程控仪器或设备、接口和软件组成，其中微机或微处理器是整个系统的核心。

虚拟仪器（Virtual Instrument 简称 VI）是在以通用计算机为核心的硬件平台上，由用户设计定义，具有虚拟面板，由测试软件实现测试功能的一种计算机仪器系统。"虚拟"的含义是虚拟的仪器面板，因为由软件实现仪器的测试功能，所以有软件就是仪器的说法。

智能仪器、自动测试系统、虚拟仪器是现代测试系统的三种类型，也是发展的三个层面。智能仪器是采用专门设计的微处理器、存储器、接口芯片组成的测试系统，而发展到虚拟仪器则采用现成的通用计算机配以一定的硬件及仪器测量部分组合而成。虚拟仪器是现代计算机技术和测试技术相结合的产物，是传统仪器概念的一次巨大变革，是将来仪器发展的一个重要方向。

一、测试系统的组成

测试系统可以由一个或多个功能单元组成。如图 1-1 所示是一个完整的力学测试系统，它由三大部分组成：荷载、测量、显示记录，这三大部分实际上也是三个子系统。若要达到技术可靠、经济合理的测试目的，就应该在综合考虑各个功能单元的基础上设计整套测试系统。当然，根据测试目的和要求不同，可以只有其中的一两个部分，如弹簧秤，只有一根弹簧和刻度尺，它同样包含了荷载、测量、显示记录的功能。

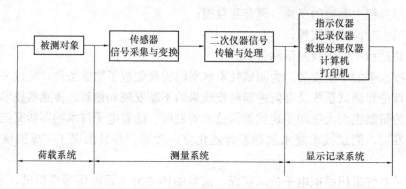

图 1-1　测试系统的组成

如图 1-2 所示的直剪试验计算机辅助测试系统，则是一个较复杂的多单元测试系统。

（1）荷载系统

荷载系统是使被测对象（试件）处于一定的受力状态下，使与被测对象有关的物理量之间的联系充分显露出来，以便进行有效测量的一种专门系统。测定岩石节理剪切力学性质的直剪试验测试系统的荷载系统由直剪试验架、液压控制系统组成。液压泵提供施加到试件上的荷载，液压控制系统则使荷载按一定速率平稳地施加，并在需要时保持其恒定，从而使试件处于一定法向应力水平下进行剪切试验。在土木工程中，荷载是通过施工和开挖等工程活动施加的。

（2）测量系统

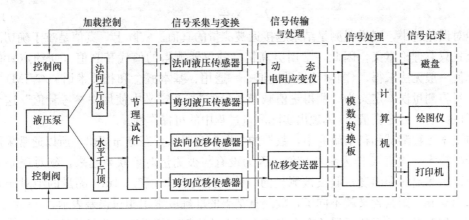

图 1-2　直剪试验计算机辅助测试系统框图

测量系统由进行采集和信号变换的传感器、进行信号传输和处理的二次仪器组成，它把被测量（如力、位移）通过传感器变成可采集的物理信号（如电压）。传感器是整个测试系统中采集信息的关键，它的作用是将被测物理量转换成便于记录的信号，所以，有时称传感器为测试系统的一次仪器。直剪试验测试系统中，需要观察试件在不同法向应力水平下的剪切过程中，法向和剪切方向的力和位移的变化。采用四支位移传感器分别测量试件在法向和剪切方向的位移，采用两只液压传感器分别测量试件在法向和剪切方向的荷载。其中，用荷载传感器和动态电阻应变仪组成力的测量系统，用位移传感器和位移变送器组成位移测量系统。动态电阻应变仪和位移变送器是该测试系统的二次仪器，内有电桥电路、放大电路、滤波电路及调频电路等中间变换和测量电路，以减少测量过程中的噪声干扰或偶然波动，提高输出信号的准确性。所以测量系统是根据不同的被测参量，选用不同的传感器和二次仪器组成的测量环节，不同的传感器要选择与其相匹配的二次仪器。

（3）信号显示记录系统

信号显示记录系统是测试系统的输出环节，它是将对被测对象所测得的有用信号及其变化过程显示、记录或存储下来，信号显示和记录可以用示波器、函数记录仪、显示屏、存储器或打印机来实现，现在大部分仪器都配备有微处理器或微型计算机而实现智能化，而信号显示记录主要采用计算机及其外围设备来实现，直剪试验测试系统中，以微机屏幕、打印机等作为显示记录设备。

二、测试系统的主要性能指标

测试系统的主要性能指标有测量精度、稳定性、测量范围（量程）、分辨率等。测试系统的主要性能指标是经济合理地选择测试仪器和元件时必须明确提出的。

1. 测试系统的精度和误差

精度是指测试系统给出的指示值和被测量的真值的接近程度，也称精确度，精度是以测量误差的大小来评价的，所以，精度与误差是同一概念的两种不同表示方法。通常，测试系统的精度越高，其误差越低，反之，精度越低，则误差越大。实际中，常用测试系统绝对误差、相对误差和引用误差来表示其精度的高低。

（1）绝对误差　测量值 X 和真值 μ 之差为绝对误差，它说明测定结果的可靠性，用误差值来量度。记为：

$$d = X - \mu \tag{1-1}$$

绝对误差越小，则说明测量结果越接近被测量的真值。实际上，真值是难于确切测量的，上式只有理论意义，因此，常用更高精度的仪器测得的值代替真值（叫约定真值），由于真值一般无法求得，《国际计量学词汇——通用、基本概念和相关术语》（VIM）（第三版）对将测量误差定义为"测得量值减参考量值"。新定义中使用"参考量值"这个词取代了以往的"约定真值"，体现出实际测量过程中的可操作性。

在土木工程测试和科学研究中，数据的分布较多服从正态分布规律，所以通常采用多次测量的算术平均值 $\overline{X}$ 作为参考量值。因为没有与被测量对象联系起来，绝对误差不能完全地说明测定的准确度，假设被测量的位移值分别为 1m 和 0.1m，测量的绝对误差同样是 0.0001m，则其含义就不同了，故测量结果的准确度常用相对误差表示。

（2）相对误差　反映了误差在真实值中所占的比例，衡量某一测量值的准确程度，一般用相对误差来表示。绝对误差 d 与被测量的真值 μ 的百分比值称为实际相对误差，记为：

$$\delta_A = \frac{d}{\mu} \times 100\% \tag{1-2}$$

以仪器的示值 X 代替真值 μ 的相对误差称为示值相对误差，记为：

$$\delta_X = \frac{d}{X} \times 100\% \tag{1-3}$$

一般来说，除了某些理论分析外，用示值相对误差来比较在各种情况下测定结果的准确度比较合理。

（3）引用误差　为了计算和划分仪表精确度等级，提出引用误差概念。其定义为仪表示值的绝对误差与量程范围之比：

$$\delta_A = \frac{X - \mu}{A} \times 100\% = \frac{d}{A} \times 100\% \tag{1-4}$$

式中　　d——示值绝对误差；

　　　　A——仪器测量上限。

比较相对误差和引用误差的公式可知，引用误差是相对误差的一种特殊形式。通常情况下仪器最主要的质量指标就是引用误差，它能可靠地表明仪器的测量精确度。

相对误差可用来比较同一仪器不同测量结果的准确程度，但不能用来衡量不同仪表的质量好坏，或不能用来衡量同一仪器不同量程时的质量。因为对同一仪器在整个量程内，其相对误差是一个变值，随着被测量量值的减少，相对误差增大，则精度随之降低。当被测量值接近起始零点时，相对误差趋于无限大。

引用误差是仪表中常用的一种误差表示方法，它是相对于仪器满量程的一种误差。比较相对误差和引用误差的公式可知，引用误差是相对误差的一种特殊形式。实际中，常以引用误差来划分仪表的精度等级，可以较全面地衡量测量精度。在使用引用误差表示测试仪器的精度时，应尽量避免仪器在靠近三分之一量程的测量下限内工作，以免产生较大的相对误差。

2. 稳定性

仪器示值的稳定性有两种指标：一是时间上稳定性，以稳定度表示；二是仪器外部环境和工作条件变化所引起的示值不稳定性，以各种影响系数表示。

（1）稳定度　它是由于仪器中随机性变动、周期性变动、漂移等引起的示值变化。一般用精密度的数值和时间长短同时表示。例如每 8 小时内引起电压的波动为 1.6mV，则写成稳定度为 $\delta_s = 1.6mV/8h$。

（2）环境影响　是指仪器工作场所的环境条件，诸如室温、大气压、振动等外部状态以及电源电压、频率和腐蚀气体等因素对仪器精度的影响，统称环境影响，用影响系数表示。例如周围环境温度变化所引起的示值变化，可以用温度系数 β_T（示值变化/温度变化）来表示。电源电压变化所引起的示值变化，可以用电源电压系数 β_u（示值变化/电压变化率）来表示。如 $\beta_u = 0.02mA/10\%$，表示电压每变化 10% 引起示值变化 0.02mA。

3. 测量范围（量程）

系统在正常工作时所能测量的最大量值范围，称为测量范围，或称量程。在动态测量时，还需同时考虑仪器的工作频率范围。

4. 分辨率

分辨率是指系统能够检测到的被测量的最小变化值，也叫灵敏阈。若某一位移测试系统的分辨率是 $0.5\mu m$，则当被测的位移小于 $0.5\mu m$ 时，该位移测试系统将没有反应。通常要求测定仪器在零点和 90% 满量程点的分辨率，一般来说，分辨率的数值越小越好，但与之对应的测量成本也越高。

第二节　测试系统的静态传递特性

根据不同测试的目的可组成各种不同功能的测试系统，这些系统所具有的主要功能是保证系统的输出能精确地反映输入。一个理想的测试系统应该具有确定的输入－输出关系，其中以输出与输入呈线性关系时为最佳，即理想的测试系统应当是一个时不变线性系统。

若系统的输入 $x(t)$ 和输出 $y(t)$ 之间关系可以用常系数线性微分方程式来表示，则该系统称为线性时不变系统，简称线性系统，这种线性系统的方程的通式为：

$$b_n y^n(t) + b_{n-1} y^{n-1}(t) + \cdots + b_1 y^1(t) + b_0 y(t)$$
$$= a_m x^m(t) + a_{m-1} x^{m-1}(t) + \cdots + a_1 x^1(t) + a_0 x(t) \tag{1-5}$$

式中　$y^n(t)$、$y^{n-1}(t)$、$y^1(t)$——输出 $y(t)$ 的各阶导数；

$\quad\quad$ $x^n(t)$、$x^{n-1}(t)$、$x^1(t)$——输入 $x(t)$ 的各阶导数；

a_n、a_{n-1}、$\cdots$、a_0 和 b_m、b_{m-1}、$\cdots$、b_0 为常数，与测量系统特性和输入状况和测试点分布等因素有关。

从式（1-5）可以看到，线性方程中的每一项都不包含输入 $x(t)$、输出 $y(t)$ 以及它们的各阶导数的高次幂和它们的乘积，此外其内部参数也不随时间的变化而变化，信号的输出与输入和信号加入的时间无关。

在研究线性测试系统时，对系统中的任一环节（如传感器、运算电路等）都可简化为一个方框图，并用 $x(t)$ 表示输入量，$y(t)$ 表示输出量，$h(t)$ 表示系统的传递关系，则三者之间的关系可用图 1-3 表示。$x(t)$、$y(t)$ 和 $h(t)$ 是三个具有确定关系的量，当已知其中任何两个量，即可求取第三个量，这便是工程测试中常常需要处理的实际问题。仪器出厂时需做好标定工作，就是给定一系列精确的输入 $x(t)$，得到相应的输出 $y(t)$，求得传递关系也即标定函数或标定曲线 $h(t)$。在使用仪器测试时，测得仪器的输出 $y(t)$，根据厂家出厂时提供的标定函数或标定曲线 $h(t)$，求得系统的输入 $x(t)$ 也即被测物理量。

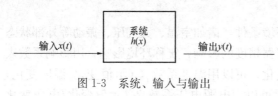

图1-3　系统、输入与输出

对不随时间变化（或变化很慢而可以忽略）的量的测量叫静态测量；对随时间而变化的量的测量叫做动态测量，与此相应，测试系统的传递特性分为静态传递特性和动态传递特性。对钢材、岩石和混凝土试件加载测试其力学性质的测量以及土木工程施工过程中的监测都可以视作静态测量。描述测试系统静态测量时输入—输出函数关系的方程（参数）、图形、表格称为测试系统的静态传递特性。描述测试系统动态测量时的输入—输出函数关系的方程（参数）、图形、表格称为测试系统的动态传递特性。作为静态测量的系统，可以不考虑动态传递特性；而作为动态测量的系统，则既要考虑动态传递特性，又要考虑静态传递特性，因为测试系统的精度很大程度上与其静态传递特性有关。

一、静态方程和标定曲线

当测试系统处于静态测量时，输入量 x 和输出量 y 不随时间而变化，因而输入和输出的各阶导数等于零，式（1-5）将变成代数方程：

$$y = \frac{a_0}{b_0}x = Sx \tag{1-6}$$

上式称为系统的静态传递特性方程（简称静态方程），其斜率 S 也称标定因子，是常数。表示静态（或动态）方程的图形称为测试系统的标定曲线（又称特性曲线、率定曲线、定度曲线）。在直角坐标系中，习惯上，标定曲线的横坐标为输入量 x（自变量），纵坐标为输出量 y（因变量）。图1-4是标定曲线及其相应的曲线方程。图1-4（a）中输出与输入呈线性关系，是理想的标定曲线，而其余的三条曲线则可看成是线性关系上叠加了非线性的高次分量。其中图1-4（c）是只包含 x 的奇次幂，是较为合适的标定曲线，因为它在零点附近有一段对称的而且很近似于直线的线段，图1-4（b）、（d）两图则是不合适的标定曲线。

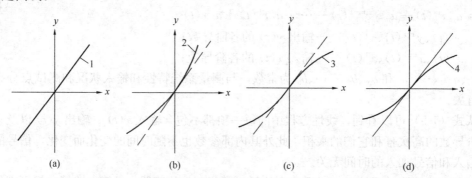

(a) (b) (c) (d)

图1-4　标定曲线的种类

(a) $y = a_0x$；(b) $y = a_0x + a_1x^2 + a_3x^4$；(c) $y = a_0x + a_2x^3 + a_4x^5$；

(d) $y = a_0x + a_1x^2 + a_2x^3 + a_3x^4$

标定曲线是反映测试系统输入 x 和输出 y 之间实际关系的曲线，一般情况下，实际的输出—输入关系曲线并不完全符合理论所描述的理想关系。所以，定期标定测试系统的标定曲线是保证测试结果精确可靠的必要措施。对于重要的测试，需在进行测试前、后都对测试系统进行标定，当测试前、后的标定结果的误差在容许的范围内时，才能确定测试结果有效。

求取静态标定曲线，通常以一系列标准量作为输入信号并测出对应的输出，将输入与输出数据绘制成一条标定曲线或用数学方法拟合成一个标定方程。标准量的精度应较被标定的系统的精度高一个数量级。

二、测试系统的主要静态特性参数

根据标定曲线便可以分析测试系统的静态特性。描述测试系统静态特性的参数主要有灵敏度、线性度（直线度）、回程误差（滞迟性）。

1. 灵敏度

对测试系统输入一个变化量Δx，就会相应地输出另一个变化量Δy，则测试系统的灵敏度为：

$$S = \frac{\Delta y}{\Delta x} \tag{1-7}$$

对于线性系统，由式（1-6）可知：$S = \frac{a_0}{b_0}$，即线性系统的灵敏度为常数。无论是线性系统还非线性系统，灵敏度S都是系统特性曲线的斜率。若测试系统的输出和输入的量纲相同，则常用"放大倍数"代替"灵敏度"，此时，灵敏度S无量纲。但一般情况下输出与输入是具有不同量纲的。例如某位移传感器的位移变化$1mm$时，输出电压的变化有$300mV$，则其灵敏度$S = 300mV/mm$。

2. 线性度（直线度）

标定曲线与理想直线的接近程度称为测试系统的线性度，如图1-5（b）所示。它是指系统的输出与输入之间是否保持理想系统那样的线性关系的一种量度。由于系统的理想直线无法获得，在实际中，通常用一条反映标定数据的一般趋势而误差绝对值为最小的直线作为参考理想直线代替理想直线。

若在系统的标称输出范围（全量程）A内，标定曲线与参考理想直线的最大偏差为B，则线性度δ_f可用下式表示：

$$\delta_f = \frac{B}{A} \times 100\% \tag{1-8}$$

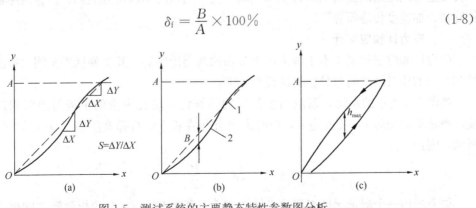

图1-5　测试系统的主要静态特性参数图分析

（a）灵敏度；（b）线性度；（c）回程误差

参考理想直线的确定方法目前尚无统一的标准，通常的做法是：取过原点，与标定曲线间的偏差的均方值为最小的直线，即最小二乘拟合直线为参考理想直线，以该直线的斜率的倒数作为名义标定因子。

3. 回程误差

回程误差系指在相同测试条件下和全量程范围 A 内，当输入由小增大再由大减小的行程中，如图 1-5（c）所示，对于同一输入值所得到的两个输出值之间的最大差值 h_{max} 与量程 A 的比值的百分率，即：

$$\delta_h = \frac{h_{max}}{A} \times 100\% \tag{1-9}$$

回程误差是由滞后现象和系统的不工作区（即死区）引起的，前者在磁性材料的磁化过程和材料受力变形的过程中产生，后者是指输入变化时输出无相应变化的范围，机械摩擦和间隙是产生死区的主要原因。

传递特性是表示线性系统输入与输出对应关系的性能。了解测量系统的传递特性对于提高测量的精确性和正确选用系统或校准系统特性是十分重要的。

第三节　传感器原理

在土木工程测试中，所需测量的物理量主要为位移、应变、压力、应力等，难以直接测定和记录，为使这些物理量能用电测方法和光测方法等来测定和记录，必须设法将它们转换为电量和光量等，这种将被测物理量直接转换为相应的容易检测、传输或处理的信号的元件称为传感器，也称换能器、变换器或探头。

根据《传感器命名法及代码》GB/T 7666—2005 的规定，传感器的命名应由主题（传感器）前面加四级修饰词：主要技术指标—特征描述—变换原理—被测量，例如，100mm 应变式位移传感器。但在实际应用中可采用简称，但第一级修饰词（被测量）不可省略，例如，可简称电阻应变式位移传感器、荷重传感器等。传感器一般可按被测量的物理量、变换原理和能量转换方式分类，按变换原理分类如：电阻应变式、钢弦频率式、差动变压器式、电容式、光电式等，这种分类易于从原理上识别传感器的变换特性，对每一类传感器应配用的测量电路也基本相同。按被测量的物理量分类如：位移传感器、压力传感器、加速度传感器等。

一、应力计和应变计

应力计和应变计是土木工程测试中常用的两类传感器，其主要区别是测试敏感元件与被测对象的相对刚度的差异。具体说明如下：

如图 1-6 所示的系统，系由两根相同的弹簧将一块无重量的平板与地面相连接所组成，弹簧常数均为 k，长度为 l_0，设有力 P 作用在板上，将弹簧压缩了 Δu_1，如图 1-6（a）所示，则：

$$\Delta u_1 = \frac{P}{2k} \tag{1-10}$$

如果想用一个测量元件来测量未知力 P 和压缩变形 Δu_2，在两根弹簧之间放入弹簧常数为 K 的元件弹簧，则其变形和压力为：

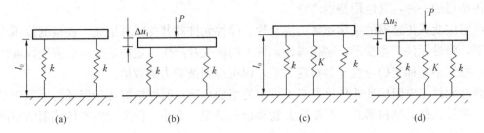

图 1-6 应力计和应变计原理

(a) 初始状态；(b) 受力 P 作用后；(c) 初始状态下放
置测试元件；(d) 放置测试元件后受力 P 的作用

$$\Delta u_2 = \frac{P}{2k + K} \tag{1-11}$$

$$P_2 = K \Delta u_2 \tag{1-12}$$

式中　P_2、Δu_2——元件弹簧所受的力和位移。

将式（1-10）代入式（1-11）有：

$$\Delta u_2 = \frac{2k \Delta u_1}{2k + K} = \Delta u_1 \frac{1}{1 + \frac{K}{2k}} \tag{1-13}$$

将式（1-11）代入式（1-12）有：

$$P_2 = K \frac{P}{2k + K} = P \frac{1}{1 + \frac{2k}{K}} \tag{1-14}$$

在式（1-13）中，若 $K \ll k$，则 $\Delta u_1 = \Delta u_2$，说明弹簧元件加进前后，系统的变形几乎不变，弹簧元件的变形能反映系统的变形，因而可看作一个测试变形的测长计，把它测出来的值乘以一个标定常数，可以指示应变值，所以它是一个应变计。

在式（1-14）中，若 $k \gg K$，则 $P_2 \approx P$，说明弹簧元件加进前后，系统的受力与弹性元件的受力几乎一致，弹簧元件的受力能反映系统的受力，因而可看作一个测力计，把它测出来的值乘以一个标定常数，可以指示应力值，所以它是一个应力计。

在式（1-13）和式（1-14）中，若 $K \approx 2k$，即弹簧元件与原系统的刚度相近，加入弹簧元件后，系统的受力和变形都有很大的变化，则既不能作应力计，也不能作应变计。

上述结果，也很容易从直观的力学知识来解释，如果弹簧元件比系统刚硬很多，则 P 力的绝大部分就由元件来承担，因此，元件弹簧所受的压力与 P 力近乎相等，在这种情况下，该弹簧元件适合于作应力计。另一方面，如果弹簧元件比系统柔软很多，它将顺着系统的变形而变形，对变形的阻抗作用很小，因此，元件弹簧的变形与系统的变形近乎相等，在这种情况下，该弹簧元件适合于作应变计。在对钢材或岩石试件加载测试其力学性能试验时，粘贴在试件表面上的应变片就是应变计，而放在试件上面测试其压力的压力传感器就是应力计。

二、电阻式传感器

电阻式传感器是把被测量值如位移、力等参数转换为电阻变化的一种传感器，按其工作原理可分为电阻应变式、电位计式、热电阻式和半导体热能电阻传感器等，电阻应变式传感器是根据电阻应变效应先将被测量转换成应变，再将应变量转换成电阻，所以也是电阻式传感器的一种，其应用特别广泛。

电阻应变式传感器的结构通常由应变片、弹性元件和其他附件组成。在被测拉压力的作用下，弹性元件产生变形，贴在弹性元件上的应变片产生一定的应变，由应变仪读出读数，再根据事先标定的应变—力对应关系，即可得到被测力的数值。

弹性元件是电阻应变式传感器必不可少的组成环节，其性能好坏是保证传感器质量的关键。弹性元件的结构形式是根据所测物理量的类型、大小、性质和安放传感器的空间等因素来确定的。

1. 测力传感器

测力传感器常用的弹性元件形式有柱（杆）式、环式和梁式等。

（1）柱（杆）式弹性元件 其特点是结构简单、紧凑、承载力大。主要用于中等荷载和大荷载的测力传感器。其受力状态比较简单，在轴力作用下，同一截面上所产生的轴向应变和横向应变符号相反。各截面上的应变分布比较均匀。应变片一般贴于弹性元件中部。如图 1-7 所示为拉压力传感器结构示意图，如图 1-8 所示为荷重传感器结构示意图。

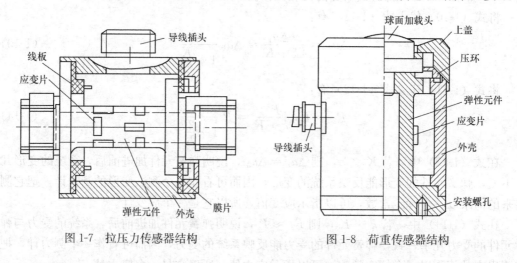

图 1-7　拉压力传感器结构　　　　　　　图 1-8　荷重传感器结构

（2）环式弹性元件 其特点是结构简单、坚固、稳定性好。主要用于中小载荷的测力传感器。其受力状态比较复杂，在弹性元件的同一截面上将同时产生轴向力、弯矩和剪力，并且应力分布变化大。应变片应贴于应变值最大的截面上。

（3）梁式弹性元件 其特点是结构简单、加工方便，应变片粘贴容易且灵敏度高。主要用于小载荷、高精度的拉压力传感器。梁式弹性元件可做成悬臂梁、铰支梁和两端固定式等不同的结构形式，或者是它们的组合。其共同特点是在相同力的作用下，同一截面上与该截面中性轴对称位置点上所产生的应变大小相等而符号相反。应变片应贴于应变值最大的截面处，并在该截面中性轴的对称表面上同时粘贴应变片，一般采用全桥接片以获得最大输出。

2. 位移传感器

用适当形式的弹性元件，贴上应变片也可以测量位移，测量的范围可从 0.1～100mm。弹性元件有梁式和弹簧组合式等。位移传感器的弹性元件要求刚度小，以免对被测构件形成较大反力，影响被测位移。图 1-9 是双悬臂式位移传感器或夹式引伸计及其弹性元件，根据弹性元件悬臂梁上距自由端为 x 的某点的应变读数 ε，即可测定自由端的位移 f 为：

$$f = \frac{2l^3}{3hx}\varepsilon \qquad (1\text{-}15)$$

式中　l——悬臂梁的长度；

　　　h——悬臂梁的高度。

弹簧组合式传感器多用于大位移测量，如图 1-10 所示，当测点位移传递给导杆后使弹簧伸长，并使悬臂梁变形，这样根据悬臂梁上距固定端为 x 的某点的应变读数 ε，即可测得测点的位移 f：

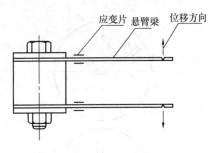

图 1-9　双悬臂式位移传感器

$$f = \frac{(k_1 + k_2)l^3}{6k_2(l-x)}\varepsilon \qquad (1\text{-}16)$$

式中　k_1、k_2——悬臂梁与弹簧的刚度系数。

在测量大位移时，k_2 应选得较小，以保持悬臂梁端点位移为小位移。

3. 液压传感器

液压传感器有膜式、筒式和组合式等，测量范围从 0.1kPa 到 100MPa。膜式传感器是在周边固定的金属膜片上贴上应变片，当膜片承受流体压力产生变形时，通过应变片测出流体的压力。周边固定受有均布压力的膜片，其切向及径向应变的分布如图 1-11 所示，图中 ε_t 为切向应变，ε_r 为径向应变，在圆心处 $\varepsilon_t = \varepsilon_r$ 并达到最大值。

$$\varepsilon_{tmax} = \varepsilon_{rmax} = \frac{3(1-\mu^2)}{8E}\frac{pR^2}{h} \qquad (1\text{-}17)$$

在边缘处切向应变 ε_t 为零，径向应变 ε_r 达到最小值：

$$\varepsilon_{rmin} = -\frac{3(1-\mu^2)}{4E}\frac{pR^2}{h} \qquad (1\text{-}18)$$

根据膜片上应变分布情况，可按图 1-11 所示的位置贴片，R_1 贴于正应变区，R_2 贴于负应变区，组成半桥（也可用四片组成全桥）。

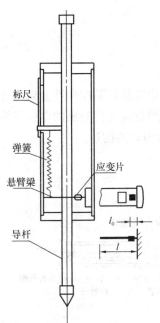

图 1-10　弹簧组合式传感器

筒式液压传感器的圆筒内腔与被测压力连通，当筒体内受压力 P 作用时，筒体产生变形，应变片贴在筒的外壁，工作片沿圆周贴在空心部分，补偿片贴在实心部分如图 1-12 所示。圆筒外壁的切向应变为：

$$\varepsilon_t = \frac{P(2-\mu)}{E(n^2-1)} \qquad (1\text{-}19)$$

式中　n——筒的外径与内径之比 D/d。

对应薄壁圆筒，可按下式计算：

$$\varepsilon_t = \frac{Pd}{SE}(1-0.5\mu) \qquad (1\text{-}20)$$

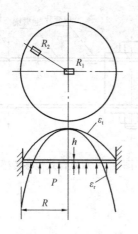

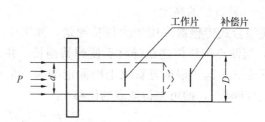

图 1-11　膜式压强传感器　　　　　　图 1-12　筒式压强传感器
膜片上的应变分布

式中　S——筒的外径与内径之差。

这种形式的传感器可用于测量较高的液压。

4. 压力盒

电阻应变片式压力盒也采用膜片结构，它是将转换元件（应变片）贴在弹性金属膜片式传力元件上，当膜片感受外力变形时，将应变传给应变片，通过应变片输出的电信号测出应变值，再根据标定关系算出外力值。图 1-13 是应变片式压力盒的构造。

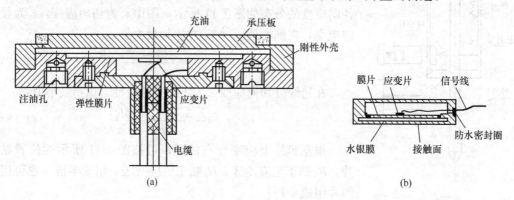

图 1-13　应变片式压力盒的构造
（a）接触式压力盒；（b）埋入式压力盒

5. 热电阻温度计

热电阻温度计是利用某些金属导体或半导体材料的电阻率随温度变化而变化（或增大或减小）的特性，制成各种热电阻传感器，用来测量温度，达到温度变化转换成电量变化的目的，因而，热电阻传感器一般是温度计。金属导体的电阻和温度的关系可用下式表示：

$$R_t = R_0(1 + \alpha \Delta t) \tag{1-21}$$

式中　R_t、R_0——温度为 t 和 t_0 时的电阻值；

　　　$\Delta t = t - t_0$——温度的变化值；

α——温度在 $t_0\sim t$ 之间金属导体的平均电阻温度系数。

电阻温度系数 α 是温度每变化一度时，材料电阻的相对变化值。α 越大，电阻温度计越灵敏。因此，制造热电阻温度计的材料应具有较高、较稳定的电阻温度系数和电阻率，在工作温度范围内物理和化学性质稳定。常用的热电阻材料有铂、铜、铁等，其中铜热电阻常用来测量 $-50\sim 180^{\circ}\mathrm{C}$ 范围内的温度。可用于各种场合的温度测量，如大型建筑物厚底板温差控制测量等。其特点是，电阻与温度呈线性关系，电阻温度系数较高，机械性能好，价格便宜。缺点是体积大，易氧化，不适合工作于腐蚀性介质与高温下。图 1-14（a）是铜电阻温度计结构，采用漆包铜线，直径 $0.07\sim 0.1\mathrm{mm}$ 双绕在圆柱形塑料骨架上，由于铜的电阻率小，需多层绕制，因此，它的体积和热惯性较大。图 1-14（b）是热敏电阻温度计结构。

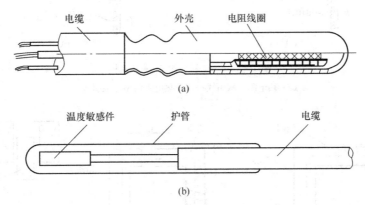

图 1-14　电阻温度计结构

（a）铜电阻温度计；（b）热敏电阻温度计

热电阻温度计的测量电路一般采用电桥，把随温度变化的热电阻或热敏电阻值变换成电信号。由于安装在测温现场的热电阻有时和测量仪表之间的距离较大，引线电阻将直接影响仪表的输出，在工程测量中常采用三线制接法来替代半桥电路的二线制接法（图 1-15），三线制接法使连接热电阻相邻两臂的引线等长度而使引线电阻能基本相等地接入电桥，避免引线电阻的较大差异影响温度的测试，热电阻给出二根引线和三根引线都能达到这个目的，但热电阻本身给出三根引线时效果会更好，而且连接时也不容易出错。

三、电感式传感器

电感式传感器是根据电磁感应原理制成的，它是将被测量的变化转换成电感中的自感系数 L 或互感系数 M 的变化，引起后续电桥桥路的桥臂中阻抗 Z 的变化，当电桥失去平衡时，输出与被测的位移量成比例的电压 U_{c}。电感式传感器常分成自感式（单磁路电感式）和互感式（差动变压器式）两类。

1. 单磁路电感传感器

单磁路电感传感器由铁芯、线圈和衔铁组成，如图 1-16（a）所示。当衔铁运动时，衔铁与带线圈的铁芯之间的气隙发生变化，引起磁路中磁阻的变化，因此，改变了线圈中的电感。线圈中的电感量 L 可按下式计算：

$$L = \frac{W^2}{R_{\mathrm{m}}} = \frac{W^2}{R_{\mathrm{m0}} + R_{\mathrm{m1}} + R_{\mathrm{m2}}} \tag{1-22}$$

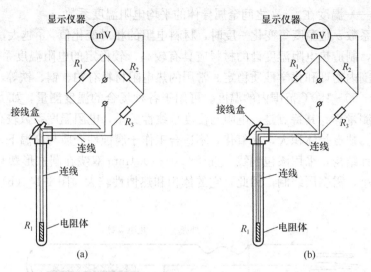

图 1-15　三线制热电阻测量电桥

（a）热电阻二根引线；（b）热电阻给出三根引线

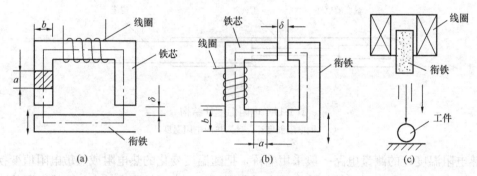

图 1-16　单磁路电感传感器

（a）改变气隙厚度 δ；（b）改变通磁气隙面积 S；（c）螺旋管式（可动铁芯式）

式中　W——线圈的匝数；

$\quad$ R_m——磁路的总磁阻（H^{-1}）；

$\quad$ R_{m0}——空气隙的磁阻；

$\quad$ R_{m1}——铁芯的磁阻；

$\quad$ R_{m2}——衔铁的磁阻。

由于铁芯和衔铁的磁导率远大于空气隙的磁导率，所以铁芯和衔铁的磁阻 R_{m1}、R_{m2} 可略去不计，故有：

$$L = \frac{W^2}{R_m} \approx \frac{W^2}{R_{m0}} = \frac{W^2 \mu_0 A_0}{2\delta} = K \cdot \frac{1}{\delta} = K_1 \cdot A_0 \tag{1-23}$$

其中　$\qquad\qquad K = \frac{W^2 \mu_0 A_0}{2}；K_1 = \frac{W^2 \mu_0}{2\delta}$

式中　A_0——空气隙有效导磁截面积（m^2）；

$\quad$ μ_0——空气的磁导率；

$\quad$ δ——空气隙的磁路长度（m）。

上式表明：电感量与线圈的匝数平方成正比，与空气隙有效导磁截面积成正比，与空气隙的磁路长度成反比。因此，改变气隙长度和改变气隙截面积都能使电感量变化，从而可形成三种类型的单磁路电感传感器：改变气隙厚度 δ（图 1-16a），改变通磁气隙面积 S（图 1-16b），螺旋管式（可动铁芯式）（图 1-16c）。其中最后一种实质上是改变铁芯上的有效线圈数。如图 1-17 所示为单改变气隙厚度的单磁路电感土压力盒。

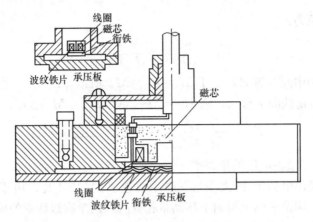

图 1-17　变磁路电感土压力盒

2. 差动变压器式电感传感器

差动变压器式传感器是互感式电感传感器中最常用的一种。其原理如图 1-18（a）所示，当初级线圈 L_1 通入一定频率的交流电压 E 激磁时，由于互感作用，在两组次级线圈 L_{21} 和 L_{22} 中就会产生互感电势 e_{21} 和 e_{22}，其计算的等效电路如图 1-18（b）所示。

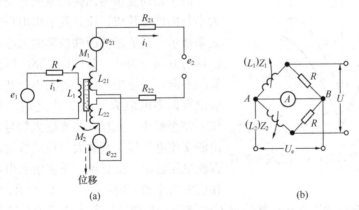

图 1-18　差动变压器式传感器原理图和等效电路图
（a）原理图；（b）等效电路图

按理想化情况（忽略涡流、磁滞损耗等）计算，初级线圈的回路方程为：

$$\dot{I}_1 = \frac{\dot{E}_1}{R_1 + j\omega L_1} \tag{1-24}$$

次级线圈中的感应电势分别为：

$$\dot{E}_{21} = -j\omega M_1 \dot{I}_1 ; \dot{E}_{22} = j\omega M_2 \dot{I}_1 \tag{1-25}$$

15

当负载开路时，输出电势为：

$$\dot{E}_2 = \dot{E}_{21} - \dot{E}_{22} = -j\omega(M_1 - M_2)\dot{I}_1 \tag{1-26}$$

$$\dot{E}_2 = -j\omega(M_1 - M_2)\frac{\dot{E}_1}{R_1 + j\omega L_1} \tag{1-27}$$

输出电势有效值为：

$$E_2 = \frac{\omega(M_1 - M_2)}{\sqrt{R_1^2 + (\omega L_1)^2}}E_1 \tag{1-28}$$

当衔铁在两线圈中间位置时，由于 $M_1 = M_2 = M$，所以，$E_2 = 0$。若衔铁偏离中间位置时，$M_1 \neq M_2$，若衔铁向上移动，则 $M_1 = M + \Delta M$，$M_2 = M - \Delta M$，此时，上式变为：

$$E_2 = \frac{\omega E_1}{\sqrt{R_1^2 + (\omega L_1)^2}}2\Delta M = 2KE_1 \tag{1-29}$$

式中　ω——初级线圈激磁电压的角频率。

由上式可见，输出电势 E_2 的大小与互感系数差值 ΔM 成正比。由于设计时，次级线圈各参数做成对称，则衔铁向上与向下移动量相等时，两个次级线圈的输出电势相等，即 $e_{21} = e_{22}$，但极性相反，故差动变压器式电感传感器的总输出电势 E_2 是激励电势 E_1 的两倍成比例。E_2 与衔铁输出位移 x 之间的关系如图 1-19 所示，由于交流电压输出存在一定的零点残余电压，这是由于两个次级线圈不对称、次级线圈铜耗电阻的存在、铁磁材质不均匀、线圈间存在分布电容等原因所形成。因此，即使衔铁处于中间位置时，输出电压也不等于零。

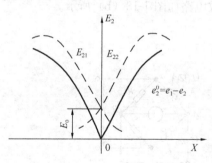

图 1-19　E_2 与衔铁输出位移 x 之间的关系

由于差动变压器的输出电压是交流量，其幅值大小与衔铁位移成正比，其输出电压如用交流电压表来指示，只能反映衔铁位移的大小，但不能显示位移的方向。为此，其后接电路应既能反映衔铁位移的方向，又能指示位移的大小。其次在电路上还应设有调零电阻 R_0。在工作之前，使零点残余电压 e_0 调至最小。这样，当有输入信号时，传感器输出的交流电压经交流放大、相敏检波、滤波后得到直流电压输出，由直流电压表指示出与输出位移量相应的大小和方向，如图 1-20 所示。

图 1-21 是差动变压器式位移传感器的结构，差动变压器式传感器在结构上作一些变化也可做成差动变压器式压力传感器（图 1-22），该传感器采用一个薄壁筒形弹性元件 1，在弹性元件的上部固定铁芯 2，下部固定线圈座 5，座 5 内安放有三只线圈 4，线圈通过引线与测量系统相连。当弹性元件受到轴力 F 的作用产生变形时，铁芯就相对于线圈发生位移，说明它是通过弹性元件来实现力和位移之间的转换。它也可以做成位移、压力和加速度传感器。

由于差动变压器式传感器具有线性范围大、测量精度高、稳定性好和使用方便等优点，所以广泛应用于直线位移测量中，也可通过弹性元件把压力、重量等参数转换成位移

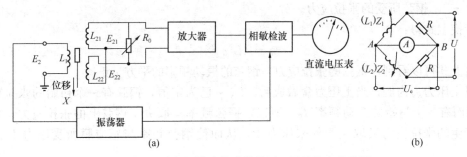

图 1-20　差动变压器式传感器的原理图的输出电路图

(a) 原理图；(b) 输出电路图

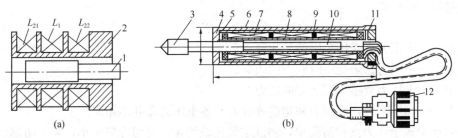

图 1-21　差动变压器式位移传感器结构

1—衔铁；2—线圈架；3—触头；4—外壳；5—下端盖；6—磁屏蔽；7—次级线圈；

8—初级线圈；9—骨架；10—衔铁；11—上端盖；12—插头

的变化再进行测量。

　　土木工程中测试隧洞围岩不同深度的位移的多点位移计是根据差动变压器式传感器工作原理制成的。它由位移计、连接杆、锚头的孔或孔底带有磁性铁的直杆产生相对运动，导致通电线中产生感应电动势变化。位移量一般以度盘式差动变压器测长仪直接读取。这种位移计可回收和重复使用，量测也较为方便。

四、钢弦频率式传感器

1. 钢弦频率式传感器原理

　　在土木工程现场测试中，常利用钢弦频率式应变计或土压力盒作为量测元件，其基本原理是由钢弦张拉应力的变化转变为钢弦振动频率的变化。根据《数学物理方程》中有关弦的振动的微分方程可推导出钢弦张拉应力与其振动频率有如下关系：

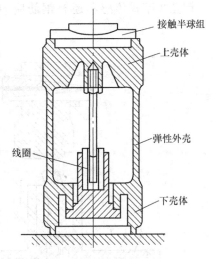

图 1-22　差动变压器式测力传感器

$$f = \frac{1}{2L}\sqrt{\frac{\sigma}{\rho}} \qquad (1\text{-}30)$$

式中　f——钢弦的振动频率；

　　　L——钢弦长度；

　　　ρ——钢弦的线密度；

σ——钢弦所受的张拉应力。

变换上式得：

$$\sigma = 4L^2 \rho f^2 \tag{1-31}$$

由上式可以看到，钢弦的张拉应力与钢弦的振动频率的平方呈正比。

以土压力盒为例，当土压力盒做成后，L、ρ 已为定值，钢弦有一个初始的张拉应力 σ_0，因而有一个初始的振动频率 f_0，所以，钢弦频率只取决于钢弦上的张拉应力，而钢弦上产生的张拉应力又取决于外来压力 P，从而使钢弦频率与感应膜所受压力 P 的关系是：

$$P \Rightarrow \sigma - \sigma_0 = 4L^2 \rho (f^2 - f_0^2)$$

通过标定可以得：

$$f^2 - f_0^2 = KP \tag{1-32}$$

式中　f——土压力盒受压后钢弦的频率；

　　　f_0——土压力盒未受压时钢弦的频率；

　　　P——土压力盒感应膜所受的压力；

　　　K——标定系数，与压力和构造等有关，各土压力盒并不相同。

钢弦频率式土压力盒构造简单，测试结果比较稳定，受温度影响小，易于防潮，可用做长期观测，故在土木工程现场测试和监测中得到广泛的应用。其缺点是灵敏度受土压力盒尺寸的限制，并且不能用于动态测试。图 1-23 是测定结构和岩土体压力常用的钢弦频率式土压力盒的构造图。

钢弦频率式传感器还有钢筋应力计和应变计、表面应变计和孔隙水压力计等。图

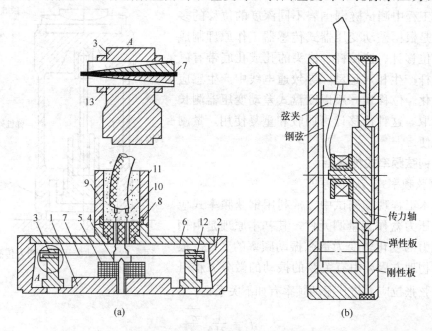

图 1-23　钢弦式土压力盒的构造图

（a）单膜式；（b）双膜式

1—承压板；2—底座；3—钢弦夹；4—铁芯；5—电磁线圈；6—封盖；7—钢弦；
8—塞；9—引线管；10—密封材料；11—上端盖；12—插头；13—拉紧固定螺栓

1-24（a）是钢弦式钢筋应力计的构造图，在测试钢筋混凝土构件内力中有广泛的用途。1-24（b）是孔隙水压力计构造图，图1-25（a）是表面应变计结构简图，安装于金属混凝土表面可测量支柱、压杆和隧洞衬砌的应变；图1-25（b）是焊接式钢表面应变计结构简图，焊接在金属构件表面可测量构件表面的应变，焊接在钢筋上时，通过预先的标定，可测量钢筋应力；图1-25（c）是埋入式钢筋应变计结构，埋入混凝土内可以通过测量混凝土的应变来计算钢筋混凝土的内力。

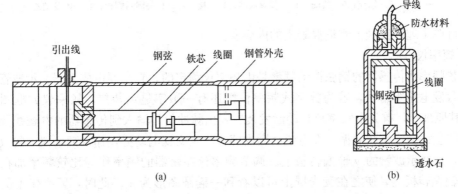

图1-24　钢弦式钢筋应力计和孔隙水压力计构造图

(a) 钢筋应力计；(b) 孔隙水压力计

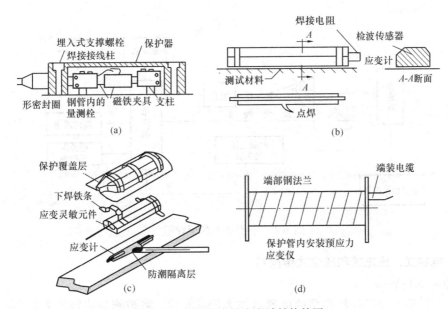

图1-25　钢弦频率式应变计结构简图

(a) 表面应变计；(b) 焊接式应变计1；(c) 焊接式应变计2；(d) 埋入式应变计

　　钢弦频率式位移计也是利用钢弦的频率特性制成，构造如图1-26所示，采用薄壁圆管式，适用于钻孔内埋设使用。应变计用调弦螺母、螺杆和固弦销调节和固定，使钢弦的频率选择在1000～1500Hz为宜。每一个钻孔中可用几个应变计通过连接杆连接在一起，导线从杆内引出。应变计连成一根测杆后用砂浆锚固在钻孔中，可测得不同点围岩的变

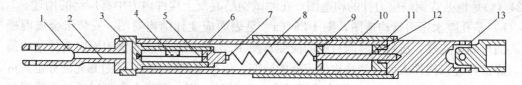

图 1-26　钢弦频率式位移计结构简图

1—接头甲；2—调紧螺母；3—调旋螺杆；4—固定螺钉；5—固弦销甲；6—止螺旋丝；
7—外壳；8—钢弦；9—线圈；10—线圈铁芯；11—接头乙；12—固封螺栓；13—固弦销乙

形，也可单个埋在混凝中测量混凝土的内应变。

2. 频率仪

钢弦频率式传感器的钢弦振动频率是由频率仪测定的，它主要由放大器、示波管、振荡器和激发电路等组成，若为数字式频率仪则还有一数字显示装置。频率仪方框图见图1-27，其原理是，首先由频率仪自动激发装置发出脉冲信号输入到传感器的电磁线圈，激励钢弦产生振动，钢弦的振动在电磁线圈内感应产生交变电动势，输入频率仪中的放大器放大后，加在示波管的 y 轴偏转板上。调节频率仪振荡器的频率作为比较频率加在示波管的 x 轴偏转板上，使之在荧光屏上可以看到一椭圆图形为止。此时，频率仪上的指示频率即为所需定的钢弦振动频率。国产频率计的主要技术性能指标：频率测量范围：500～5000Hz，测量精度：满量程的 1%，分辨率：±0.1Hz，灵敏度：接收信号≥300 μV，持续时间≥500ms。

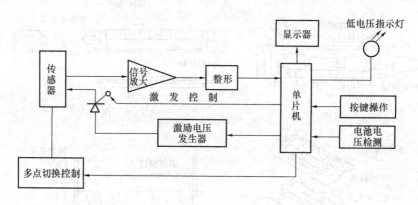

图 1-27　钢弦频率仪原理图

五、电容式、压电式和压磁式传感器

1. 电容式传感器

电容式传感器是以各种类型的电容器作为传感元件，将被测量值转换为电容量的变化，最常用的是平行板形电容器或圆筒形电容器。平行板形电容器是有一块定极板与一块动极板及极间介质所组成，它的电容量为：

$$C = \frac{\varepsilon_0 \varepsilon A}{\delta} \tag{1-33}$$

式中　ε——极板间介质的相对介电系数，对空气 $\varepsilon=1$；

ε_0——真空中介电系数，$\varepsilon_0 = 8.85 \times 10^{-12}$（F/m）；

δ——极板间距离（m）；

A——两极板相互覆盖面积（m²）。

上式表明：当式中三个参数中任意两个保持不变，而另一个变化时，则电容量 C 就是该变量的单值函数。因此，电容式传感器分为变极距型、变面积型和变介质型三类。

根据上式，变极距型和变面积型电容传感器的灵敏度分别为：

变极距型：
$$S = \frac{dC}{d\delta} = -\varepsilon_0 A \frac{1}{\delta^2} \tag{1-34}$$

变面积型：
$$S = \frac{dC}{dx} = -\varepsilon_0 b \frac{1}{\delta} \tag{1-35}$$

式中 b——电容器的极板宽度。

变极距型电容传感器的优点是可以用于非接触式动态测量，对被测系统影响小，灵敏度高，适用于小位移（数百微米以下）的精确测量。但这种传感器有非线性特性，传感器的杂散电容对灵敏度和测量精度影响较大，与传感器配合的电子线路也比较复杂，使其应用范围受到一定的限制。

变面积型电容式传感器的优点是输入与输出呈线性关系，但灵敏度较变极距型低。适用较大的位移测量。

电容式传感器的输出是电容量，尚需有后续测量电路进一步转换为电压、电流或频率信号。利用电容的变化来取得测试电路的电流或电压变化的主要方法有：调频电路（振荡回路频率的变化或振荡信号的相位变化)、电桥型电路和运算放大器电路，其中以调频电路用得较多，其优点是抗干扰能力强、灵敏度高，但电缆的分布电容对输出影响较大，使用中调整比较麻烦。

2. 压电式传感器

有些电介质晶体材料在沿一定方向受到压力或拉力作用时发生极化，并导致介质两端表面出现符号相反的束缚电荷，其电荷密度与外力成比例，若外力取消时，它们又会回到不带电状态，这种由外力作用而激起晶体表面荷电的现象称为压电效应，称这类材料为压电材料。压电式传感器就是根据这一原理制成的。当有一外力作用在压电材料上时，传感器就有电荷输出，因此，从它可测的基本参数来讲是属力传感器，但是，也可测量能通过敏感元件或其他方法变换为力的其他参数，如加速度、位移等。

（1）压电晶体加速度传感器

图 1-28 是压电晶体加速度传感器的结构图，主要由压紧弹簧 1、惯性质量块 2、压电晶体片 3 和金属基座 4 等零件组成。其结构简单，但结构的形式对性能影响很大。图 1-28（a）型系弹簧外缘固定在壳体上，因而外界温度、噪声和实际变形都将通过壳体和基座影响加速度的输出。图 1-28（b）型系中间固定型、质量块、压电片和弹簧装在一个中心架上，它有效地克服了图 1-28（a）型的缺点。图 1-28（c）型是倒置中间固定型，质量块不直接固定在基座上，可避免基座变形造成的影响，但这时壳体是弹簧的一部分，故它的谐振频率较低。图 1-28（d）型是剪切型，一个圆柱形压电元件和一个圆柱形质量块粘结在同一中心架上，加速度计沿轴向振动时，压电元件受到剪切应力，这种结构能较好地隔离外界条件变化的影响，有很高的谐振频率。

根据极化原理证明，某些晶体当沿一晶轴的方向有力的作用时，其表面上产生的电荷

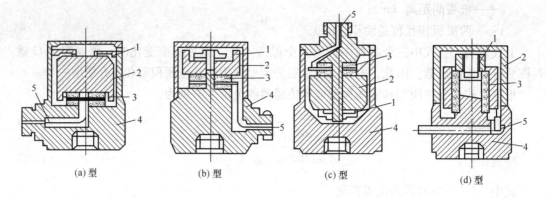

(a) 型   (b) 型   (c) 型   (d) 型

图 1-28　压电晶体加速度传感器

1—压紧弹簧；2—惯性质量块；3—压电晶体；4—基座；5—引出线

与所受力 F 的大小成比例，即：

$$Q = d_x F = d_x \sigma A \tag{1-36}$$

式中　Q——电荷（C）；

　　　　d_x——压电系数（C/N）；

　　　　σ——应力（N/m²）；

　　　　A——晶体表面积（m²）。

作为信号源，压电晶体可以看作一个小电容，其输出电压为：

$$V = \frac{Q}{C} \tag{1-37}$$

式中　C——压电晶体的内电容。

当传感器底座以加速度 a 运动时，则传感器的输出电压为：

$$V = \frac{Q}{C} = \frac{d_x F}{C} = \frac{d_x ma}{C} = \frac{d_x m}{C} \cdot a = ka \tag{1-38}$$

即输出电压与振动的加速度成正比。

压电晶体式传感器是发电式传感器，故不需对其进行供电，但它产生的电信号是十分微弱的，需放大后才能显示或记录。由于压电晶体的内阻很高，又须两极板上的电荷不致泄漏，故在测试系统中需通过阻抗变换器送入电测线路。

（2）压电式测力传感器

图 1-29 为单向压电式测力传感器的结构简图，根据压电晶体的压电效应，利用垂直于电轴的切片便可制成拉（压）型单向测力传感器。在该传感器中采用了两片压电石英晶体片，目的是为了使电荷量增加一倍，相应地提高灵敏度一倍，同时也为了便于绝缘。对于小力值传感器还可以采用多只压电晶体片重叠的结构形式，以便提高其灵敏度。

当传感元件采用两对不同切型的压电石

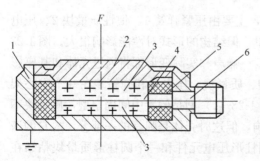

图 1-29　单向压电式测力传感器的结构图

1—壳体；2—弹性盖；3—压电石英；
4—电极；5—绝缘套；6—引出导线

英晶片时，即可构成一个双向测力传感器，两对压电晶片分别感受两个方向的作用力，并由各自的引线分别输出。也可采用两个单向压电式测力传感器来组成双向测力传感器。

压电式测力传感器的特点是刚度高、线性好。当采用大时间常数的电荷放大器时，可以测量静态力与准静态力。

压电材料只有在交变力作用下，电荷才可能得到不断补充，用以供给测量回路一定的电流，故只适用于动态测量。压电晶体片受力后产生的电荷量极其微弱，不能用一般的低输入阻抗仪表来进行测量，否则压电片上电荷就会很快地通过测量电路泄漏掉，只有当测量电路的输入阻抗很高时，才能把电荷泄漏减少到测量精确度所要求的限度以内。为此，传感器和测量放大器之间需加接一个可变换阻抗的前置放大器。目前使用的有两类前置放大器，一是把电荷转变为电压，然后测量电压，称电压放大器；二是直接测量电荷，称电荷放大器。

3. 压磁式传感器

压磁式传感器是测力传感器的一种，它利用铁磁材料磁弹性物理效应，即材料受力后，其导磁性能受影响，将被测力转换为电信号。当铁磁材料受机械力作用后，在它的内部产生机械效应力，从而引起铁磁材料的磁导率发生变化，如果在铁磁材料上有线圈，由于磁导率的变化，将引起铁磁材料中的磁通量的变化，磁通量的变化则会导致线圈上自感电势或感应电势的变化，从而把力转换成电信号。

铁磁材料的压磁效应规律是：铁磁材料受到拉力时，在作用方向的磁导率提高，而在与作用力相垂直的方向，磁导率略有降低，铁磁材料受到压力作用时，其效果相反。当外力作用力消失后，它的导磁性能复原。

在岩体孔径变形预应力法中，使用的钻孔应力计就是压磁式传感器，其工作原理如下：

设传感器是由许多如图 1-30（a）所示形状的硅钢片组成。在硅钢片上开互相垂直的两对孔 1、2 和 3、4；在 1、2 孔中绕励磁线圈 W1.2（原阻绕），在 3、4 孔中绕励磁线圈 W3.4（副阻绕），当 W1.2 中流过一定交变电流时，磁铁中将产生磁场。

在无外力作用时，A、B、C、D 四个区的磁导率是相同的。此时磁力线呈轴对称分布，合成磁场强度 H 平行于 W3.4 的平面，磁力线不与绕阻 W3.4 交链，故不会感应出电势。在压力 P 作用下，A、B 区将受到很大压应力，由于硅钢片的结构形状，C、D 区基本上仍处于自由状态，于是 A、B 区磁导率下降，即磁阻增大，而 C、D 区的磁导率不

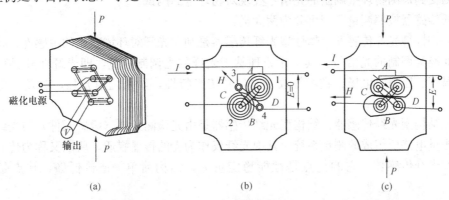

(a)　　　　　(b)　　　　　(c)

图 1-30　压磁式传感器原理

变。由于磁力线具有沿磁阻最小途径闭合的特性，这时在1、2孔周围的磁力线中将有部分绕过C、D而闭合，如图1-30所示。于是磁力线变形，合成磁场强度不再与W3.4平面平行，而是相交，在W3.4中感应电动势 E，压力 P 值越大，转移磁通越多，E 值也越大。根据上述原理和 E 与 P 的标定关系，就能制成压磁式传感器。

图1-31是压磁式钻孔应力计的构造图，它包括磁芯部分和框架部分，磁芯一般为工字形，磁芯受压面积应当与外加压应力面积相近，以防止磁芯受压时发生弯曲，影响灵敏度的稳定。

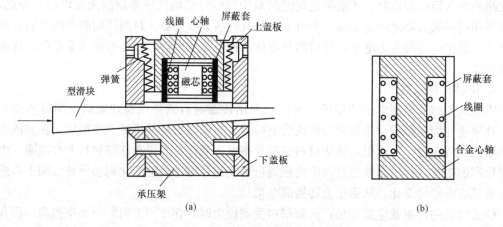

图1-31 压磁式钻孔应力计的构造图
(a) 构造图；(b) 磁芯

钻孔应力计的磁芯，在外加压力作用下，将产生磁导率的变化，磁导率变化能引起感应电动势，即阻抗（电感）的变化，其变化越大，越能提高测量的灵敏度。电感 L 的大小，取决于磁芯上所绕线圈的匝数、磁芯的磁导率和尺寸。

压磁式传感器可整体密封，因此具有良好的防潮、防油和防尘等性能，适合于在恶劣环境条件下工作。此外，还具有温度影响小、抗干扰能力强、输出功率大、结构简单、价格较低、维护方便、过载能力强等优点。其缺点是线性和稳定性较差。

六、光纤传感器

光纤传感器是以光作为信号源，以光导纤维为传播媒介或者敏感元件，再由光电转换元件探测受到被测物理量调制的光信号实现对物理量的测试。

光纤传感器按照测量原理可分为两大类：

(1) 物性型光纤传感器：物性型光纤传感器是利用光纤对环境变化的敏感性，将输入物理量变换为调制的光信号。其工作原理基于光纤的光调制效应，即光纤在外界环境因素，如温度、压力、电场、磁场等改变时，其传光特性，如相位与光强，会发生变化的现象。

(2) 结构型光纤传感器：结构型光纤传感器是由光检测元件（敏感元件）与光纤传输回路及测量电路所组成的测量系统。其中光纤仅作为光的传播媒质，所以又称为传光型或非功能型光纤传感器。它的优点是性能稳定可靠，结构简单，造价低廉，缺点是灵敏度低。

因此，如果能测出通过光纤的光相位、光强变化，就可以知道被测物理量的变化。这类传感器又被称为敏感元件型或功能型光纤传感器。激光器的点光源光束扩散为平行波，经分光器分为两路，一为基准光路，另一为测量光路。外界参数（温度、压力、振动等）引起光纤长度的变化和光相位变化，从而产生不同数量的干涉条纹，对它的横向移动进行计数，就可测量温度或压力等。

根据光在外界条件作用下发生变化的各项指标不同，物性型光纤传感器又可以主要分为相位调制型、波长调制型、光强调制型、偏振调制型四种。本节主要介绍相位调制型的光纤法布里-珀罗传感器（fiber Fabry-Perot sensor）和波长调制型光纤布拉格光栅传感器（fiber Bragg grating sensor，FBG sensor）。

（1）相位调制型光纤传感器：用单模光导纤维构成干涉仪，外界各种物理量的影响因素能导致光导纤维中光程的变化，从而引起干涉条纹的变动。在实际应用中，利用光程变化的相位调制型光纤传感器应用较多。

光纤法布里－珀罗传感器（fiber Fabry-Perot sensor）主要是利用反射光的干涉来对外界因素进行测量的，可以利用反射光干涉强度来对外界因素进行测量，也可以利用反射光干涉的相位变化等来对外界因素进行测量，但以光强调制应用较早，且应用较多。

（2）光纤传感器：波长调制型光纤传感器是利用外界因素改变光纤中光的波长分布，通过检测光谱的波长分布特征来测量被测参数。光纤布拉格光栅传感器（fiber Bragg grating sensor，FBG sensor）是一种典型的波长调制型光纤传感器，基于光纤光栅传感器的传感过程是通过外界参量对布拉格中心波长的调制来获取传感信息。

1. 法布里-珀罗光纤传感器

光纤法布里-珀罗传感器是建立在法布里-珀罗干涉仪（Fabry-Perot interferometer）基础之上。法布里-珀罗干涉仪的构造非常简单，如图 1-32 所示。它是由两块端面镀以高反射膜、相互严格平行的光学平板组成的光学谐振腔（以下简称 F-P 腔），当一束平行光束 I_0 入射到 F-P 腔，大部分光在腔中来回反射并折射，折射出 F-P 腔的平行光束 R_i（$i=1，2\cdots，n$）由于各条光线存在光程差，如果一

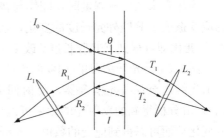

图 1-32　法布里-珀罗干涉原理

起通过透镜 L_1，则在焦平面上形成干涉条纹，每相邻两光束在到达透镜 L_1 的焦平面上的同一点时，彼此的光程差值都一样，为 δ。

通过叠加各光束得到反射光 R_i 干涉光强计算公式为：

$$I_r = \frac{\frac{4R}{(1-R)^2}\sin^2\left(\frac{\delta}{2}\right)}{1+\frac{4R}{(1-R)^2}\sin^2\left(\frac{\delta}{2}\right)}I_0 \tag{1-39}$$

其中：　　$\delta = \left(\frac{2\pi}{\lambda}\right)2nl\cos\theta$；$\Delta l = 2nl\cos\theta$

式中　Δl——相邻投射光光程差；

　　　n——F-P 腔折射率；

　　　θ——折射角；

　　　I_0——入射光光强；

R——镜面反射比。

当F－P腔的参数满足相干条件时，I_r 与空腔的长度 l，空腔折射率 n，入射光波波长 λ 等有关，当这些因素发生变化时，会影响到 R 的光强 I_r。

根据法布里-珀罗干涉仪的以上特性，光纤法布里-珀罗应变传感器的基本设计如图 1-33 所示。两段石英玻璃光导纤维的两个端面制成抛光的镀膜半透镜面，两镜面绝对平行，形成一个 F-P 腔，封装在陶瓷或金属细管中，用 F-P 腔的反射光束的干涉强度作为测量信号。

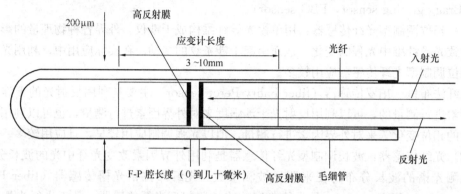

图 1-33 光纤法布里-珀罗传感器原理

当用它来做应变测量时，腔体与普通应变片一样需要粘结在被测物体的表面，被测物的应变造成 F-P 腔外壳长度的变化，从而影响到 F-P 腔的长度 l。通过测量反射光波的强度 I_r 变化即可得到 F-P 腔长度 l 改变，得到应变的数值。

图 1-34 是光纤法布里-珀罗应变传感器测量的系统设计。由激光二极管发射的光通过入射光纤送至双向光耦合器，反射回来的光被送到光的频谱分析传感器（线性 CCD 阵列），由分析得到的反射光的频率可以计算出应变探头中 F-P 腔的长度，根据 F-P 腔长度的变化从而可以得到应变的数值。光纤法布里－珀罗传感器所用的光波长并不一定是可见光，也可以使用红外光。

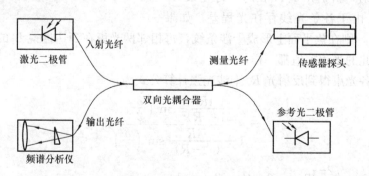

图 1-34 反射式法布里-珀罗 F-P 腔应变传感系统

基于 F-P 腔的应变传感器是各类光纤传感器中最简单的也是应用最早的一种，F-P 腔可以作为测量各种量，包括应变、力、流体压强、声波振动、温度、湿度等的传感器的基础。这类传感器的工作原理都是建立在 F-P 腔的长度或腔内介质的折射率随被测量而改变的基础之上的。

图 1-35 是采用微型弹性膜片的法布里-珀罗压力传感器的原理示意图。F-P 腔形成于光纤的端面与不锈钢膜片之间，膜片受压变形使得腔长改变，腔内光线相干加强和相消的波长位置发生了移动。这里测量对象是波长，需要通过对反射光的光谱分析来得到压力。用于光纤压力传感器的光纤直径通常为 $100\mu m$，传感器探头因而可以做得很细小。这种微型的压力传感器探头可以用硅微加工技术制造。图 1-36（a）是法布里-珀罗光纤渗压计，法布里-珀罗光纤渗压计的测量精度为 0.1% F.S。

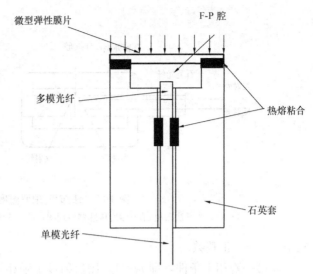

图 1-35 法布里-珀罗传感器测压力示意图

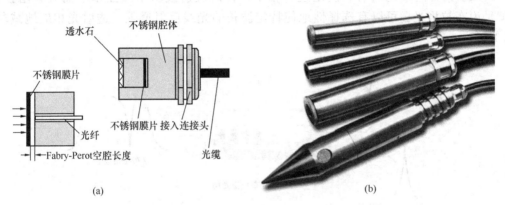

(a)　　　　　　　　　　(b)

图 1-36　光纤法布里-珀罗渗压计

（a）光纤法布里-珀罗渗压计原理图；（b）光纤法布里-珀罗渗压计实物

图 1-37（a）中是光纤法布里—珀罗温度传感器原理图。由两根石英玻璃光纤的端面形成的 F-P 腔被胶结在一个金属管中。由于石英玻璃和金属的膨胀系数不同，温度改变会使 F-P 腔的长度发生改变。同应变测量一样，反射光由于干涉效应，发生波长移动。由于材料的热膨胀的线性很好，它的温度响应的线性也很好，使得 F-P 腔的灵敏度是非常高。精度可达到 $0.1℃$ 以下，工作温度可到 $300℃$ 以上。

2. 布拉格光栅传感器

光纤布拉格光栅传感器的敏感元件是设置在光纤内部的具有固定间隔的光栅，它是用特殊工艺在光纤的一个区段内形成多个等距离的很薄的折射率稍高的光纤体圆盘。光线射入这一区域时在每一个高折射率的圆盘会有少许反射。设圆盘间距为 Λ，光波波长为 λ，光纤在高折射率圆盘之间的区域的平均折射率为 n。根据干涉原理，这时反射光波加强相干的条件为：

$$m\lambda = 2n\Lambda \tag{1-40}$$

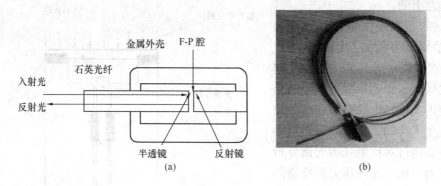

图 1-37　法布里-珀罗温度传感器

（a）光纤法布里-珀罗温度传感器原理图；（b）光纤法布里-珀罗温度传感器实物

式中　m——正整数。

取第一阶相干条件，即 $m=1$，则反射波加强相干的条件简化为：

$$\lambda = 2n\Lambda \tag{1-41}$$

当入射光为连续光谱时，满足这一相干条件的反射波由于加强相干而大大增强。也就是说布拉格光栅可以有选择性地使特定波长的光线反射增强，透射光相应地减弱（图 1-38）。

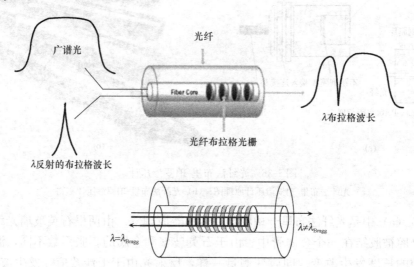

图 1-38　光纤布拉格光栅传感器的反射和透射信号波形（$\lambda_{Bragg} = 2n\Lambda$）

布拉格光栅的每个单元仅对很小的一部分光线产生干涉效应。虽然单独一个高折射率的圆盘并不能够反射很多的光波，将很多个这样低效率的单元叠加在一起，则可产生相干度很高的干涉，信号波形同样是非常锐利的干涉波峰，因而可以对波峰位置进行精度很高的测量。图 1-38 是用广谱光源输入光纤后得到的反射和透射波形。从波峰波长位置的改变可以计算出光纤光栅间距的改变，从而得到被测物体的应变。用布拉格光栅的光纤传感器测量应变时需要将测量段的光纤粘结在被测物体表面。

光纤布拉格光栅传感器能根据环境温度或应变的变化来改变其反射光波的波长，应用较多而且应用范围广。光纤布拉格光栅传感器的精度为 0.3% F.S，其具有测量精度高、长期零点稳定、温度漂移微小、埋入存活率高、动态特性良好等特点。

光纤布拉格光栅混凝土应变计外形上类似于传统的应变计，如图 1-39 所示。其构成是将光纤布拉格光栅传感器封装在两端块间的结构件上，端块牢固置于混凝土中，混凝土变形使得两端块相对移动并导致光纤光栅长度变化，从而使光栅反射光波长改变，通过探测反射光的波长来测量混凝土的变形。光纤布拉格光栅应变计的应变量程为 $3000\mu\varepsilon$。

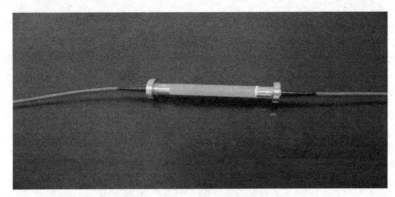

图 1-39　光纤布拉格光栅应变计

使用时，主要有两种安装方式：一是通过预先将传感器绑扎在钢筋或预应力锚索（或钢绞线）上，再直接埋入混凝土；二是将传感器预先浇筑到混凝土预制块内，再将预制块浇筑到混凝土结构中，或灌注到混凝土观测孔中。其绑扎方式如图 1-40 所示。

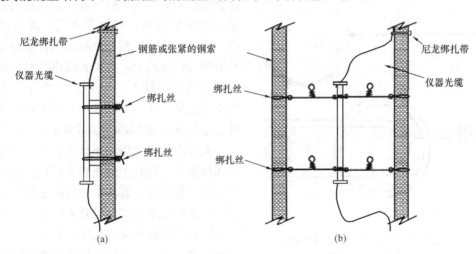

图 1-40　光纤布拉格光栅应变计的绑扎
（a）用垫块绑扎在钢筋上；（b）悬挂在钢筋间

光纤布拉格光栅钢筋应力计的构成是由一定长度的高强度圆钢，沿其中心轴线钻孔，在钻孔内安装一个微型光纤光栅应变计。其原理是通过应变计测量的应变再结合材料特性反推受力。使用时可以与被测钢筋用螺纹连接也可以焊接，如图 1-41 所示。

光纤布拉格光栅钢筋应力计的量程：拉伸：0～400MPa；压缩：0～320MPa，而且不受潮湿、光缆长度的影响，可以根据钢筋的直径订制。

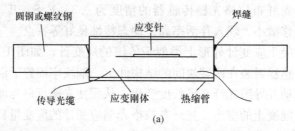

（a）

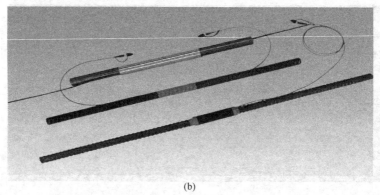

（b）

图 1-41　光纤布拉格光栅钢筋计

（a）光纤布拉格光栅钢筋计示意图；（b）光纤布拉格光栅钢筋计与钢筋的连接

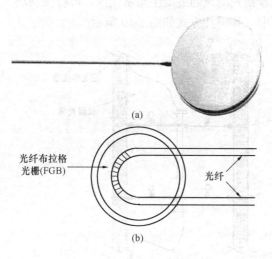

图 1-42　光纤布拉格光栅土压力计

（a）实物图；（b）结构图

光纤布拉格光栅土压力计是由两块不锈钢板沿它们的圆周焊到一起，而在它们之间留一个很窄的缝，缝里完全充满除气液压油，通过液压管接到一个将油压转换成光信号的压力传感器上，再经光缆将信号传输到光纤光栅分析仪上，如图 1-42 所示。光纤布拉格光栅土压力计的形状有矩形和圆形两种，量程从 0.35MPa 到 20MPa。

光纤布拉格光栅渗压计中有一个灵敏的不锈钢膜片，在它上面连接光纤布拉格光栅传感器。使用时，膜片上压力的变化引起它移动，这个微小位移量导致光纤光栅元件长度的变化，传输到光纤光栅分析仪上，并在此被解调和显示。光纤布拉格光栅渗压计的基本结构如图 1-43（a）所示。光纤布拉格光栅渗压计一般量程从 0.35MPa 到 10MPa，小量程可小到 0.35 kPa，大量程可达 60MPa。

光纤布拉格光栅温度传感器的原理与光纤布拉格光栅应变传感器的类似，这时光纤本身的热膨胀造成了光栅间距的改变。由于玻璃材料的热膨胀系数很小，为了提高布拉格光栅光导纤维温度传感器的灵敏度，可以用特殊工艺把热膨胀系数较大的金属镀在玻璃纤维

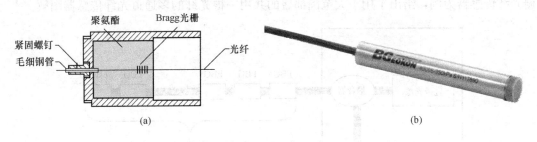

图 1-43　光纤布拉格光栅渗压计

（a）光纤布拉格光栅渗压计结构图；（b）光纤布拉格光栅渗压计实物

的表面。例如用真空溅射的方法在玻璃纤维表面镀以微米量级的薄金属镍层，然后再用电镀的方法增厚。用这种方法可以在光纤外面镀厚达 1mm 的金属镍，其强度足以迫使石英光纤拉伸或压缩。另外一种提高石英光纤布拉格光栅温度传感器的灵敏度的方法是将铅板胶结在光纤上，如图 1-44（a）所示。由于铅的热膨胀系数远高于石英，在温度影响之下的应变也大得多。光纤布拉格光栅温度传感器的量程从-55℃到+200℃，测温分辨率为0.1℃，精度为±0.5℃。

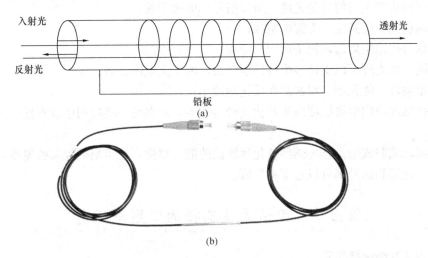

图 1-44　光纤布拉格光栅温度传感器

（a）光纤布拉格光栅温度传感器原理图；（b）光纤布拉格光栅温度传感器实物

3. 光纤传感器的特点

光纤布拉格光栅传感器可以在同一根长光纤的不同部位设置多个探头。每个探头中光栅的参数稍有改变，工作波长不重合，分别对不同频段的光波产生共振反射或透射。不同频率的反射波峰或透射波峰由同一根光纤传至频谱分析仪，互相不会干扰。这种方法用同一根光纤可以得到许多点的测量数据。这种设计利用了不同频率的光线可以在同一根光纤传输的特性，使单个传感器的成本大大降低。由于光信号在光纤中衰减极小，可长距离传输，这种多单元光纤传感器非常适合大规模部署，包括水坝中的压力形变监测，石油钻井中的应力监测，桥梁、大型建筑物、隧道等结构应变监测，以及山体滑坡监测、地震预报等。这种多个传感器共用一个信号线的方法是光纤传感器所特有的。图 1-45 以布拉格光栅光纤传感器为例,给出了用于大范围部署的共用一根光纤的多通道光纤传感器图解。

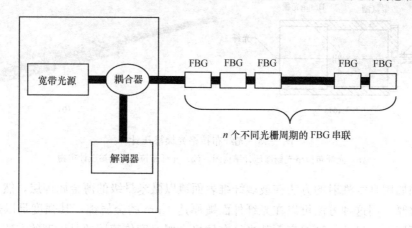

图 1-45　共用同一根光纤的多通道光纤传感器

光纤传感器还具有以下主要优点:

(1) 探头无需电源,不消耗能量且不发热;

(2) 因探头产生的信号是光波,所以信号抗电磁干扰;

(3) 耐腐蚀、耐高温、无需电绝缘;

(4) 信号传输距离远,便于远距离测控;

(5) 同一根光纤可以支持多个传感器探头,便于大范围部署;

(6) 重量轻、体积小、对被测介质扰动较小;

(7) 在某些应用中灵敏度高于其他类型传感器,而在另一些应用中成本低于其他类型的传感器。

用石英玻璃制成的光纤传感器抗化学腐蚀的能力很强,也可耐受较高的温度,光信号衰减很小,光源和信号都可以远距离传输。

第四节　测试系统选择的原则与标定

一、测试系统选择的原则

选择测试系统的根本出发点是测试的目的和要求。但是,若要做到技术上合理和经济上节约,则必须考虑一系列因素的影响。下面针对系统的各个特性参数,就如何正确选用测试系统予以概述。

(1) 灵敏度

测试系统的灵敏度高意味着它能检测到被测物理量极微小的变化,即被测量稍有变化、测量系统就有较大的输出,并能显示出来。但灵敏度愈高,往往测量范围愈窄,稳定性也愈差,对噪声也愈敏感。在土木工程监测中,被测物理量往往变化范围比较大,所需要的是相对精度在一定的范围内,而对其绝对精度的要求不是很高,因此,在选择仪器时,最好选择灵敏度有若干挡可调的仪器,以满足在不同的测试阶段对仪器不同灵敏度的测试要求。

(2) 准确度

准确度表示测试系统所获得的测量结果与真值的一致程度，并反映了测量中各类误差的综合。准确度越高，则测量结果中所包含的系统误差就越小。测试仪器的准确度越高，价格就越昂贵。因此，应从被测对象的实际情况和测试要求出发，选用准确度合适的仪器，以获得最佳的技术经济效益。在土木工程监测中，监测仪器的综合误差为全量程的1.0%～2.5%时，这样的准确度基本能满足施工监测的要求。误差理论分析表明，由若干台不同准确度仪器组成的测试系统，其测试结果的最终准确度取决于准确度最低的那一台仪器。所以，从经济性来看，应当选择同等准确度的仪器来组成所需的测量系统。如果条件有限，不可能做到等准确度，则前面环节的准确度应高于后面环节，而不希望与此相反的配置。

（3）线性范围

任何测试系统都有一定的线性范围。在线性范围内，输出与输入成比例关系，线性范围越宽，表明测试系统的有效量程越大。测试系统在线性范围内工作是保证测量准确度的基本条件。然而，测试系统是不容易保证其绝对的直线性的，在有些情况下，只要能满足测量的准确度，也可以在近似线性的区间内工作。必要时，可以进行非线性补偿或修正，线性度是测试系统综合误差的重要组成部分。因此，非线性度总是要求比综合误差小。

（4）稳定性

稳定性表示在规定条件下，测试系统的输出特性随时间的推移而保持不变的能力。影响稳定性的因素是时间、环境和测试仪器的器件状况。在输入量不变的情况下，测试系统在一定时间后，其输出量发生变化，这种现象称为漂移。当输入量为零时，测试系统也会有一定的输出，这种现象称为零漂。漂移和零漂多半是由于系统本身对温度变化的敏感以及元件不稳定（时变）等因素所引起的，它对测试系统的准确度将产生影响。

土木工程监测的对象是在野外露天和地下环境中的岩土介质和结构，其温度、湿度变化大，持续时间长，因此对仪器和元件稳定性的要求比较高，所以，因充分考虑到在监测的整个期间，被测物理量的漂移以及随温度、湿度等引起的变化与综合误差相比在同一数量级。

（5）各特性参数之间的配合

由若干环节组成的一个测试系统中，应注意各特性参数之间的恰当配合，使测试系统处于良好的工作状态。譬如，一个多环节组成的系统，其总灵敏度取决于各环节的灵敏度以及各环节之间的联接形式（串联、并联），该系统的灵敏度与量程是密切相关的，当总灵敏度确定之后，过大或过小的量程，都会给正常的测试工作带来影响。对于连续刻度的显示仪表，通常要求尽量避免输出量落在接近满量程的1/3区间内，否则，即使仪器本身非常精确，测量结果的相对误差也会增大，从而影响测试的准确度。若量程小于输出量，很可能使仪器损坏。由此来看，在组成测试系统时，要注意总灵敏度与量程匹配。又如，当放大器的输出用来推动负载时，它应该以尽可能大的功率传给负载，只有当负载的阻抗和放大器的输出阻抗互为共轭复数时，负载才能获得最大的功率，这就是通常所说的阻抗匹配。

总之，在组成测试系统时，应充分考虑各特性参数之间的关系。除上述必须考虑的因素外，还应尽量兼顾体积小、重量轻、结构简单、易于维修、价格便宜、便于携带、通用化和标准化等一系列因素。

二、传感器选择的原则

选择传感器首先是确定传感器的量程，为此要了解被测物理量在监测期间的最大值和变化范围，这项工作有三条途径来实现，第一是查阅工程设计图纸、设计计算书和有关说明，第二是根据已有的理论估算，第三是由相似工程类比。传感器的量程一般应确定为被测物理量预计最大值的 1.5～2 倍。然后需要了解和掌握测试过程中对传感器的性能要求，一般来说，对传感器的基本要求是：

(1) 输出与输入之间成比例关系，直线性好，灵敏度高；

(2) 滞后、漂移误差小；

(3) 不因其接入而使测试对象受到影响；

(4) 抗干扰能量强，即受被测量之外的量的影响小；

(5) 重复性好，有互换性；

(6) 抗腐蚀性好，能长期使用；

(7) 容易维修和校准。

在选择传感器时，使其各项指标都达到最佳是最好的，但这样就会不经济。实际上也不可能满足上述全部性能要求。

在固体介质（如岩体）中测试时，由于传感器与介质的变形特性不同，且介质变形特性往往呈非线性，因此，不可避免地破坏了介质的原始应力场，引起了应力的重新分布。这样，作用在传感器上的应力与未放入传感器时该点的应力是不相同的，这种情况称为不匹配，由此引起的测量误差叫做匹配误差。故在选择和使用固体介质中的传感器时，其关键问题就是要使传感器与介质相匹配。

为寻求传感器合理的设计和埋设方法，以减小匹配误差和埋设条件的影响，需要解决如下两个问题：

(1) 传感器应满足什么条件，才能与介质完全匹配？

(2) 在传感器与介质不匹配的情况下，传感器上受到的应力与原应力场中该点的实际应力的关系如何？以及在不匹配情况下，传感器需满足什么条件才适合测量岩土中的力学参数，使测量误差在容许的范围内？

由弹性力学可知，均匀弹性体变形时，其应力状态可由弹性力学基本方程和边界条件决定。当传感器放入线性的均匀弹性岩土体中，并且假定其边界条件与岩体结合良好，只有当弹性力学基本方程组有相同的解，传感器放入前后的应力场才完全相同，当边界条件相同时，对于各向同性均质弹性材料，决定弹性力学基本方程组的解的因素只有弹性常数，因此，静力完全匹配条件是传感器与介质的弹性模量 E 和泊松比 μ 相等，如静力问题要考虑体积力时，则还需密度 ρ 相等。而动力完全匹配条件是传感器与介质的弹性模量 E、泊松比 μ 和密度 ρ 相等。这样也满足波动力学中，只有当传感器的动力刚度 $\rho_g c_g$ 与介质的动力刚度 $\rho_s c_s$ 相等时（c 为波速，对各向同性均匀弹性材料，只与 E、μ 有关，ρ 为密度），才不会产生波的反射，也就是达到动力匹配。

显然，要实现完全匹配是很困难的，因此，选择传感器时，只能是在不完全匹配的条件下，使传感器的测量特性按一定规律变化，由此产生的误差为已知的，从而可做必要的修正，或是可以容忍的。

土压力盒是最典型的埋入式传感器，根据国内外的研究，对土压力盒的各结构参数选择有如下建议：

(1) 土压力盒的外形尺寸，应满足厚度与直径之比 $H/D \leqslant 0.1 \sim 0.2$，土压力盒直径 D 要大于土体最大颗粒直径 50 倍，还应考虑压力盒直径 D 与结构特性尺寸的关系和与介质中应力变化梯度的关系。

(2) 静力刚度匹配问题：土压力盒的等效变形模量 E_g 与介质的变形模量 E_s 之比应满足 $E_g/E_s \geqslant 5 \sim 10$。土压力盒与被测岩体泊松比之间的不匹配引起的测量误差较小，可忽略不计。

(3) 带油腔的土压力盒，其感受面积 A_g 与全面积 A_0 之比 A_g/A_0 应介于 0.64～1 之间，当其直径小于 10cm 时，应使 A_g/A_0 介于 0.25～0.45 之间为好。当土压力盒的变形模量 E_g 远大于介质变形模量 E_s 时，d/D 不会对误差产生多大影响，故在这种情况下，关于 A_g/A_0 的条件在选择土压力传感器时并非主要控制因素。

(4) 动力匹配问题：由于动态完全匹配条件过于苛刻而很难满足，所以，一般使土压力盒在介质中的最低自振频率为被测应力波最高谐波频率的 3～5 倍，并且使其直径必须远远小于应力波的波长。同时应使其质量与它所取代的介质的质量相等而达到质量匹配。

在测斜管、分层沉降管、多点位移计锚固头、土压力盒和孔隙水压力计的埋设中，充填材料和充填要求也应遵循静力匹配原则，即充填材料的弹性模量、密度等都要与原来的介质基本一致，所以同样是埋设测斜管，在砂土中可以用四周填砂的方法，在软黏土中，最好分层将土取出，测斜管就位后，分层将土回填到原来的土层中，而在岩体中埋设测斜管，则要采取注浆的方法，注浆体的弹性模量与密度要与岩体的相匹配，埋设其他元件时，充填的要求与此类似。

三、仪器和传感器的标定

传感器的标定（又称率定），就是通过试验建立传感器输入量与输出量之间的关系，即求取传感器的输出特性曲线（又称标定曲线）。由于传感器在制造上的误差，即使仪器相同，其标定曲线也不尽相同。传感器在出厂前都做了标定，因此，在采购的传感器提货时，必须检验各传感器的编号，及与其对应的标定资料。传感器在运输、使用等过程中，内部元件和结构因外部环境影响和内部因素的变化，其输入输出特性也会有所变化，因此，必须在使用前或定期进行标定。

标定的基本方法是利用标准设备产生已知的标准值（如以已知的标准力、压力、位移等）作为输入量，输入到待标定的传感器中，得到传感器的输出量。然后将传感器的输出量与输入的标准量绘制成标定曲线，或用数学方法拟合成一个标定函数。另外，也可以用一个标准测试系统，去测未知的被测物理量，再用待标定的传感器测量同一个被测物理量，然后把两个结果作比较，得出传感器的标定曲线。

标定造成的误差是一种固定的系统误差，对测试结果影响大，故标定时应尽量设法降低标定结果的系统误差和减小偶然误差，提高标定精度。为此，应当做到：

(1) 传感器的标定应该在与其使用条件相似的状态下进行；

(2) 为了减小标定中的偶然误差，应增加重复标定的次数和提高测试精度。

对于自制或不经常使用的传感器，建议在使用前后均做标定，两者的误差在允许的范围内才确认为有效，以避免传感器在使用过程中的损坏引起的误差。

按传感器的种类和使用情况不同，其标定方法也不同，对于荷重、应力、应变传感器和压力传感器等的静态标定方法是利用压力试验机进行标定。更精确的标定则是在压力试验机上用专门的荷载标定器标定。位移传感器的标定则是采用标准量块或位移标定器。

第五节　误差分析和数据处理

　　测量就是将被测物理量与所选用作为标准的同类量进行比较，从而确定它的大小。由于测量误差的存在，被测量的真值是不能准确得到的，测量值和真值之间总是存在一定的差异，这类差异主要来源于测试方法不完善、测试设备的不稳定、周围环境的影响以及人的观察力和测量程序等因素的影响。实践中，一般是以参考量值或以无系统误差的多次重复测量值的平均值代替真值，常用绝对误差、相对误差或有效数字来说明测试结果值的准确程度。为了评定测试数据误差的来源及其影响，需要对测试数据的误差进行分析和讨论。由此可以判定哪些因素是影响测试精确度的主要方面，从而在以后测试中进一步改进测试方案，缩小观测值和真值之间的差值，提高测试的精确性。

　　测试的目的或是测定某个物理量的数值及其分布规律，或是探求两个物理量之间的相互关系。因此，需对测试得到的大量实验数据运用适当的理论和数学工具进行分析处理，以得到能真实描述被测对象性质的物理参数或物理量与物理量之间变化规律的函数关系。①单随机变量数据（如测定岩石试件抗压强度的重复试验）常采用统计分析法，得到它的平均值及表征其离散程度的均方差。②多变量数据（如应力—应变关系等）则需建立它们的函数关系式。由初等数学知识可知，函数有三种表达方法：列表法、图示法和解析法。测试过程中人工读数、数字记录设备或计算机记录的数据文件往往是一系列的数据组，即为列表法的一种。由函数记录仪、绘图仪记录的试验曲线则为图示法。显然列表法数据容易查找，图示法则直观，容易把握其变化趋势。但在数值计算及应用的方便性上，用解析函数则更为方便，而且解析函数，有时还能从物理机理上进一步探讨其规律性。回归方法是利用试验数据建立解析函数形式的经验公式的最基本的方法。

　　任何试验手段都有其局限性，反映在测试数据上就是必定存在着误差。因而有误差是绝对的，没有误差是相对的。把试验得到的结果经数据处理后，在得到物理量特征参数和物理量之间的经验公式的同时，再注明它的误差范围或精确程度，这才是科学的态度。

一、测量误差

1. 误差分类

　　测量值与真值之间的差叫做测量误差，它是由使用仪器、测量方法、周围环境、人的技术训练程度、人的感官条件等技术水平和客观条件的限制所引的，在测量过程中，它是不可能完全消除的，但可通过分析误差的来源、研究误差规律来减小误差，提高精度。并用科学的方法处理实验数据，以达到更接近于真值的最佳效果。无论测量仪器多么精密，获得的观测数据总不完全一致，表现为数据的波动。产生数据波动的原因由许多偶然因素组成，根据测量误差的性质和产生的原因，一般分为如下三类：

　　（1）随机误差

　　随机误差的发生是随机的，其数值变化规律符合一定统计规律，通常为正态分布规律。因此，随机误差的度量是用标准偏差，随着对同一量的测量次数的增加，标准偏差的值变得小了，从而该物理量的值更加可靠。随机误差通常是由于环境条件的波动以及观察者的精神状态的测量条件等引起的。

（2）系统误差

系统误差是在一次测量中，常保持同一数值和同一符号的误差，因而系统误差有一定的大小和方向，它是由于测量原理的方法本身的缺陷、测试系统的性能、外界环境（如温度、湿度、压力等）的改变、个人习惯偏向等因素所引起的误差。有些系统误差是可以消除的，其方法是改进仪器性能、标定仪器常数、改善观测条件和操作方法以及对测定值进行合理修正等。

（3）粗大误差，又称过失误差，它是由于设计错误或接线错误，或操作者粗心大意看错、读错、记错等原因造成的误差，在测量过程中应尽量避免。

2. 精密度、准确度和精度

反映测量结果与真实值接近程度的量，称为精度。它与误差大小相对应，测量的精度越高，其测量误差就越小，精度应包括精密度和准确度两层含义。

（1）精密度：测量中所测得数值重现性的程度，称为精密度。它反映偶然误差的影响程度，精密度高就表示偶然误差小；

（2）准确度：测量值与真值的偏移程度，称为准确度。它反映系统误差的影响程度，准确度高就表示系统误差小。

图 1-46 表达了这三个概念的关系。图中圆的中心代表真值的位置，各小黑点表示测量值的位置。图 1-46（a）表示精密度和准确度都好，因而精度也好的情况；图 1-46（b）表示精密度差，准确度好的情况；图 1-46（c）表示精密度和准确度都差的情况。图中还示出了概率分布密度函数的形状及其与真值的相对位置。很显然，在消除了系统误差的情况下，精度与精密度才是统一的。

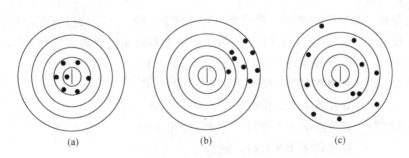

图 1-46　精密度和准确度的关系
(a) 精密度和准确度都好；(b) 精密度差，准确度好；(c) 精密度和准确度都差

表 1-1 通过绝对误差、相对误差、平均偏差、标准偏差的计算来表征准确度与精密度的关系，通常情况下精密度是保证准确度的先决条件，精密度不符合要求表示所测结果不可靠，失去衡量准确度的前提，另一方面精密度高不能保证准确度高。

综上所述，精度是反映测量中所有系统误差和偶然误差综合的影响程度。在一组测量中，精密度高的准确度不一定高，准确度高的精密度也不一定高，但精度高，则精密度和准确度都高。

准确度（误差）		精密度（偏差）	
绝对误差	相对误差	平均偏差	标准偏差
$d = X - \mu$	$\delta = \dfrac{d}{\mu} \times 100\%$	$\delta_平 = \dfrac{\sum \lvert d_i \rvert}{n}$	$s(x_i) = \sqrt{\dfrac{1}{n-1} \sum d_i^2}$

二、有效数字及其运算规则

任何一个物理量，其测量的结果既然都或多或少的有误差，那么这个物理量的数值就不应当无止境的写下去，写多了没有实际意义，写少了又不能比较真实地表达物理量的精度。因此，一个物理量的数值和数学上的某一个数就有着不同的意义，这就引入了一个有效数字的概念。在测试过程中，该用几位有效数字来表示测量或计算结果，总是以一定位数的数字来表示，不是说一个数值中小数点后面位数越多越准确。实验中从测量仪表上所读数值的位数是有限的，而取决于测量仪表的精度，其最后一位数字往往是仪表精度所决定的估计数字。即一般应读到测量仪表最小刻度的十分之一位。数值准确度大小由有效数字位数来决定。

1. 有效数字

测试数据的记录反映了近似值的大小，并且在某种程度上表明了误差。因此，有效数字是对测量结果的一种准确表示，它应当是有意义的数码，而不允许无意义的数字存在。如果把测量结果写成 54.2817 ± 0.05（m）是错误的，由不确定度 0.05（m）可以得知，数据的第二位小数 0.08 已不可靠，把它后面的数字也写出来没有多大意义，正确的写法应当是：54.28 ± 0.05（m）。测量结果的正确表示，对初学者来说是一个难点，在实际工作中，专业人员也经常疏忽，所以，必须加以重视，多次强调，才能逐步形成正确表示测量结果的良好习惯。

为了清楚地表示数值的精度，明确读出有效数字位数，常用指数的形式表示，即写成一个小数与相应 10 的整数幂的乘积。这种以 10 的整数幂来记数的方法称为科学记数法。

如　　75200　　有效数字为 4 位时，记为 7.520×10^4

　　　　　　　　有效数字为 3 位时，记为 7.52×10^4

　　　　　　　　有效数字为 2 位时，记为 7.5×10^4

　　0.00478　　有效数字为 4 位时，记为 4.780×10^{-3}

　　　　　　　　有效数字为 3 位时，记为 4.78×10^{-3}

　　　　　　　　有效数字为 2 位时，记为 4.7×10^{-3}

2. 有效数字运算规则

在进行有效数字计算时，参加运算的分量可能很多。各分量数值的大小及有效数字的位数也不相同，而且在运算过程中，有效数字的位数会越乘越多，除不尽时有效数字的位数也无止境。即便是使用计算器，也会遇到中间数的取位问题以及如何更简洁的问题。测量结果的有效数字，只能允许保留一位欠准确数字，直接测量是如此，间接测量的计算结果也是如此。根据这一原则，为了达到：①不因计算而引进误差，影响结果；②尽量简洁，不做徒劳的运算。简化有效数字的运算，约定下列规则：

（1）记录测量数值时，只保留一位欠准确数字。

（2）加法或减法运算

$478.\underline{2}+3.46\underline{2}=481.\underline{6}6\underline{2}=481.\underline{7}$

$49.2\underline{7}-3.\underline{4}=45.\underline{8}7=45.\underline{9}$

大量计算表明，若干个数进行加法或减法运算，其和或者差的结果的欠准确数字的位置与参与运算各个量中的欠准确数字的位置最高者相同。由此得出结论，几个数进行加法或减法运算时，可先将多余数修约，将应保留的欠准确数字的位数多保留一位进行运算，最后结果按保留一位欠准确数字进行取舍。这样可以减小繁杂的数字计算。

推论：（1）若干个直接测量值进行加法或减法计算时，选用精度相同的仪器最为合理。

（2）乘法和除法运算：

$834.\underline{5}\times23.\underline{9}=19\underline{9}44.\underline{55}=1.9\underline{9}\times10^4$

$2569.\underline{4}\div19.\underline{5}=13\underline{1}.\underline{7}64\underline{1}\cdots=13\underline{2}$

由此得出结论：用有效数字进行乘法或除法运算时，乘积或商的结果的有效数字的位数与参与运算的各个量中有效数字的位数最少者相同。

（3）测量的若干个量，若是进行乘法除法运算，应按照有效位数相同的原则来选择不同精度的仪器。

（4）乘方和开方运算：

$$(7.32\underline{5})^2=53.6\underline{6}$$

$$\sqrt{32.\underline{8}}=5.7\underline{3}$$

由此可见，乘方和开方运算的有效数字的位数与其底数的有效数字的位数相同。

（5）有效数字的修约。

当有效数字位数确定后，其余数字一律舍弃。舍弃办法是四舍六入，即末位有效数字后边第一位小于 5，则舍弃不计；大于 5 则在前一位数上增 1；等于 5 时，前一位为奇数，则进 1 为偶数，前一位为偶数，则舍弃不计。这种舍入原则可简述为："小则舍，大则入，正好等于奇变偶"。如：保留 4 位有效数字：

$$3.71729\rightarrow3.717$$

$$5.14285\rightarrow5.143$$

$$7.62356\rightarrow7.624$$

$$9.37656\rightarrow9.376$$

三、单随机变量的处理

1. 误差统计

由于在测量过程中有误差存在，因此得到的测量结果与被测量的实际量之间，始终存在着一个差值，即测量误差。测量误差可以用绝对误差、相对误差和引用误差表示。

在实际测量中，测量误差是随机变量，因而测量值也是随机变量。由于真值无法测到，因而用大量的观测次数的平均值近似地表示，并对误差的特性和范围作出估计。

（1）真值与平均值

真值是被测物理量客观存在的确定值，也称理论值或定义值。通常真值是无法测得的，理论上，测量的次数无限多时，根据误差的分布规律，正负误差的出现几率相等，因此将测量值加以平均，可以获得非常接近于真值的数值，但是实际上实验测量的次数总是有限的，用有限测量值求得的平均值只能是近似真值。常用的平均值有下列几种：

算术平均值是最常见的一种平均值，当未知量 x_0 被测量 n 次，并被记录为 x_0、x_1、…、x_n 个数，那么 $x_r = x_0 + e_r$，式中 e_r 观测中的不确定度，它或正或负。n 次测量的算术平均值 $\overline{X}$ 为：

$$\overline{X} = \frac{x_1 + x_2 + \cdots\cdots + x_n}{n} = x_0 + \frac{e_1 + e_2 + \cdots\cdots + e_n}{n} \tag{1-42}$$

因为误差一部分为正值，一部分为负值，数值 $(e_1 + e_2 + \cdots\cdots + e_n)$ 将很小，在任何情况下，它在数值上均小于各个独立误差的最大值。因此，如果 e 是测量中某一最大误差，则 $(e_1 + e_2 + \cdots\cdots + e_n)/n \ll e$，故而 $\overline{X} - x_0 \ll e$

所以，一般来说，$\overline{X}$ 将接近 x_0 值，并可以认为是该物理量的最佳值。通常 n 越大，$\overline{X}$ 越接近 x_0，应该指出，因为 x_0 是未知的，因此通常考查的是围绕平均值 $\overline{X}$ 而不是 x_0 的散布程度。

几何平均值是将一组 n 个测量值连乘并开 n 次方求得的平均值，即：

$$\overline{X}_n = \sqrt[n]{x_1 \cdot x_2 \cdots x_n} \tag{1-43}$$

均方根平均值：

$$\overline{X}_{均} = \sqrt{\frac{x_1^2 + x_2^2 + \cdots + x_n^2}{n}} = \sqrt{\frac{\sum\limits_{i=1}^{n} x_i^2}{n}} \tag{1-44}$$

以上介绍各平均值的目的是要从一组有限次数的测定值中找出最接近真值的那个值。

(2) 平均偏差

平均偏差是各个测量点的绝对误差的平均值。

$$\delta_{平} = \frac{\sum |d_i|}{n} \qquad i = 1，2，\cdots，n \tag{1-45}$$

式中 n——测量次数；

d_i——为第 i 次测量的误差。

(3) 标准偏差

标准偏差亦称为均方根误差，其统计学上的定义为：

$$\sigma = \sqrt{D(x)} = \lim_{n \to \infty} \sqrt{\frac{1}{n} \sum_{i=1}^{n} (x_i - \mu)^2} \tag{1-46}$$

上式中的真值 μ 实际上是未知的，一般以算术平均值 $\overline{X}$ 来作为真值的最佳估计值，因此，用 $\overline{X}$ 代替 μ，而用 s 作为标准误差 σ 的估计值，此时有：

$$s = \lim_{n \to \infty} \sqrt{\frac{1}{n} \sum_{i=1}^{n} (x_i - \overline{X})^2} \tag{1-47}$$

由于 s^2 不是 σ^2 的无偏估计值，需要把得到的 s^2 乘上 $\frac{n}{n-1}$ 才是 σ^2 的无偏估计值，此时有：

$$\sigma^2 = \frac{n}{n-1} s^2 = \frac{n}{n-1} \cdot \frac{1}{n} \sum_{i=1}^{n} (x_i - \overline{X})^2 = \frac{1}{n-1} \sum_{i=1}^{n} (x_i - \overline{X})^2 \tag{1-48}$$

为了区别总体标准偏差，用 s 作为总体标准偏差 σ 的无偏估计值，则有：

$$s = \sqrt{\frac{1}{n-1}\sum_{i=1}^{n}(x_i - \overline{X})^2} = \sqrt{\frac{1}{n-1}\sum d_i^2} \qquad (1\text{-}49)$$

这就是著名的贝塞尔公式（Bessel Formula）。对于同一个被测量作 n 次测量，表征测量结果分散性的参数 s 可用贝塞尔公式求出，称其为单次测量的标准偏差，即测量结果取测量列的任一次 x_i 时所对应的标准偏差，一般称为实验标准偏差，是表征测量结果分散性的重要参数。简而言之，标准偏差不是一个具体的误差，σ 的大小只说明在一定条件下等精度测量集合所属的每一个观测值对其算术平均值的分散程度，如果 σ 的值愈小则说明每一次测量值对其算术平均值分散度就小，测量的精度就高，反之精度就低。

（4）变异系数 C_V

如果两组同性质的数据标准误差相同，则可知两组数据各自围绕其平均数的偏差程度是相同的，它与两个平均数大小是否相同完全无关，而实际上考虑相对偏差是很重要的，因此，把样本的变异系数定义为：

$$C_V = \frac{\sigma}{X} \qquad (1\text{-}50)$$

2. 误差的分布规律

测量误差服从统计规律，其概率分布服从正态分布形式，随机误差方程式用正态分布曲线表示为：

$$y = \frac{1}{\sigma\sqrt{2x}}e^{-\frac{(x_i-\overline{X})^2}{2\sigma^2}} \qquad (1\text{-}51)$$

式中 y——测量误差 $(x_i - \overline{X})$ 出现的概率密度。

图 1-47 是按上式画出来的误差概率密度图，由此可以看出误差值分布的四个特征。

（1）单峰值。绝对值小的误差出现的次数比绝对值大的误差出现的次数多。曲线形状似钟状，所以大误差一般不会出现。

（2）对称性。大小相等、符号相反的误差出现的概率密度相等。

（3）抵偿性。同条件下对同一量进行测量，其误差的算术平均值随着测量次数 n 无限增大而趋于零，即误差平均值的极限为零。凡具有抵偿性的误差，原则上都可以按随机误差处理。

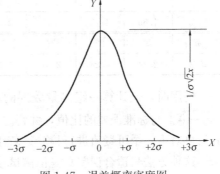

图 1-47 误差概率密度图

（4）有界性。在一定测量条件下的有限测量值中，其误差的绝对值不会超过一定的界限。

计算误差落在某一区间内的测量值出现的概率，在此区间内将 y 积分即可，计算结果表明：

误差在 $-\sigma$ 与 $+\sigma$ 之间的概率为 68.3%；

误差在 -2σ 与 $+2\sigma$ 之间的概率为 95.4%；

误差在 -3σ 与 $+3\sigma$ 之间的概率为 99.7%。

在一般情况下，99.7% 已可认为代表多次测量的全体，所以把 $\pm3\sigma$ 叫作极限误差，因此，若将某多次测量数据记为 $\overline{m} \pm 3\sigma$，则可认为对该物理量所进行的任何一次测量值，不会超出该范围。

3. 可疑数据的剔除

在测试过程中不可避免会存在一些异常数据，而异常数据的存在会掩盖测试对象的变化规律和对分析结果产生重要的影响，异常值的检验与正确处理是保证原始数据可靠性和平均值与标准差计算准确性的前提。由异常值造成的粗大误差与随机误差有着明显的区别，在大多数情况下反映在是否服从正态分布。通常情况下，随机误差按照正态分布的规律出现，在分布中心附近出现的机会最多，在远离分布中心处出现的机会最少。根据这一规律，如果在实际测量中有一个远离分布中心的数值，即可判断此数值是属于异常值应予以剔除，异常值的判断准则就是根据这个总的原则确定的。在多次测量的实验中，有时会遇到有个别测量值和其他多数测量值相差较多的情况，这些个别数据就是所谓的可疑数据。

对于可疑数据的剔除，可以利用正态分布来确定取舍。因为在多次测量中，误差在 -3σ 与 $+3\sigma$ 之间时，其出现概率为 99.7%，也就是说，在此范围之外的误差出现的概率只有 0.3%，即测量 300 多次才可能遇上一次。于是对于通常只进行一二十次的有限测量，就可以认为超出 $\pm 3\sigma$ 的误差为可疑数据，应予以剔除。但是，有的大的误差仍属于随机误差，不应该舍去。由此可见，对数据保留的合理误差范围是同测量次数 n 有关的。

表 1-2 中推荐了一种试验值舍弃标准，超过的可以舍去，其中 n 是测量次数，d_i 是合理的误差限，σ 是根据测量数据算得的标准误差。

试验值舍弃标准

表 1-2

n	5	6	7	8	9	10	12	14	16	18
d_i/σ	1.68	1.73	1.79	1.86	1.92	1.99	2.03	2.10	2.16	2.20
n	20	22	24	26	30	40	50	100	200	500
d_i/σ	2.24	2.28	2.31	2.35	2.39	2.50	2.58	2.80	3.02	3.29

使用时，先计算一组测量数据的均值 $\overline{X}$ 和标准误差 σ，再计算可疑值 x_k 误差 $d = |x_k - \overline{X}|$ 与标准误差的比值，并将之与表中的 d_i/σ 相比，若大于表中值则应当舍弃。舍弃后再对下一个可疑值进行检验。若小于表中值，则可疑值是合理的。

这种方法只适合误差只是由测试技术原因及样本代表性不足的数据处理，对现场测试和探索性试验中出现的可疑数据的舍弃，必须要有严格的科学依据，而不能简单地用数学方法来舍弃。

4. 处理结果的表示

现以一个例子来说明单随机变量的处理过程和表示方法，取自同一岩体的 10 个岩石试件的抗压强度分别为：15.2、14.6、16.1、15.4、15.5、14.9、16.8、18.3、14.6、15.0。对数据的分析处理如下：

(1) 计算平均值 $\overline{\sigma}_c$。

$$\overline{\sigma}_c = \frac{\sum_{i=1}^{10} \sigma_{ci}}{10} = \frac{156.4}{10} = 15.64 \approx 15.6 \text{MPa}$$

（2）计算标准误差 σ

$$\sigma=\sqrt{\frac{(\sigma_{ci}-\bar{\sigma}_c)^2}{n-1}}=\sqrt{\frac{12.024}{9}}=1.16\text{MPa}$$

（3）剔除可疑值

第 8 个数据 18.3 与平均值的偏差最大，疑为可疑值，经计算：

$$\frac{d}{\sigma}=\frac{18.30-15.60}{1.16}=2.29>\frac{d_{10}}{\sigma}=1.99，\text{故 18.30 应当剔除。}$$

（4）再计算其余 9 个值的算术平均值和标准误差

$$\bar{\sigma}_c=\frac{\sum\limits_{i=1}^{9}\sigma_{ci}}{n}=15.3\text{MPa}$$

$$\sigma=\sqrt{\frac{\sum(\sigma_{ci}-\bar{\sigma}_c)^2}{n-1}}=\sqrt{\frac{4.9484}{8}}=0.768$$

在余下的数据中再检查可疑数据，取与平均值偏差最大的第 7 个数据 16.8，经计算：

$$\frac{d}{\sigma}=\frac{16.8-15.3}{0.786}=1.908<\frac{d_9}{\sigma}=1.92，\text{故 16.8 这个数据是合理的。}$$

（5）结果的表示

处理结果用算术平均值和极限误差表示，即

$$\bar{\sigma}_c=\bar{\sigma}_c\pm3\sigma=15.3\pm3\times0.786=15.3\pm2.36\text{MPa}$$

根据误差的分布特征，该种岩石的抗压强度在 $12.94\sim17.66\text{MPa}$ 的概率是 99.7%，正常情况下的测试结果不会超出该范围。

5. 保证极限法

《建筑地基基础设计规范》GB 50007—2011 中对重要建筑物的地基土指标规定采用保证极限法。这种方法是根据数理统计中的推断理论提出的。如上所述，在 $\bar{X}-k\sigma$ 区间内数据出现的概率与所取的 k 有关。例如 $k=2$ 相当于保证率为 95%，即在 $\bar{X}\pm2\sigma$ 区间内数据出现的概率为 95%。依大子样推断区间估计的理论，k 值与抽样的子样个数 n 无关。在实用上，保证值不是以某一区间来表示，而是以偏于安全为原则来选取最大值或最小值。如承载力等指标采用最小值 $\bar{X}-k\sigma$，含水量等指标采用最大值 $\bar{X}+k\sigma$，对于采用最小值的指标来说，保证值表示大于该值的数据出现的概率等于所选取的保证率 y，对于采用最大值的指标来说，保证值表示小于该值的数据出现的概率等于所选取的保证率，显然，保证率越大，则采用值的安全度越大。

根据随机误差的分布规律，可计算出 k 与保证率的关系如表 1-3。

k 值与保证率 表 1-3

k	0.00	0.67	1.00	2.00	2.58	3.00
保证率（%）	0.00	50.0	68.0	95.0	99.0	99.7

因此在上例中，岩石抗压强度采用最小值，则：

$k=1$：$\sigma_c=\bar{\sigma}_c-\sigma=15.3-0.786=14.5$，岩石抗压强度大于 14.5MPa 的保证率为 50%；

$k=2$：$\sigma_c = \overline{\sigma}_c - 2\sigma = 15.3 - 2 \times 0.786 = 13.7$，岩石抗压强度大于 13.7MPa 的保证率为 95%；

$k=3$：$\sigma_c = \overline{\sigma}_c - 3\sigma = 15.3 - 3 \times 0.786 = 12.94$，岩石抗压强度大于 12.94%MPa 的保证率为 99.7%。

而对于含水量，则采用最大值，如果一组土样的含水量平均值 $\overline{w} = 0.40$，标准误差 $\sigma = 0.05$，则：

$k=1$：$w = \overline{w} + \sigma = 0.40 + 0.05 = 0.45$，含水量小于 0.45 的保证率为 50%；

$k=2$：$w = \overline{w} + 2\sigma = 0.40 + 2 \times 0.05 = 0.50$，含水量小于 0.50 的保证率为 95%；

$k=3$：$w = \overline{w} + 3\sigma = 0.40 + 3 \times 0.05 = 0.55$，含水量小于 0.55 的保证率为 99.7%。

四、测试数据的滤波处理

在实验测试中，已经普遍采用计算机进行数据处理，如何获得平滑理想的测试曲线是一个较为突出的困难问题。由于在测试过程中存在难以避免的噪声干扰，数据处理过程中的模数转换及其他一些存在于测试系统中的特殊原因，测试曲线上往往伴有各种频率成分的振荡次谐波。振荡严重时会使测试误差大大增加，甚至无法做进一步分析和计算而获得可靠的测试数据。因此，对测试曲线进行后处理——滤波处理，滤除曲线上所伴有的次谐波振荡，恢复它的本来的真实面目是极为重要的。这里介绍三种工程中常用的曲线滤波处理方法。

1. 算术平均滤波法

（1）算术平均滤波法实现方法

算术平均滤波法将 N 次采样或测量得到的值取平均值，作为本次测量输出值。设每次采样值为 x_i，$i = 1, 2, \cdots, N$，则经过算术平均滤波后输出为：

$$\overline{X} = \frac{1}{N}\sum_{i=1}^{N} x_i \tag{1-52}$$

（2）算术平均滤波原理

该方法以统计理论为基础。将每次采样或测量得到的值 x_i 表示为：

$$x_i = s_i + n_i, i = 1, 2, \cdots, N$$

式中　s_i——实际值；

　　　n_i——噪声。

其平均值为：

$$\overline{X} = \frac{1}{N}\sum_{i=1}^{N} x_i = \frac{1}{N}\sum_{i=1}^{N}(s_i + n_i) = \frac{1}{N}\sum_{i=1}^{N} s_i + \frac{1}{N}\sum_{i=1}^{N} n_i \tag{1-53}$$

当噪声或干扰为随机量，且其均值为零时，有：

$$\lim_{N \to \infty} \frac{1}{N}\sum_{i=1}^{N} n_i = 0 \tag{1-54}$$

因此，取平均值可以有效去除随机干扰，即有：

$$\overline{X} = \frac{1}{N}\sum_{i=1}^{N} x_i = \frac{1}{N}\sum_{i=1}^{N} s_i \tag{1-55}$$

这就是采用算术平均滤波能去除噪声或干扰的原理。

（3）算术平均滤波法的应用条件

1）算术平均滤波法适用于对一般具有随机干扰的信号进行滤波，这种信号的特点是有一个平均值，信号在某一数值附近上下波动；

2）噪声与信号相互独立且平稳；

3）噪声加性作用于信号。

（4）算术平均滤波法的应用场合

1）点值的测量与控制，如压力值、温度等的测量与控制；

2）时间历程的测量与分析，此时的平均是空间平均，即不同样本在同一时刻的平均。

（5）算术平均滤波法的特点

1）算法简单，性能可靠，方便应用于以单片机为核心的测量及控制系统上，方便编程，占用资源较少；

2）算术平均滤波法对信号的平滑程度完全取决于 N。当 N 较大时，平滑度高，但灵敏度低；当 N 较小时，平滑度低，但灵敏度高。

（6）算例

图 1-48 给出了一正弦信号 $s(t) = \sin(2\pi \times 100t)$，其中混有零均值高斯白噪声时，利用算术平均滤波法对其进行滤波处理的结果图。

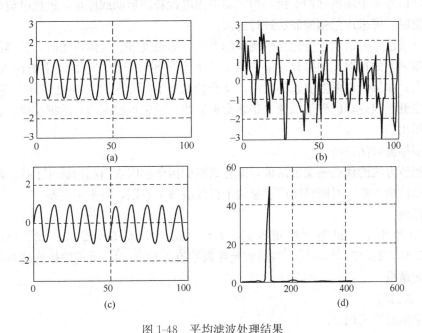

图 1-48　平均滤波处理结果

（a）原始信号；（b）加噪信号；（c）算术平均法去噪后信号；（d）滤波后信号频谱

2. 限幅滤波法

（1）限幅滤波实现方法

根据经验判断，确定两次采样允许的最大偏差值（设为 A），每次检测到新值时判断：如果本次值与上次值之差小于等于 A，则本次值有效；如果本次值与上次值之差大于 A，则本次值无效，放弃本次值，用上次值代替本次值。该方法又称为程序判断滤波法，可用数学关系表述如下：

设第 k 次测量的值为 $y(k)$，前一次测量值为 $y(k-1)$，允许最大偏差值为 A，则当

前测量值 y 为：

$$y = \begin{cases} y(k), & |y(k)-y(k-1)| \leqslant A \\ y(k-1), & |y(k)-y(k-1)| > A \end{cases} \tag{1-56}$$

有时，当本次值与上次值之差大于最大允许偏差值时，采用折中方法，即令当前输出值为 $\dfrac{y(k)+y(k-1)}{2}$。

（2）限幅滤波原理

任何动力系统的状态参量变化都与其他时刻的状态参量有关，不可能发生突变，一旦发生突变，极有可能是受到了干扰。反映在工程测量中，即许多物理量的变化都需要一定的时间，相邻两次采样值之间的变化有一定的限度。

限幅滤波就是根据实践经验确定出相邻两次采样信号之间可能出现的最大偏差值，若超出此偏差值，则表明该输入信号是干扰信号，应该去掉；若小于此偏差值，可将信号作为本次采样值。这类干扰可以是随机出现的，但它不是统计意义下的随机噪声。

（3）限幅滤波法的应用场合

当采样信号由于随机脉冲干扰，如大功率用电设备的启动或停止，造成电流的尖峰干扰或误检测时，可采用限幅滤波法进行滤波。

限幅滤波法主要适用于变化比较缓慢的参数，如温度等。具体应用时，关键的问题是最大允许偏差值的选取，如果允许偏差值选的太大，各种干扰信号将"乘虚而入"，使系统误差增大；如果允许偏差值选的太小，又会使某些有用信号被"拒之门外"，使计算机采样效率变低。因此，门限值的选取是非常重要的。通常可根据经验数据获得，必要时也可由实验得出。

（4）限幅滤波法的特点

这种滤波方法的优点是实现简单，能有效克服因偶然因素引起的脉冲干扰。缺点是无法抑制周期性的干扰，对随机噪声引起的干扰滤波效果有限，且平滑度差。

（5）算例

图 1-49 给出了一组温度监测数据，$T = [25.40，25.50，25.38，25.48，25.42，25.46，25.45，25.43，25.51]$，当最大允许偏差值为 0.10 时，采用限幅滤波对信号进行处理的滤波结果。

3. 中值滤波法

（1）中值滤波实现方法

中值滤波是对某一被测参数连续采样 N 次（一般 N 取奇数），然后把 N 次采样值从小到大，或从大到小排列，再取其中间值作为本次采样值。

（2）中值滤波原理

当系统受到外界干扰时，其状态参量会偏离实际值，但干扰总是在实际值的周围上下波动。

（3）中值滤波法的特点及应用场合

中值滤波法能有效克服因偶然因素引起的脉动干扰。如，对温度、液位等变化缓慢的被测参数有良好的滤波效果，但对流量、速度等快速变化的参数不适宜。这种滤波方法简单实用，便于程序实现。

（4）算例

图 1-50 给出了某物体的温度变化数据，$T = [25.40, 25.50, 25.68, 25.48,$ $25.42, 25.46, 25.45, 25.43, 25.51]$，采用中值滤波（取 $N=3$）对信号进行处理的滤波结果。

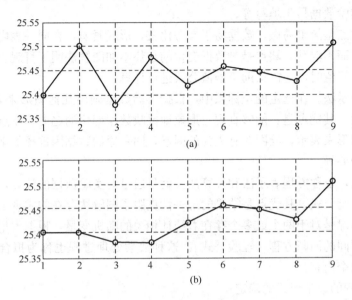

图 1-49　限幅滤波结果

（a）原始温度检测数据；（b）限幅滤波后温度数

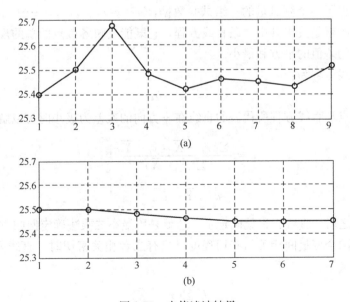

图 1-50　中值滤波结果

（a）原始温度检测数据；（b）中值滤波后温度数据

五、多变量数据的处理——经验公式的建立

在试验研究中，不但要测量固定量的平均值和分布特性，更重要的是通过试验研究一

些变量之间的相互关系，从而探求这些物理量之间相互变化的内在规律。对于这类两个以上变化着的物理量的试验数据处理通常有如下三种方法。

（1）列表法。根据实验的预期目的和内容，合理地设计数表的规格和形式，使其具有明确的名称和标题，能够对重要的数据和计算结果突出表示，有清楚的分项栏目，必要的说明和备注，实验数据易于填写等。

列表法的优点是简单易做，数据易于参考比较，形式紧凑，在同一表内可以同时表示几个变量的变化而不混乱。缺点是对数据变化的趋势不如图解法明了直观。利用数表求取相邻两数据的中间值时，还需借助于插值公式进行计算。

（2）图形表示法。在选定的坐标系中，根据实验数据画出几何图形来表示试验结果，通常采用散点图。其优点是：能够直观、形象地反映数据变化的趋向。缺点是：超过 3 个变量就难以用图形来表示，绘图含有人为的因素，同一原始数据因选择的坐标和比例尺的不同也有较大的差异。

（3）解析法，也称方程表示法和计算法。就是通过对实验数据的计算，求出表示各变量之间关系的经验公式。其优点是结果的统一性克服了图解法存在的主观因素的影响。

最简单的情况是对于两个或多个存在着统计相关的随机变量，根据大量有关的测量数据来确定它们之间的回归方程（经验公式）。这种数学处理过程也称为拟合过程。回归方程的求解包括两个内容：

1）回归方程的数学形式的确定；

2）回归方程中所含参数的估计。

1. 一元线性回归方程

通过测量获得了两个测试量的一组试验数据，(x_1, y_1)，(x_2, y_2)……(x_n, y_n)。一元线性回归分析的目的就是找出其中一条直线方程，它既能反映各散点的总的规律，又能使直线与各散点之间的差值的平方和最小。

设欲求的直线方程为：

$$y = a + bx \tag{1-57}$$

取所有数据点与直线方程所代表的直线在 y 方向的残差为极小时可以解得：

$$\left. \begin{array}{l} b = \dfrac{\sum (x_i - \overline{X})(y_i - \overline{Y})}{\sum (x_i - \overline{X})^2} \\[4mm] a = \overline{Y} - b\overline{X} \end{array} \right\} \tag{1-58}$$

求出 a 和 b 之后，直线方程就确定了，这就是用最小二乘法确定回归方程的方法。但是，还必须检验两个变量间相关的密切程度，只有二者相关密切时，直线方程才有意义，线性相关系数定义为：

$$r^2 = \frac{b^2 \sum (x_i - \overline{X})^2}{\sum (y_i - \overline{Y})^2} \tag{1-59}$$

$r = \pm 1$，表示完全线性相关，$r = 0$ 表示线性不相关。因而 r 表示 x_i 与 y_i 之间的相关密切程度。但具有相同 r 的回归方程，其置信度与数据点数有关，数据点越多，置信度越高，见表 1-4。

相关系数检验表　　　　　　　　　　　　　表 1-4

| | 置 信 度 | | | 置 信 度 | |
$n-2$	5%	1%	$n-2$	5%	1%
1	0.997		18	0.444	0.561
2	0.950	0.990	22	0.404	0.515
3	0.878	0.959	26	0.374	0.478
4	0.811	0.917	30	0.349	0.449
5	0.754	0.874	35	0.325	0.418
6	0.707	0.834	40	0.304	0.393
7	0.666	0.798	45	0.288	0.372
8	0.632	0.765	50	0.273	0.354
9	0.602	0.735	60	0.250	0.325
10	0.576	0.708	70	0.232	0.354
11	0.553	0.684	80	0.217	0.283
12	0.532	0.661	90	0.205	0.267
13	0.514	0.641	100	0.195	0.254
14	0.497	0.623	125	0.174	0.228
15	0.468	0.606	150	0.159	0.208

另一方面，计算回归方程的均方差也可以估计其精度，并判断试验数据点中是否有可疑点需舍去，对于一元线性回归方程，其均方差为：

$$\sigma = \pm\sqrt{\frac{Q}{n-2}} \qquad\qquad (1\text{-}60)$$

因此，一元线性回归方程的表达形式为：

$$y = a + bx \pm 3\sigma \qquad\qquad (1\text{-}61)$$

若将离散点和回归曲线及上下误差限曲线同时绘于图上（图 1-51），则落在上下误差线外的点必须舍去。

2. 可线性化的非线性回归

在实际问题中，自变量与因变量之间未必总是有线性的相关关系，在某些情况下，可以通过对自变量作适当的变换把一个非线性的相关关系转化成线性的相关关系，然后用线性回归分析来处理。通常是根据专业知识列出函数关系式，再对自变量作相应的变换。如果没有足够的专业知识可以利用，那么就要从散点图上去观察。根据图形的变化趋势列出函数式，再对自变量作变换。在实际工作中，真正找到这个适当的变换往往不是一次能奏效的，需要做多次试算。对自变量 t 变换的常用形式有以下 6 种：

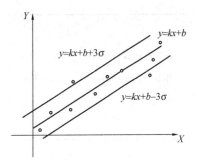

图 1-51　回归曲线及上下
误差限曲线

$$x = t^2, \quad x = t^3, \quad x = \sqrt{t}$$

$$x = \frac{1}{t}, \quad x = e^t, \quad x = \ln t$$

既然自变量可以变换，那么能否对因变量 y 也作适当的变换呢？这需要慎重对待，因为 y 是一个随机变量，对 y 作变换会导致 y 的分布改变，即有可能导致随机误差项不满足服从零均值正态分布这个基本假定。但在实际工作中，许多应用统计工作者常常习惯于对回归函数 $y=f(x)$ 中的自变量 x 与因变量 y 同时作变换，以便使它成为一个线性函数，常用的形式列于表 1-5。这种回归分析的相关程度如何是不太清楚的。

可化为线性的非线性回归

表 1-5

函数及变换关系	图　　形
双曲线：$\dfrac{1}{y} = a + \dfrac{b}{x}$ 作变换：$u = \dfrac{1}{y}, \quad v = \dfrac{1}{x}$ 则：$u = a + bv$	
幂函数：$y = ax^b$ 作变换：$u = \ln y, v = \ln x, c = \ln a$ 则：$u = c + bv$	
指数函数：$y = ae^{bx}$ 作变换：$u = \ln y, c = \ln a$ 则：$u = c + bx$	
倒指数函数：$y = ae^{\frac{b}{x}}$ 作变换：$u = \ln y, v = \dfrac{1}{x}, c = \ln a$ 则：$u = c + bv$	
对数函数：$y = a + b\ln x$ 作变换：$v = \ln x$ 则：$y = a + bv$	

函数及变换关系	图　形
S形曲线：$y = \dfrac{1}{a + be^{-x}}$ 作变换：$u = \dfrac{1}{y}, v = e^{-x}$ 则：$u = a + bv$	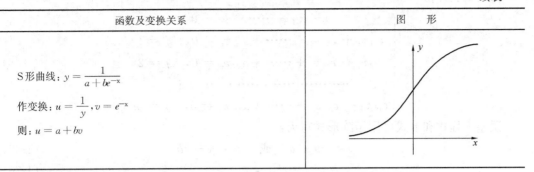

3. 多元线性回归方程

多元线性回归方程的数学模型为：

$$y = \beta_0 + \beta_1 x_1 + \beta_2 x_2 + \cdots + \beta_m x_m \tag{1-62}$$

通过实验数据求出的回归系数只能是 β_i 的近似值 $b_j(j = 1, 2, \cdots, m)$。把估计值 b_j 作为方程的系数，就可得到经验公式，把 n 次测量等到的 x_{ij}（$i = 1$，2，$\cdots n$，为测量系数；$j = 1$，2，$\cdots m$，为所含自变量的个数）代入经验公式，就可等到 n 个 y 的估计值 $\hat{y}_i$，即：

$$\begin{cases} \hat{y}_1 = b_0 + b_1 x_{11} + b_2 x_{12} + \cdots\cdots + b_m x_{1m} \\ \hat{y}_2 = b_0 + b_1 x_{21} + b_2 x_{22} + \cdots\cdots + b_m x_{2m} \\ \cdots\cdots\cdots\cdots\cdots\cdots\cdots\cdots \\ \hat{y}_m = b_0 + b_1 x_{n1} + b_2 x_{n2} + \cdots\cdots + b_m x_{nm} \end{cases} \tag{1-63}$$

通过相应的测量得到 n 个 y_i 值，根据剩余误差的定义，n 次测量的剩余误差为：

$$v_i = y_i - y_i \qquad i = 1, 2, \cdots, n \tag{1-64}$$

得到误差方程式：

$$\begin{cases} y_1 = b_0 + b_1 x_{11} + b_2 x_{12} + \cdots + b_m x_{1m} + v_1 \\ y_2 = b_0 + b_1 x_{21} + b_2 x_{22} + \cdots + b_m x_{2m} + v_2 \\ \cdots\cdots\cdots\cdots\cdots\cdots\cdots\cdots \\ y_n = b_0 + b_1 x_{n1} + b_2 x_{n2} + \cdots + b_m x_{nm} + v_n \end{cases} \tag{1-65}$$

若想通过 n 次测量得到的数据 y_i 和 x_{ij} 求出经验公式中 $m + 1$ 回归系数。即被求值有 $m + 1$ 个而方程式有 n 个，在实验测量中，通常 $n > m + 1$，即方程的个数多于未知数个数，可利用最小二乘原理，求出剩余误差平方和为最小的解，即使得：

$$Q = \sum_{i=1}^{n} v_i^2 = \sum_{i=1}^{n} (y_i - \hat{y})^2 = \sum_{i=1}^{n} (y_i - b_0 - b_1 x_{i1} - b_2 x_{i2} - \cdots - b_m x_{im})^2 = \min \tag{1-66}$$

根据微分中极值定理，当 Q 对多未知量的偏导为 0 时，Q 才达到其极值，故对 Q 求各未知量 b_j 的偏导并令其为 0，得：

$$\begin{cases} \dfrac{\partial Q}{\partial b_0} = -2 \sum_{i=1}^{n} (y_i - \hat{y}_i) = 0 \\[4mm] \dfrac{\partial Q}{\partial b_j} = -2 \sum_{i=1}^{n} (y_i - \hat{y}_i) x_{ij} = 0 \end{cases} \tag{1-67}$$

将上式展开得：

$$
\begin{cases}
v_1 + v_2 + \cdots\cdots + v_n = 0 \\
x_{11}v_1 + x_{21}v_2 + \cdots\cdots + x_{n1}v_n = 0, \quad j=1 \\
x_{12}v_1 + x_{22}v_2 + \cdots\cdots + x_{n2}v_n = 0, \quad j=2 \\
\qquad\cdots\cdots\cdots\cdots\cdots\cdots\cdots \quad \vdots \\
x_{1m}v_1 + x_{2m}v_2 + \cdots\cdots + x_{nm}v_n = 0, \quad j=m
\end{cases}
\tag{1-68}
$$

误差方程式和上式可用矩阵形式写为：

$$
y = xb + v \quad \text{或} \quad v = y - xb \tag{1-69}
$$

$$
x^T v = 0 \tag{1-70}
$$

其中：

$$
y = \begin{bmatrix} y_1 \\ y_2 \\ \vdots \\ y_n \end{bmatrix} \quad
x = \begin{bmatrix} 1 & x_{11} & x_{12} & \cdots & x_{1m} \\ 1 & x_{21} & x_{22} & \cdots & x_{2m} \\ \vdots & \vdots & \vdots & \vdots & \vdots \\ 1 & x_{n1} & x_{n2} & \cdots & x_{nm} \end{bmatrix} \quad
v = \begin{bmatrix} v_1 \\ v_2 \\ \vdots \\ v_n \end{bmatrix} \quad
b = \begin{bmatrix} b_0 \\ b_1 \\ b_2 \\ \vdots \\ b_m \end{bmatrix}
$$

将式（1-69）代入式（1-70）得：

$$
x^T(y - xb) = 0 \quad\quad \text{即} \quad x^T y - x^T xb = 0
$$

故
$$
x^T xb = x^T y \tag{1-71}
$$

即
$$
b = (x^T x)^{-1} x^T y \tag{1-72}
$$

求解正规方程式（1-71）或求出矩阵式（1-72），即得多元线性回归方程的系数的估计矩阵 b，即经验系数 $b_0, b_1, b_2, \cdots, b_m$。

为了衡量回归效果，还要计算以下五个量。

① 偏差平方和 Q：

$$
Q = \sum_{i=}^{n} \left[y_i - (b_0 + b_1 x_{1i} + b_2 x_{2i} + \cdots + b_m x_{mi}) \right]^2 \tag{1-73}
$$

② 平均标准偏差 s：

$$
s = \sqrt{\frac{g}{n}} \tag{1-74}
$$

③ 复相关系数：

$$
r = \sqrt{1 - \frac{Q}{d_{yy}}} \tag{1-75}
$$

其中：$d_{yy} = \sum_{i=1}^{n} (y_i - \overline{Y})^2$；而 $\overline{Y} = \sum_{i=1}^{n} y_i / n$。

④ 偏相关系数 V：

$$
V_i = \sqrt{1 - \frac{Q}{Q_i}}, \quad i = 1, 2, \cdots, m \tag{1-76}
$$

其中：
$$
Q_i = \sum_{i=1}^{n} \left[y_i - (a_0 + \sum_{\substack{k=1 \\ k=\pm j}}^{n} a_k x_{ki}) \right]^2
$$

当 V_i 越大时，说明 x_i 对于 y 的作用越显著，此时不可把 x_i 剔除。

4. 多项式回归方程

多项式回归方程的数学模型为：

$$y = \beta_0 + \beta_1 x + \beta_2 x^2 + \cdots + \beta_m x^m \tag{1-77}$$

其中 $m \geqslant 2$，自变量与因变量 Y 之间的相关关系为：

$$Y = (\beta_0 + \beta_1 x + \beta_2 x^2 + \cdots + \beta_m x^m) + \varepsilon \tag{1-78}$$

对自变量 x 作变换，令：

$$x_j = x^i, \quad j = 1, 2, \cdots, m$$

由此得到：

$$Y = (\beta_0 + \beta_1 x + \beta_2 x^2 + \cdots + \beta_m x^m) + \varepsilon \tag{1-79}$$

这是一个 m 元回归分析问题。

这样多项式回归问题就转化为多元线性回归问题，多元线性回归方程的系数即为多项式回归方程的系数。

思 考 题

1. 钢弦频率式传感器的原理和特点？其在地下工程现场监测中的优点是什么？

2. 位移传感器是怎么标定的？

3. 压电材料的压电效应和铁磁材料的磁弹性物理效应是什么？

4. 典型的力学测试系统由哪几大部分组成？理想的测试系统应满足哪些要求？

5. 传感器与介质匹配的概念是什么？埋入土压力盒与介质匹配的条件是什么？

6. 差动变压器式传感器的工作原理及其特点？

7. 应力计和应变计的原理及其特点？

8. 光纤法布里-珀罗传感器和光纤布拉格传感器的原理是什么？

9. 电阻应变片式传感器的工作原理及其特点？

10. 为什么要对可疑数据进行剔除或滤波处理？

第二章 建筑物变形监测

第一节 概 述

　　工程建筑物的兴建，改变了地面原有的状态，并且对于建筑物的地基施加了一定的外力，这就必然会引起地基及其周围地层的变形。建筑物本身及其基础，也由于地基的变形及外部荷载与内部应力的作用而产生变形。对于基础而言，主要监测内容是均匀沉降与不均匀沉降。由沉降监测资料可以计算基础的绝对沉降值、平均沉降值。由不均匀沉降值可以计算相对倾斜、相对弯曲（挠度）。基础的不均匀沉降可以导致建筑物的扭转，当不均匀沉降产生的应力超过建筑物的容许应力时，可以导致建筑物产生裂缝。从某种意义上来说，建筑物本身产生的倾斜与裂缝，其起因是基础不均匀沉降。均匀沉降不会使建筑物出现断裂、裂缝和缺口等现象，但绝对值过大的均匀沉降也会引起一些麻烦，例如，建筑物的地下部分的地面可能下降到地下水位以下，因而使建筑物的地下部分被淹没。

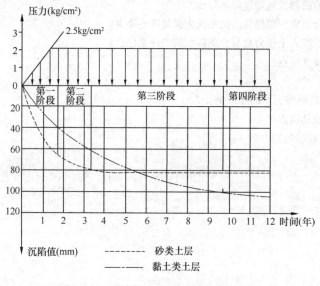

图 2-1 不同类土层的沉降过程曲线图

　　在荷载的影响下，基础下土层的压缩是逐步实现的，因此，基础亦是逐渐增加的。一般认为建在砂土类土层上的建筑物，其沉降在施工期间已大部分完成，而建在黏土类土层上的基础，其沉降在施工期间只完成了一部分。图 2-1 为不同类土层的沉降过程曲线图，由图中可看出，对于砂土层上基础的沉降过程可分为四个阶段：第一阶段是在施工期间，随着基础上压力的增加，沉降速度很大，年沉降量达 20～70mm；到第二阶段，沉降速度就显著地变慢，年沉降量大约为 20mm；第三阶段为平稳下沉阶段，其速度大约为每年 1～2mm；第四阶段沉降曲线几乎是水平的，也就是说到了沉降停止的阶段。根据这种情况，可知变形监测应贯穿整个新建工程建筑物的全过程，即建筑之前、之中及运转期间。

　　从以上所述可知，城市及其建筑物由于天然与人为的因素将产生各种变形，了解变形状况，分析变形原因，预报未来变形，对于预防事故，保证建筑物正常运营是很重要的，因此，为了不影响建筑物的正常使用，保证生产安全，必须在新建工程建筑物之前、建设过程中以及交付使用期间，对建筑物进行变形监测。

一、建筑物变形监测的概念

所谓变形监测，是用测量仪器或专用仪器测定建筑物及其地基在建筑物荷载和外力作用下随时间变形的工作。进行变形监测时，一般在建筑物特征部位埋设变形监测标志，在变形影响范围之外埋设测量基准点，定期测量监测标志相对于基准点的变形量。从历次监测结果的比较中了解变形随时间发展的情况。变形监测周期随单位时间内变形量的大小而定，变形量较大时监测周期宜短些；变形量减小建筑物趋向稳定时，监测周期宜相应放长。"变形"是个总体概念，既包括地基沉降、回弹，也包括建筑物的裂缝、倾斜、位移及扭曲等。

变形按其时间长短分为：

（1）长周期变形：由于建筑物自重引起的沉降和倾斜等。

（2）短周期变形：由于温度的变化（如日照）所引起的建筑物变形等。

（3）瞬时变形：由于风振动引起高大建筑物的变形等。

变形按其类型可分为：

（1）静态变形：目的是确定物体的局部位移。其监测结果只表示建筑物在某一期间内的变形值，如定期沉降监测值等。

（2）动态变形：动态系统变形是受外力影响而产生的。其监测结果是表示建筑物在某瞬间的变形，如风振动引起的变形等。

二、建筑物变形监测的项目

（1）建筑物沉降监测：建筑物的沉降是地基、基础和上层结构共同作用的结果。此项监测资料的积累是研究解决地基沉降问题和改进地基设计的重要手段。同时通过监测来分析相对沉降是否有差异，以监视建筑物的安全。

（2）建筑物水平位移监测：指建筑物整体平面移动，其原因主要是基础受到水平应力的影响，如地基处于滑坡地带或受地震影响。测定平面位置随时间变化的移动量，以监视建筑物的安全或采取加固措施。

（3）建筑物倾斜监测：高大建筑物上部和基础的整体刚度较大，地基倾斜（差异沉降）即反映出上部主体的倾斜，监测目的是验证地基沉降的差异和监视建筑物的安全。

（4）建筑物裂缝监测：当建筑物基础局部产生不均匀沉降时，其墙体往往出现裂缝。系统地进行裂缝变化监测，根据裂缝监测和沉降监测资料，来分析变形的特征和原因，采取措施保证建筑物的安全。

（5）建筑物挠度监测：这是测定建筑物构件受力后的弯曲程度，对于平置的构件，在两端及中间设置沉降点进行沉降监测，根据测得某时间段内这三点的沉降量，计算其挠度；对于直立的构件，要设置上、中、下三个位移监测点，进行位移监测，利用三点的位移量可算出其挠度。

三、沉降的原因及种类

各种工程建筑物都要求坚固稳定，以延长其使用年限，但在压缩性的地基上建造建筑物时，从施工开始地基就会逐渐下沉，其沉降原因有下列因素影响：

（1）荷载影响：当在砂土或黏土的地基上，兴建大型的现代化的厂房、高炉、水塔及烟囱时，由于荷重的逐渐增加，土壤被逐渐压缩，地基下沉，因而引起建筑物的沉降。

（2）地下水影响：地下水的升降对建筑物的沉降影响很大。例如上海地区历年来的地面沉降资料表明，在 1969 年以前，地面沉降量的变化幅度很大，由 20 世纪 50 年代和 60 年代初地面沉降监测的结果表明，地面沉降量每年约有几厘米的差异。

（3）地震影响：地震之后会出现大面积的地面升降现象。例如 1966 年 3 月的邢台地震后表明，有的地面升高 7cm，有的地方则下沉 30 多厘米。

（4）地下开采影响：由于地下开采，地面下沉现象比较严重。例如本溪市由于地下采煤，造成个别地区地表下沉达 2m 之多。

（5）外界动力的影响：由于爆破、重载运输或连续性的机械振动，也会引起建筑物的下沉。例如抚顺某锻钢车间在 5t 的锻锤作用下，有 4 个角柱从 1966 年到 1969 年下沉了近 5cm。

（6）其他影响：如地基土的冻融，建筑物附近附加荷重的影响，都有可能引起建筑物的沉降。例如济南某厂烟囱高 44m，底部直径 5.12m，基础直径 10.22m，埋深 2.8m，自重 950t，由于在烟囱东侧增建 100t 的锅炉房，造成烟囱向其方向严重倾斜。

根据建筑物沉降的性质，分为两类：

（1）均匀沉降：当受压软土分布位置和厚度相同，基础作用条件近似，沉降量虽大，但建筑物不会出现倾斜、裂缝，此种沉降属于均匀沉降，对建筑物危害不大。

（2）不均匀沉降：当基础下受压层土质不同，承压性能不同，或由于建筑设计不合理及施工不当等原因都会发生不均匀下沉，轻者建筑物产生倾斜或裂缝，严重的会造成建筑物的倒塌。

建筑物的沉降速度主要取决于地基土的孔隙中向外排出空气和水的速度，砂及其他粗粒土沉降完成得较快；而饱水的黏土沉降完成得较慢。例如建筑在砂质粉土上的天然地基的建筑物的沉降量较小，达到稳定时间较短，沉降速度快，在施工期间的沉降量约占最终沉降量的 70%，如金山石化总厂工房，最终沉降量仅为 2～3cm，相反，建筑在软黏土上的天然地基的建筑物的沉降量较大，达到稳定时间较长，施工期间的沉降量约占最终沉降量的 25%，如上海某学院的物理大楼，其最终沉降量为 22.7cm，而每次监测的阶段沉降量为 10mm 左右，沉降速度一般分为加速沉降、等速沉降及减速沉降三种，后者是建筑物趋向稳定的标志。

建筑物沉降数量一般不大，在短期内不会产生显著变化，因而要进行长期而细致的沉降监测。沉降监测工作一般在基础施工完毕后或基础垫层浇灌后开始，一直到沉降稳定为止，都要定期地进行监测，以便得出地基和基础最全面的质量指标，由所得资料可以选择加固地基和基础的方法。在沉降监测之前，为了消除区域性的地面沉降影响必须妥善布置水准点和沉降监测点。沉降监测工作内容是定期测量所设置的监测点对水准点的高差，并将不同时间的高差加以比较，准确、及时地测出建筑物地基全部或局部的变形值。平时依次监测的记录应妥善保管，并每次外业工作后应立即进行内业整理，填入沉降量对比一览表内以备平时使用。根据各监测点的沉降量计算建筑物的平均沉降量、相对弯曲和相对倾斜等指标。最后应将沉降监测资料、结果、图表，按工程项目建立技术档案，分档保管。

第二节　变形监测的周期及其精度要求

要达到变形监测的预期目的，必须通过对监测对象的分析，提出应有的监测精度，合适的监测频次，制定相应的监测方案。

一、变形监测的周期

沉降监测周期应能反映出建筑物的沉降变形规律。如：在砂类土层上的建筑物，沉降在施工期间已大部分完成，根据这种情况，沉降监测周期应是变化的。在施工过程中，频率应大些，一般有 3 天、7 天、半月三种周期。到竣工投产后，频率可小一些，一般有一个月、两个月、半年与一年等不同的周期。在施工期间也可以按荷载增加的过程安排监测，即从监测点埋设稳定后进行第一次监测，当荷载增加到 25% 时监测一次，以后每增加 15% 监测一次。竣工后，一般第一年监测 4 次，第二年 2 次，以后每年一次。在掌握了一定规律或变形稳定之后，可减少监测次数。这种根据日历计划（或荷载增加量）进行的变形监测，称为正常情况下的系统监测。

沉降监测周期也可参照工程类型分别进行：

（1）工业建筑物，包括装配式钢筋混凝土结构，砖砌外墙的单层或多层的工业厂房。

1）各柱上的沉降监测点在柱子安装就位固定后进行第一次监测；

2）屋架、屋面板吊装完毕后监测一次；

3）外墙高度在 10m 以下者，砌到顶时监测一次，外墙高度大于 10m 者砌到 10m 时监测一次，以后每砌 5m 监测一次；

4）土建工程完工时监测一次；

5）吊车试转前后各监测一次，吊车试运转时，应按设计最大负荷情况下进行，最好将吊车满载后，在每一柱边停留一段时间，再进行监测。

（2）民用建筑物及其他工业建筑物，每施工完毕一层楼后，应进行一次监测，房屋完工交付使用前再监测一次。

（3）楼层荷重较大的建筑物如仓库或多层工业厂房，应在每加一次荷重前后各监测一次。

（4）水塔或油罐应在试水前后各监测一次，必要时在试水过程中根据要求进行监测。

除此以外，有时还要进行紧急监测（临时监测），这通常在出现特殊情况的前后进行。

沉降监测应持续进行到建筑物的地基完全稳定为止，也就是说在最后三期监测中，所测定的建筑物的沉降量，不超过水准测量的精度范围，则可考虑停止监测。

当建筑物又出现变形或产生可能出现第二次沉降的原因时，应对它重新进行监测。这些原因一般是：在建筑物附近建造新的主要建筑物时；修建削弱地基承载力的地下工程时；建筑物进行加层及大修时等。在这种情况下，监测周期要视对建筑物沉降有影响的因素所产生的效应而定。

二、变形监测的精度要求

变形监测的精度要求，要根据该工程建筑物预计的允许变形值的大小和监测的目的而定。如何根据允许变形值来确定监测的精度，国内外还存在着各种不同的看法。在国际测量工作者联合会（FIG）第十三届会议（1971 年）工程测量组的讨论中提出："如果监测的目的是为了使变形值不超过某一允许的数值而确保建筑物的安全，则其监测的中误差应小于允许变形值的 1/10～1/20；如果监测的目的是为了研究其变形的过程，则其中误差应比这个数值小得多"。也有人认为精度愈高愈好，尽可能提高监测的精度。由于监测的精度直接影响到监测成果的可靠性，同时也涉及监测方法和仪器设备等。因此，有关精度的问题，应综合考虑决定。

在工业与民用建筑物的变形监测中，由于其主要监测内容是基础沉降和建筑物本身的倾斜，其监测精度应根据建筑物的允许沉降值、允许倾斜度、允许相对弯矩等来决定，同时也应考虑其沉降速度。建筑物的允许变形值大多是由设计单位提供的，一般可直接套用。有关建筑物允许变形值的规定列入表 2-1 中。根据允许变形值，可按 1/10～1/20 的要求来确定变形监测的精度。

建筑物变形的允许值   表 2-1

序号	变形特征或结构形式	允许变形值	
1	塔架挠度	任意两点间的倾斜应不小于两点间高差的 1/100	
2	桅杆的自振周期	$T \leqslant 0.01L$，T 为周期（s），L 为桅杆高度（m）	
3	微波塔在风荷载作用下的变形	(1) 在垂直面内的偏角不应大于 1/100； (2) 在水平面内的扭转角不应大于 1°～1.5°	
4	框架结构高层建筑物 $\frac{\delta（层间位移）}{H（层高）}$	风荷载 1/400；地震作用 1/250	
5	框架—剪力墙结构高层建筑物 $\frac{\delta}{H}$	风荷载 1/600；地震作用 1/300～1/350	
6	剪力墙结构高层建筑物 $\frac{\delta}{H}$	风荷载 1/800；地震作用 1/500	
7	桅杆顶部位移	不应大于桅杆高度的 1/100	
8	砖石承重结构基础的局部倾斜	砂土中和、低压缩性黏土	高压缩性黏土
		0.002	0.003
9	工业与民用建筑相邻柱基的差异沉降： (1) 框架结构；	0.0021	0.0031
	(2) 当基础不均匀沉降时不产生附加应力的结构	0.0051	0.0051
10	桥式吊车轨面倾斜	纵向 0.004	横向 0.003
11	高耸结构基础的倾斜　$h \leqslant 20m$ 时	0.008	
	$20m < h \leqslant 50m$ 时	0.006	
	$50m < h \leqslant 100m$ 时	0.005	

【例 2-1】设某建筑物高 $H=30m$，基础宽 $D=12m$，设计时允许倾斜度 $i=4‰$，试确定监测建筑物安全时，沉降监测的精度要求。

【解】顶部容许偏移量：$\Delta_容 = \alpha \cdot H = \frac{4}{1000} \times 30 \times 10^3 = 120mm$

容许误差取容许偏移量的 1/20 时，则：$f_\Delta = 120 \times \frac{1}{20} = 6mm$

取三倍中误差为容许误差时，则监测中误差：$m_\Delta = \pm \frac{1}{3} \times 6 = 2mm$

当利用测定基础两端的不均匀沉降量来计算倾斜度时，则相对沉降监测中误差：

$$m_{沉} = \frac{D}{H} \times m_{\Delta} = \pm \frac{12}{30} \times 2 = \pm 1\text{mm}$$

【例 2-2】 某饭店为 12 层楼房，两沉降点之间距离为 $L = 8\text{m}$，设差异沉降最大容许值 $\delta_{最大} = \frac{2}{1000}L$，试计算沉降量监测中误差。

【解】 由题设知 $\delta_{最大} = \frac{2}{1000} \times 8 \times 10^3 = 16\text{mm}$

取 $\frac{1}{10}\delta_{最大}$ 为差异沉降监测容许误差时，则 $f_h = \frac{1}{10} \times \delta_{最大} = \pm 2\text{mm}$

由于差异沉降可直接由两点间的高差来求得，故取两倍中误差为容许误差，则差异沉降监测中误差为：

$$m_{沉} = \frac{1}{2} \times f_h = \pm 1\text{mm}$$

第三节　常用变形监测仪器简介

一、精密水准仪

精密水准仪的类型很多，我国目前在精密水准测量中应用较普遍的有瑞士生产的威尔特 N_3 型、德国生产的蔡司 Ni004 型和我国北京测绘仪器厂生产的 S1 型精密水准仪。

1. 精密水准仪简介

（1）威尔特 N3 型精密水准仪

威尔特 N3 型精密水准仪的外形如图 2-2 所示。

该仪器物镜的有效孔径为 50mm，望远镜放大倍率为 40 倍，水准器格值为 $10''/2\text{mm}$。倾斜螺旋上有分划盘，其转动范围约七周。转动测微螺旋可使水平视线在 1cm 范围内平移，测微器分划尺相应有 100 格，故测微器分划尺最小格值为 0.1mm。在望远镜目镜的左边上下有两个小目镜，如图 2-3 所示，它们是符合气泡观察目镜和测微器读数目镜。

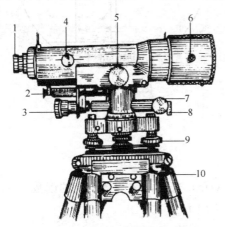

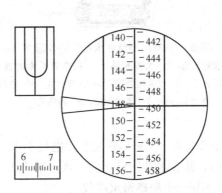

图 2-2　N3 型精密水准仪的外形

1—望远镜目镜；2—照亮水准气泡的反光镜；3—倾斜螺旋；4—调焦螺旋；5—平行玻璃板测微螺旋；6—平行玻璃板旋转轴；7—水平微动螺旋；8—水平制动螺旋；9—脚螺旋；10—脚架

图 2-3　目镜视场

转动倾斜螺旋，使符合气泡观察目镜中的水准气泡两端符合，则视线精确水平，此时可转动测微螺旋使望远镜目镜中看到的契形丝夹准标尺上的 148（cm）分划线，再在测微器目镜中读出测微器读数 653（即 6.53mm），故水平视线在水准标尺上的全部读数为 148.653cm。在平行玻璃板前端，装有一块带契角的保护玻璃，实质上是一个光契罩，它一方面可以防止尘土侵入镜内，另一方面光契的转动可使视线倾角 i 作微小的变化，以便精确地校正视准轴和水准轴的平行性。

（2）蔡司 Ni004 型精密水准仪

蔡司 Ni004 型精密水准仪的外形如图 2-4 所示。

这种仪器的主要特点是对热影响的感应较小，即当外界温度变化时，水准轴与视准轴之间的交角 i 的变化很小，这是因为望远镜、管状水准器和平行玻璃板的倾斜设备等部件，都装在一个附有绝热层的金属套筒内，这样就保证了水准仪上这些部件的温度迅速达到平衡。

仪器物镜的有效孔径为 56mm，望远镜放大倍率为 44 倍，望远镜目镜视场内有两组契形丝，如图 2-5 所示。右边一组契形丝的交角较小，在视距较远时使用；左边一组契形丝的交角较大，在视距较近时使用。水准器格值为 10″/2mm。转动测微螺旋可使水平视线在 5mm 范围内平移。测微器的分划鼓直接与测微螺旋相连（见图 2-5），通过放大镜在测微鼓上进行读数。测微鼓上刻有 100 个分格，所以测微鼓最小格值为 0.05mm。从望远镜目镜视场中所看到的影像如图 2-5 所示，视场下部是水准器的气泡影像。

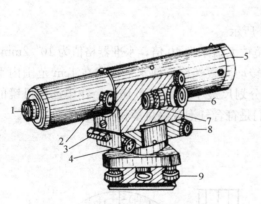

图 2-4　Ni004 型精密水准仪的外形

1—望远镜目镜；2—调教螺旋；3—概略置平水准器；
4—倾斜螺旋；5—望远镜物镜；6—测微螺旋；7—读数
放大镜；8—水平微动螺旋；9—脚螺旋

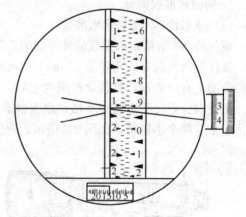

图 2-5　目镜视场影像

在图 2-5 中，当契形丝夹准水准尺上 197（cm）分划，在测微鼓上的读数为 340（即 3.40mm），故在水准标尺上的全部读数为 197.340cm。

（3）国产 S1 型精密水准仪

该仪器是北京测绘仪器厂生产的，其外形如图 2-6 所示。

物镜的有效孔径为 50mm，望远镜放大倍率为 40 倍，水准器格值为 10″/2mm。转动测微螺旋可使水平视线在 5mm 范围内作平移，测微器分划尺有 100 个分格，故测微分划尺最小格值为 0.05mm。望远镜目镜视场中所看到的影像如图 2-7 所示，视场左边是水准器的气泡影像，测微器读数显微镜在望远镜目镜的右下方。

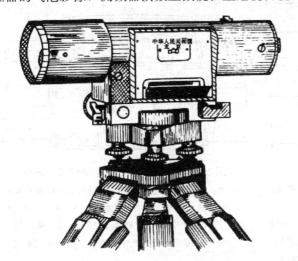

图 2-6　S1 型精密水准仪外形

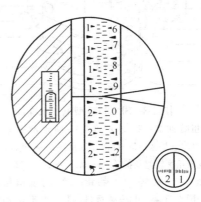

图 2-7　目镜视场

以上所介绍的几种精密水准仪的有关技术参数归纳于表 2-2。

几种精密水准仪的有关技术参数　　　　表 2-2

技术参数	仪器类型				
	N3	Ni004	S1	Koni007	Ni002
望远镜放大倍率	42 倍	44 倍	40 倍	31.5 倍	40 倍
物镜有效孔径	50mm	56mm	50mm	40mm	55mm
管状水准器格值	10″/2mm	10″/2mm	10″/2mm		
测微器有效移动范围	10mm	5mm	5mm	5mm	5mm
测微器分划尺最小格值	0.1mm	0.05mm	0.05mm	0.05mm	0.05mm

（4）电子水准仪

电子水准仪又称数字水准仪。与光学水准仪相比较，它具有对条形码水准尺读数、自动记录和计算、数字通信等功能，因此具有测量速度快、精度高、易于实现水准测量内外业一体化等优点。1987 年徕卡公司推出第一台电子水准仪 NA2000，随后有蔡斯公司的 NIDI 系列、拓普康公司的 DL 系列和索佳公司的 SDL 系列电子水准仪。电子水准仪在望远镜中安装了 CCD 线阵传感器的数字图像识别处理系统，配合使用条码水准尺，进行水准测量时在尺上自动读数与记录。

电子水准仪的主要组成部分为望远镜、水准器、自动补偿系统、计算存储系统和显示系统。图 2-8 为索佳厂的 SDL30M 型电子水准仪的外形及各外部构件的名称。望远镜的放大率为 32 倍，由自动补偿系统自动安平，配合使用条码水准尺能自动读数、记录和计算，并以数字形式显示、储存和传输，可用于精密水准监测。

图 2-9 所示为 SDL30M 型电子水准仪的目镜端和操作面板。各操作键的功能如下：

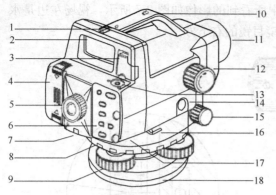

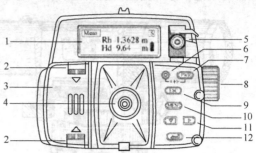

图 2-8 SDL30M 型电子水准仪

1—粗瞄准器；2—显示屏；3—圆水准器观测镜；4—电池盒护盖；5—目镜及调焦环；6—键盘；7—十字丝校正螺旋丝及护盖；8—水平度盘设置环；9—脚螺旋；10—提柄；11—物镜；12—物镜调焦螺旋；13—圆水准器；14—测量键；15—水平微动螺旋；16—数据输出插口；17—水平度盘外罩；18—底板

图 2-9 SDL30M 型电子水准仪操作面板

1—显示屏；2—电池护盖开启按钮；3—电池护盖；4—目镜及调焦螺旋；5—圆水准观察镜；6—照明键；7—电源键；8—物镜调焦螺旋；9—返回键；10—菜单键；11—光标移动键；12—回车键

照明键——按此键，可照明显示屏，再按此键，则关闭照明；

电源键——仪器的电源开关，单按此键位开机，同时按照明键和电源键为关机；

返回键——按此键可返回原显示屏，或取消输入数值；

菜单键——按此键显示菜单屏幕，用光标移动键及回车键选择菜单项；

光标移动键——可使显示屏中的光标移动，或增减数值，或改变数值的正负号；

回车键——选定菜单项后按此键，可进入所选菜单功能，或将输入数值送入仪器内存；

测量键——按此键开始测量作业。

2. 精密水准标尺

水准标尺是测定高差的长度标准，所以水准标尺的长度如果有误差，将对测定高差带来系统性误差的影响，因此，对于精密水准测量所用的水准标尺必须提出较严格的要求，这些要求主要是：

（1）当空气的温度发生变化时，水准标尺的长度必须稳定或变化甚微；

（2）水准标尺的分划必须十分正确和精密，分划的偶然误差和系统误差都应很小；

（3）水准标尺在构造上必须保证全长笔直，并且不易发生弯曲或扭转；

（4）水准标尺上应附有圆水准器，以便在观测时扶尺者借以保持水准尺的垂直位置。为了扶尺的方便，在水准标尺尺身后面应装配扶尺环；

（5）水准标尺底面应钉有坚固耐磨的金属板，使其不易磨损。

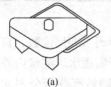

图 2-10 尺垫和尺标
(a) 尺垫；(b) 尺标

水准测量时，水准标尺应立于特制的尺垫或尺桩上，尺垫和尺桩的形式如图 2-10 (a)、(b) 所示。

精密水准标尺的分划是漆在因瓦合金带上，所以精密水准标尺，通常又称为因瓦水准标尺。因瓦合金带以一定的拉力引张在木质尺身的沟槽内，这样合金带的长度不受木质尺身长度伸缩的影响。各仪器配套的水准标尺形式，如图 2-11 所示。

精密水准标尺的分划值有 10mm 和 5mm 两种。与威尔特 N3 型精密水准仪配套的因瓦水准标尺的分划值为 10mm，如图 2-11（a）所示。它有两排分划，右边一排注记从 0～300cm，称为基本分划，左边一排分划注记从 300～600cm，称为辅助分划。同一高度的基本分划与辅助分划读数相差一个常数 301.55cm，称为基辅差，通常又称尺常数，水准测量作业时用以检查读数是否存在粗差。

与蔡司 Ni004 和 S1 型精密水准仪配套的精密水准标尺，分划值为 5mm，如图 2-11（b）所示。它有两排分划，每排分划之间的间隔也是 10mm，但两排分划彼此错开 5mm，所以实际上左边是单数分划，右边是双数分划，也就是单数分划和双数分划各占一排，而没有辅助分划。尺面右边注记的米数，左边注记的是分米数，整个注记从 0.1～5.9m，分格值为 5mm，分划注记比实际数值大了一倍，所以用这种水准标尺所测得的高差值，必须除以 2 才得到实际的高差值。

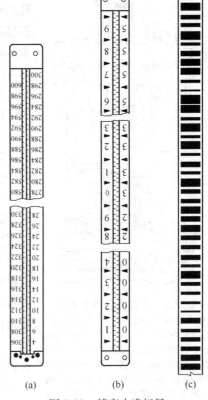

图 2-11　精密水准标尺

与电子水准仪配套的水准尺为条形码水准尺，如图 2-11（c）所示。

二、2 秒级光学经纬仪

J2 型光学经纬仪有我国苏州光学仪器厂生产的 JGJ2 经纬仪，与 J2 型同等精度的有瑞士威尔特厂生产的 T2 经纬仪等。这些仪器的基本结构和读数测微原理都是相仿的。

图 2-12 是瑞士威尔特厂生产的 T2 型经纬仪的外形；图 2-13 是 T2 型经纬仪的读数光学系统。

威尔特 T2 经纬仪测微设备的构造原理是采用双平行玻璃板光学测微器。T2 经纬仪水平度盘格值为 20′，测微器格值为 1″。读数方法也是使用测微螺旋使度盘对径分划线重合，然后进行读数，这种读数方法一般称为重合法读数。

图 2-14（a）是威尔特 T2 经纬仪读数显微镜视场图。

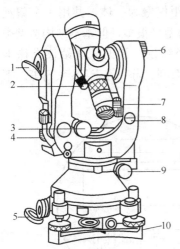

图 2-12　T2 外形
1—垂直度盘照明反光镜；2—望远镜制动螺旋；3—望远镜微动螺旋 4—垂直度盘水准管微动螺旋；5—水平度盘照明反观镜；6—测微螺旋；7—读数显微镜目镜；8—换像螺旋；9—照准部微动螺旋；10—光学对中器

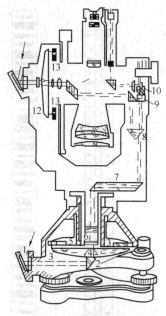

图 2-13 T2 的读数光学系统

1—水平度盘和竖盘照明反光镜（采光镜）；2—折射棱镜；3—水平度盘校准棱镜；4—折射棱镜；5—水平度盘；6—读数显示镜的物镜透镜组；7—斜方棱镜；8—换像棱镜；9—平行平面玻璃板；10—折射符合棱镜；11—测微螺旋；12—竖盘校准棱镜；13—竖盘

最近生产的 T2 经纬仪，读数显微镜视场略有改进，旋转测微螺旋使对径分划线重合后，按照三角形标志指示直接读出大数，如图 2-14（b）所示，大数为 94°20′，小于度盘最小分格值一半的尾读数为 2′44″，全部读数为 94°22′44″。

图 2-15 是国产 JGJ2 型光学经纬仪的外形和部件说明；图 2-16 是 JGJ2 型光学经纬仪读数显微镜的视场图。

三、电子全站仪

1. 全站仪简介

全站仪是全站型电子速测仪的简称，它能在一个测站上同时完成角度测量和距离测量，观测中，能自动显示斜距、水平角、竖直角等必要的观测数据，全站仪不仅可以测量角度、距离、坐标，还可进行悬高测量、偏心测量、对边测量、距离放样、坐标放样等。它能将数据进行记录、计算及存储，并可通过数据传输接口将观测数据传输到计算机，从而使测量工作更为方便、快速、实现内外业一体化数字化测量。

全站仪主要由电子测角、光电测距和数据微处理系统组成，各部分的组合框图如图 2-17 所示。

从全站仪的结构上来看，全站仪可分为组合式和整体式两种类型。组合式全站仪是将电子经纬仪、光电测距仪和微处理机通过一定的连接器构成一个组合体，既可组合使用，也可分开使用。整体式是将电子经纬仪和测距仪融为一体，共用一个望远镜，使用方便。目前生产的全站仪大多为整体式，全站仪的型号很多，但基本结构造型类似。全站仪的测距精度同光电测距仪，测角精度同电子经纬仪。常见的全站仪有徕卡 TPS 系列、索佳 SET 系列、拓普康 GTS 系列、南方 NTS 系列、苏一光 RTS 系列等。下面介绍几种常用的电子全站仪。

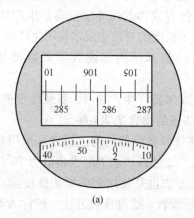

(a)

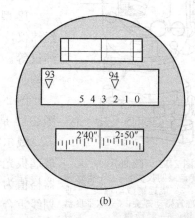

(b)

图 2-14　T2 经纬仪读数显微镜视场图

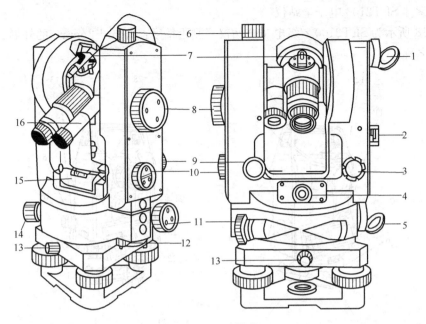

图 2-15　J2 外形

1—垂直度盘反观镜；2—垂直度盘指标水准器观察镜；3—垂直度盘指标水准器微动螺旋；4—光学对中器目镜；5—水平度盘反观镜；6—望远镜制动螺旋；7—光学粗照准器；8—测微螺旋；9—望远镜微动螺旋；10—换像螺旋；11—照准部微动螺旋；12—水平度盘变位螺旋；13—纵轴固定螺旋；14—照准部制动螺旋；15—照准部水准器；16—读数目镜筒

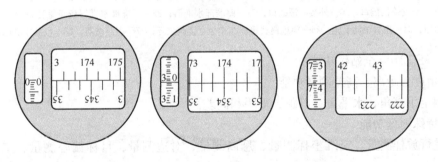

图 2-16　JGJ2 型光学经纬仪读数显微镜的视场图

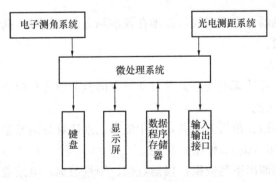

图 2-17　全站仪的组成

（1）索佳 SET2100 电子全站仪

图 2-18 所示为 SET2100 2″级电子全站仪（测距精度：2mm＋2ppm）的外形、各部分构件及其名称。

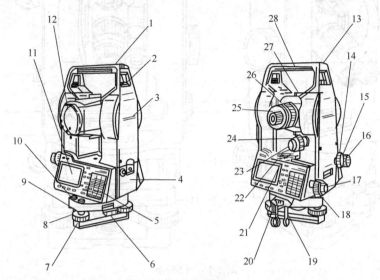

图 2-18　SET2100 全站仪外形

1—提柄；2—提柄固定螺栓；3—仪器高标志；4—电池；5—键盘；6—三角基座制动控制杆；7—底板；8—脚螺旋；9—圆水准器校正螺栓；10—圆水准器；11—显示窗；12—物镜；13—管式罗盘插口；14—光学对中器调焦环；15—光学对中器分划板护盖；16—光学对中器目镜；17—水平制动钮；18—水平微动手轮；19—数据输出插口；20—外接电源插口；21—照准部水准器；22—照准部水准器校正螺栓；23—垂直制动钮；24—垂直微动手轮；25—望远镜目镜；26—望远镜调焦环；27—粗照准器；28—仪器中心标志

（2）SET2100 全站仪功能

1）角度、距离、高差测量功能

可测定垂直角、水平角、斜距、平距和高差。

2）特殊测量功能

可进行放样测量、三维坐标测量、悬高测量、对边测量、目标偏心测量、支导线测量等。

3）倾斜角补偿功能

设有双轴倾斜传感器，可测定仪器纵轴在视准轴方向和横轴方向的倾角；对于垂直角的指标差，可自行消除。

4）视准差改正功能

在高精度测角中，可计算出视准差并自动对方向监测值进行改正。

5）后方交会平差功能

对具有多余监测的边、角后方交会，能用最小二乘法计算测站坐标。

6）数据存储和调出（输入/输出）功能

可记录（存储）和调出下列数据：仪器数据、测量数据、测站数据、坐标数据和特征码等。

SET2100 在盘左和盘右均有显示窗和键盘，起着相同的作用。在键盘上有 28 个功能键。即电源开关键1个、照明键1个、软键4个、操作键10个和字母数字键12个，如图2-19所示。

(3) 南方NTS-355全站仪

南方NTS-355全站仪基本构造和各部件的名称如图2-20所示。测角精度5″，测距精度3mm+2ppm，测程1.6km（单棱镜）/2.3km（三棱镜）。

(4) 徕卡TC2003全站仪

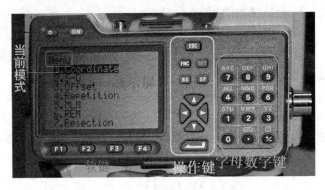

图2-19　SET2100操作面板

如图2-21所示为徕卡TC2003全站仪示意图，TC2003全站仪是一种高精度的精密仪器，其主要技术参数见表2-3。

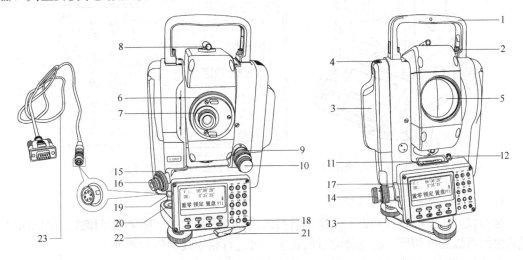

图2-20　南方NTS-355全站仪

1—手柄；2—手柄固定螺栓；3—电池盒；4—电池盒按钮；5—物镜；6—物镜调焦螺旋；7—目镜调焦螺旋；8—瞄准器；9—望远镜制动螺旋；10—望远镜微动螺旋；11—管水准器；12—管水准器校正螺栓；13—水平制动螺旋；14—水平微动螺旋；15—光学对中器物镜调焦螺旋；16—光学对中器目镜调焦螺旋；17—显示窗；18—电源开关；19—通信接口；20—圆水准器；21—轴套锁定纽；22—脚螺旋；23—通信电缆

徕卡TC2003全站仪主要技术参数　　　　　　　　　　　表2-3

型　号	TC2003
测角精度	0.5″
测距精度	1mm＋1ppm
单次测量时间	3s
机载程序	方向与高程传递、后方交会、对边测量、放样
测程（平均大气条件）	2.5km（单棱镜）/3.5km（三棱镜）
数据记录	PC卡/RS232输出
望远镜放大倍率	30倍
电源	NiCd电池/外接电源
ATR功能	1000m（单棱镜）/600m（360°棱镜）

2. 全站仪的使用

（1）全站仪的安置

包括对中与整平，方法与经纬仪相同。有的全站仪使用激光对中，方法与光学对中相近，比光学对中更方便。

（2）开机

打开电源。进入菜单，可进行各种参数的设置。全站仪测量是通过键盘来操作的，如图 2-22 所示为 NTS-355 全站仪的操作面板。

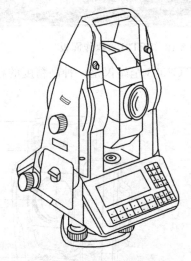

图 2-21　徕卡 TC2003 全站仪

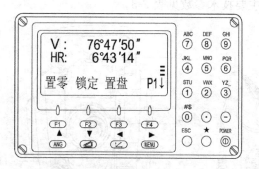

图 2-22　NTS-355 全站仪

（3）角度、距离、坐标测量

全站仪开机后一般自动进入角度测量模式，角度测量模式、距离测量模式、坐标测量模式之间可以相互切换。在各种测量模式下，可进行相应观测值的测量。

全站仪的测量模式一般有两类，一是基本测量模式，包括角度测量模式、距离测量模式和坐标测量模式；二是特殊测量模式（应用程序模式），可进行悬高测量、偏心测量、对边测量、距离放样、坐标放样、面积计算等。

不同品牌和型号的全站仪，实现同一功能的测量，其操作界面及操作程序都是不同的。使用前，应仔细阅读说明书，按各自的界面提示来进行测量。

四、智能全站仪（又称测量机器人）

随着近代科学技术的发展，测量仪器发生了翻天覆地的变化。全站仪从最初的实现角度和距离测量的电子化，进一步向数字化、自动化、智能化方向发展。在自动化全站仪的基础上，仪器安装自动目标识别与照准（ATR）的新功能，因此在自动化的进程中，全站仪进一步克服了需要人工照准目标的重大缺陷，实现了全站仪的智能化。在相关软件的控制下，智能型全站仪在无人干预的条件下可自动完成多个目标的识别、照准与测量，因此，智能型全站仪又称为"测量机器人"。如图 2-23 为目前精度较高的两种仪器，（a）为索佳 NET05AX，（b）为徕卡 TCA2003，它们都具有如下特点：

（1）具备了高精度的测角测距功能。智能型全站仪将高精度的测距仪、绝对编码度盘的电子经纬仪和高性能的计算机系统融为一体，以此来获取高精度的角度、距离和坐标

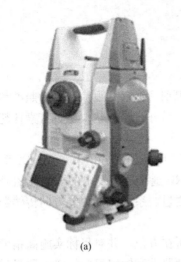

(a)   (b)

图 2-23　高精度智能型全站仪

(a) 索佳 NET05AX；(b) 徕卡 TCA2003

信息。

（2）安置了高精度伺服马达。全站仪可以根据发送的指令的不同进行不同的动作，转动仪器、锁定目标、自动照准、测量目标，满足了不同情况的测量需要。

（3）ATR 自动照准目标。用 CCD 器件装备的自动目标识别功能，可在设定的角度范围内快速搜寻、识别目标，精确照准，为测量人员提供了便利。

（4）LOCK 自动跟踪功能。目标一旦被识别，测量机器人就可启用 LOCK 自动跟踪模式，自动跟踪动态目标，可以跟踪测量，描绘目标运动轨迹。

（5）支持用户编程编码。仪器商提供强有力的编程编码工具，用户可在仿真环境下利用电脑进行程序和编码的二次开发，有些全站仪还能满足机载应用程序的开发。

例如由 sokkia 公司生产的 NET05AX 智能型全站仪，不但具有自动目标识别、目标照准的 ATR（Automatic Target Recognition）功能，而且还具有目前最高精度的测角测距功能，表 2-4 为索佳 NET05AX 全站仪各种反射模式测程与精度的比较，可见利用智能型全站仪可以满足几乎所有测量任务的要求。

各种反射模式精度表　　　　　　　　　　　　　　　　　表 2-4

反射模式	测程（m）	测距精度	测角精度
棱镜	1.3～3500	0.8mm+1ppm×D	0.5″
反射片	1.3～200	0.5mm+1ppm×D	0.5″
无协作目标	1.3～100	1m+1ppm×D	0.5″

拥有了 ATR 目标自动识别功能的高精度智能全站仪，不但可以提高观测的速度与精度，还能代替人工完成一些环境恶劣、耗时耗力重复性较强的测量任务。自动变形监测系统就是在智能型全站仪的基础上开发的系统。同样，徕卡 TCA2003 测量机器人对于测量技术的发展起到了举足轻重的影响，智能型全站仪代表了地面测量技术发展的方向，其将在自动变形监测等众多领域得到越来越广泛的应用。智能全站仪具有其特有的优点：

(1) 新一代高精度测距技术——RED-tech EX；

(2) 全球领先的突破性测角技术；

(3) 支持多种通信接口；

(4) 完善的蓝牙通信技术。

索佳超级测量机器人可以实现对目标的快速识别、锁定、跟踪、自动照准和高精度测量，可以在大范围内实施高效、高速的遥控测量。另外，该全站仪还具有索佳超级目标捕捉系统。

超级目标捕捉系统由镜站端可发射扇形光束的 RC 遥控器和测站端 SRX 系列全站仪上的光束探测器组成；光束探测器能敏锐地感知 RC 遥控器所发出的瞬间光信号，并驱动全站仪快速地指向目标，对目标进行精确照准和测量。系统内置智能方向传感器可以判别和锁定指定目标，实现对目标的智能跟踪。

超级目标捕捉系统驱动全站仪快速照准棱镜所在方位，并对目标实施高精度的自动照准和测量。超级目标捕捉系统能够驱动全站仪自动照准和锁定目标棱镜，测量过程中移动棱镜时即使出现影响目标通视的障碍物（如建筑、树木、汽车等物体），仪器也能锁定目标棱镜，确保测量工作的正确进行。在地形复杂的条件下作业时，测量人员只须注意脚下的路面，而不必太在意棱镜的姿态。即使目标棱镜暂时失锁，只须在镜站方发出搜索指令，仪器便可快速地重新锁定目标。即使镜站附近有其他反射棱镜也不会产生误测，超级目标捕捉系统会驱动全站仪锁定和照准正确的棱镜。

第四节　竖向位移控制网的建立及监测

建筑物的沉降变形监测是采用重复精密水准测量的方法进行的，为此应建立高精度的水准测量控制网。其具体做法是：在建筑物的外围布设一条闭合水准环形路线。再由水准环中的固定点支测定各测点的标高，这样每隔一定周期进行一次精密水准测量，将测量的外业成果用严密平差的方法，求出各水准点和沉降监测点的高程值。某一沉降监测点的沉降量即为该次复测后求得的高程与首次监测求得的高程之差。由此可见，用这种方法求得的沉降量中，除该点本身的沉降量外，尚受到两次水准测量误差的影响，因此在分析沉降监测精度的同时，还要研究有关水准测量中的问题。

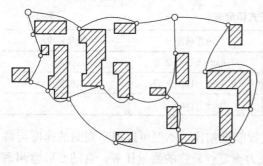

○—水准点　　○—沉降点

图 2-24　水准网的布设

一、沉降监测水准点的布设

为沉降监测所布设的水准点，是监测建筑物地基变形的基准，为此在布设时必须考虑下列因素：

（1）根据监测精度的要求，应布成网形最合理、测站数最少的监测环路，如图 2-24 所示。

（2）在整个水准网里，应有 3～4 个埋设深度足够的水准基点作为起算点，其余的可埋设一般地下水准点或墙上水准点。施测时可选择一些稳定性较好的沉降点，作为水准线路基点与水准网统一监测和平差。因为施测时不可能将所有的沉降点均纳入水准线路内，大部分沉降点只能采用中视法测定，而转站则会影响成果精度，所以选择一些沉降点作为水准点极为重要。

（3）水准点应视现场情况，设置在较明显而且通视良好保证安全的地方，并且要求便于进行联测。

（4）水准点应布设在拟监测的建筑物之间，距离一般为20～40m，一般工业与民用建筑物应不小于15m，较大型并略有振动的工业建筑物应不小于25m，高层建筑物应不小于30m。

（5）监测单独建筑物时，至少布设三个水准点，对站地面积大于5000m² 或高级建筑物，则应适当增加水准点的个数。

（6）当设置水准点处有基岩露出时，可用水泥砂浆直接将水准点浇灌在岩层中。一般水准点应埋设在冻土线以下半米处，墙上水准点应埋在永久性建筑物上，离开地面高度半米左右。

二、水准基点标志的构造和埋设

水准基点的标志构造，要根据埋设地区的地质条件、气候情况及工程的重要程度进行设计。对于一般的厂房沉降监测，可参照水准测量规范三、四等水准点的规定进行标志设计与埋设；对于高精度的变形监测，需设计和选择专门的水准基点标志。

水准基点是作为沉降监测基准的水准点，一般设置三个水准点构成一组，要求埋设在基岩上或在沉降影响范围之外稳定的建筑物基础上，作为整个高程变形监测控制网的起始点。

为了检查水准基点本身的高程有否变动，可在每组三个水准点的中心位置设置固定测站，经常测定三点间的高差，判断水准基点的高程有无变动。

水准基点的标志，可根据需要与条件用下列几种标志：

（1）地面岩石标：用于地面土层覆盖很浅的地方，如有可能可直接埋设在露头的岩石上（图 2-25）；

（2）下水井式混凝土标：用于土层较厚的地方，为了防止雨水灌进水准基点井里，井台必须高出地面 0.2m（图 2-26）；

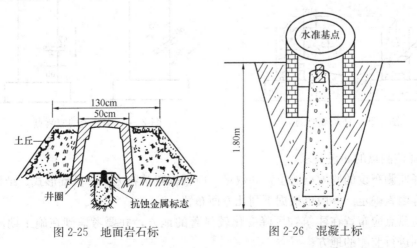

图 2-25　地面岩石标　　　　　图 2-26　混凝土标

（3）深埋钢管标：这类标用在覆盖层很厚的平坦地区，采用钻孔穿过土层和风化岩层达到基岩里埋设钢管标志（图 2-27）。

三、沉降监测点的构造和布设要求

沉降监测点是测量沉降量的依据。监测点是固定在房屋结构基础、柱、墙上的测量标志。沉降监测点应布设在最有代表性的地点，即要埋设在真正能反映建筑物发生沉降变形的位置。

1. 监测点标志的构造及埋设方法

（1）设备基础监测点：一般利用铆钉和钢筋来制作。标志形式有垫板式、弯钩式、燕尾式、U 字式，尺寸及形状如图 2-28 所示。

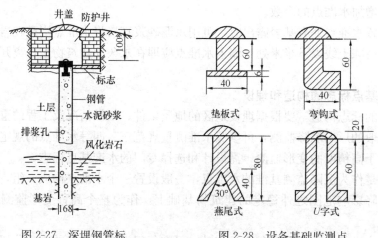

图 2-27 深埋钢管标　　　　图 2-28 设备基础监测点

（2）柱基础监测点：对于钢筋混凝土柱是在标高±0.000 以上 10～50cm 处凿洞，将弯钩形有监测标志平向插入，或用角铁等呈 60°角斜插进去，再以 1:2 水泥砂浆填充，如图 2-29 所示。

对于钢柱上的监测标志，是用铆钉或钢筋焊在钢柱上，如图 2-30 所示。

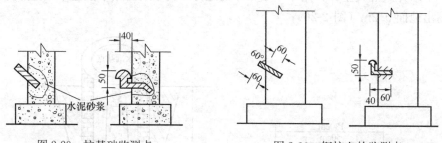

图 2-29 柱基础监测点　　　　图 2-30 钢柱上的监测点

2. 沉降监测点的布设要求

为沉降监测布设的监测点的位置和数量，应根据建筑物大小、基础形式、结构特征及地质条件等因素确定。一般可根据下列几方面布置：

（1）监测点应布置在建筑物沉降变化较显著的地方，并要考虑到在施工期间和投产后，能顺利进行监测的地方；

（2）在建筑物四周角点、中点及内部承重墙（柱）上均需埋设监测点，并应沿房屋周长每隔 8～12m 设置一个监测点，但工业厂房的每根柱子均应埋设监测点；

（3）由于相邻影响的关系，在高层和低层建筑物、新老建筑物连接处以及建筑物沉降缝、裂缝的两侧都应布设监测点；

（4）在人工加固地基与天然地基交接和基础砌深相差悬殊处以及在相接处的两边都应布设监测点；

（5）当基础形式不同时需在情况变化处埋设监测点，当地基土质不均匀，可压缩性土层的厚度变化不一或有暗滨等情况需适当埋设监测点；

（6）在振动中心基础上也要布设监测点，对于烟囱、水塔、油罐、炼油塔、高炉及其他圆形、多边形的建（构）筑物宜沿纵横轴线对称布置，不少于 4 个监测点；

（7）当宽度大于 15m 的建筑物在设置内墙体的监测标志时，应设在承重墙上，并且要尽可能布置在建筑物的纵横轴线上，监测标志上方应有一定的空间，以保证测尺直立；

（8）重型设备基础的四周及邻近堆置重物之外，即有大面积堆荷的地方，也应布设监测点。

沉降监测点的埋设标高，一般在室外地坪 0.5m 较为适宜。但在布置时应根据建筑物层高、管道标高、室内走廊、平顶标高等情况来确定监测工作的进行。同时还应注意所埋设的监测点要让开柱间的横隔墙、外墙上的雨水管等，以免所埋设的监测点在施工时无法监测而影响监测资料的完整性。

在浇捣基础时，应根据沉降监测点的相应位置，埋设临时的基础监测点。若基础本身荷重很大，可能在基础施工时就产生一定的沉降，即应埋设临时的垫层监测点，或基础杯口上的临时监测点，待永久监测点埋设完毕后，立即将高程引到永久监测点上。在监测期间如发现监测点被损毁，应立即补埋。

3. 沉降监测的技术要求

（1）仪器和标尺要按照规范要求进行检查，已知水准点要联测检查，以便保证沉降监测成果的正确性；

（2）每次沉降监测工作，均需采用环形闭合方法或往返闭合方法进行检查，闭合差的大小应根据不同建筑物的监测要求确定，当用 N3 水准仪往返施测时，闭合差为 $\pm 0.4\sqrt{n}$ mm（n 为测站数）当精度不能满足要求时，则需重新监测；

（3）每次沉降监测应尽可能使用同一类型的仪器和标尺，人员分工为：监测 1 人，记录 1 人，立尺 2 人，照明 2 人，安全 1 人；

（4）厂内各水准点应严格按照二等水准测量各项要求进行，监测时，必须连续进行，全部测点需连续一次测完；

（5）在建筑施工或安装重型设备期间，以及仓库进货的阶段进行沉降监测时，必须将监测时的情况（如施工进展、进货数量、分布情况等）详细记录在附注栏内，以便算出各相应阶段作用在地基上的压力。

第五节 水平位移控制网的建立

一、概述

大型工程建筑物由于本身的自重、混凝土的收缩、土料的沉陷及温度变化等原因，将使建筑物本身产生平面位置的相对移动；如果工程建筑物建造在地基处于滑坡地带，或受地震影响，当基础受到水平方向的应力作用时，将产生建筑物的整体移动，即绝对位移。相对位移监测的目的是为了监视建筑物的安全，由于相对位移往往是由于地基产生不均匀沉降引起的，所以相对位移是与倾斜同时发生的、是小范围的、局部的，因此相对位移监测可采用物理方法、近景摄影测量方法及大地测量方法；如高大建筑物因风振影响进行顶部位移测量时，可采用激光位移计和电子水准器倾斜仪等。绝对位移监测的目的，不仅是监视建筑物的安全，而更重要的是为了研究整体变形的过程和原因。绝对位移往往是大面积的整体移动，因此绝对位移的监测，多数采用大地测量方法和摄影测量方法。

采用大地测量方法进行变形监测的平面控制网，大都是小型的、专用的、高精度的变形监测控制网。这种网常由三种点、两种等级的网组成。

(1) 基准点——通常埋设在比较稳固的基岩上或在变形影响范围之外，尽可能长期保存，稳定不动。

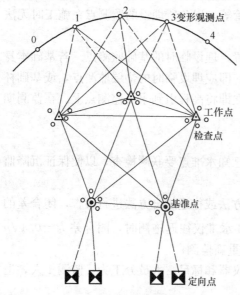

图 2-31 水平位移控制网示意图

(2) 工作点——是基准点和变形监测点之间的联系点，是相对稳定的、通常用于直接测定变形监测点的测量控制点。工作点与基准点构成变形监测的首级网，用来测量工作点相对于基准点的变形量，由于这种变形量较小，所以要求监测精度高，复测间隔时间长。

(3) 变形监测点——即变形点或监测点，它们埋在建筑物上和建筑物构成一个整体，一起移动。变形监测点与工作点组成次级网，次级网用来测量监测点相对于工作点的变形量。由于这种变形量相对前种变形量较大，所以次级网复测间隔时间短。经常检查监测点的坐标变化来反映建筑物空间位置的变化。

变形监测平面控制网的图形如图 2-31 所示。

二、建立水平位移控制网的原则

由于变形监测控制网是范围小、精度高的专用控制网，所以在进行设计、布网和监测时应考虑下列原则：

(1) 变形监测网应为独立控制网。在测量控制网的分级布网与逐级控制中，高级控制点要作为次级控制网的起始数据，则高级网的测量误差即形成次级网的起始数据误差。一般认为起始数据误差相对于本级网的测量误差来说是比较小的。但是对于要求精度较高的变形监测控制网来说，对含有起始数据误差的变形监测网，即使监测精度再高、采取的平差方法再严密，也是不能达到预期的精度要求的，因此变形监测网应是独立控制网。

（2）变形监测控制点的埋设，应以工程有地质条件为依据，因地制宜地进行。埋设的位置最好能选在沉降影响范围之外，尤其是基准点一定要这样做。对于变形监测的工作点，也应设法予以检测，经监视其位置的变动。但在布网时，又要考虑不能将基准点处于网的边缘，因为从测量的误差传播理论和点位误差椭圆的分析知道，通常是联系越直接、距离越短，则精度越高。

（3）布网图形的选择，由于变形监测是查明建筑物随时间变化的微小量，因此布网的图形应与工程建筑物的形状相适应。同时，由于变形监测网的测定精度要求都为毫米级。所以要考虑哪些点位在特定方向上的精度要求要高一些，应有所侧重。实践证明，对于由等边三角形所组成的规则网形，当边长在 200m 以内时，测角网具有较好的点精度；对于不同的网形及不同的边长，可采用三边网或边角网。但为了提高精度，在网中可适当加测一些对角线方向，使其有较大的监测密度，以有利于精度的改善。在变形监测中，由于边短，所以要尽可能减少测站和目标的对中误差。测站点应建造具有强制对中器的监测墩，用以安置测角仪器和测距仪。机械对中装置的形式很多，在选择使用时要考虑对中精度高、安置方便及稳定性能很好。

三、示例

如图 2-32 所示为某原油码头上布设的变形监测控制网。该网由 12 个点组成：岸上 5 点 A、B、C、D、E 为基准点，C 点在两层楼的屋顶平台上，其余 4 点均在海岸边山坡的基岩上，工作点有 7 个，其中 G、H、I、J、K 在主要桥墩上，F、L 在较小的桥墩上。用测距仪求得 CD 边的长度（$S_{CD}=427.654$m）作为起始边。用 T3 经纬仪以全圆测回法监测 6 测回，预期测角中误差小于 $m_\beta=\pm1.8''$。首次监测成果平差以 C、D 两点为已知点，先令它们的坐标 $x_C=0$，$y_C=0$，$x_D=427.654$m，$y_D=0$，经平差计算求得各点坐标后，再把全网进行平移和旋转，以使与施工坐标系统一致。施工坐标系统的 +y 轴通过引桥中心向南，+x 轴指向东。复测时不复量基线，仅进行角度监测。复测成果以岸上 5 个基准点为已知点进行平差计算，求得工作点及位移监测点的新坐标，从新坐标与原坐标的

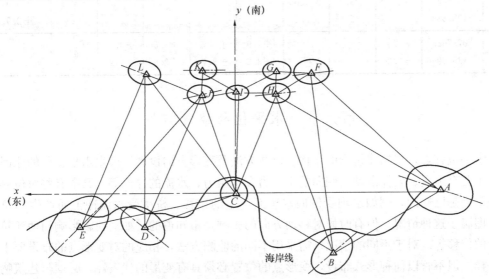

图 2-32　某码头水平位移监测控制网

差数中分析桥墩是否产生位移。位移监测点的坐标，由 7 个工作点用多方向前方交会法测定。

但是工作点本身也会位移，为了推算工作点相对于基准点的位移量，可把工作点和基准点一起构成变形监测主网。由于主网图形强度好，监测精度高，但计算工作量大，故主网每隔 1～3 年复测一次。

网中监测方向总数 $n=95$，最短边长为 98m，最长为 1140m，平均为 580m，变形网采用电子计算机进行平差计算，以岸上 A、B、C、D、E 五点为基准点（起始点）进行全网平差，求得单位权中误差为 $\pm1.27''$。计算中发现起始点坐标有误差，为了查明哪个起始点坐标有误差，把简化网（图 2-24）的监测值作为自由网进行多次平差。每次在 5 个基准点中选两点作为起始点，求得其他三个点的坐标。把这些计算结果与首次监测坐标比较后得到坐标差，结果查明 C 点产生了位移，其原因主要是 x 方向变化较大（表 2-5）。

计 算 结 果   表 2-5

点号	首次观测成果		复测成果							
			A、E 为基准点		A、D 为基准点		B、D 为基准点		B、E 为基准点	
	x_0 y_0 (m)	m_{x0} m_{y0} (mm)	Δ_x Δ_x (m)	m_x m_y (mm)	Δ_x Δ_x (m)	m_x m_y (mm)	Δ_x Δ_x (m)	m_x m_y (mm)	Δ_x Δ_x (m)	m_x m_y (mm)
A	-866.0944 7.1515	±6.2 ±3.1	Ⓐ	Ⓐ	Ⓐ	Ⓐ	-6.9 $+3.3$	±4.3 ±4.2	-4.8 $+3.4$	±4.4 ±4.4
B	-395.9867 -244.9259	±3.6 ±2.6	$+3.8$ -1.7	±3.8 ±2.9	$+4.8$ -1.0	±2.9 ±2.5	Ⓑ	Ⓑ	Ⓑ	Ⓑ
C	26.0099 4.6957		$+9.9$ -2.4	±4.2 ±2.4	$+10.8$ -0.6	±3.1 ±1.8	$+8.8$ $+1.0$	±3.2 ±1.4		±3.8 ±1.9
D	428.9481 -138.5830		-1.7 $+2.6$	±3.8 ±3.1	Ⓓ	Ⓓ	Ⓓ	Ⓓ	-2.6 -2.0	±3.6 ±2.9
E	707.7668 -135.2996	±3.6 ±3.2	Ⓔ	Ⓔ	$+1.9$ $+3.2$	±4.7 ±3.7	$+3.5$ $+2.6$	±4.8 ±3.9	Ⓔ	Ⓔ

第六节　水平位移监测方法

水平位移点，根据建筑物的结构、监测方法及变形方向设置。产生水平位移的原因很多，主要有地震、岩体滑动、侧向的土压力和水压力、水流的冲击等。其中有些对位移方向的影响是已知的，例如水坝受侧向水压而产生的位移、桥墩受水流冲击而产生的位移等，即属于这种情况。但有时候对移动方向的影响是不知道的，如受地震影响而使建筑物产生的位移等。对于不同的情况，需采用不同的监测方法，相应的对变形点的布设要求也不一样。但不管以何种形式布设，变形点的位置必须具有变形的代表性，必须与建筑物固连，而且要与基准点或工作基点通视。

一、用前方交会法测定建筑物的水平位移

在测定大型工程建筑物（例如塔形建筑物、水工建筑物等）的水平位移时，可利用变形影响范围以外的基准点（或工作基点）用前方交会法进行监测。

如图 2-33 所示，1、2 点为互不通视的基准点（或工作基点），T_1 为建筑物上的位移监测点。

由于 γ_1 及 γ_2 不能直接测量，为此必须测量连接角 γ_1' 及 γ_2'，则 γ_1 及 γ_2 通过解算可以求得：

$$\left.\begin{array}{l} \gamma_1 = (\alpha_{2-1} - \alpha_{K-1}) - \gamma_1' \\ \gamma_2 = (\alpha_{P-2} - \alpha_{1-2}) - \gamma_2' \end{array}\right\} \tag{2-1}$$

式中　α——相应方向的坐标方位角。

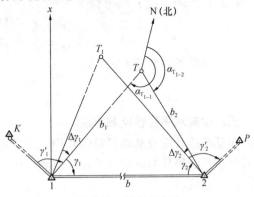

图 2-33　前方交会法

为了计算 T_1 点的坐标，现以点 1 为独立坐标系的原点，1、2 点的连线为 y 轴，则 T_1 点的初始坐标按下式计算：

$$\left.\begin{array}{l} x_{T_1} = b_1 \cdot \sin\gamma_1 = b_2 \cdot \sin\gamma_2 \\ y_{T_1} = b_1 \cdot \cos\gamma_1 = b_2 \cdot \sin\gamma_2 \cdot \cot\gamma_1 \end{array}\right\} \tag{2-2}$$

或

$$x_{T_1} = b \cdot \sin\gamma_1 \cdot \sin\gamma_2 / \sin(\gamma_1 + \gamma_2)$$

$$y_{T_1} = b \cdot \cos\gamma_1 \cdot \sin\gamma_2 / \sin(\gamma_1 + \gamma_2)$$

经过整理得：

$$\left.\begin{array}{l} x_{T_1} = \dfrac{b}{\cot\gamma_1 + \cot\gamma_2} \\ y_{T_1} = \dfrac{b}{\cot\gamma_1 \cot\gamma_2 + 1} \end{array}\right\} \tag{2-3}$$

若以后各期监测所算得的坐标为 (x_{T_i}, y_{T_i})，则 T 点的坐标位移为：

$$\left\{\begin{array}{l} \Delta x_T = x_{T_i} - x_{T_1} \\ \Delta y_T = y_{T_i} - y_{T_1} \end{array}\right. \tag{2-4}$$

二、自由设站法监测建筑物的水平位移

自由设站法测定建筑物平面位移的基本原理如下：

如图 2-34 所示，仪器可自由地架设在便于监测的位置，通过测定位于变形区影响范围之外两个固定已知目标，即测站 P 到两个已知点 P_1 (x_1, y_1)、P_2 (x_2, y_2) 之间的方向值 C_1、C_2 和距离值 D_1、D_2，即可计算测站的坐标，进而可测算各监测点的坐标。

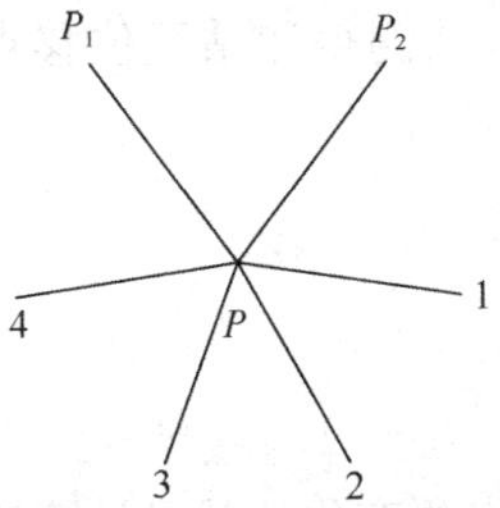

设 $\beta_0 = \angle P_1 P P_2 = C_2 - C_1$，$\beta_1 = \angle P P_1 P_2$。

（1）计算长度 $P_1 P_2 = D_0$ 及其方向角 α

$$\Delta x = x_2 - x_1, \Delta y = y_2 - y_1$$

$$D_0 = \sqrt{\Delta x^2 + \Delta y^2}$$

$$\alpha = \tan^{-1}\left(\frac{\Delta y}{\Delta x}\right) \tag{2-5}$$

图 2-34　自由设站法

（2）计算 β_1

$$\beta_1 = \sin^{-1}\left(\frac{D_2 \sin\beta_0}{D_0}\right) \tag{2-6}$$

（3）计算测站点 P 的坐标

$$\begin{cases} x_P = x_1 + D_1 \cos(\alpha + \beta_1) \\ y_P = y_1 + D_1 \sin(\alpha + \beta_1) \end{cases} \tag{2-7}$$

（4）计算各监测点 i 的坐标

$$\begin{cases} x_i = x_P + s_i \cos\alpha_i \\ y_i = y_P + s_i \sin\alpha_i \end{cases} \tag{2-8}$$

三、横向水平位移监测方法

在基坑的开挖或基础打桩过程中，常常需要对施工区周边的横向水平位移进行监测。下面介绍几种简易的横向水平位移监测方法。

（1）轴线法

轴线法也称视准线法，是沿欲测量的基坑边线设置一条视准线（图 2-35），在视准线上或临近处按照需要设置测点，在视准线的两端设置测站 A、B。视准线法不需要测角，也不需要测距，只需将视准线用经纬仪投射到测点的旁边，量取测点离视准线的偏距，通过两次偏距的差值来计算测点的横向水平位移。

图 2-35　视准线法测围护墙顶横向水平位移

这种方法方便直观。但此法要求仪器架设在变形区外，并且测站与测点不易太远。对于有支撑的地下连续墙或大孔径灌注桩这类围护结构，基坑角点的水平位移通常较小，这时可将基坑角点设为临时测站 C、D，在每个工况内可以用临时测站监测，变换工况时用测站 A、B 测量临时测站 C、D 的横向水平位移，再用此结果对各测点的横向水平位移值作校正。测点最好设置在基坑圈梁、压顶等较易固定的地方，这样设置方便，不易损坏，而且能反映基坑真实的横向水平变形，当基坑有支撑时，测点宜设置在两根支撑的跨中。

这种方法方便直观。但此法要求测站与位移点不宜太远。

（2）视准线小角法

视准线小角法与轴线法有些类似，也是沿基坑的每一周边建立一条轴线（即一个固定的方向），通过测量固定方向与测站至位移点方向的小角变化 $\Delta\beta_i$，并测得测站至位移点的距离 L，从而计算出观测点的位移量：

$$\Delta_i = \frac{\Delta\beta_i}{\rho} L$$

此法也要求仪器架设在变形区外，且测站与位移点不宜太远。

（3）观测点设站法

此法将仪器架设在位移点上，通过测得测站上两端固定目标的夹角变化，就可计算测站点的位移量：

$$\Delta_i = \frac{S_1 S_2}{S_1 + S_2} \frac{\Delta\beta}{\rho}$$

该法虽然克服了视准线小角法的缺陷，但用此法仪器每设一站，只能测得该站本身的位移量，在有较多观测点时，仪器就需架设许多站，这样就增加了外业的工作量。

（4）单站改正法

我们在以上方法的基础上，提出一种将视准线小角法与观测点设站法结合使用的方法，这种方法只需仪器一次设站加改正来完成所有观测点位移的测算。

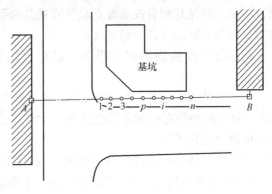

图 2-36 单站改正法测点布设示意图

如图 2-36 所示，在施工影响之外的坚固建筑物上设了两个标志 A、B。为了避免行人和车辆阻挡视线，A、B 两标志设在较高的墙面上。所以每次监测时，先要测量 $\angle APB$ 角的变化量，求得 P 点的横向位移量，再测量 $\angle APi$ 角的变化量，从而求得诸观测点 i 的横向位移量。其各点的横向水平位移计算公式：

$$\begin{cases}
\Delta P = \dfrac{S_{P-A} S_{P-B}}{S_{P-A} + S_{P-B}} \dfrac{\Delta\beta_P}{\rho} \\[2mm]
\Delta_1 = \dfrac{S_{P-1}}{\rho} \Delta\beta_1 + \left(1 - \dfrac{S_{P-1}}{S_{P-A}}\right) \Delta P \\[2mm]
\Delta_2 = \dfrac{S_{P-2}}{\rho} \Delta\beta_2 + \left(1 - \dfrac{S_{P-2}}{S_{P-A}}\right) \Delta P \\[2mm]
\qquad\qquad \cdots\cdots \\[2mm]
\Delta_i = -\dfrac{S_{P-i}}{\rho} \Delta\beta_i + \left(1 + \dfrac{S_{P-i}}{S_{P-A}}\right) \Delta P \\[2mm]
\Delta_n = -\dfrac{S_{P-n}}{\rho} \Delta\beta_n + \left(1 + \dfrac{S_{P-n}}{S_{P-A}}\right) \Delta P
\end{cases} \tag{2-9}$$

对于每一个施工区，在测站和位移点设定后，就可求得各点之间的大致距离，从而可事先算得各点系数，以后只要测得角度变化 $\Delta\beta = \beta_{本次} - \beta_{上次}$，即可算得位移量（例如，算出系数得下式）；水平位移的符号相对基坑而言，向内为正，向外为负。

$$\begin{cases}
\Delta P = 0.2206 \cdot \Delta\beta_P \\[2mm]
\Delta_1 = 0.1077 \cdot \Delta\beta_1 + 0.7727 \cdot \Delta P \\[2mm]
\Delta_2 = 0.0619 \cdot \Delta\beta_2 + 0.8694 \cdot \Delta P \\[2mm]
\qquad\qquad \cdots\cdots \\[2mm]
\Delta_i = -0.0584 \cdot \Delta\beta_i + 1.1232 \cdot \Delta P \\[2mm]
\Delta_n = -0.1340 \cdot \Delta\beta_n + 1.2829 \cdot \Delta P
\end{cases} \tag{2-10}$$

四、全站仪三维变形监测

随着全站仪的普及，应用三维变形监测方法的场合越来越多。该法常用于大型工程建筑物的变形监测，如：房屋、桥梁、体育馆网架工程、礼堂屋架工程、机场屋架工程、大型工程结构测试等场合的变形监测。该方法操作简单、精度高。

1. 三维变形监测的原理

为了同时测定工程建筑物的三维位移量，即平面位移和高程位移。我们来分析其测定的原理。

首先在被测对象附近或周围选择几个合适的位置为测站，测站要尽可能地少，最好是只设一站，并使其到后视基准点和各监测点的距离大致相等，然后在各监测点和基准点上粘贴平面反射标志（即丙烯脂胶片）。

测站要求设置强制归心设备，以克服偏心误差的影响，常见的对中装置有下列三种：

（1）三叉式对中盘。如图 2-37 所示，盘上铣出三条幅射形凹槽，三条凹槽夹角为120°，对中时必须先把基座的底板卸掉，将三只脚螺旋尖端安放在三条凹槽中后，仪器就在对中盘上定位了。

（2）点、线、面式对中盘。如图 2-38 所示，盘上有三个小金属块，分别是点、线、面。"点"是金属块上有一个圆锥形凹穴，脚螺旋尖端对准放上去后即不可移动；"线"是金属块上，有一条线形凹槽，脚螺旋尖端在凹槽内可以沿槽线移动。第三块是一个平面，脚螺旋尖端在上面有二维自由度，当脚螺旋间距与这三个金属块间距大致相等时，仪器可以在对中盘上精确就位。

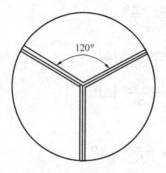

图 2-37　三叉式对中盘

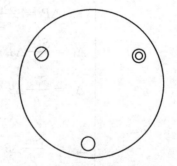

图 2-38　点、线、面式对中盘

（3）球、孔式对中装置。如图 2-39 所示，对中盘上有一个圆柱形的对中孔，另有一个对中球（或圆柱）通过螺纹可以旋在基座的底板下，对中球外径与对中孔的内径匹配，旋上对中球的测量仪器通过球、孔接口，可以使仪器精确地就位于对中盘上。

仪器设置强制归心设备之后，即可保证每次监测时平面基准位置的一致性。

为减少量测仪器高的误差对成果的影响，提高高程测量精度，我们可采用无仪器高作业法。其基本原理是：假设测站点高程为 H_0。仪器高为 i，从测站监测第一个目标点设为已知高程点，高程为 H_1，目标高为 0，则监测第一点的高程传递表达式为：

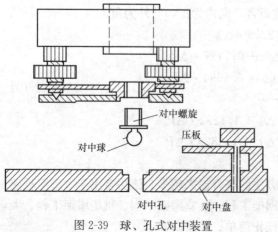

对中螺旋

压板

对中球

对中孔　　对中盘

图 2-39　球、孔式对中装置

$$H_1 = H_0 + i + S_1 \times \cos V_1$$
$$= H_0 + i + h_1 \tag{2-11}$$

或
$$H_0 = H_1 - i - h_1 \tag{2-12}$$

若仪器高 i 不变，则

监测第 j 点的高程传递表达式为：
$$H_j = H_0 + i + S_j \times \cos V_j$$
$$= H_0 + i + h_j \tag{2-13}$$

将式（2-12）代入式（2-13），有
$$H_j = H_1 - i - h_1 + i + h_j$$
$$= H_1 + h_j - h_1$$
$$= H_1 + \Delta h_{1j} \tag{2-14}$$

式（2-14）说明：第 j 点高程＝已知高程 H_1 ＋已知高程点至第 j 点的间接高差 Δh_{1j}。由于 h_1 或 h_j 均为全站仪望远镜旋转中心至目标点的高差，并不涉及仪器高，故间接高差 Δh_{1j} 也与仪高无关。根据这一原理，我们拟定了如下监测方案：

首先监测测站到基准点间的高差 h_1，然后将全站仪置于三维坐标测量状态，输入测站点的坐标 X_0、Y_0，而 Z_0 以虚拟高程 H_0（$H_0 ＝$ 基准点高程 $-h_1$）输入，仪器高、棱镜高均输入 0。

对仪器设置好已知数据后，即可进入三维坐标测量状态，测量各监测点的三维坐标，通过比较本次与前次的坐标后，就可得到各监测点的三维位移量。

2. 全站仪三维定点的精度分析

全站仪测定空间某点的三维坐标计算公式为：
$$X_p = X_0 + S \times \sin V \times \cos \alpha$$
$$Y_p = Y_0 + S \times \sin V \times \sin \alpha \tag{2-15}$$
$$Z_p = Z_0 + S \times \cos V + i$$

设 $m_\alpha = m_v = m_0$ ，$m_s = a + b \times D$

因采用无仪高作业法，故
$$m_i = 0$$

根据误差传播定律，得：
$$m_{x_p}^2 = \sin^2 V \cdot \cos^2 \alpha \cdot m_s^2 + S^2 \cdot \sin^2 V \cdot \sin^2 \alpha \cdot m_\alpha^2 + S^2 \cdot \cos^2 V \cdot \cos^2 \alpha \cdot m_v^2$$
$$m_{y_p}^2 = \sin^2 V \cdot \sin^2 \alpha \cdot m_s^2 + S^2 \cdot \sin^2 V \cdot \cos^2 \alpha \cdot m_\alpha^2 + S^2 \cdot \cos^2 V \cdot \sin^2 \alpha \cdot m_v^2$$
$$m_p^2 = \sin^2 V \cdot m_s^2 + S^2 \cdot m_0^2$$
$$m_{z_p}^2 = \cos^2 V \cdot m_s^2 + S^2 \cdot \sin^2 V \cdot m_v^2$$
$$\tag{2-16}$$

对于 SET2100 型全站仪，采用盘左盘右坐标取平均，且 $m_0 = 2''$，$m_s = 3\text{mm} + 2\text{ppm} \times D$，代入式（2-16）计算，结果见表 2-6。

若在测试中，平均天顶距为 $70°$，最大视距为 70m，则待测点（采用盘左盘右取平均）的平面点位中误差和高程中误差为 $m_p = \pm 2.21\text{mm}$，$m_{zp} = \pm 1.02\text{mm}$。若采用半测回值，则 $m_p = \pm 3.12\text{mm}$，$m_{zp} = \pm 1.44\text{mm}$。

M_p m_{zp} \ S \ V	60°	70°	80°	90°
60m	2.01	2.16	2.26	2.29
	1.22	0.95	0.72	0.62
70m	2.05	2.21	2.31	2.33
	1.27	1.02	0.81	0.72
80m	2.10	2.26	2.35	2.38
	1.32	1.09	0.90	0.78
90m	2.16	2.31	2.40	2.43
	1.38	1.16	0.99	0.93
100m	2.21	2.36	2.45	2.49
	1.44	1.24	1.10	1.03

第七节 倾 斜 监 测

变形监测中的倾斜监测主要是对高耸建筑物的主体进行，例如多层或高程的房屋建筑、电视塔、水塔和烟囱等，测定建筑物顶部和中间各层次相对于底部的水平位移，其衡量标准为水平位移除以相对高差，称为倾斜度，以百分率表示，同时需要表达的是以建筑物轴线为参照的倾斜方向。测定建筑物倾斜的方法有两类：一类是直接测定建筑物的倾斜，主要有：经纬仪投影法、测水平角、激光垂准仪法、全站仪坐标法，该方法多用于基础面积过小的超高建筑物，如电视塔、烟囱、高桥墩、高层楼房等。另一类是通过测量建筑物基础沉降的间接方法来确定建筑物倾斜，主要有水准测量法、静力水准法、倾斜仪法，该方法多用于基础面积较大的建筑物，并便于水准观测。

主体建筑倾斜观测主要测定建筑物顶部相对于底部或各层间上层相对于下层的水平位移与高差，分别计算整体或分层的倾斜度、倾斜方向以及倾斜速度。

建筑物主体倾斜观测点位布设要求：

（1）沿对应测站点的某主体竖直线，对整体倾斜按顶部、底部，对分层倾斜按分层部位、底部上下对应布设。

（2）从建筑物外部观测时，测站点选在与照准目标中心连线呈接近正交的固定位置处。

用建筑物内竖向通道观测时，可将通道底部中心点作为测站点。

观测点位的标志设置：

（1）建筑物顶部和墙体上的观测点标志，采用埋入式照准标志形式。有特殊要求时，应专门设计。

（2）不便埋设标志的塔形、圆形建筑物以及竖直构件，可照准视线所切同高边缘认定的位置或用高度角控制的位置作为观测点位。

（3）一次性倾斜观测项目，观测点可采用建筑物特征部位。

倾斜测量是用经纬仪、水准仪或其他专用仪器测量建筑物倾斜度随时间而变化的工作。一般在建筑物立面上设置上下两个监测标志，它们的高差为 h，用经纬仪把上标志中心位置投影到下标志附近，量取它与下标志中心之间的水平距离 x，则 $x/h = i$ 就是两标志中心连线的倾斜度。定期地重复监测，就可得知在某时间内建筑物倾斜度的变化情况。

测定建筑物倾斜的方法有两类：一类是直接测定建筑物的倾斜；另一类是通过测量建筑物基础沉降的方法来确定建筑物倾斜。

对于烟囱等独立构筑物，可从附近一条固定基线出发，用前方交会法测量上、下两处水平截面中心的坐标，从而推算独立构筑物在两个坐标轴方向的倾斜度。也可以在建筑物的基础上设置一些沉降点，进行沉降监测。设 Δh 为某两沉降点在某段时间内沉降量差数，S 为其间的平距，则 $\Delta h/S = \Delta i$ 就是该时间段内建筑物在该方向上倾斜度的变化。

一、直接测定建筑物倾斜的方法

1. 经纬仪投影法

用经纬仪作垂直投影以测定建筑物外墙的倾斜，如图 2-40 所示，适用于建筑物周围比较空旷的主体倾斜。

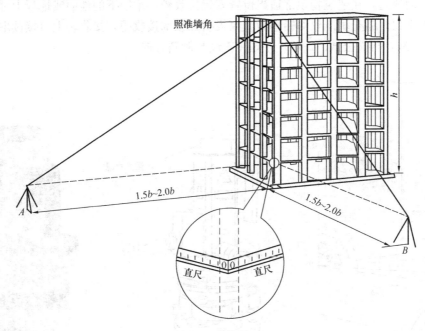

图 2-40　经纬仪投影法

选择建筑物上、下在一条铅垂线上的墙角，分别在两墙面延长线方向、距离约为 $1.5h \sim 2.0h$ 处埋设观测点 A、B，在两墙面墙角分别横置直尺；分别在 A、B 点安置经纬仪，将房顶墙角投射到横置直尺，取得读数分别为 Δu、Δv，设上下两点的高差为 h，然后用矢量相加，再计算倾斜度 i 和倾斜方向：

$$\left.\begin{aligned} i &= \frac{\sqrt{\Delta u^2 + \Delta v^2}}{h} \\ \alpha &= \tan^{-1}\frac{\Delta v}{\Delta u} \end{aligned}\right\} \tag{2-17}$$

2. 测水平角法

对于水塔、烟囱等建筑物，通常采用测水平角的方法来测定倾斜。

图 2-41 即为用这种方法测定烟囱倾斜的例子。离烟囱 50～100m 处，在互相垂直方向上标定两个固定标志作为测站。在烟囱上标出作为观测用的标志点 1、2、3、4、5、6、7、8，同时选择通视良好的远方不动点 M_1 和 M_2 为方向点。然后从测站 A 用经纬仪测量水平角 (1)、(2)、(3) 和 (4)，并计算半和角 $\angle a = \dfrac{(2)+(3)}{2}$ 及 $\angle b = \dfrac{(1)+(4)}{2}$，它们分别表示烟囱上部中心 a 和烟囱勒脚部分中心 b 的方向，根据 a 和 b 的方向差，可计算偏歪分量 Δu。同样在测站 B 上观测水平角 (5)、(6)、(7)、(8)，重复前述计算，得到另一偏歪分量 Δv，再按公式 (2-17) 算出烟囱的倾斜度。对于高耸圆形构筑物（如烟囱、水塔等），当顶部或中部设置标志不便时可用照准视线直接切其边缘认定的位置或高度角控制的位置作为观测点位。

3. 激光垂准仪法

如图 2-42 所示为激光垂准仪。图 2-43 为激光垂准仪法测倾斜示意图，建筑物顶部与底部间有竖向通道，在建筑物顶部适当位置安置接收靶，垂线下的地面或地板上埋设点位安置激光垂准仪，激光垂准仪的铅垂激光束投射到顶部接收靶，接收靶上直接读取顶部两位移量 Δu、Δv，再按公式 (2-17) 计算倾斜度与倾斜方向。

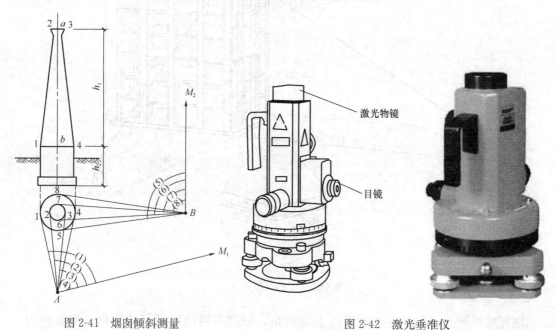

图 2-41　烟囱倾斜测量　　　　　　　　　　图 2-42　激光垂准仪

4. 全站仪坐标测定法

全站仪坐标法能在同一测站对监测对象在两个正交方向的倾斜偏移量进行观测。全站仪坐标法应满足以下规定：

（1）在结构的上、下部竖向对应设置观测标志，观测标志宜为小棱镜或反射片，采用基于无合作目标测距技术时可为平整的其他标志；

（2）测站点应设置在结构边线的延长线或结构边线的垂线上，与观测点的水平距离宜

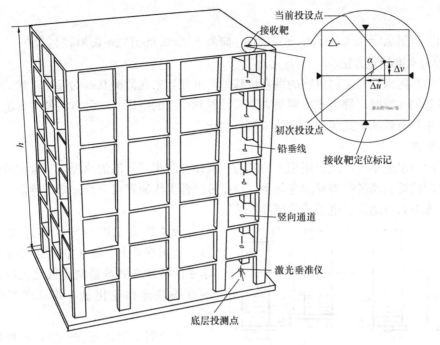

图 2-43　激光垂准仪法测倾斜

为上、下部观测点高差的 1.5~2.0 倍；

（3）以测站点为原点，测站点至下部观测点连线为 X 轴正方向，Y 轴垂直于 X 轴、竖直方向为 Z 轴，建立独立坐标系，X、Y 两个坐标分量的变化值分别为两个方向的倾斜偏移量；

（4）历次观测应正、倒镜各观测一次取平均值；

（5）历次两正交方向的倾斜偏移量的变化值与上、下点高差的比值即分别为相应两个正交方向的倾斜变化率。当上、下点的连线与结构的竖向轴线平行时，倾斜偏移量与高差的比值即为结构的倾斜率。

二、间接测定建筑物倾斜的方法

刚性建筑整体倾斜，可通过间接测量基础的相对沉降来计算建筑的倾斜。建筑物沉降量一般采用精密水准测量。

1. 水准仪测量法

如图 2-44 所示，建筑物基础上选设沉降观测点 A、B，精密水准测量法定期观测 A、B 两点沉降差 Δh，A、B 两点的距离为 L，基础倾斜度为：

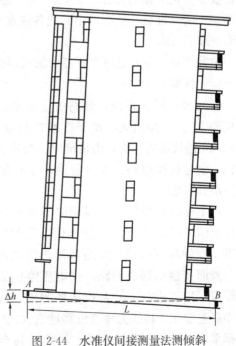

图 2-44　水准仪间接测量法测倾斜

$$i = \frac{\Delta h}{L} \tag{2-18}$$

例如：测得 $\Delta h = 0.023$m，$L = 7.25$m，倾斜度 $i = 0.003172 = 0.3172\%$。

2. 静力水准测量方法

除了用几何水准测定建筑物的垂直位移外，近几年来在监测基础的沉降、建筑物地基和工艺设备的变形时，静力水准测量方法日益得到广泛的应用。这种方法的主要优点是能用比较简单和有效的方式实现测量的全部自动化。

（1）原理

液体静力水准系统，是利用相连的容器中液体寻求相同势能的原理，测量和监测参考点彼此之间的垂直高度的差异和变化量。根据传感器工作原理可分为差动传感器、电容式传感器、光电式传感器、电感式传感器等。

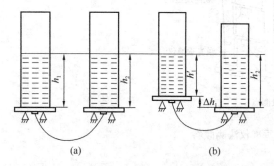

图 2-45　静力水准测量原理示意图
(a) 原始水平状态；(b) 监测点变化后

液体静力水准测量又称连通管法测量，利用在重力下静止液面总是保持同一水平的特性来测量监测点彼此之间的垂直高度的差异和变化量，其原理如图 2-45 所示。

当容器中液体密度一致，外界环境相同时，如图 2-45（a）所示，容器中液面处于同一高度，各容器的液面高度为 h_1，h_2，…，h_n。当监测点发生竖向位移，容器内部液面重新调整高度，形成新的同一液面高度，如图 2-45（b）所示，则此时各容器新液面高度分别为 h_1'，h_2'，…，h_n'。各容器液面变化量分别为 $\Delta h_1 = h_1' - h_1$，$\Delta h_2 = h_2' - h_2$，$\Delta h_n = h_n' - h_n$。在此基础上，选定测点 1 为基准点，从而求出其他各测点相对基准点的垂直位移为 $\Delta H_2 = \Delta h_1 - \Delta h_2$，…，$\Delta H_n = \Delta h_1 - \Delta h_n$。

由此可知，可通过每个容器中的液面变化的差值来测出竖向位移的大小。

（2）仪器

静力水准测试系统，分别由主控制器、计算机和 12 台仪器组成，属于连通管测量系统。

图 2-46 是仪器的结构，由玻璃钵体、探针、步进电机、信号转换电路、液气管道和主控制器接口等部分组成。

当主控制器按照设定周期向各仪器发送脉冲控制信号后，经 D/A 转换器使仪器的步进电机带动探针向下运动，探测容器内的液面，当其与液面接触后形成回路，使电机停止下行返回原位，接着进行下一台仪器的测试；从而将微小高差变化，转换为垂直位移量测试；经连续数据采集、计算、存储电路，输出与每台仪器

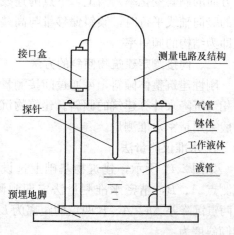

图 2-46　静力水准仪结构示意图

接口盒
测量电路及结构
探针
气管
钵体
工作液体
液管
预埋地脚

液位相关的ＲS４８５／ＲS232型数字信号，直接与计算机连接，可实现竖向位移的测量与存储分析。

作为高程测量方法，它相对于几何水准和全站仪三角高程测量而言，优点在于：

1）测量精度高：几何水准和三角高程最高只能在0.01mm，而流体静力系统最高可达到1μm，一般可达到0.01mm；

2）不需要各个点相互通视：几何水准和三角高程都需要通过望远镜照准目标点，即存在通视条件，一次也只能测量一个点，而且测量时会受到最短视距的限制；而流体静力系统不需要各点相互通视，可多点同时测量，而且可以在狭小空间以及恶劣环境中测量；

3）有很高的测量频率：几何水准和三角高程瞄准、测量、记录等需要相对较长时间；而流体静力系统则可以高频测量液面高程变化来确定高差，故适合于自动化测量和长期连续监测。

对静力水准测量误差来源的分析表明，静力水准仪的主要误差来自于外界温度的变化，特别是监测头附近的局部温度变化。为了削弱温度的影响，应使连接软管下垂量为最小；减少监测头中的液柱高度；静力水准仪尽量远离强大的热辐射源。

为了消除温度影响所产生的误差，可以采用测定监测头中液体的温度，并对测量结果施加相应的改正数的方法。若在40~50mm的最小液柱高的情况下，欲使液体水平面的测量误差不超过0.1mm，则温度的读数精度要求不低于0.5℃。目前在高精度静力水准测量中往往采用恒温系统。

第八节　建筑物裂缝与挠度监测

一、裂缝监测

（1）裂缝产生的原因

通常有：地基处理不当、不均匀沉降；地表和建筑物相对滑动；设计问题导致局部出现过大的拉应力；混凝土中浇灌或养护的问题；水温、气温或其他问题。

（2）观测内容

裂缝分布位置、走向、长度、宽度及其变化程度等项目。

（3）埋设标志

每条裂缝的两侧都应埋设标志，对于混凝土建筑物上的裂缝的位置、走向以及长度的观测，是在裂缝的两端用埋设标志定期观测。

（4）观测

对于重要的裂缝，也在裂缝的两侧打孔埋设金属标志点，定期用游标卡尺量出两点间的距离变化，即可精确测得裂缝宽度变化情况。

对于面积较大且不便于人工测量的众多裂缝宜采用近景摄影测量方法；当需要连续监测裂缝变化时，还可采用测缝计或传感器自动测记方法。

（5）观测周期

通常开始半月1次，以后1月1次。当发现裂缝加大时，应增加观测次数，直至几天或逐日一次的连续观测。

裂缝观测时，每次观测应量出裂缝位置、形态和尺寸，注明日期，附必要的照片资料。

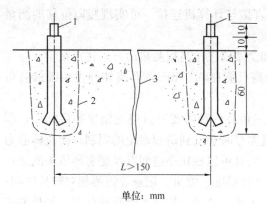

图 2-47 裂缝观测示意图
1—标点；2—钻孔线；3—裂缝

裂缝观测目前的主要方法有：游标卡尺法、刻度钢尺对照拍摄法、石膏板标志法、白铁皮标志法、三向测缝标点法、测缝计法、超声波检测法。

1. 游标卡尺法

在实际应用中，可根据裂缝分布情况，对重要的裂缝，选择有代表性的位置，在裂缝两侧各埋设一个标点，如图 2-47 所示。

标点采用直径为 20mm，长约 80mm 的金属棒，埋入混凝土内 60mm，外露部分为标点，标点上各有一个保护盖。

两标点的距离不得少于 150mm，用游标卡尺定期地测定两个标点之间距离变化值，以此来掌握裂缝的发展情况，其测量精度一般可达到 0.1mm，如图2-48所示。

2. 刻度钢尺对照拍摄法

现场设置量测基准线，观测时沿量测基准线放置刻度钢尺，并将裂缝与刻度钢尺对照一起进行放大拍摄，在计算机中参照刻度钢尺的比例计算裂缝宽度的变化。如图 2-49 所示，第一次观测：裂缝宽度为 0.78mm 第二次观测：裂缝宽度为

图 2-48 用游标卡尺量裂缝间的距离变化

1.36mm 两次观测裂缝宽度差：1.36－0.78＝0.58mm；时间间隔：62d；裂缝加宽速率：0.58/62＝0.00935mm/d。

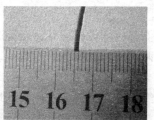

图 2-49 采用刻度钢尺对照拍摄法计算裂缝宽度的变化

3. 石膏板标志法

用厚 10mm，宽约 50～80mm 的石膏板（长度视裂缝大小而定），固定在裂缝的两侧。当裂缝继续发展时，石膏板也随之开裂，从而观察裂缝继续发展的情况，如图 2-50 所示。

4. 白铁皮标志法

如图 2-51 所示，具体操作如下：

（1）用两块白铁皮，一片取 150mm×150mm 的正方形，固定在裂缝的一侧。

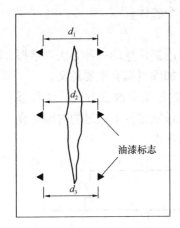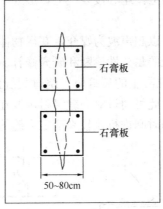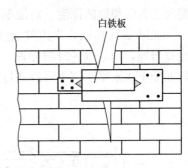

图 2-50　石膏板标志法　　　　　　　　图 2-51　白铁皮标志法

（2）另一片为 50mm×200mm 的矩形，固定在裂缝的另一侧，使两块白铁皮的边缘相互平行，并使其中的一部分重叠。

（3）在两块白铁皮的表面，涂上红色油漆。

（4）如果裂缝继续发展，两块白铁皮将逐渐拉开，露出正方形上，原被覆盖没有油漆的部分，其宽度即为裂缝加大的宽度，可用尺子量出。

5. 三向测缝标点法

三向测缝标点有板式和杆式两种，目前大多采用板式三向测缝标点，如图 2-52 所示。

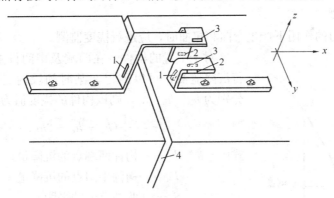

图 2-52　板式三向测缝标点结构
1—观测 x 方向的标点；2—观测 y 方向的标点；3—观测 z 方向的标点；4—伸缩缝

板式三向测缝标点是将两块宽为 30mm，厚 5～7mm 的金属板，做成相互垂直的 3 个方向的拐角，并在型板上焊三对不锈钢的三棱柱条，用以观测裂缝 3 个方向的变化，用螺栓将型板锚固在混凝土上。用外径游标卡尺测量每对三棱柱条之间的距离变化，即可得三维相对位移。

6. 测缝计法

测缝计可分为电阻式、电感式、电位式、钢弦式等多种，是由波纹管、上接座、接线座及接座套筒组成仪器外壳。

差动电阻式的内部构造如图 2-53 所示，是由两根方铁杆、导向板、弹簧及两根电阻钢丝组成，两根方铁杆分别固定在上接座和接线座上，形成一个整体。

7. 超声波检测法

超声波用于非破损检测，就是以超声波为媒介，获得物体内部信息的一种方法。掌握混凝土表面裂缝的深度，对混凝土的耐久性诊断和研究修补、加固对策有重要意义。

如图 2-54 所示，当声波通过混凝土的裂缝时，绕过裂缝的顶端而改变方向，使传播路程增加，即通过的时间加长，由此可通过对裂缝绕射声波在最短路程上通过的时间与良好混凝土在水平距离上声波通过的时间进行比较来确定裂缝的深度。

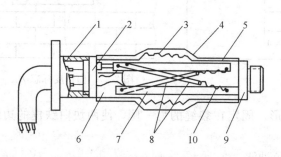

图 2-53　测缝计结构示意图

1—接座套管；2—接线座；3—波纹管；4—塑料套；5—钢管；6—中性油；7—方铁杆；8—电阻钢丝；9—上接座；10—弹簧

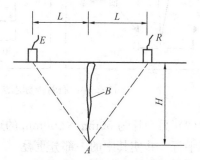

图 2-54　超声波观测裂缝深度

E—发射探头；R—接收探头；B—裂缝；A—裂缝终点；H—裂缝深度

二、挠度监测

建筑物在应力的作用下产生弯曲和扭曲时，应进行挠度监测。

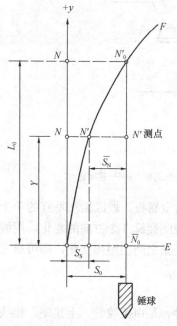

图 2-55　正垂线法

对于平置的构件，在两端及中间设置三个沉降点进行沉降监测，可以测得在某时间段内三个点的沉降量，分别为 h_a、h_b、h_c，则该构件的挠度值为：

$$\tau = \frac{1}{2}(h_a + h_c - 2h_b) \cdot \frac{1}{S_{ac}} \qquad (2-19)$$

式中　h_a、h_c——构件两端点的沉降量；

　　　h_b——构件中间点的沉降量；

　　　S_{ac}——两端点间的平距。

对于直立的构件，要设置上、中、下三个位移监测点进行位移监测，利用三点的位移量求出挠度大小。在这种情况下，我们把在建筑物垂直面内各不同高程点相对于底点的水平位移称为挠度。

挠度监测的方法常采用正垂线法，即从建筑物顶部悬挂一根铅垂线，直通至底部，在铅垂线的不同高程上设置测点，借助光学式或机械式的坐标仪表量测出各点与铅垂线最低点之间的相对位移。如图 2-55 所示，任意点 N 的挠度 S_N 按下式计算：

$$S_N = S_0 - \overline{S}_N \qquad (2\text{-}20)$$

式中 S_0——铅垂线最低点与顶点之间的相对位移；

$\overline{S}_N$——任一测点 N 与顶点之间的相对位移。

第九节 变形监测成果整理与分析

变形监测不仅是指变形数据的采集，而且应该包括对采集的原始数据进行整理以便存档保管和进一步的利用。等资料积累到一定数量以后，要利用它们进行分析以研究变形的规律和特征。分析是一个去粗取精、探索内在机理的提炼过程。通过它才可从原始数据中归纳出能指导实际的意见和规律性结论。但是相当多测量人员过去很少独自进行或参加数据分析的工作。这样一方面不能使经过多年辛劳积累起来的宝贵资料及时发挥作用，造成浪费；另一方面对于测量人员业务素质的提高也是不利的。

测量人员做成果的整理与分析有其优越的条件：

（1）测量人员是原始数据的直接采集者，他们不仅对数据有充分了解，而且熟悉现场情况，便于联系实际进行分析；

（2）测量人员掌握误差理论，习惯于处理并正确理解随机数，善于做细致周到的误差分析，因此做出的分析结论较科学；

（3）测量人员的计算技术比较好，有利于对原始数据作进一步的加工。

当然测量人员往往缺乏土力学、结构力学、材料力学以及其他土建知识，这阻碍他们做出好的分析结论。因此工程技术人员应该掌握一些相邻学科的基本知识。

下面介绍变形监测成果整理与分析的基本方法。

一、列表汇总

变形监测的原始资料，应该列表汇总在一起，例如表 2-7，这样有利于进一步比较和分析，这是初步的也是基础性的整理工作。

常用的沉降监测成果汇总表　　　　　　　　　　表 2-7

工程名称：×××楼

工程编号：　　　　　　　　　　　　　　　　　　仪器 N3　　No.117933

点号	首次成果 2014.8.27	第二次成果 2015.4.3			第三次成果 2015.11.12			…
	H_0	H	S	ΣS	H	S	ΣS	
1	17.595	17.590	5	5	17.588	2	7	…
2	17.555	17.549	6	6	17.546	3	9	…
3	17.571	17.565	6	6	17.563	2	8	…
4	17.604	17.601	3	3	17.600	1	4	…
5	17.597	17.591	6	6	17.587	4	10	…
⋮	⋮	⋮			⋮			…
静荷载 P	3.0t/m²	4.6t/m²			8.0t/m²			…
平均沉降		5.0mm			3.2mm			…
平均速度		0.018mm/H			0.015mm/H			…

二、作曲线图

人善于作形象思维，因此把变形监测数据用图的形式表示往往会收到良好的效果。利用沉降监测数据通常可在下列几种曲线图。

（1）变形曲线图

如图 2-56 所示，横坐标为时间 T，一般以天或 10 天为单位。纵坐标向下为累计沉降量 D，向上为荷载 P。所以横坐标轴下面是沉降随时间发展的曲线，即 $D\text{-}T$ 曲线；上面是荷载随时间增加的曲线，即 $P\text{-}T$ 曲线。施工结束后 $P\text{-}T$ 曲线就成一水平线了。对于大坝变形监测数据，纵坐标向下可以是横向位移值，向上可以是水位或气温等数据。利用这样的图可以直观地看出变形量随时间发展的情况，也可以看出变形与其他因素之间的内在联系。

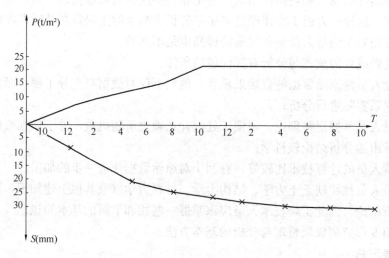

图 2-56 变形曲线图

变形曲线图中水平线以下只有一条曲线，它或许是按照建筑物平均沉降值绘制的，也可能是某一点的沉降-时间曲线。也可以把几个点用不同的颜色画在一张图中，这有利于作横向比较或作动态分析。

（2）变形等值线图

图 2-57 是一幢建筑物的等沉降曲线图。如果说上面的"变形曲线图"表示了变形随时间而发展的情况，则变形等值线图表示了变形在空间分布的情况。

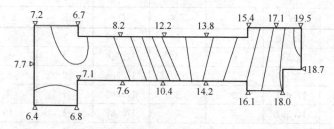

图 2-57 建筑物的等沉降曲线图

上海市在分析地面沉降的原因时，测量人员绘制了地面等沉降曲线图。它生动地表明了地面沉降大小分布的情况。在图上可以清楚地看到存在着几个沉降特别大的地区（沉降漏斗)。而这几个地区正好是抽取地下水的深井集中的地区,从而为"抽取地下水是上海地面下沉主要原因"这个结论提供了有力的证明。

(3) 形象展开图

图 2-58 称为沉降曲线展开图。它是以建筑物平面图为基础,沿四边的轮廓线画一段沉降曲线而得。图 2-59 为大坝位移分布的示意图。它能形象生动地反映变形分布的情况。

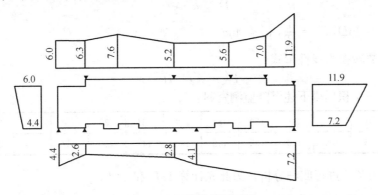

图 2-58 沉降曲线展开图

三、统计分析

变形监测时间的统计分析在于把一大批貌似杂乱的变形监测数据,结合某种具体物理模型后进行归纳,最后获得一些简明的参数。前面所述有助于进行定性分析,现在则要获得统计数据供定量分析。

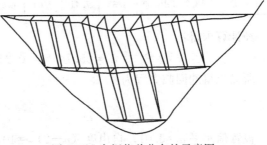

图 2-59 大坝位移分布的示意图

(1) 平均变形量

例如对一幢建筑物,可由所有沉降点的沉降量计算出它的平均沉降量:

$$D_\Psi = \frac{\sum_{i=1}^n D_i}{n} \tag{2-21}$$

式中 n ——建筑物上沉降监测点的个数。

(2) 线性回归

回归分析是数理统计中处理变量与变量之间统计关系的一种数学方法。

在苏州虎丘塔变形监测中,根据施工前一年积累起来的观测值,把塔顶位移量与时间进行了相关分析,求得相关系数 $\gamma = 0.97$,这说明塔顶变形是匀速的。此外,求得的系数 b,就是塔顶变形的平均速度。正是利用这个均匀的速度才衬托出施工后的反常变形。

在软土上建筑物的沉降与时间之间不是线性关系。因此,不能用直线方程去逼近它,可用下述曲线去描述 D-T 过程:

双曲线:

$$\frac{1}{D} = a + b \cdot \frac{1}{T} \tag{2-22}$$

这种函数可以通过变量代换,化为可以利用线性回归公式的形式。即令:

$$D' = \frac{1}{D}, T' = \frac{1}{T}$$

则双曲线可转换为线性形式：

$$D' = a + bT' \tag{2-23}$$

而对指数曲线：

$$D = a \cdot e^{\frac{b}{T}} \tag{2-24}$$

可令：$D' = \ln D, T' = \frac{1}{T}, a' = \ln a$

则指数函数转换为线性形式：

$$D' = a' + bT' \tag{2-25}$$

例：设近三年积累得下述沉降监测资料：

T/d	31	61	90	120	181	241	331	420	510	600	780	961
D/mm	73	100	120	135	142	148	149	156	162	164	163	165

现按式（2-23）进行回归分析，为此先计算 $1/D$ 和 $1/T$。

$1000/T$	32.20	16.40	11.10	8.33	5.52	4.15	3.02	2.38	1.96	1.67	1.28	1.04
$1000/D$	13.70	10.00	8.33	7.41	7.04	6.76	6.71	6.41	6.17	6.10	6.13	6.06

经计算求得：

$$a' = 5.74, b = 0.246, \gamma = 0.997$$

所以求得的回归方程为：

$$\frac{1}{D} = 0.00574 + 0.246 \frac{1}{T}$$

设置信水平 $\alpha = 0.01$，自由度 $(n-2) = 10$，查表可得 $\gamma_\alpha = 0.708$，$\gamma > \gamma_\alpha$，所以可认为求得的方程可信。

由此可得：T 与 D 在 $\alpha = 0.01$ 水平上显著相关。又令 $T \rightarrow \infty$，可得 $D_\infty = 174mm$，即预期最终沉降量为 174mm。

上述例子是变形量与时间的回归分析。参照其也可以对变形量与气温、荷载、水位等其他因素作回归分析。变形与单个因素之间的分析比较容易，与多个因素一起分析比较复杂，这要用多元线性回归方法来求回归方程中的诸系数的估值。还须对诸因子逐个进行统计检验。剔除不显著的因子，接纳显著因子，最后得到所求的最佳回归方程。

（3）三维空间中的线性回归

建筑物两端的沉降量有大有小，就会发生倾斜。假定沉降量在空间近似按一斜面分布，为此先设一平面坐标系，各沉降点的位置用此坐标系中的坐标 X_i、Y_i 来表示，则此斜面可表示为：

$$S = Ax + By + C$$

按照各点到此平面高差平方和最小为标准，按间接平差可以解得上式中的三个参数 A、B、C。

由斜面方程可知，系数 A、B 表示了建筑物在 x、y 方向的倾斜量。因此可以算出其平面倾斜方向：

$$\alpha = \tan^{-1} \frac{B}{A} \tag{2-26}$$

同时由平差还可以求得：

$$\delta_s = \sqrt{\frac{\sum V_s V_s}{n-3}} \tag{2-27}$$

式中　δ_s——平面回归函数的中误差；

　　　V_s——平面函数值的改正数；

　　　n——沉降点的个数。

δ_s不全是 S 值观测误差的反映，它还反映了沉降监测点的实际沉降量与理想的刚体倾斜状态间的差异。所以它在一定程度上反映了沉降的"不均匀性"。一般建筑对均匀沉降不敏感，只要沉降均匀，即使沉降量大一些，建筑物的结构不会有多大破坏，但不均匀沉降却会使墙面开裂甚至构件断裂。在这里 δ_s 反映了沉降不均匀性的程度。因此可以看到变形监测数据经过分析可以提供很多信息。

第十节　变形监测实例

一、安顺路商住楼沉降测量

1. 概述

安顺路某住宅楼坐落在中山西路以东、安顺路以北的地块，大楼为 8 层钢筋混凝土框架结构。在该楼外墙贴面砖施工期间，我们受业主的委托对该楼又继续进行了 6 次沉降测量。

2. 施测仪器

(1) 瑞士威尔特厂生产的 N3 型精密水准仪；

(2) 配该厂生产的水准尺。

3. 沉降监测结果

(1) 首次沉降测量日期为 1998 年 2 月 20 日。

(2) 本次沉降＝本次高程－上次高程

累计沉降＝本次高程－首次高程

(3) 6 个沉降点位布置示意图如图 2-60 所示，其中 1-2 点的沉降曲线如图 2-61 所示，6 次沉降监测结果的汇总见表 2-8。

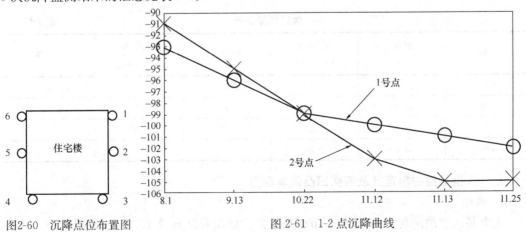

图2-60　沉降点位布置图　　　　　　　　图 2-61　1-2 点沉降曲线

点号	1999年 8月10日		1999年 9月13日		1999年 10月22日		1999年 11月12日		2000年 1月13日		2000年 1月25日	
	本次 (mm)	累计 (mm)	本次 (mm)	累计 (mm)	本次 (mm)	累计 (mm)	本次 (mm)	累计 (mm)	本次 (mm)	累计 (mm)	本次 (mm)	累计 (mm)
1	−29	−93	−3	−96	−3	−99	−1	−100	−1	−101	−1	−102
2	−21	−91	−4	−95	−4	−99		−103	−2	−105	0	−105
3	−10	−93	−4	−97	−2	−99	−4	−103	0	−103	0	−103
4	−11	−74	−4	−78	−2	−80	−5	−85		−85	0	−85
5	−17	−77	−6	−83	−3	−86	−3	−89		−89	0	−89
6	−9	−86	−5	−91	−2	−93	−5	−98	0	−98		−98

二、宏星民办小学综合楼倾斜测量

1. 概述

宏星民办小学坐落在赤峰路以南、曲阳路以西的地块，测量人员于 2000 年 3 月 1 日对校内综合楼的东、西、南、北四点房角位置进行了倾斜测量。

2. 施测仪器

（1）采用日本索佳公司生产的 SET2100 型精密全站仪；

（2）配该厂生产的精密弯管目镜和平面反射片。

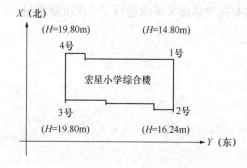

图 2-62 楼房四周点位编号及坐标系

倾斜测量结果列于表 2-9。

3. 测量结果

（1）倾斜测量成果说明

1）所有点位的偏移量均为楼房最上面点相对于最下面点（勒脚处）沿南北向（X 方向）和东西向（Y 方向）的偏移量。楼房各点高度注于示意图上。

2）楼房四周点位编号及坐标系设定如图 2-62 所示。

（2）倾斜测量成果

		倾斜测量结果			表 2-9
点号	高度 (m)	偏移量 ΔX (mm)	倾斜率	偏移量 ΔY (mm)	倾斜率
1 号	14.80	−18	1.2‰	−7	0.5‰
2 号	16.24	−15	0.9‰	+20	1.2‰
3 号	19.80	−44	2.2‰	−41	2.1‰
4 号	19.80	−64	3.2‰	−25	1.3‰

三、大型烟囱的垂直度及表面凹凸偏差测量

1. 概述

上海某大型烟囱高 120m，位于市区东北角。烟囱底部直径 13.8m，顶部直径 5.9m，

是上海目前最高大的烟囱之一。为了解该烟囱在建好后是否达到设计要求，受业主委托，我们对其进行了竣工测量。具体内容有：

（1）烟囱总体的轴线与设计轴线的偏差；以掌握该烟囱的安全性以及是否符合设计允许值 1/1300 的要求；

（2）烟囱表面局部凹凸与设计的偏差；为局部整修烟囱提供准确数据；

2. 仪器设备和精度分析

这次竣工测量，我们采用的是日本索佳公司生产的 SET2B 型精密全站仪。测距精度：$(2+2ppm)$ mm；方向精度：α''。测量标志采用平面反射片（即丙烯脂胶片），可以方便地粘贴在所测部位点上。

根据全站仪测定坐标的原理，被测点的坐标可表达如下：

$$X_p = S_p \sin V_p \cos \alpha_p$$
$$Y_p = S_p \sin V_p \sin \alpha_p$$
$$Z_p = S_p \cos V_p \tag{2-28}$$

式中　S_p——P 点的斜距；

　　　V_p——P 点的竖盘读数；

　　　α_p——P 点水平方位角。

由误差传播理论求得坐标分量中误差和点位中误差的表达式分别为：

$$m_x = \sqrt{(\sin V_p \cdot \cos \alpha_p)^2 \cdot m_s^2 + (S_p \cdot \cos V_p \cdot \cos \alpha_p)^2 \cdot \left(\frac{m_v}{\rho}\right)^2 + (S_p \cdot \sin V_p \cdot \sin \alpha_p)^2 \cdot \left(\frac{m_\alpha}{\rho}\right)^2}$$

$$m_y = \sqrt{(\sin V_p \cdot \sin \alpha_p)^2 \cdot m_s^2 + (S_p \cdot \cos V_p \cdot \sin \alpha_p)^2 \cdot \left(\frac{m_v}{\rho}\right)^2 + (S_p \cdot \sin V_p \cdot \cos \alpha_p)^2 \cdot \left(\frac{m_\alpha}{\rho}\right)^2}$$

$$m_z = \sqrt{(\cos V_p \cdot m_s)^2 + (S_p \cdot \sin V_p)^2 \cdot \left(\frac{m_v}{\rho}\right)^2}$$

$$\tag{2-29}$$

点位中误差为：

$$M = \sqrt{m_s^2 + S_p^2 \cdot \left(\frac{m_v}{\rho}\right)^2 + (S_p \cdot \sin V_p)^2 \cdot \left(\frac{m_\alpha}{\rho}\right)^2} \tag{2-30}$$

式中　取 $m_s = \pm 2mm$；$m_v = \pm 2''$；$m_\alpha = \pm 2'' \sqrt{2}$；$S_p \approx 140m$；$V_p \approx 30°$。

则待定点点位中误差 $M = \pm 2.6mm$。

3. 烟囱垂直度及其表面凹凸偏差测量

（1）测点布置

我们在烟囱周围布设了（东、西、南、北）四条测线，测点选择在烟囱表面沿测线凹凸比较明显的点，并在其上设置反射片，测量烟囱沿测线方向表面的三维坐标以及烟囱总体垂直度偏差，如图 2-63 所示。

（2）测量方法

通常的测量方法往往要求烟囱周围场地开阔，但现场条件较差，周围场地狭小。为此，我们选择了烟囱所在厂区的制高点（厂房顶）A 和隔壁煤气厂（厂房顶）B 为设站点，A 与 B 互相通视。在 A、B 点上采用直接测定四条测线上点的三维坐标。即仪器架于 A 点，采取自由设站法测定烟囱的东测线和北测线上反射片的坐标，并在搬站前测定

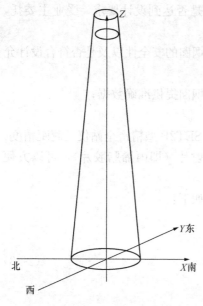

图 2-63　测量烟囱的三维坐标系

B 点的坐标。然后，仪器架于 B 点，后视 A 点定向，并测定烟囱西测线和南测线上反射片的三维坐标，最后与烟囱底部圆心点和水准点进行了联测。

4. 数据处理和测量结果

（1）数据处理

由以上测得的烟囱表面四条测线在假定坐标系下的三维坐标值，难以判断烟囱表面的凹凸情况，这就必须经过数据处理。

通过按以下转换公式：

$$\begin{cases} X_i = (x_i - x_0) \cdot \cos\alpha_0 + (y_i - y_0) \cdot \sin\alpha_0 \\ Y_i = -(x_i - x_0) \cdot \sin\alpha_0 + (y_i - y_0) \cdot \cos\alpha_0 \\ Z_i = z_i - z_0 \end{cases}$$

$$(2\text{-}31)$$

进行平移和旋转处理后，最终归算到以烟囱底部圆心为原点的三维统一坐标系下的坐标值。

（2）测量结果

烟囱总体垂直度偏差：经过对 118.647m 高度上的四个对称点坐标取平均，与 0.5m 高度上四个对称点坐标的平均值比较，得到烟囱中心总体的垂直度偏差为：X 方向上偏差 +56mm；Y 方向上偏差 -20mm，均满足设计允许值 1/1300 的要求。

在烟囱四周的东南西北各布设了 1 条测线，其中东测线点上的三维坐标监测值与设计外径值以及两者偏差列入表 2-10。

东测线偏差 　　　　　　　　表 2-10

序　号	坐标测量值 (m)			设计值 (m)	偏差 (mm)
	X	Y	Z	R	ΔY
1	0	6.541	0.500	6.530	+11
2	0	6.526	0.875	6.515	+11
3	0	6.521	1.000	6.510	+11
4	0	5.252	32.450	5.252	0
5	0	4.883	40.709	4.932	-49
6	0	4.656	49.576	4.711	-55
7	0	4.432	56.643	4.534	-102
8	0	4.264	65.157	4.321	-57
9	0	4.179	67.746	4.256	-77
10	0	4.144	70.960	4.176	-32
11	0	4.104	72.240	4.144	-40
12	0	3.988	75.375	4.066	-78
13	0	3.878	80.085	3.948	-70

序 号	坐标测量值（m）			设计值（m）	偏差（mm）
	X	Y	Z	R	ΔY
14	0	3.770	85.000	3.825	−55
15	0	3.761	85.408	3.815	−54
16	0	3.691	89.454	3.714	−23
17	0	3.686	93.467	3.613	+73
18	0	3.577	97.564	3.511	+66
19	0	3.411	102.936	3.377	+34
20	0	3.219	110.788	3.180	+39
21	0	3.168	115.408	3.065	+103
22	0	3.199	118.647	3.284	−85
23	0	2.931	119.265	2.968	−37

对许多工程测量问题应首先想到用最简便的方法来加以解决，这将大大简化工作量并对测量工作带来一定的效益。就拿以上介绍的烟囱竣工测量来说，针对烟囱周围场地狭小，也可采用其他办法来解决，但要麻烦得多。如由烟囱底附近向远处布设一条导线，先测得导线各点的坐标，然后再用靠近烟囱底的导线点来测量烟囱底部的坐标，而烟囱上部的坐标则用远离烟囱的导线点来测，这样就自成一个统一的假定坐标系统。但这样做不仅工作量大，而且由于误差积累，降低了测量的精度，因此测量方案的优化就显得特别重要了。

四、浦东国际机场航站楼屋架钢结构在张拉和加载试验中的变形测量

1. 概述

上海浦东国际机场航站楼屋架钢结构，由法国专家设计，由上、下平联连接两片桁架组成。桁架跨长 68m，为目前最大跨度的钢制屋架结构之一。为检验钢结构的张度、刚度和稳定性及钢制大跨度屋架结构的安全，需做实地试验。为此，在上海江南造船厂船台上进行了钢结构的张拉、空载、加载、卸载试验并进行钢结构桁架应力、变形和挠度的测试。

2. 测点布设

由于结构和荷载的对称，由理论分析可知其受力和变形也将是对称的，因此，只需检测一片桁架。根据理论分析结果，共布设了 78 个应力测点和 16 个变形测点，见图 2-64。测点主要布设在钢结构桁架受力较大的杆件节点上，以起验证作用。为测试上、下弦杆接头处的应力，在接头处也布置了应力测量。变

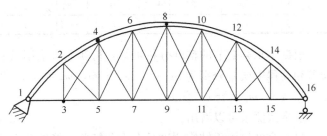

图 2-64　测点布置示意图

形测点分别布设在桁架两侧和跨中上下的节点处。

3. 测试方法及结果

应力测试采用 YJ－5 型静态应变仪和 YJ－22 型应变仪。先在各应力测点上粘贴电阻应变片，然后通过调试在应变仪上读出应变值。

变形测试和挠度测试采用 SET2100 型全站仪。先在钢结构前选择一合适的固定点安置全站仪，使其到基准点和各监测点的距离大致相等。然后在各监测点和基准点上粘贴平面反射标志（即丙烯脂胶片）。为减少量测仪器高的误差对成果的影响，提高高程测量精度，我们采用了无仪器高作业法。根据这一原理，我们拟定了如下监测方案：

首先监测测站到基准点间的高差 h_1，然后将全站仪置于三维坐标测量状态，输入测站点的坐标 X_0、Y_0，而 Z_0 以虚拟高程 H_0（H_0＝基准点高程－h_1）输入，仪器高、棱镜高均输入 0。然后，测量起始方向后即可测量其他各点。

张拉试验分别在张拉试验前、试验中、试验结束后三种状态下进行；加载试验分别在加 0 级荷载、加 2 级荷载、加 3 级荷载、加水平荷载、卸水平荷载、加 5 级荷载、加 7 级荷载的七种状态下进行。表 2-11 列出了在七种状态下四个点（3 号、4 号、8 号、13 号）变形的归算结果。其中 3 号点的变形曲线如图 2-65 所示。

加载试验过程中监测结果汇总　　　　　　　　　　　　　　　　　表 2-11

点号		加 2 级荷载时的本次变形(mm)	加 3 级荷载时的本次变形(mm)	累计变形(mm)	加水平荷载时的本次变形(mm)	累计变形(mm)	卸水平荷载时的本次变形(mm)	累计变形(mm)	加 5 级荷载时的本次变形(mm)	累计变形(mm)	加 7 级荷载时的本次变形(mm)	累计变形(mm)
3 号	X	+2	－1	+1	－15	－14	+16	+2	0	+2	+3	+5
	Y	+10	+4	+14	+1	+15	0	+15	+5	+20	+6	+26
	Z	－10	0	－10	0	－10	0	－10	－8	－18	+1	－17
4 号	X	+2	+3	+5	－2	+3	+1	+4	0	+4	0	+4
	Y	+14	+5	+19	+2	+21	－1	+20	+9	+29	+6	+35
	Z	－59	－19	－78	+1	－77	－1	－78	－33	－111	－37	－148
8 号	X	0	+1	+1	－1	0	+3	+3	－1	+2	－3	－1
	Y	+29	+10	+39	+1	+40	0	+40	+14	+54	+17	+71
	Z	－116	－43	－159	－1	－160	－1	－161	－57	－218	－76	－294
13 号	X	+13	－3	+10	－61	－51	+58	+7	－7	0	+13	+13
	Y	+59	+25	+84	0	+84	+1	+85	+29	+114	+35	+149
	Z	－132	－55	－187	0	－187	－1	－188	－64	－252	－82	－334

根据本章第七节的精度分析可知，待测点（采用盘左盘右坐标取平均）的平面点位中误差和高程中误差分别为 m_p＝±2.21mm，m_{zp}＝±1.02mm。若采用半测回值，则 m_p＝±3.12mm，m_{zp}＝±1.44mm。

从本次测量可以看出：

（1）全站仪用于结构测试具有作业简单、能够全面反映出结构变形情况之优点，若测前能根据结构的受力状况和变形特点，合理布置测点位置，优化施测方案，测后对成果进行合理的处理和分析，则能取得较好精度的测试成果；

（2）结构测试是一项检验结构质量，判断工程安危的重要工作，要求测量精度高，测试成果可靠，因此，应尽可能采用几种方法配合测试，相互检验，综合比较，综合分析，提高其成果的可靠性。

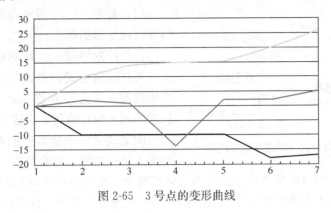

图 2-65　3 号点的变形曲线

第十一节　变形监测自动化

目前，变形监测的技术和方法正在由传统的单一人工监测模式向自动化方向发展。在变形体上布置变形监测点，在变形区影响范围之外的稳定地点设置固定观测站，用高精度自动（可编程）仪器周期性监测变形区内监测点的三维位移变化，该方法主要采用的手段有：测量机器人和 GPS 变形监测。

一、测量机器人

测量机器人（Measurement Robot，或称测地机器人，Georobot）是一种能替代人进行自动搜索、跟踪、辨识和精确照准目标并获取角度、距离、三维坐标等信息的智能型电子全站仪。它是在全站仪基础上集成步进马达、CCD 影像传感器构成的视频成像系统，并配置智能化的控制及应用软件发展而形成的。测量机器人通过 CCD 影像传感器和其他传感器对现实测量世界中的"目标"进行识别，迅速做出分析、判断与推理，实现自我控制，并自动完成照准、读数等操作，以完全代替人的手工操作。测量机器人再与能够制定测量计划、控制测量过程、进行测量数据处理与分析的软件系统相结合，完全可以代替人完成许多测量任务。

在工程建筑物的变形自动化监测方面，测量机器人正渐渐成为首选的自动化测量技术设备。利用测量机器人进行工程建筑物的自动化变形监测，一般可根据实际情况采用两种方式：（1）固定式全自动持续监测；（2）移动式半自动变形监测。

1. 固定式全自动持续监测

固定式全自动持续监测方式是基于一台测量机器人的有合作目标（照准棱镜）的变形监测系统，可实现全天候的无人值守监测，其实质为自动极坐标测量系统，其结构与组成方式如图 2-66 所示。这种作业方式适合于监测频率要求高的场合或人员不易进入的场合。

（1）基站。基站为极坐标系统的原点，用来架设测量机器人，要求有良好的通视和牢固稳定。

（2）后视点。后视点（三维坐标已知）应位于变形区域之外的稳固不动处，后视点一

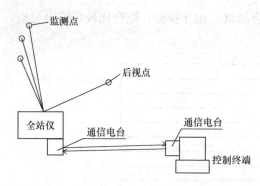

图 2-66　测量机器人变形监测系统组成

般应有 1～2 个。后视点除提供方位外，还为数据处理提供距离及高程差分基准。

（3）监测点。均匀地布设于变形体上能体现区域变形的部位。

（4）控制终端。由计算机和监测软件构成，通过通信电缆控制测量机器人做全自动变形监测，可直接放置在基站上，若要进行长期的无人值守监测，应建专用机房。

固定式全自动变形监测系统可实现全天候无人值守监测，并有高效、全自动、准确、实时性强等特点。但也有缺点：①没有多余的观测量，测量的精度随着距离的增加而显著地降低，且不易检查发现粗差；②系统所需的测量机器人、棱镜、计算机等设备因长期固定而需采取特殊的措施保护起来；③这种方式需要有雄厚的资金来保证，测量机器人等昂贵的仪器设备只能在一个变形监测项目中专用。

2. 移动式半自动变形监测

移动式半自动变形监测系统的作业与传统的观测方法一样，在各观测墩上安置整平仪器，输入测站点号，进行必要的测站设置，后视之后测量机器人会按照预置在机内的观测点顺序、测回数、全自动地寻找目标，精确照准目标，记录观测数据，计算各种限差，超限重测或等待人工干预等。完成一个测站的工作之后，人工将仪器搬到下一个施测的点上，重复上述的工作，直至所有外业工作完成。这种移动式观测模式可大大减轻观测者的劳动强度，所获得的成果精度更好，适合于监测频率低的场合。

3. 工程应用

基于测量机器人的变形监测系统，已在不同类型的变形监测中进行了实验或实际应用。例如，对大坝、滑坡体、地铁隧道、桥梁、超高层建筑进行无人值守，全天候、全方位自动监测。

上海杨浦大桥变形监测中使用了基于测量机器人（TCA2003）的变形监测系统。杨浦大桥主桥长 1172m，是一座跨径为 602m 的双塔、双索斜拉桥，高峰时桥上的车流量超过 5000 辆/h。为确保这座特大型桥梁的安全运行，在大桥的两侧共计布设了 14 个监测点，其中大桥一侧的点位布置见图 2-67 所示。系统采用一台计算机与两台 TCA2003 测量机器人，自动测量监测点棱镜的三维坐标变化，系统间隔 10min 测一次，一个周期的测量时间为 2min。系统可作预警监测，

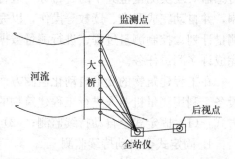

图 2-67　杨浦大桥一侧的监测点位布置图

一旦发现异常情况，即可立刻发出警报。

实验和实际应用表明，基于测量机器人的变形监测系统具有高效、全自动、准确、实时性强、结构简单、操作简便等特点，特别适用于小区域（约 1km²）内的变形监测，可实现全自动无人值守的变形监测。

二、GPS 变形监测及自动化系统

全球定位系统 GPS 在变形监测方面与传统方法相比较，应用 GPS 不仅具有精度高、速度快、操作简便等优点，而且利用 GPS 和计算机技术、数据通信技术及数据处理与分析技术进行集成，可实现从数据采集、传输、管理到变形分析及预报的自动化，达到远程在线网络实时监控的目的。

1. GPS 变形监测的特点

（1）测站间无需通视。对于传统的地表变形监测方法，点之间只有通视才能进行观测，而 GPS 测量的一个显著特点就是点之间无需保持通视，只需测站上空开阔即可，从而可使变形监测点位的布设方便而灵活，并可省去不必要的中间传递过渡点，节省许多费用。

（2）可同时提供监测点的三维位移信息。采用传统方法进行变形监测时，平面位移和垂直位移是采用不同方法分别进行监测的，这样，不仅监测的周期长、工作量大，而且监测的时间和点位很难保持一致，为变形分析增加了难度。采用 GPS 可同时精确测定监测点的三维位移信息。

（3）全天候监测。GPS 测量不受气候条件的限制，无论起雾刮风、下雨下雪均可进行正常的监测。配备防雷电设施后，GPS 变形监测系统便可实现长期的全天候观测，它对防汛抗洪、滑坡、泥石流等地质灾害监测应用领域极为重要。

（4）监测精度高。GPS 可以提供 1×10^{-6} 甚至更高的相对定位精度。在变形监测中，如果 GPS 接收机天线保持固定不动，则天线的对中误差、整平误差、定向误差、天线高测定误差等并不会影响变形监测的结果。同样，GPS 数据处理时起始坐标的误差，解算软件本身的不完善以及卫星信号的传播误差（电离层延迟、多路径误差）中的公共部分的影响也可以得到消除或削弱。实践证明，利用 GPS 进行变形监测可获得较高的精度。

（5）操作简便，易于实现监测自动化。GPS 接收机的自动化已越来越高，趋于"傻瓜"，而且体积越来越小，重量越来越轻，便于安置和操作。同时，GPS 接收机为用户预留有必要的接口，用户可以较为方便地利用各监测点建成无人值守的自动监测系统，实现从数据采集、传输、处理、分析、报警到入库的全自动化。

（6）GPS 大地高用于垂直位移测量。由于 GPS 定位获得的是大地高，而用户需要的是正常高或正高，它们之间有以下关系：

$$h_{正高} = H_{大地高} - N$$

上式中高程异常或大地水准面差距 N 的确定精度较低，从而导致了转换后的正常高或正高的精度不高。但是，在垂直位移监测中我们关心的只是高程的变化，对于工程的局部范围而言，完全可以用大地高的变化来进行垂直位移监测。

2. GPS 变形监测自动化系统

一般而言，GPS 变形监测可分为周期性监测模式和连续性监测模式。GPS 周期性变形监测与传统的变形监测网相类似，所以在这里将重点介绍 GPS 连续性监测模式，以深圳虎门大桥 GPS 自动化监测系统为例。

虎门大桥位于珠江入海口，是连接珠江三角洲东西两翼的交通枢纽。大桥是由跨越珠江水面的虎门大桥及东西两岸引道和配套工程组成。虎门大桥全长 4888m，钢结构主跨悬索桥长 888m。主塔高 154.052m，钢箱梁两端均为铰支承，箱梁结构具有用钢量少、自重轻的特点，由于降低了全桥的整体刚度，对抗风稳定性提出了更高的要求。GPS RTK 测量悬索桥的动态三维位移能达到相当的精度和采样频率，具有受外界影响小，可以全天候24 小时测量的优点，可以实时了解桥梁的线型状况和变形规律和受力状况。

RTK 技术是利用接收导航卫星载波相位进行实时动态相位差分的一种 GPS 测量技术，精度可达厘米量级，系统由基准站、监测站及通信链路组成，可实时测量监测站所处位置的动态三维坐标。采用 GPS 接收机的平面精度为：$\pm(10\mathrm{mm}+2\mathrm{ppm}\times D)$，高程测量精度为：$\pm(20\mathrm{mm}+2\mathrm{ppm}\times D)$；测量结果输出频率 $1\sim10\mathrm{Hz}$，正常工作 $1\mathrm{Hz}$；GPS 测量点的布置：根据悬索桥的结构和受力特点，$L/2$、$L/4$、$L/8$ 是位移变化的关键点，因此在这些点上即桥面及桥塔规划有 12 个监测点，考虑到桥梁的对称性，目前一期工程只安装 7 个测量点。具体位置见图 2-68。基准站置于大桥管理中心楼顶。

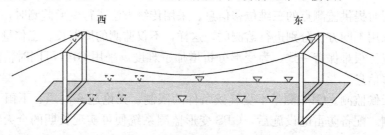

图 2-68 监测点布置示意图

三维位移实时动态监测系统，由基准站、监测站、数据通信网和数据处理及控制中心组成，系统的数据流有三种，即差分信号、控制命令信号和测量结果信号，其系统构成及信号流向如图 2-69 所示。

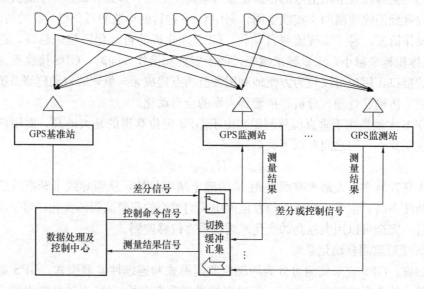

图 2-69 系统构成及信号流向图

具体测量结果有：

(1) 大桥 $L/2$、$L/4$ 和 $L/8$ 处典型的位移时程曲线；

(2) 24 小时内高程 5 分钟平均值的变化曲线与气温变化的关系；

（3）大桥桥塔的位移实时与 24 小时变化曲线反映出桥塔位移变化不明显；

（4）台风情况下箱梁的横向、竖向位移，扭转与风力的关系；

（5）根据测量数据进行的频谱分析表明桥梁各阶特征频率与有限元数值解和加速度计实测结果十分相近。

该系统的建立使运营状态下悬索桥的三维位移动态实时测量得以实现，测量数据安全可靠，可以实时测量悬索桥关键点的形变状况和振动情况，掌握运营状态下悬索桥线形的变化规律，通过长期的数据积累，分析关键点的参数变化规律，特别是台风影响下的大桥运动规律的数据，为深入研究大型桥梁的安全运行规律和评价提供了重要的依据。

思 考 题

1. 基坑相邻建筑物监测有哪些内容，测点布置有哪些方法？

2. GPS 在土木工程监测中有哪些应用？在土木工程监测中应用时有哪些优缺点？

3. 变形监测的定义是什么？

4. 建筑物产生沉降变形的原因有哪些？

5. 建筑物的变形监测包括哪些方面？

6. 变形监测点分哪几类？各有什么要求？

7. 精密水准测量的误差来源有哪些？如何减弱水准仪 i 角误差对沉降监测结果的影响？

8. 液体静力水准测量的基本原理是什么？

9. 水平位移监测的常用方法有哪些？

10. 直接测定建筑物倾斜的方法有哪些？

11. 间接测定建筑物倾斜的方法有哪些？

12. 裂缝监测常用哪几种方法？

13. 变形监测自动化的手段有哪些？

第三章 基坑工程施工监测

第一节 概 述

随着近几年社会和经济的快速发展，由于城市用地价格越来越昂贵，为提高土地的空间利用率，城市建筑和交通快速向地下发展，为满足高层建筑抗震和抗风等结构要求，地下室由一层发展到多层，大规模的城市地铁、过江隧道、地下综合管廊等市政工程中的基坑也占相当的比例，基坑深度已经达到20m甚至更深，基坑工程在总体数量、开挖深度、平面尺寸以及使用领域等方面都得到高速的发展。

一、基坑监测的重要性和目的

在深基坑开挖的施工过程中，基坑内外的土体将由原来的静止土压力状态向被动和主动土压力状态转变，应力状态的改变引起围护结构承受荷载并导致围护结构和土体的变形，围护结构的内力和变形超过某个量值的范围，将造成基坑的失稳破坏或对周围环境造成不利影响，基坑工程往往在城市地上建筑物和地下构筑密集区，基坑开挖所引起的土体变形将在一定程度上改变这些建（构）筑物的正常状态，甚至造成邻近结构和设施的失效或破坏。同时，基坑相邻的建筑物又相当于较重的集中荷载，基坑周围的管线常引起地表水的渗漏，这些因素又是导致土体变形加剧的原因。在基坑围护结构设计，由于岩土力学性质的复杂性使得基坑围护体系所承受的土压力等荷载存在着较大的不确定性，而且，对地层和围护结构一般都做了较多的简化和假定，与工程实际有一定的差异；在基坑开挖与围护施筑过程中，存在着时间和空间上的延迟过程，以及降雨、地面堆载和挖机撞击等偶然因素的作用，使得基坑工程设计时对围护结构内力和变形、土体变形的计算结果与工程实际情况有较大的差异，因此，只有在基坑施工过程中对基坑围护结构、周围土体和相邻的建（构）筑物的监测，才能掌握基坑工程的安全性和对周围环境的影响程度，以确保基坑工程的顺利施工，或根据监测情况随时调整施工工艺参数或修改设计参数，或在出现异常情况时及时反馈，采取必要的工程应急措施。

基坑工程监测是通过信息反馈，达到如下三个目的：

（1）确保基坑围护结构和相邻建（构）筑物的安全。

在基坑开挖与围护结构施筑过程中，必须要求围护结构及被支护土体是稳定的，在避免其极限状态和破坏发生的同时，不产生由于围护结构及被支护土体的过大变形而引起邻近建（构）筑物的过度变形、倾斜或开裂以及邻近管线的渗漏等。从理论上说，如果基坑围护工程的设计是合理可靠的，那么表征土体和支护系统力学形态的一切物理量都随时间而渐趋稳定，反之，如果测得表征土体和支护系统力学形态特点的某几种或某一种物理量，其变化随时间而不是渐趋稳定，则可以断言土体和支护系统不稳定，支护必须加强或修改设计参数。在工程实际中，基坑在破坏前，往往会在基坑侧向的不同部位上出现较大的变形，或变形速率明显增大。近几年来，随着工程经验的积累，由基坑工程失稳引起的工程事故已经越来越少，但由围护结构及被支护土体的过大变形而引起邻近建（构）筑物和管线破坏则仍然时有发生。事实上，大部分基坑围护工程的目的也就是出于保护邻近建（构）筑物。因此，基坑开挖过程中进行周密的监测，在建（构）筑物的变形在正常的范围内时保证基坑的顺利施工，在建（构）筑物和管线的变形接近警戒值时，有利于及时对建（构）筑物采取保护措施，避免或减轻破坏的后果。

（2）指导基坑开挖和围护结构的施工，必要时调整施工工艺参数和设计参数。

基坑工程设计尚处于半理论半经验的状态，还没有成熟的基坑围护结构上土压力、围护结构内力变形、土体变形的计算方法，使得理论计算结果与现场实测值有较大的差异，因此，需要在施工过程中进行现场监测以获得其现场实际的受力和变形情况。基坑施工总是从点到面、从上到下分工况局部实施，可以根据由局部和前一工况的开挖产生的受力和变形实测值与设计计算值的比较分析，验证原设计和施工方案合理性，同时可对基坑开挖到下一个施工工况时的受力和变形的数值和趋势进行预测，并根据受力和变形实测和预测结果与设计时采用的值进行比较，必要时对施工工艺参数和设计参数进行修正。

（3）为基坑工程设计和施工的技术进步收集积累资料。

基坑围护结构上所承受的土压力及其分布，与地质条件、支护方式、支护结构设计参数、基坑平面几何形状、开挖深度、施工工艺等有关，并直接与围护结构内力和变形、土体变形有关，同时与挖土的空间顺序、施工进度等时间和空间因素有复杂的关系，现行设计理论和计算方法尚未全面地考虑这些因素。基坑围护的设计和施工应该在充分借鉴现有成功经验和吸取失败教训的基础上，力求更趋成熟和有所创新。对于新设计的基坑工程，尤其是采用新的设计理论和计算方法、新支护方式和施工工艺或工程地质条件和周边环境特殊的基坑工程，在方案设计阶段需要参考同类工程的图纸和监测成果，在竣工完成后则为以后的基坑工程设计增添了一个工程实例。所以施工监测不仅确保了本基坑工程的安全，在某种意义上也是一次 1∶1 的实体试验，所取得的数据是结构和土层在工程施工过程中真实反应，是各种复杂因素作用下基坑围护体系的综合体现，因而也为基坑工程的技术进步收集积累了第一手资料。

二、施工监测的基本要求

（1）计划性：监测工作必须是有计划的，应根据设计方提出的监测要求和业主下达的监测任务书制订详细的监测方案，计划性是监测数据完整性的保证，但计划性也必须与灵活性相结合，应该根据在施工过程中变化了的情况来修正原先的监测方案。

（2）真实性：监测数据必须是可靠真实的，数据的可靠性由测试元件安装或埋设的可靠性、监测仪器的精度和可靠性以及监测人员的素质来保证，所有数据必须是原始记录的，不得更改、删除，但按一定的数学规则进行剔除、滤波和光滑处理是允许的。

（3）及时性：监测数据必须是及时的，监测数据需在现场及时计算处理，计算有问题可及时复测，尽量做到当天报表当天出，以便及时发现隐患，及时采取措施。

（4）匹配性：埋设于结构中的监测元件不应影响和妨碍监测对象的正常受力和使用，埋设于岩体介质中的水土压力计、测斜管和分层沉降管等回填时的回填土应注意与岩土介质的匹配，监测点应便于观测、埋设稳固、标识清晰，并应采取有效的保护措施。

（5）多样性：监测点的布设位置和数量应满足反映工程结构和周边环境安全状态的要求，在同一断面或同一监测点，尽量施行多个项目和监测方法进行监测，通过对多个监测项目的连续监测资料进行综合分析，可以互相印证、互相检验，从而对监测结果有全面正确的把握。

（6）警示性：对重要的监测项目，应按照工程具体情况预先设定报警值和报警制度，报警值应包括变形和内力累计值及其变化速率。

（7）完整性：基坑监测应整理完整的监测记录表、数据报表、形象的图表和曲线，监测结束后整理出监测报告。

第二节　基坑工程监测的项目和监测方法

基坑工程监测的对象分为围护结构本身、土层和相邻环境。围护结构中包括围护桩墙、围檩和圈梁、支撑或土层锚杆、立柱等、土层包括坑内外土层及其地下水，相邻环境中包括相邻建筑物、地下管线、构筑物等，基坑工程现场监测内容具体表格见表3-1。

基坑工程监测项目和仪器　　　　　　　　　　　　　表 3-1

序号	监测对象	监测项目	监测仪器
（一）	围护结构		
1	围护桩墙	围护墙（边坡）顶部水平位移	经纬仪或全站仪、激光测距仪
		围护墙（边坡）顶部竖向位移	水准仪或全站仪
		围护墙深层水平位移	测斜仪、测斜管
		围墙侧向土压力	土压力计、频率计
		围护墙内力	钢筋应力计或应变计、频率计
2	支撑 土层锚杆	支撑内力	钢筋应力计或应变计、频率计
		锚杆、土钉拉力	钢筋应力计或应变计、锚杆测力计，频率计
3	立柱	立柱竖向位移	水准仪或全站仪
		立柱内力	钢筋应力计或应变计、频率计
（二）	土层		
4	坑底土层 坑外土层	坑底隆起（回弹）	水准仪或全站仪
		土体深层水平位移	测斜仪、测斜管
		土体分层竖向位移	分层沉降仪
5	坑外 地下水	孔隙水压力	孔隙水压力计、频率计
		坑外地下水位	水位管、卷尺或水位仪
6	地表	地表竖向位移	水准仪或全站仪
（三）	相邻环境		
7	周围建 （构）筑 物变形	竖向位移	水准仪或全站仪
		倾斜	经纬仪或全站仪
		水平位移	经纬仪或全站仪
		裂缝	裂缝监测仪
8	周围地下 管线变形	竖向位移	水准仪或经纬仪
		水平位移	经纬仪或全站仪

一、现场巡检

现场巡检是以目视为主，辅以量尺、放大镜等工具以及摄像、摄影等手段，凭经验观察获得对判断基坑稳定和环境安全性有用的信息，这是一项十分重要的工作。软土基坑工程具有显著的时空效应，现场仪器监测的结果往往具有一定的滞后性；在特殊天气（如持续大雨）环境下，与现场仪器监测相比，现场巡检更为简单、直观、可行，因此，在基坑工程施工期间，应有工程经验的专业监测人员进行现场巡检。当巡检发现异常情况时，应做好详细的记录，认真校核，并与仪器监测数据进行综合分析比较，还应与施工单位的工程技术人员配合进行，及时交流信息和资料，同时，记录施工进度与施工工况。这些内容都要详细地记录在监测日记中，重要的信息则需写在监测报表的备注栏内，发现重要的工程隐患则要专门出监测备忘录。当分析认为异常情况可能是事故的预兆时，应立即通知建设方及其他相关单位，以便尽快提出应急预案，避免引起严重后果。

基坑工程现场巡检主要包括以下内容：

（1）支护结构：

① 冠梁、腰梁、支撑裂缝及开展情况；

② 围护墙、支撑、立柱变形情况；

③ 围护墙体开裂、渗漏情况；

④ 墙后土体裂缝、沉陷及滑移情况；

⑤ 基坑隆起、流砂、管涌情况。

（2）施工工况：

① 土质条件与勘察报告的一致性情况；

② 基坑开挖分段长度、开挖深度及支撑架设情况；

③ 场地地表水、地下水排放状况，以及基坑降水、回灌设备的运转情况；

④ 基坑周边地面的超载情况。

（3）周边环境：

① 周边管道破损、渗漏情况；

② 周边建筑开裂、裂缝发展情况；

③ 周边道路开裂、沉陷情况；

④ 周边开挖、堆载、沉桩等可能影响基坑安全的施工情况。

（4）监测设施：

① 基准点、监测点完好情况；

② 监测元件的完好及保护情况；

③ 影响正常观测工作的障碍物情况。

具体实施中，可根据建设方及其他相关单位的要求，补充新的巡检内容，使现场巡检与仪器监测组成一个完整的监控体系，防止事故的发生。

二、围护墙顶的竖向和水平位移监测

1. 概述

围护墙顶竖向位移监测方法主要采用第二章中介绍的精密水准测量和液体静力水准测量，液体静力水准仪具有精度高、自动化性能好、实时测量等特点，也逐渐应用于基坑工程监测中。

在基坑的开挖过程中，一般对与基坑边垂直的水平位移比较关注，可以采用第二章中如下几种横向水平位移监测方法，如轴线法、视准线小角法、观测点设站法、单站改正法等。对于曲边上的点的水平位移，则可以采用前方交会法、自由设站法，用全站仪监测其两个方向的水平位移。

激光测距仪具有监测方法简单、监测快、体积小、性能可靠等优点，可以将专用的激光测距传感器安装在基坑边使激光点对准监测点进行自动监测，也可以采用如图 4-6 所示的快速安装对准调节装置和激光收敛仪进行巡回监测。

2. 激光测距仪监测基坑两对边墙顶水平位移的方法

如图 3-1 所示，在基坑一边设置监测点 B_1、B_2、B_3……，B_1 设在基坑角点作为参考点，在其对边设置监测点 C_2、C_3……，在基坑开挖前，用测距仪测得 B_1B_2、B_2C_2，基坑开挖后 B_2、C_2 分别移动到 B'_2、C'_2，用测距仪测得 $B_1C'_2$、$B'_2C'_2$，则：

B_2、C_2 两点间相对位移 $\delta_{B_2C_2}$ 为：

$$\delta_{B_2C_2} = B_2C_2 - B'_2C'_2 \tag{3-1a}$$

由直角 $\triangle B_1B_2C'_2$ 得：

$$B_2C'_2 = \sqrt{B_1C'^2_2 - B_1B^2_2} \tag{3-1b}$$

C_2 点的绝对位移 δ_{C_2} 为：

$$\delta_{C_2} = B_2C_2 - B_2C'_2 \tag{3-1c}$$

则 B_2 的绝对位移 δ_{B_2} 为：

$$\delta_{B_2} = \delta_{B_2C_2} - \delta_{C_2} \tag{3-1d}$$

同理，以 B_2 为参考点，可测量求得 B_3、C_3 相对于 B_2 的位移，减去 B_2 的绝对位移即可求得其绝对位移，以此类推可求得基坑两对边上其他点的水平位移。

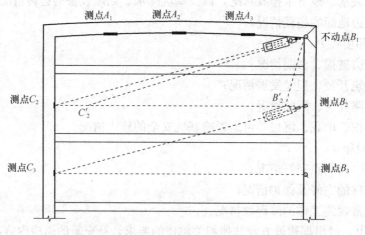

图 3-1　激光测距仪监测基坑两对边墙顶水平位移的方法

3. 激光测距仪监测基坑一顶边墙顶水平位移的方法

如图 3-2 所示，在基坑两对边设置监测点 B_2、C_2，在与其相交的顶边设置监测点 A_i，在基坑开挖前分别测得 B_2A_i、C_2A_i 和 B_2C_2 的距离，构成三角形 $\triangle A_iB_2C_2$。在基坑开挖后再测得 $B'_2A'_i$、$C'_2A'_i$ 和 $B'_2C'_2$ 的距离，构成三角形 $\triangle A'_iB'_2C'_2$，通过 $\triangle A_iB_2C_2$ 与 $\triangle A'_iB'_2C'_2$ 间的几何关系，可以计算得到顶边各监测点 A_i 的绝对水平位移 δ_{A_i}。以监测点

A_1 为例，计算 A 点水平位移 δ_{A_1} 的公式如下：

$$\delta_{A_1} = A_1 B_2 \sin\beta - A'_1 B'_2 \sin\beta' \tag{3-2}$$

其中

$$\beta = \arccos \frac{A_1 B_2^2 + C_2 B_2^2 - A_1 C_2^2}{2A_1 B_2 \cdot C_2 B_2}$$

$$\beta' = \arccos \frac{A'_1 B'^2_2 + C'_2 B'^2_2 - A'_1 C'^2_2}{2A'_1 B'_2 \cdot C'_2 B'_2}$$

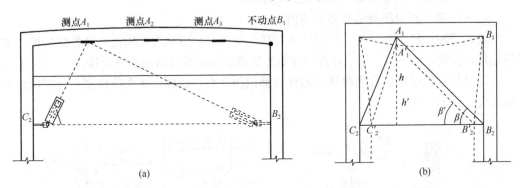

图 3-2　激光测距仪监测基坑—顶边墙顶水平位移的方法
(a) 测点布置图；(b) 监测计算原理图

三、围护墙和土体深层水平位移监测

围护墙和土体深层水平位移是其在不同深度处的水平位移，按一定比例绘制围护墙和土体在不同深度处侧向水平位移随深度变化的曲线，即是围护墙和土体的深层挠曲线。采用测斜管和测斜仪监测，在施工前将测斜管埋设于围护墙或土体中，测量时，使测斜探头的导向滚轮卡在测斜管内壁的导槽中，沿槽滚动将测斜探头放入测斜管，将测斜管的倾斜角或其正弦值显示在测读仪上，从而测出测斜管不同处的水平位移。

1. 原理

用测斜仪测量土层深层水平位移的原理是将测斜管埋设在土层中，当土体发生水平位移时认为土体中的测斜管随土体同步位移，用测斜仪沿深度逐段测量测斜探头与铅垂线之间倾角 θ，可以计算各测量段上的相对水平偏移量，通过逐点累加可以计算其不同深度处的水平位移（参见图 3-3）。

各测量段上的相对水平偏移量为：

$$\Delta\delta_i = L_i \times \sin\theta_i \tag{3-3}$$

式中　$\Delta\delta_i$——第 i 测量段的水平偏差值（mm）；

　　　L_i——第 i 测量段的长度（mm），通常取为 500mm、1000mm；

　　　θ——第 i 测量段的倾角值（°）。

从管口下数第 k 测量段处的绝对水平偏差量为上面各测量段的相对水平偏移量之和：

$$\delta_k = d_0 + \sum_{i=1}^{k} L \times \sin\theta_i \tag{3-4}$$

式中　d_0——实测起算点即测斜管管口的水平位移，用其他方法测量。

由于埋设好的测斜管的轴线并不是铅垂的，所以，各测量段第 j 次测量的水平位移 d_{jk} 应该是该段本次与第一次绝对水平偏差量之差值：

$$d_{jk} = \delta_{jk} - \delta_{1k} = d_{j0} + \sum_{i=1}^{k} L \times (\sin\theta_{ji} - \sin\theta_{1i}) \qquad (3\text{-}5)$$

式中　δ_{jk}——第 j 次测量的第 k 测量段处的绝对水平偏差；

δ_{1k}——第 k 测量段处的绝对水平偏差的初始值；

d_{j0}——第 j 次测量的实测起算点即测斜管管口的水平位移；

θ_{ji}——第 j 次测量的第 k 测量段处的倾角；

θ_{1i}——第 k 测量段处的倾角初始值。

当测斜管埋设得足够深时，可以认为管底是不动点，可从管底向上计算各段的绝对水平偏差量，此时，$d_{j0}=0$，就不必再用其他方法测量测斜管管口的水平位移。

无论是从管口还是从管底起算，起算点都记作 0 点，这样，水平位移测点与测量段的编号就会一致的。

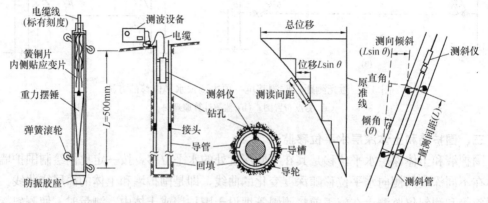

图 3-3　测斜仪量测原理图

2. 测斜仪

测斜仪按传感元件不同，可分为滑动电阻式、电阻应变片式、钢弦式及伺服加速度式四种，如图 3-4 所示。

滑动电阻式探头以悬吊摆为传感元件，在摆的活动端装一电刷，在探头壳体上装电位计，当摆相对于壳体倾斜时，电刷在电位计表面滑动，由电位计将摆相对于壳体的倾摆角位移变成电信号输出，用电桥测定电阻比的变化，根据标定结果就可进行倾斜测量。该探头的优点是坚固可靠，缺点是测量精度不高。

电阻应变片式探头是用弹性好的青铜弹簧片下挂摆锤，弹簧片两侧各贴两片电阻应变片，构成差动可变阻式传感器。弹簧片可设计成等应变梁，使之在弹性极限内探头的倾角与电阻应变读数呈线性关系。

钢弦式探头是通过在四个方向上十字形布置的四个钢弦式应变计测定重力摆运动的弹性变形，进而求得探头的倾角。可同时进行两个水平方向的测斜。

伺服加速度计式测斜探头是根据检测质量块因输入加速度而产生惯性力，并与地磁感应系统产生的反力相平衡，感应线圈的电流与此反力成正比，根据电压大小可测定倾角。该类测斜探头灵敏度和精度较高。

测斜仪主要由以下四部分组成：装有测斜传感元件的探头、测读仪、电缆和测斜管。

（1）测斜仪探头。它是倾角传感元件，其外观为细长金属鱼雷状探头，上、下近端部

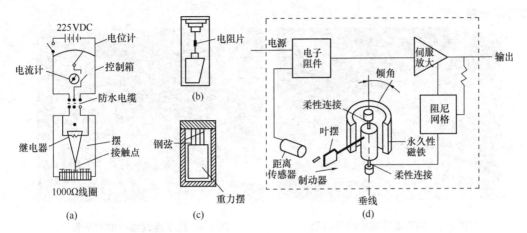

图 3-4 测斜仪工作原理示意图

(a) 滑动电阻式；(b) 电阻片式；(c) 钢弦式；(d) 伺服加速度式

配有两对轮子，上端有与测读仪连接的电缆。

（2）测读仪。测读仪是测斜仪探头的二次仪表，是与测斜仪探头配套使用的，是提供电源、采集和变换信号、显示和记录数据的仪器核心部件。

（3）电缆。电缆的作用有四个：①向探头供给电源；②给测读仪传递量测信号；③作为量测探头所在的量测点距孔口的深度尺；④提升和下放探头的绳索。电缆需要很高的防水性能，而且作为深度尺，在提升和下放过程中不能有较大的伸缩，为此，电缆芯线中设有一根加强钢芯线。

（4）测斜管。测斜管一般由塑料（PVC）和铝合金材料制成，管节长度分为 2m 和 4m 两种规格，管节之间由外包接头管连接，管内有相互垂直的两对凹型导槽，管径有 60、70、90mm 等多种不同规格。铝合金管具有相当的韧性和柔度，较 PVC 管更适合于现场监测，但成本远大于后者。

3. 埋设

测斜管的埋设方法包括有绑扎法、钻孔法、钢抱箍法。

（1）绑扎法：在地下连续墙、钻孔灌注桩中埋设测斜管通常采用绑扎法，如图 3-5 和图 3-6 所示。

① 将 4m（或 2m）一节的测斜管按设计长度在空旷场地上用束节逐节连接在一起。连接时将测斜管上的凸槽和测斜管接头上的凹槽相吻合，然后沿凹凸槽轻轻推移直至两端的测斜管完全碰头。接管时除外槽口对齐外，还要检查内槽口是否对齐。管与管连接时先在测斜管外侧涂上 PVC 胶水，然后将测斜管插入束节，在束节四个方向用 M4×10 自攻螺钉或铝铆钉固紧束节与测斜管。在每个束节接头两端用防水胶布包扎，防止水泥浆从接头中渗入测斜管内。测斜管长度要略小于钢筋笼的长度。②将连接好的测斜管沿主筋方向放入钢筋笼中，抬测斜管时，要防止其弯曲过大。③调整方向，使一对导槽的延长线经过灌注桩钢筋笼的圆心或垂直于地下连续墙钢筋笼的长边。④用自攻螺钉把底盖固定，然后用 8×400 的扎带将其固定在主筋上。然后依次将测斜管放平顺，沿同一根主筋，用扎带固定在主筋上，注意不要让测斜管产生扭转，扎带要密集，一般每 0.5m 一根扎带，以防止钢筋笼吊起时测斜管扭转以及放笼时水的浮力作用将管子浮起。⑤下钢筋笼时，让测

斜管位于迎土侧。

图 3-5　钻孔灌注桩中的测斜管　　　　　　图 3-6　地下连续墙中的测斜管

（2）钻孔法：在土体、搅拌桩、地基加固体中埋设测斜管主要采用钻孔法，如图 3-7 所示。

钻孔位置准确定位后，用工程钻探机钻取直径比测斜管略大，深度比测斜管安装深度稍深一些的钻孔。钻头钻到预定位置后，接水泵向钻孔内灌清水直至泥浆水变成清水为止，在提钻后立即安装测斜管。调整好测斜管导向槽方向，借助钻孔钻机或吊机将连接好的测斜管缓慢放入钻孔，可以向管内注入清水以抵抗浮力，同时要注意导向槽的方向不发生变化。管子安装到位后，一边慢慢地用中粗砂或现场的细土回填，一边轻轻地摇动管子，要避免回填料下不去形成空腔的塞孔情况。当测斜孔较深或埋管与观测时间间隔较短时，应采用孔壁注浆的方法，即管外由下向上注入水泥浆直至溢出地表为止的方法。再进行孔口设置与记录工作，包括：安装保护盖，测斜管四周砌好保护窨井并做标记，测量测斜管顶端高程，记录工程名称、测孔编号、孔深、孔口坐标、高程、埋设日期、人员及该点钻孔地质情况等。待两天或一周后再测读初次读数。

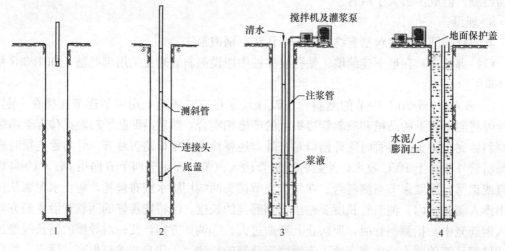

图 3-7　钻孔安装过程图

（3）钢抱箍法：在 SMW 工法、H 型钢、钢板桩中埋设测斜管通常采用钢抱箍法。

将测斜管靠在 H 型钢的一个内角，调整一对内槽始终垂直于 H 型钢翼板，间隔一定距离以及在束节处焊接短钢筋把测斜管固定在 H 型钢上。管底口用管盖盖住，然后测斜管随型钢插入水泥土搅拌桩中。

在圈梁施工阶段要注意对测斜管的保护，在圈梁混凝土浇捣前，应检验测斜管是否能伸出圈梁顶面，是否有滑槽和堵管现象，如有堵管现象要做好记录，待圈梁混凝土浇好后及时进行疏通。

4. 测量

将测头插入测斜管，使滚轮卡在导槽上，缓慢下至孔底，在孔中放 15min 后再开始测读数据。测量自孔底开始，自下而上沿导槽全长每隔一定距离测读一次，每次测量时，应将测头稳定在某一位置上，也可以从顶点开始自上而下。测量完毕后，将测头旋转180°插入同一对导槽，按以上方法重复测量。两次测量的各测点应在同一位置上，此时各测点的两个读数应是数值相近、符号相反。基坑工程中通常只需监测垂直于基坑边线方向的水平位移。但对于基坑阳角的部位，就有必要测量两个方向的水平位移，此时，可用同样的方法测另一对导槽的水平位移。有些测读仪可以同时测出两个相互垂直方向的深层水平位移。深层水平位移的初始值应是基坑开挖之前连续 3 次测量无明显差异读数的平均值，或取开挖前最后一次的测量值作为初始值。测斜管孔口需布设地表水平位移测点，以便必要时根据孔口水平位移量对深层水平位移量进行校正。

四、土层分层竖向位移监测

土体分层竖向位移是土体在不同深度处的沉降或隆起，采用磁性分层沉降仪测量。

1. 原理及仪器

磁性分层沉降仪由对磁性材料敏感的探头、埋设于土层中的分层沉降管和钢环、带刻度标尺的导线以及电感探测装置组成，如图 3-8 所示。分层沉降管由波纹状柔性塑料管制成，管外每隔一定距离安放一个钢环，地层沉降时带动钢环同步下沉。当探头从钻孔中缓慢下放遇到预埋在钻孔中的钢环时，电感探测装置上的蜂鸣器就发出叫声，这时根据测量导线上标尺在孔口的刻度以及孔口的标高，就可计算钢环所在位置的标高，测量精度可达1mm。在基坑开挖前预埋分层沉降管和钢环，并测读各钢环的起始标高，与其在基坑施工开挖过程中测得标高的差值即为各土层在施工过程中的沉降或隆起。土体分层竖向位移监测可获得土体中的竖向位移随深度的变化规律，沉降管上设置的钢环密度越高，所得到的分层沉降规律越是连贯与清晰。

2. 分层沉降管和钢环的埋设

用钻机在预定位里钻孔，取出的土分层分别堆放，钻到孔底标高略低于欲测量土层的标高。提起套管 300~400mm，然后将引导管放入，引导管可逐节连接直至略深于预定的最底部的监测点的深度位置，然后，在引导管与孔壁间用膨胀黏土球填充并捣实到最低的沉降环位置，再用一只铅质开口送筒装上沉降环，套在引导管上，沿引导管送至预埋位置，再用 ϕ50mm 的硬质塑料管把沉降环推出并压入土中，弹开沉降钢环卡子，使沉降环的弹性卡子牢固地嵌入土中，提起套管至待埋沉降环以上 300~400mm，待钻孔内回填该层土做的土球至要埋的一个沉降环标高处，再用如上步骤推入上一标高的沉降环，直至埋完全部沉降环。固定孔口，做好孔口的保护装置。在埋设好后的两天或一周后测量孔口标高和各磁性沉降钢环的初始标高。

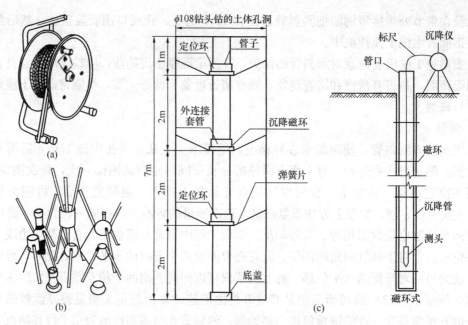

图 3-8 磁性分层沉降仪及埋设示意图
(a) 磁性沉降仪；(b) 磁性沉降标；(c) 沉降标安装示意图

3. 测量

测量方法有孔口标高法和孔底标高法两种：①孔口标高法，以孔口标高作为基准点，孔口标高由测量仪器测量，通常采用该方法；②孔底标高法，以孔底为基准点从下往上逐点测试，用该方法时沉降管应落在地下相对稳定点。具体测量和计算方法如下：

（1）分层沉降管埋设完成后，采用水准仪测出管口标高（或利用管口标高计算孔底标高），同时利用分层沉降仪测出各道钢环的初始深度；

（2）基坑开挖后测量钢环的新深度。测量钢环位置时，要求缓慢上下移动伸入管内的电磁感应探头，当探头探测到土层中的磁环时，接收系统的音响器会发出蜂鸣声，此时读出钢尺电缆在管口处的深度尺寸，这样一点一点地测量到孔底，称为进程测读，用字母 J_i 表示，当在该导管内收回测量电缆时，也能通过土层中的磁环，接收到系统的音响仪器发出的音响，此时也须读写出测量电缆在管口处的深度尺寸，如此测量到孔口，称为回程测读，用字母 H_i 表示，该孔各磁环在土层中的实际深度的计算公式为：

$$S_i = \frac{J_i + H_i}{2} \tag{3-6}$$

式中　i——某一测孔中测读的点数，即土层中磁环的个数；

　　　S_i——测点 i 距管口的实际深度（mm）；

　　　J_i——测点 i 在进程测读时距管口的深度（mm）；

　　　H_i——测点 i 在回程测读时距管口的深度（mm）；

若采用孔口标高法，则各磁环的标高 h_i 以及磁环所在土层的沉降 Δh_i 为：

$$h_i = h_p - S_i \tag{3-7}$$

$$\Delta h_i = h_i - h_{i0} \tag{3-8}$$

式中　h_p——管口标高；

h_{i0}——测点 i 初始标高。

4. 自动化磁性分层竖向位移测量装置

传统的磁性分层沉降仪由人工测量，劳动强度大、测量精度低、测读数据不能及时存储处理，近年来，在传统的磁性分层沉降仪基础上装配自动化测量系统，实现了自动化全程测量，测量深度大、精度高、可远程控制。该测量装置的自动化测量系统主要由3部分组成：控制部分、测量部分、远程通信部分。其中，测量部分是沉降测量系统的主体结构，由测头、牵引电缆、同步电机、减速器、编码器、导向轮、绕线轮、限位装置等部分组成，如图3-9所示。

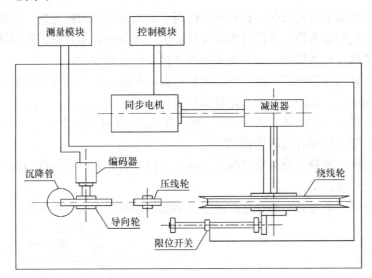

图 3-9　自动化沉降测量系统示意图

五、坑底隆起（回弹）监测

坑底隆起（回弹）是基坑开挖对坑底的土层的卸荷过程引起基坑底面及坑外一定范围内土体的回弹变形或隆起。深大基坑的回弹量对基坑本身和邻近建筑物都有较大影响，因此需进行基坑回弹监测。基坑回弹监测可采用回弹监测标和深层沉降标两种标志进行水准测量，另外，当分层沉降环埋设于基坑开挖面以下时所监测到的土层隆起也就是土层回弹量。回弹监测标只能监测基坑开挖后坑底总的回弹量，而深层沉降标和分层沉降环可以监测基坑开挖过程中坑底回弹的发展过程，但深层沉降标和分层沉降环在基坑开挖过程中保护比较困难。

1. 回弹标监测

回弹标如图3-10所示，其埋设和监测方法如下：

（1）钻孔至基坑设计标高以下 500～1000mm，将回弹标旋入钻杆下端，顺钻孔徐徐放至孔底，并压入孔底土中 400～500mm，即将回弹标尾部压入土中。旋开钻杆，使回弹标脱离钻杆，提起钻杆。

（2）放入辅助测杆，用辅助测杆上的测头进行水准测量，确定回弹标顶面标高，即为在基坑开挖之前测读的初读数。

（3）测读完初读数后，将辅助测杆、保护管（套管）提出地面，用砂或素土将钻孔回填，为了便于开挖后找到回弹标，可先用白灰回填 500mm 左右。

（4）在基坑开挖到设计标高后，再对回弹标进行水准测量，确定回弹标顶面标高，在浇筑基础底板混凝土之前再监测一次。

2. 深层沉降标监测

深层沉降标由一个三卡锚头、一根内管和一根外管组成，内管和外管分别是 0.6cm 和一根 2.5cm 的钢管。内管可在外管中自由滑动，锚头连接在内管的底部，如图 3-11 所示。用光学仪器测量内管顶部的标高，标高的变化就相当于锚头位置土层的沉降或隆起。其埋设方法如下：

（1）用钻机在预定位置钻孔，孔底标高略高于欲测量土层的标高约一个锚头长度；

（2）将内管旋到锚头顶部外侧的螺纹连接器上，用管钳旋紧，将锚头顶部外侧的左旋螺纹用黄油润滑后，与外管底部的左旋螺纹相连接，但不必太紧；

（3）将装配好的深层沉降标慢慢地放入钻孔内，并逐步加长内管和外管，直到放入孔底，用外管将锚头压入监测土层的指定标高位置；

（4）在孔口临时固定外管，将内管压下约 150mm，此时锚头上的三个卡子会向外弹，卡在土层里，卡子一旦弹开就不会再缩回；

（5）顺时针旋转外管，使外管与锚头分离，上提外管，使外管底部与锚头之间的距离稍大于预估的土层隆起量；

（6）固定外管，将外管与钻孔之间的空隙填实，做好测点的保护装置。

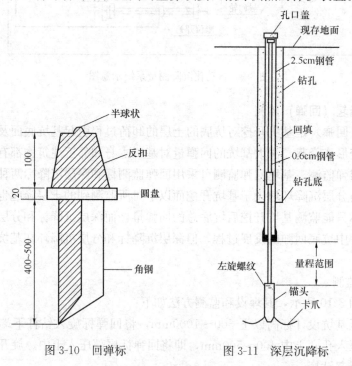

图 3-10　回弹标　　　　　　　图 3-11　深层沉降标

孔口一般以高出地面 200～1000mm 为宜，当地表下降及孔口回弹使孔口高出地表太多时，因将其往下截。

在基坑开挖过程中，对深层沉降标进行水准测量，确定其标高的变化。

磁锤式深层沉降标是通过钢尺和水准仪进行监测的，如图 3-12 所示。孔内重锤靠底部磁块的吸力与标头紧密接触，孔外重锤利用自重通过滑轮将钢尺拉直，用水准仪监测基准点与分层标之间的高差，计算出深层土体的沉降值，所用钢尺在监测前应进行尺长鉴定，同时要考虑拉力、尺长、温度变化的影响。

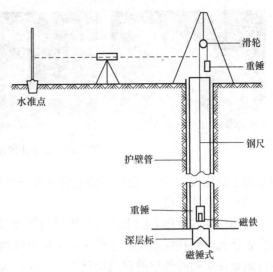

图 3-12　磁锤式深层沉降标测量示意图

六、土压力与孔隙水压力监测

土压力是基坑支护结构周围的土体传递给围护墙的压力，也称支护结构与土体的接触压力，或由自重及基坑开挖后土体中应力重分布引起的土体内部的应力。通常采用在监测位置上埋设土压力计来进行监测。土压力计监测的压力为土压力和孔隙水压力的总和，扣除该点孔隙水压力计的监测值才是土体颗粒的压力值。

孔隙水压力测量结果可用于固结计算及有限应力法的稳定性分析，在基坑开挖和降水等引起的地表沉降的控制中具有十分重要的作用。其原因在于饱和软黏土受荷后，首先产生的是孔隙水压力的增高或降低，随后才是土颗粒的固结变形。孔隙水压力的变化是土层运动的前兆，掌握这一规律就能及时采取措施，避免不必要的损失。

现场监测用的土压力计和孔隙水压力计一般是钢弦频率式的，将埋设好后引出的土压力计和孔隙水压力计的导线与数字式频率仪连接即可读取频率值，用出厂时提供的标定公式换算成土压力值和孔隙水压力值。下面着重介绍这两种元件的埋设方法。

1. 土压力计的埋设

土压力计的埋设方法有挂布法、钻孔法和钢抱箍法。

（1）挂布法埋设

围护墙为地下连续墙时土压力计的埋设一般采用挂布法。挂布法的施工步骤为：①将尼龙布拼幅成一定宽度和高度的挂布帷幕，把安装有沥青囊的土压力计用塑化后的聚氯乙烯胶泥粘贴在布帘上，然后在布帘上固定纵向尼龙绳，尼龙绳上沿绑在角钢上，下沿绑在钢筋上；②将已安装好土压力计的挂布帷幕展开铺挂在钢筋笼上并适当固定，将导线固定在钢筋笼上；③起吊钢筋笼，挂布帷幕随同钢筋笼一起吊入槽孔内就位；④向槽孔中浇筑混凝土。在钢筋笼起吊前和吊入槽孔内就位后都要测读土压力计的读数，在浇筑过程中要连续观测土压力计读数，以监视土压力计随混凝土浇筑面上升与槽孔侧壁接触情况的变化，如图 3-13 所示。

挂布法的关键是利用布帘将混凝土与槽孔壁隔离开来，以保证混凝土或砂浆不流入土压力计的敏感面。因此，布帘必须有足够的宽度，其宽度的确定方法主要取决于浇混凝土时导管与挂布之间的相对位置。当槽孔长度在 4m 以下时，可采用一根导管浇筑，导管布置在挂布的中间，挂布宽度为槽孔长度的 1/3～2/3，且不小于 2m。当槽孔长度大于 5m 时，应采用两根导管浇筑，挂布宽度为槽段长度的 2/3，且不小于导管间距。土压力计至

图 3-13　挂布法埋设方法示意图

布帘的下沿应大于 6m，至布帘的上沿应大于 2.5m。

（2）钻孔法埋设

监测土体内土压力的土压力计埋设可采用钻孔法，如图 3-14 所示。钻孔法是先在预定位置钻孔，钻孔深度略大于最深的土压力计埋设位置，孔径大于土压力计直径，将土压力计固定在定制的薄型槽钢或钢筋架上一起放入钻孔，放入时应使土压力计敏感面面向所测土压力的方向，就位后回填细砂。根据薄型槽钢或钢筋架的沉放深度和土压力计的相对位置，可以确定出其所处的标高，监测导线沿槽钢纵向间隙引至地面。由于钻孔回填砂石的固结需要一定的时间，因而土压力值前期数据偏小。另外，考虑钻孔位置与桩墙之间不可能直接密贴，会离开一段距离，因而测得的数据与桩墙作用荷载相比具有一定近似性。

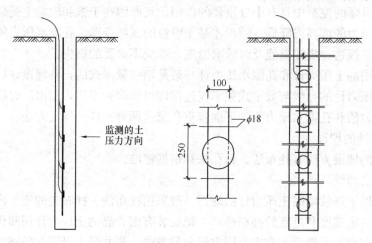

图 3-14　土体中钻孔埋设土压力计

（3）钢抱箍法埋设

在 SMW 工法、H 型钢、钢板桩中埋设测斜管通常采用钢抱箍法。

围护墙为钢板桩 SMWI 法桩时，施工时多用打入或振动压入方式。土压力计及导线只能在施工前安装在构件上，安装结构示意图如图 3-15 所示，土压力计用钢抱箍安装在钢板桩和 H 型钢上，钢抱箍、挡泥板及导线保护管使土压力计和导线在施工过程中免受损坏。

2. 孔隙水压力计埋设

孔隙水压力探头由金属壳体和透水石组成。孔隙水压力计的工作原理是把多孔元件（如透水石）放置在土中，使土中水连续通过元件的孔隙（透水后），把土体颗粒隔离在元

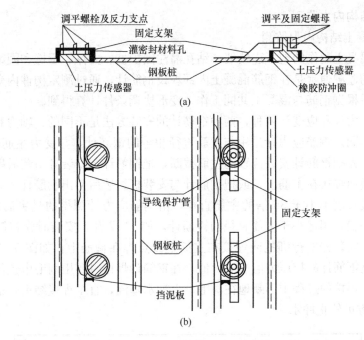

图 3-15 钢板桩上安装土压力盒的安装结构

(a) 钢板桩上土压力盒的安装；(b) 钢板桩导线保护管设置

件外面而只让水进入有感应膜的容器内，容器中的水压力即为孔隙水压力。孔隙水压力计的安装和埋设应在水中进行，滤水石不得与大气接触，一旦与大气接触，滤水石应重新排气。埋设方法有压入法和钻孔法。

（1）压入法埋设

如果土质较软，可用钻杆将孔隙水压力计直接压入到预定的深度。若有困难，可先钻孔至埋设深度以上 1m 处，再用钻杆将其压到预定的深度，上部用黏土球封孔至少封 1m 以上，然后用钻孔时取出的黏土回填封孔至孔口。

（2）钻孔法埋设

在埋设地点采用钻机钻深度大于预定的孔隙水压力计埋设深度约 0.5m 的钻孔，达到要求的深度或标高后，先在孔底填入部分干净的砂，将孔隙水压力计放入，再填砂到孔隙水压力计上面 0.5m 处为止，最后采用膨胀性黏土或干燥黏土球封孔 1m 以上。图 3-16 为孔隙水压力计在土中的埋设情况。为了监测不同土层或同一土层中不同深度处的孔隙水压，需要在同一钻孔中不同标高处埋设孔隙水压力计，每个孔隙水压力计之间的间距应不小于 2m，埋设时要精确地控制好填砂层、隔离层和孔隙水压力计的位置，以便每个探头都在填砂层中，并且各个探头之间都由干土球或膨胀性黏土严格的相互隔离，否则达不到测定各层土层孔隙水压力变化的目的。由于在一个钻孔中埋设多个孔隙水压力计的难度很大，所以，原则上一个钻孔只埋设一个孔隙水压力计。

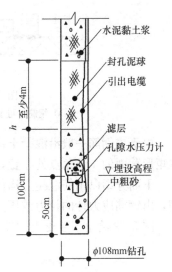

图 3-16 钻孔埋设孔隙水压力计

七、支挡结构内力监测

1. 钢筋混凝土结构内力监测

采用钢筋混凝土制作的地下连续墙、钻孔灌注围护桩、支撑、围檩和圈梁等围护支挡构件，其内力的监测通常是在钢筋混凝土内部埋设钢筋计，通过测定构件内受力钢筋的应力和应变，然后根据钢筋与混凝土共同工作、变形协调条件计算得到。

钢筋计有应力计和应变计两种，两种钢筋计的安装方法是不同的，轴力和弯矩等的计算方法也略有不同。钢筋应力计是用与主筋直径相等的钢筋计，与受力主筋串联连接的，如图 3-17（a），先把钢筋计安装位置的主筋截断，把钢筋计与安装杆组装后串在钢筋截断处，安装杆全断面焊接在主筋上，或把钢筋计与安装杆组装后伸出钢筋计两边的安装杆与主筋焊接，焊接长度不小于 35 倍的主筋直径，由钢筋应力计测得的是主筋的拉压力值。而钢筋应变计一般采用远小于主筋直径的钢筋计，如 $\phi 6$ 或 $\phi 8$，安装时先将钢筋计与安装杆连接后，再把安装杆平行绑扎或焊接在主筋上或点焊在箍筋上，如图 3-17（b），钢筋应变计测得的是钢筋计的拉压力值或应变值。在钢筋计焊接时要用潮毛巾包住焊缝与钢筋计安装杆，并在焊接的过程中不断地往潮毛巾上冲水降温，直至焊接结束，钢筋计温度降到 60℃ 以下时方可停止冲水。

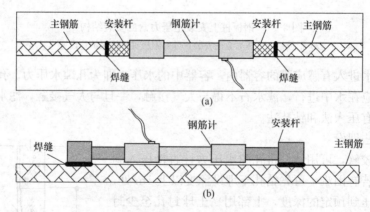

图 3-17　钢筋混凝土构件中钢筋计安装
(a) 钢筋计与主钢筋对焊串联连接；(b) 钢筋计与主钢筋并联连接

由于主钢筋一般沿混凝土构件截面周边布置，所以钢筋计应上下或左右对称布置，或在矩形截面的 4 个角点处布置，如图 3-18 所示。

下面介绍以钢筋混凝土构件中埋设钢筋应力计为例，根据钢筋与混凝土的变形协调原理，由钢筋应力计的拉力或压力计算构件内力的方法。

图 3-19 给出了混凝土构件截面计算简图，全部钢筋承受的轴力 P_g 为：

$$P_g = n\frac{(\overline{P}_1 + \overline{P}_2)}{2} \tag{3-9}$$

式中　$\overline{P}_1$、$\overline{P}_2$——所测的上、下层钢筋应力计的平均拉压力值；

　　　　n——埋设钢筋应力计的整个截面上钢筋的受力主筋总根数。

根据钢筋与混凝土的变形协调原理，钢筋附近混凝土的应变与钢筋的应变相等，所以混凝土上、下层的应变分别为 $\dfrac{\overline{P}_1}{A_g E_g}$、$\dfrac{\overline{P}_2}{A_g E_g}$，对应的应力值为分别为 $\dfrac{\overline{P}_1 E_c}{A_g E_g}$、$\dfrac{\overline{P}_2 E_c}{A_g E_g}$，其应力

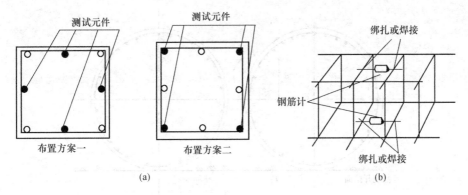

图 3-18 钢筋计在混凝土构件中的布置

(a) 钢筋应力计布置；(b) 钢筋应变计布置

值在截面上的积分即为混凝土承受的轴力 P_c：

$$P_c = \frac{(\overline{P}_1 + \overline{P}_2)}{2A_g} \frac{E_c}{E_g}(A - nA_g) \qquad (3\text{-}10)$$

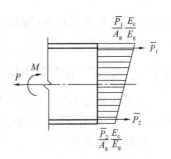

图 3-19 混凝土构件截面
计算简图

式中 E_c、E_g——混凝土和钢筋的弹性模量（MPa）；

A、A_g——分别为支撑截面面积和单根钢筋截面面积。

支撑轴力 P 等于钢筋所受轴力 P_g 叠加上混凝土所受轴力 P_c，给出支撑轴力 P 的表达式如下：

$$P = P_g + P_c = n\frac{(\overline{P}_1 + \overline{P}_2)}{2} + \frac{(\overline{P}_1 + \overline{P}_2)}{2A_g} \frac{E_c}{E_g}(A - nA_g)$$

$$(3\text{-}11)$$

上、下层（或内、外层）钢筋承受的轴力对截面中线取一次矩，可得到由钢筋引起的弯矩 M_g：

$$M_g = \frac{n}{4}(\overline{P}_1 - \overline{P}_2)h \qquad (3\text{-}12)$$

式中 h——支撑高度或地下连续墙厚度（mm）。

混凝土应力值的截面积分对截面中线取一次矩，可得到由混凝土引起的弯矩 M_c：

$$M_c = (\overline{P}_1 - \overline{P}_2)\frac{E_c}{E_g A_g}\frac{I_z}{h} \qquad (3\text{-}13)$$

式中 I_z——截面惯性矩（mm），矩形截面 $I_z = \dfrac{bh^3}{12}$；

b——支撑宽度（mm）。

支撑弯矩 M 等于钢筋轴力引起的弯矩 M_g 叠加上混凝土应力引起的弯矩 M_c，给出支撑弯矩 M 表达式如下：

$$M = M_g + M_c = (\overline{P}_1 - \overline{P}_2)\left(\frac{nh}{4} + \frac{E_c}{E_g A_g}\frac{I_z}{h}\right) \qquad (3\text{-}14)$$

对于地下连续墙结构，一般计算单位延米的轴力和弯矩，即取宽度 $b = 1000$mm。

对于钻孔灌注桩排桩结构，图 3-20 给出了钻孔灌注桩的配筋示意图，钢筋应力计布

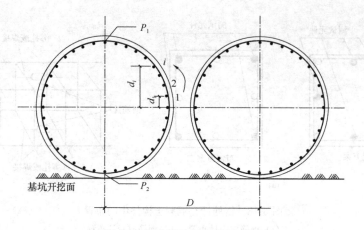

图 3-20 钻孔灌注桩配筋示意图

置在桩截面垂直基坑开挖面轴线的上、下两端，其对应的拉压力值分别定义为 P_1、P_2。其轴力计算公式同式（3-11），其中 $\overline{P_1} = P_1$、$\overline{P_2} = P_2$。推算成每延米排桩的轴力时，可作换算 $P' = \dfrac{1000}{D}P$，其中 D 为排桩间距，单位毫米（mm）。

定义从截面中线右侧逆时针数起，与截面中线距离不为零的受力主筋数为受力主筋编号 i，d_i、F_i 分别为第 i 号受力主筋对应的与截面中线距离和拉压力值。

根据几何关系，有：

$$d_i = \begin{cases} \dfrac{d}{2}\sin\left(i\dfrac{2\pi}{n}\right) & (n\%4 = 0) \\[2mm] \dfrac{d}{2}\sin\left[\left(\dfrac{1}{2}+i\right)\dfrac{2\pi}{n}\right] & (n\%4 \neq 0) \end{cases} \tag{3-15}$$

式中　d——钻孔灌注桩的直径（mm）；

$n\%$——对 n 进行取余运算。

根据变形协调关系，可得到第 i 号受力主筋的拉压力值：

$$F_i = \frac{P_1 + P_2}{2} + \frac{d_i}{d}(P_1 - P_2) \tag{3-16}$$

所有钢筋承受的轴力对截面中线取一次矩，可得到由钢筋引起的弯矩 M_g：

$$M_g = \begin{cases} 4 \cdot \displaystyle\sum_{i=1}^{\frac{n}{4}}\left[\left(F_i - \dfrac{P_1+P_2}{2}\right)\cdot d_i\right] & (n\%4 = 0) \\[4mm] 4 \cdot \displaystyle\sum_{i=1}^{\left[\frac{n}{4}\right]+1}\left[\left(F_i - \dfrac{P_1+P_2}{2}\right)\cdot d_i\right] & (n\%4 \neq 0) \end{cases} \tag{3-17}$$

式中　$\left[\dfrac{n}{4}\right]$——对 $\dfrac{n}{4}$ 取整。

与矩形截面相比，钻孔灌注桩结构由混凝土引起的弯矩表达式将矩形截面的惯性矩替换成圆形截面的惯性矩即可，即：

$$M_c = (P_1 - P_2)\frac{E_c}{E_g A_g}\frac{I_z}{d} \tag{3-18}$$

式中　I_z——截面惯性矩（mm^4），圆形截面（钻孔灌注桩）$I_z = \dfrac{\pi d^4}{64}$。

钻孔灌注桩弯矩 M 等于钢筋轴力引起的弯矩 M_g 叠加上混凝土应力引起的弯矩 M_c，至此，给出钻孔灌注桩弯矩 M 的最终表达式如下：

$$M = M_g + M_c = \begin{cases} 4 \cdot \sum\limits_{i=1}^{\frac{n}{4}} \left[\left(F_i - \dfrac{P_1 + P_2}{2} \right) \cdot d_i \right] + (P_1 - P_2) \dfrac{E_c}{E_g A_g} \dfrac{I_z}{d} & (n\%4 = 0) \\ 4 \cdot \sum\limits_{i=1}^{\left[\frac{n}{4}\right]+1} \left[\left(F_i - \dfrac{P_1 + P_2}{2} \right) \cdot d_i \right] + (P_1 - P_2) \dfrac{E_c}{E_g A_g} \dfrac{I_z}{d} & (n\%4 \neq 0) \end{cases}$$

$$(3-19)$$

换算成每延米排桩的弯矩时，可作换算 $M' = \dfrac{1000}{D} M$。

如果钢筋混凝土构件中埋设的是钢筋应变计时，其读数是钢筋应变计的应变值或钢筋应变计拉压力值。当读数是钢筋应变计的应变值时，则用下式计算式（3-11）～式（3-19）中的 $\overline{P}_1$、$\overline{P}_2$：

$$\overline{P}_1 = E_g \overline{\varepsilon}_1 A_g \tag{3-20a}$$

$$\overline{P}_2 = E_g \overline{\varepsilon}_2 A_g \tag{3-20b}$$

式中　$\overline{\varepsilon}_1$、$\overline{\varepsilon}_2$——所测的上、下层钢筋应变计的平均应变值；

当读数是钢筋应变计的拉压力值时，则用下式计算式（3-11）～式（3-19）中的 $\overline{P}_1$、$\overline{P}_2$：

$$\overline{P}_1 = \dfrac{\overline{P}'_1}{E'_g A'_g} E_g A_g = \dfrac{\overline{P}'_1}{A'_g} A_g \tag{3-21a}$$

$$\overline{P}_2 = \dfrac{\overline{P}'_2}{E'_g A'_g} E_g A_g = \dfrac{\overline{P}'_2}{A'_g} A_g \tag{3-21b}$$

式中　$\overline{P}'_1$、$\overline{P}'_2$——所测的上、下层钢筋应变计的拉压力平均值（kN）；

E'_g、A'_g——单根钢筋应变计的弹性模量和截面面积，钢筋应变计钢筋型号一般与受力主筋型号一致，即取 $E'_g = E_g$。

按上述公式进行混凝土结构内力换算时，结构浇筑初期应计入混凝土龄期对弹性模量的影响，在室外温度变化幅度较大的季节，还需注意温差对监测结果的影响。

混凝土冠梁和围檩的轴力和弯矩与上述混凝土支撑的轴力和弯矩计算公式一致。基坑工程中，支撑主要承受轴力，所以，主要计算其轴力，而且支撑轴力监测结果也往往比较可信，而由于支撑结构受力复杂，弯矩的计算结果受多种因素的影响，可靠性比轴力的差。围护墙、圈梁和围檩主要承受弯矩，所以主要计算分析弯矩。

2. 钢支撑轴力监测

对于 H 型钢、钢管等钢支撑轴力的监测，可通过串联安装钢支撑轴力计的方式来进行，钢支撑轴力计是直径约 100mm，高度约 200mm 的圆柱状元件，安装要用专门的轴力计支架，轴力计支架是内径和高度分别小于轴力计约 5mm、10mm 的钢质圆柱筒，可以将轴力计放入其内并伸出约 10mm，支架开有腰子眼以引出导线，支架的外面焊接有四块翼板以稳定支撑轴力计支架，轴力计支架焊接到钢支撑的法兰盘上，与钢支撑一起支撑到圈梁或围檩的预埋件上（见图 3-21）。

由于轴力计是串联安装的，在施工单位配置钢支撑时就要与施工单位协调轴力计安装事宜，以合理配置钢支撑的长度，安装好支架，以免引起支撑失稳或滑脱。用支撑轴力计价格略高，但经过标定后可以重复使用，测试简单，测得的读数根据标定曲线可直接换算成轴力，数据比较可靠。

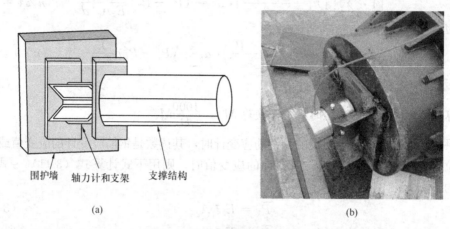

(a)   (b)

图 3-21　钢支撑轴力计安装图

也可以在钢支撑表面焊接钢筋应变计（图 3-22）、粘贴表面应变计或电阻应变片等方法测试钢支撑的应变，或在钢支撑上直接粘贴底座并安装位移计、千分表来测试钢支撑变形，通过监测钢支撑架断面上的应变或某标距内的变形，再用弹性原理来计算支撑的轴力。

一般需在支撑的上、下、左、右 4 个部位布设监测元件，求其平均值。

$$P = E_g A_g \bar{\varepsilon} = E_g A_g \frac{\bar{\delta}}{L} \tag{3-22}$$

式中　　P——钢支撑轴力（kN）；

　　　　A_g——钢支撑的钢截面面积；

　　　　$\bar{\varepsilon}$——监测断面处几支应变计测试应变值的平均值；

　　　　$\bar{\delta}$——监测断面处几支位移传感器测试变形量的平均值；

　　　　L——监测变形的标距。

八、土层锚杆拉力监测

土层锚杆由单根钢筋或钢管或若干根钢筋形成的钢筋束组成。在基坑开挖过程中，土层锚杆要在受力状态下工作数月，为了掌握其在整个施工期间是否按设计预定的方式起作用，需要对一定数量的锚杆进行监测。土层锚杆监测一般仅监测其拉力的变化。

由单根钢筋或钢筋束组成的土层锚杆可采用钢筋应力计和应变计监测其拉力，与钢筋混凝土构件中的埋设和监测方法相类似。但钢筋束组成的土层锚杆必须每根钢筋上都安装监测元件，它们的拉力总和才是土层锚杆总拉力，而不能只测其中一根或两根钢筋的拉力求其平均值，再乘以钢筋总数来计算锚杆总拉力，因为，由钢筋束组成的土层锚杆，各根钢筋的初始拉紧程度是不一样的，所测得的拉力与初始拉紧程度的关系很大。

单根钢筋和钢管的土层锚杆的拉力可采用专用的锚杆轴力计监测，其结构见图 3-23，

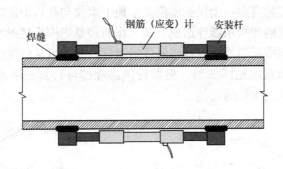

图 3-22　钢支撑表面焊接钢筋应变计监测钢支撑轴力

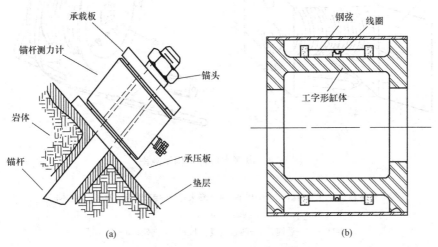

图 3-23　专用的锚杆轴力计结构图
(a) 锚杆轴力计布置；(b) 锚杆轴力计结构

锚杆轴力计安装在承压板和锚头之间，锚杆轴力计监测中空结构锚杆从轴心穿过，腔体内沿周边安装有数根振弦或粘贴有数片应变片组合成的测量系统。

锚杆钢筋计和锚杆轴力计安装好并锚杆施工完成后，进行锚杆预应力张拉时，在记录张拉千斤顶的读数时要同时记录土层锚杆监测元件的读数，可以根据张拉千斤顶的读数对监测元件的读数进行校核。

土层中土钉在作用类似于岩石隧道中的全长粘结锚杆，需要监测土钉全长的轴力分布，可以参考第四章岩石隧道中的全长粘结锚杆的监测方法。

九、地下水位监测

基坑工程地下水位的监测包括基坑内地下水位监测和基坑外地下水位监测。通过坑内地下水位监测可以判断基坑降水是否满足设计要求，是否达到基坑开挖条件。坑外地下水位监测一般是判断止水帷幕是否漏水，从而判断是否会引起地面和周边建（构）筑物沉降。

1. 一般水位观测井

地下水位是通过埋设地下水位观测井采用钢尺、电测水位计进行监测的。地下水位比较高的情况下，可以用干的钢尺直接伸入水位观测井，记录湿迹与管顶的距离，根据管顶高程即可计算地下水位的高程，钢尺长度需大于地下水位与孔口的距离。电测水位计由测头、电缆、滚筒、手摇柄和指示器等组成。其工作原理是当探头接触水面时两电极使电路闭合，信号经电缆传到指示器及触发蜂鸣器或指示灯，此时可从电缆的标尺上直接读出水深，电测水位计结构示意图见图 3-24。根据管顶高程即可计算地下水位的高程。分层沉降仪的探头一般也有探测水位的功能。

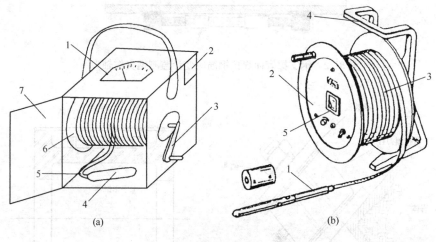

(a)   (b)

图 3-24　电测水位计结构示意图

(a) 提匣式

1—指示器；2—电池盒；3—手摇柄；4—测头；5—电线；6—滚筒；7—木门

(b) 卷筒式

1—侧头；2—卷筒；3—两芯刻度标尺；4—支架；5—指示器

地下水位观测井是埋入钻孔内滤水塑料管，管子 2m 以下部分或特定的部位钻有小孔，并包裹以砂布抹丝，管底有封盖，管径约 90mm。埋设时用钻机钻孔到要求的深度后，将管子放入钻孔，管子与孔壁间用干净细砂填实，在近地表 2m 内的管子与孔壁间用黏土和干土球填实密封，以免地表水进入孔中，然后用清水冲洗孔底，以防泥浆堵塞测孔，保证水路畅通，测管高出地面约 200mm，上面加盖，不让雨水进入，并做好观测井的保护装置。

需要分层监测地下水位时，应该分组布置水位监测孔，以便对比各层水位变化。如在长江漫滩地区，对基坑工程有影响的含水层为上部由淤泥质粉质黏土组成的潜水含水层以及下部由粉砂组成的承压含水层，应分别对两含水层设置水位监测孔，见图 3-25。此种情况，水位观测井的深度应进入到被测土层 1m 以上，只在埋设到被测土层的管子上钻小孔、包裹以砂布抹丝，并在这段管子与孔壁间用干净细砂填实，其余部分管子与孔壁间用黏土和干土球填实密封。多层地下水位的监测也可以在土层埋设孔隙水压力计来进行。

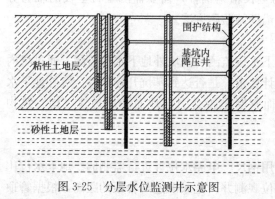

图 3-25　分层水位监测井示意图

2. 承压水观测井

承压水指含水层中地下水头高于含水层顶板，呈承压状态，能在各种特定环境下由水压力驱动而自流、自溢的地下水。在承压水头作用下的基坑在施工过程中侧斜、房屋竖向位移、"踢脚"、坑底隆起等会突然加速发展，出现多种较大变形，这种现象是由承压水引起的基坑异常变形的综合表现，具有普遍性。微承压水水头压力较小，但水量并非"微少"。承压水观测井的埋设方法为：(1) 采用正循环钻进成孔，用加入重晶石的大相对密度泥浆护壁，当钻进孔深大于上部潜水层厚度时，下入表层套管，套管直径小于孔径，为防止套管倾斜，用扶正器扶正，用清水替换出孔内泥浆，然后在套管和孔壁的环状间隙内灌注水泥浆液，水泥浆液凝固 48 h 以后方可继续钻进；(2) 在下入表层套管后，每钻进1.5m，在孔底取样，然后压入 1.8m 临时封隔套管，以减少钻孔孔壁泥饼的形成，预防井喷时塌孔及扩径；(3) 当钻孔达到预定深度时，下入滤水管，用气体封隔器封隔井管，气体封隔器绑在井管上，随井管下到含水层上方，向气体封隔器内充气，使其膨胀并固定在孔壁上，以控制承压水压力；(4) 拔出临时套管，先用清水替换气体封隔器上方的泥浆，随后用水泥浆液替换清水，当水泥浆液硬化后，再用清水冲走井管和滤网中的泥浆。以上洗井工作完成后，让地下水自流一段时间，排除含水层中的泥浆。然后在井管上安装一个带阀门的临时排水管，让水流连续流出几天以继续清洗钻孔。拆除临时排水管后在阀门上接上压力计便能测量承压层的水压力。

十、相邻环境监测

基坑开挖必定会引起邻近建（构）筑物和土体的变形，过量的变形将影响邻近建（构）筑物和市政管线的正常使用，甚至导致破坏，因此，必须在基坑施工期间对它们的变形进行监测。根据监测数据，对邻近建（构）筑物的安全做出评价，及时调整开挖速度和支护措施，使基坑开挖顺利进行，以保护邻近建筑物和管线不因过量变形而影响它们的正常使用功能或破坏，对邻近建筑物和管线的实际变形提供实测数据。相邻环境监测的范围宜从基坑边线起到开挖深度约 2.0～3.0 倍的距离，监测周期应从基坑开挖开始，至地下室施工结束为止。

1. 建筑物变形监测

建筑物的变形监测包括竖向位移、水平位移、倾斜和裂缝监测等内容，具体监测方法详见第二章。

邻近建（构）筑物变形监测点布设的位置和数量应根据基坑开挖有可能影响到的范围和程度，同时考虑建筑物本身的结构特点和重要性确定。与建筑物的永久竖向位移观测相比，基坑开挖引起相邻建（构）筑物竖向位移的监测点的数量较多，监测频率高（通常每天 1 次），监测总周期较短（一般为数月），相对而言，监测精度要求比永久观测略低，但需根据相邻建筑物的种类和用途区别对待。

竖向位移监测的基准点必须设置在基坑开挖影响范围之外（至少大于 5 倍基坑开挖深度），同时亦需考虑到重复量测通视等便利，避免转站引点导致的误差。

在基坑工程施工前，必须对建筑物的现状进行详细的调查，调查内容包括：建筑物结构和基础设计图纸，地基处理资料，建筑物平面布置及其与基坑围护工程的相对位置等，建（构）筑物竖向位移资料，开挖前基准点和各监测点的高程，建筑物裂缝的宽度、长度和走向等裂缝开展情况，并做好素描和拍照等记录工作。将调查结果整理成正式文件，请业主及施工、建设、监理、监测等有关各方签字或盖章认定，作为以后发生纠纷时仲裁的依据。

2. 相邻地下管线监测

城市地区地下管线网是城市生活的命脉，其安全与人民生活和国民经济紧密相连。城市市政管理部门和燃气、输变电、自来水和电信等与管线有关的公司都对各类地下管线的允许变形量制定了十分严格的规定，基坑开挖施工时必须将地下管线的变形量控制在允许范围内。

相邻地下管线的监测内容包括竖向位移和水平位移两部分，其测点布置和监测频率应在对管线状况进行充分调查后确定，并与有关管线单位协调认可后，编制监测方案。对管线状况调查内容包括：

（1）管线埋置深度、管线走向、管线及其接头的形式、管线与基坑的相对位置等。可根据城市测绘部门提供的综合管线图，并结合现场踏勘确定；

（2）管线的基础形式、地基处理情况、管线所处场地的工程地质情况；

（3）管线所在道路的地面人流与交通状况。

地下管线可分为刚性管线和柔性管线两类。燃气管、上水管及预制钢筋混凝土电缆管等通常采用刚性接头，刚性管道在土体移动不大时可正常使用，土体移动幅度超过一定限度时则将发生断裂破坏。采用承插式接头或橡胶垫板加螺栓连接接头的管道，受力后接头可产生一定量自由转动的角度，常可视为柔性管道，如常见的下水道等。接头转动的角度α及管节中的弯曲应力小于允许值时，管道可正常使用，否则也将产生断裂或泄漏，影响使用。地下管线位于基坑工程施工影响范围以内时，一般在施工前需在调查的基础上，根据基坑工程的设计和施工方案运用有关公式对地下管线可能产生的最大沉降量做出预估，并根据计算结果判断是否需要对地下管线采取主动的保护措施，并提出经济合理和安全可靠的管线保护方法。对地下管线进行主动保护的方法有跟踪注浆加固和开挖暴露管道后对其进行结构加固等多种方法，本节不作详细介绍。

对地下管线进行监测是对其进行被动保护，在监测中主要采用间接测点和直接测点两种形式。间接测点是间接法埋设的测点又称监护测点，不是直接布设在被保护管线上，常设在管线的窨井盖上，或管线轴线相对应的地表，将钢筋直接打入地下，深度与管底一致，作为观测标志；或在管线上方使用水钻在道路路面上开孔，深度要求穿透道路表层结构，并确保监测点在原状土层中的深度不小于 0.2m，开孔后垂直打入长 1.2m、ϕ20mm 的螺纹钢筋，并安装直径与水钻开孔直径相同的保护筒，再用砂土与木屑的混合填料隔离层将保护筒四周填满。间接测点由于测点与管线之间存在着介质，与管线本身的变形之间有一定的差异，在人员与交通密集不宜开挖的地方，或设防标准较低的场合可以采用。另一种间接法埋设的测点，将测点布设在地下管线靠基坑一侧内侧土体中（距离管线约 2～5m 的范围内），如果埋设深于管线底部 2m 的测斜管，通过监测测斜管的水平位移来判断地下管线的水平位移则是比较安全和可靠的方法。

直接测点是通过埋设一些装置直接测读管线的竖向位移，常用方案有：

（1）抱箍式：其形式如图 3-26 所示，用扁铁做成稍大于管线直径的圆环，将测杆与管线连接成为整体，测杆伸至地面，地面处布置窨井，保证道路、交通和人员正常通行。抱箍式测点能直接测得管线的沉降和隆起，但埋设时必须凿开路面，并开挖至管线的底面，这对城市主干道路是很难办到的。对于次干道和十分重要的地下管线，如高压燃气管道等，有必要按此方案设置测点并予以严格监测。

（2）套筒式：用100型钻机垂直钻孔至所测管线管顶部深度后找出埋设在地下的所测管线，在管顶安放φ50mm的PVC管直到地表管顶，在PVC管中插入一螺纹钢筋，使钢筋顶端露出地面2~5cm，再在PVC管中装满黄沙，并将PVC管周边土填实，并做好测点保护标志；或者将金属管打设或埋设于所测管线顶面和地表之间，掏出管中泥土，量测时将测杆放入埋管，再将标尺搁置在测杆顶端，如图3-27所示。只要测杆放置的位置固定不变，监测结果能够反映出管线的竖向位移的变化。套筒式埋设方案简单易行，特别是对于埋深较浅的管线，可避免道路开挖，其缺点是可靠性比抱箍式略差。为了保证道路、交通和人员正常通行时，可以在地面处布置窑井，如图3-28所示。如果有可以开挖地面到管线顶部的条件，对金属材质的地下管线则可以将螺纹钢筋测杆焊到其上面（燃气管不能焊接），对其他材质的地下管线，则可以用砂浆等将螺纹钢筋测杆管固定在其上面，以增加监测的可靠性。

此外，有检查井的管线，应打开井盖直接将监测点布设到检查井中的管线上或管线承载体上，有开挖条件的管线应开挖并暴露管线，将观测点直接布设到管线上。

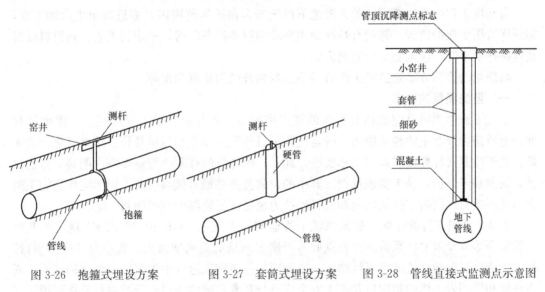

图3-26　抱箍式埋设方案　　　图3-27　套筒式埋设方案　　　图3-28　管线直接式监测点示意图

第三节　基坑工程监测方案

基坑工程施工前，应在收集相关资料、进行现场踏勘的基础上，依据相关规范和规程编制监测方案。所需要收集的资料包括：

（1）勘察成果文件；

（2）基坑围护设计文件；

（3）基坑影响范围内地下管线图及地形图；

（4）周边建（构）筑物状况（建筑年代、基础和结构形式）等；

（5）基坑工程施工方案。

在阅读熟悉工程场地工程和水文地质条件、工程性质、基坑围护设计和施工方案以及基坑工程地上和地下邻近环境资料的基础上，进行现场踏勘和调查，根据工程的地质条件复杂程度、周边环境保护等级确定工程监测的等级，在分析研究工程风险及影响工程安全的关键部位和关键工序的基础上，有针对性地编制施工监测方案。工程施工监测方案主要编制的内容是：

(1) 监测项目的确定；

(2) 监测方法和精度的确定；

(3) 施测部位和测点布置的确定；

(4) 监测频率和期限的确定；

(5) 报警值及报警制度。

监测方案还应包括基坑工程潜在的风险与对应措施、基准点、工作基点、监测点的布设与保护措施，监测点布置图，异常情况下的监测措施，监测信息的处理、分析及反馈制度，主要仪器设备和人员配备，质量管理、安全管理及其他管理制度等。

基坑工程施工监测方案还需要征求工程建设相关单位、地下管线主管单位、道路监察部门和邻近建（构）筑物业主的意见并经他们的认定后方可实施。

当基坑工程位于轨道交通等大型地下设施安全保护区范围内，邻近城市生命线工程，邻近优秀历史保护建筑，邻近有特殊使用要求的仪器设备厂房，采用新工艺、新材料或有其他特殊要求时，应编制专项监测方案。

高质量的监测方案是监测工作有条不紊顺利开展的基础和保障。

一、监测项目的确定

基坑工程监测项目应根据其具体的特点来确定，主要取决于工程的规模、重要性程度、地质条件及业主的经济能力。确定监测项目的原则是监测简单易行、结果可靠、成本低，便于监测元件埋设和监测工作实施。此外，所选择的被测物理量要概念明确，量值显著，数据易于分析，易于实现反馈。其中的位移监测是最直接易行的，因而应作为施工监测的重要项目，同时支撑的内力和锚杆的拉力也是施工监测的重要项目。

表 3-2 是国家行业标准《建筑基坑工程监测技术规范》GB 50497—2009 规定的基坑工程安全等级及重要性系数，以及据此等级确定的基坑监测项目表。表中分"应测项目"和"选测项目"两个监测重要性档次。应测项目是指施工过程中为保证工程支护结构、周边环境和周围岩土体的稳定以及施工安全应进行日常监测的项目；选测项目是指可视工程的重要程度和施工难度考虑选用，或是为了设计、施工和研究的特殊需要在局部地段或部位开展的监测项目。

监测项目表　　　　　　　　　　　　　　　　　　表 3-2

序号	施 工 阶 段 监测工程等级 监测项目	开挖前 围护体系	开挖阶段					放坡开挖
			重力式围护体系		板式围护体系			
			一级、二级	三级	一级	二级	三级	
1	围护体系观察	√	√	√	√	√	√	√
2	围护墙（边坡）顶部水平位移		√	√	√	√	√	√
3	围护墙（边坡）顶部竖向位移		√	√	√	√	√	√

序号	施工阶段 监测工程等级 监测项目	开挖前围护体系	开挖阶段					放坡开挖
			重力式围护体系		板式围护体系			
			一级、二级	三级	一级	二级	三级	
4	围护体系裂缝		√	○	√	√	○	
5	围护墙侧向变形（测斜）		√	○	√	√	○	
6	围护墙侧向土压力				○	○		
7	围护墙内力				√	○		
8	冠梁及围檩内力				√	○		
9	支撑内力				√	√	○	
10	锚杆或土钉拉力		○					
11	立柱竖向位移				√	√	○	
12	立柱内力				○	○		
13	基坑外地下水水位	√	√	√	√	√	√	√
14	基坑内地下水水位	○	○	○	○	○		
15	孔隙水压力	○	○		○			
16	土体深层水平位移（测斜）		○		○			
17	土体分层竖向位移		○		○			
18	坑底隆起（回弹）		○		○			
19	地表竖向位移	○	○		○	○		○
20	邻近建（构）物竖向位移	√	√	√	√	√	√	√
21	邻近建（构）物水平位移	○	○		○	○	○	○
22	邻近建（构）物倾斜		○		○			
23	邻近建(构)物裂缝、地表裂缝	√	√	√	√	√	√	√
24	邻近地下管线水平及竖向位移	√	√	√	√	√	√	√

注：√应测项目；○选测项目（视监测工程具体情况和相关单位要求确定）。

表 3-2 中的基坑工程监测等级分三级，是根据基坑工程安全等级、周边环境保护等级和地质条件复杂程度综合确定的。

一级：周边环境保护等级属一级的基坑，周边环境保护等级属二级且工程安全等级属一级的基坑；

二级：周边环境保护等级属二级且工程安全等级属二级或三级的基坑，周边环境保护等级属三级，工程安全等级属一级或二级的基坑，以及周边环境保护等级属四级，工程安全等级属一级的基坑；

三级：周边环境保护等级工程安全等级均属三级的基坑，以及周边环境保护等级属四级，工程安全等级属二级或三级的基坑。

其中，基坑工程安全等级分为以下三级：基坑开挖深度大于等于 12m 或基坑采用支护结构与主体结构相结合时，属一级；基坑开挖深度小于 7m 时，属三级；除一级和三级以外的基坑均属二级。周边环境保护等级根据周边环境条件划分为四个等级（见表3-3）。当基坑场地遇到厚度较大的特软弱淤泥质黏土、隔水帷幕无法隔断的厚度较大的粉性土或砂土层、大面积厚层填土和暗浜（塘）、渗透性较大的含水层并存在微承压水或承压水以及邻近江、河边等复杂地质条件时可以适当调高基坑工程监测等级。基坑监测项目的选择既与基坑工程的监测等级有关，也与支护结构的形式有关，监测项目的确定应在保证基坑和环境安全性的前提下，综合考虑经济性。划分基坑工程监测等级有利于更具针对性地布置工作量，当基坑各侧边条件差异很大且复杂时，每个侧边可确定为不同的工程监测等级，以便于把握工程关键部位，针对受工程影响较大的周边环境对象进行重点监测。

周边环境保护等级划分 表3-3

周边环境等级	周边环境条件
一级	离基坑1倍开挖深度范围内存在轨道交通、共同沟、大直径（大于0.7m）燃气（天然气）管道、输油管线、大型压力总水管、高压铁塔、历史文物、近代优秀建筑等重要建（构）筑物及设施
二级	离基坑1~2倍开挖深度范围内存在轨道交通、共同沟、大直径燃气（天然气）管道、输油管线、大型压力总水管、高压铁塔、历史文物、近代优秀建筑等重要建（构）筑物、城市重要道路或重要市政设施
三级	离基坑2倍开挖深度范围内存在一般地下管线、大型建（构）筑物、一般城市道路或一般市政设施等
四级	离基坑2倍开挖深度范围以内没有需要保护的管线和建（构）筑物或市政设施等

二、监测精度的确定

监测项目的精度由其重要性和市场上用于现场监测的一般仪器的精度确定，在确定监测元件的量程时，需首先估算各被测量的变化范围。

围护墙（边坡）顶部水平位移、邻近建（构）筑物水平位移、邻近地下管线水平位移等的监测精度，以及围护墙（边坡）顶部、立柱、地下水位孔口高程、土体分层孔口高程、坑底隆起（回弹）、地表、邻近建（构）筑物、邻近地下管线等竖向位移监测精度要求见表3-4。

水平和竖向位移监测精度要求（mm） 表3-4

监测等级	一级	二级	三级
水平位移：监测点坐标中误差	±1.0	±3.0	±5.0
竖向位移：监测点测站高差中误差	±0.15	±0.5	±1.5

深层水平位移监测采用的测斜仪的系统精度不宜低于0.25mm/m，分辨率不宜低于0.02mm/0.5m。坑外土体分层竖向位移监测采用的分层沉降仪读数分辨率不应低于1.0mm，监测精度为±2.0mm，坑底隆起（回弹）可采用埋设在基坑坑内开挖面以下的磁性沉降环或深层沉降标测定，监测精度为±2.0mm。

土压力计、孔隙水压力计、支撑轴力计、用于监测围护墙和支撑体系内力、锚杆拉力的各种钢筋应力计和应变计分辨率应不大于0.2%FS（满量程），精度优于0.5%FS。其量程应取最大设计值或理论估算值的1.5~2倍。

地下水位的监测精度优于10mm，裂缝宽度的监测精度不宜低于0.1mm，长度和深度监测精度不宜低于 1mm。

监测方法和仪器的确定主要取决于场地工程地质条件和力学性质，以及测量的环境条件。通常，在软弱地层中的基坑工程，对于地层变形和结构内力，由于量值较大，可以采用精度稍低的仪器和装置；对于地层压力和结构变形，则量值较小，应采用精度稍高的仪器；而在较硬土层的基坑工程中，则与此相反，对于地层变形和结构内力，量值较小，应采用精度稍高的仪器；对于地层压力，则量值较大，可采用精度稍低的仪器和装置。

三、施测部位和测点布置的确定

上海市工程建设规范《基坑工程施工监测规程》DG/TJ 08-2001—2016 中一般规定，测点布置涉及各监测项目中元件或探头的埋设位置和数量，应根据基坑工程的受力特点及由基坑开挖引起的基坑结构及周围环境的变形规律来布设。

1. 围护墙顶水平位移和竖向位移

围护墙顶水平位移和竖向位移是基坑工程中最直接、最重要的监测项目。测点一般布置在将围护墙连接起来的混凝土冠梁上，水泥搅拌桩、土钉墙、放坡开挖时的上部压顶上。水平位移和竖向位移监测点一般合二为一，是共用的。采用铆钉枪打入铝钉，或冲击钻打孔埋设膨胀螺栓，并涂红漆等作为标记的。测点的间距一般取为 8～15m，不宜大于20m，重要部位适当加密，可以等距离布设，亦可根据支撑间距、现场通视条件、地面超载等具体情况机动布置。对于阳角部位和水平位移变化剧烈的区域，测点可以适当加密，有水平支撑时，测点布置在两根支撑的中间部位。有围护墙侧向变形监测点（测斜管）处应布设监测点。

2. 立柱竖向位移和内力

立柱竖向位移测点布置在基坑中部多根支撑交汇受力复杂处、施工栈桥处、逆作法施工时承担上部结构荷载的逆作区与顺作区交界处的立柱上。监测点一般直接布置在立柱桩上方的支撑面上，总数不宜少于立柱总桩数的 10%，有承压水风险的基坑，应增加监测点。

地质条件复杂位置和不同结构类型的立柱内力监测点宜布置在受力较大的立柱上，每个截面传感器埋设不少于 4 个，且布置在坑底以上立柱长度的 1/3 部位。

3. 围护墙深层侧向位移

围护墙深层侧向位移监测，亦称桩墙测斜，一般应布设在围护墙每边的中间部位处、阳角部位处。布置间距一般为 20～50m，一般在每条基坑边上至少布设 1 个测斜孔，很短的边可以不布设。监测深度一般取与围护墙入土深度一致，并延伸至地表，在深度方向的测点间距为 0.5～1.0m。

4. 支撑、冠梁和围檩内力

对于设置内支撑的基坑工程，一般可选择部分有代表性和典型性的支撑进行轴力监测，以掌握支撑系统的受力状况。支撑轴力的测点布置需决定平面、立面和截面三方面的要素。平面指设置于同一标高，即同一道支撑内选择监测的支撑，原则上应参照基坑围护设计方案中各道支撑内力计算结果，选择轴力最大处、阳角部位和基坑深度有变化等部位的支撑以及数量较多的支撑即有代表性的支撑进行监测。在缺乏计算资料的情况下，通常可选择平面净跨较大的支撑布设测点，每道支撑的监测数量应不少于 3 根。立面指基坑竖直方向不同标高处设置各道支撑的监测选择，由于基坑开挖、支撑设置和拆除是一个动态发展过程，各道支撑的轴力存在着量的差异，在各施工阶段都起着不同的作用，因而，各道支撑都应监测，并且各道支撑的测点应在竖向上保持一致，即应设置在同一平面位置处，这样，从轴力—时间曲线上就可很清晰地观察到各道支撑设置—受力—拆除过程中的内在相互关系，对切实掌握水平支撑受力规律很有指导意义。由于混凝土支撑出现受拉裂缝后，受力计算就不符合支撑内钢筋与混凝土变形协调的假定了，计算数据会发生偏差，所以应避免布置在可能出现受拉状态的混凝土支撑上。

混凝土支撑轴力的监测断面应布设在支撑长度的1/3部位至跨中部位，对监测轴力的支撑，宜同时监测其两端和中部的竖向位移和水平位移。实际量测结果表明，由于支撑的自重以及各种施工荷载的作用，水平支撑的受力相当复杂，除轴向压力外，尚存在垂直方向和水平方向作用的荷载，就其受力形态而言应为双向压弯扭构件。为了能真实反映出支撑杆件的受力状况，采用钢筋应力计或应变计监测支撑轴力时，监测断面内一般配置四个钢筋应力计或应变计，应分别布置在四边中部。H型钢、钢管等钢支撑采用电阻应变片、表面应变计，或位移传感器、千分表等传感器监测轴力时，每个截面上布设的传感器应不少于2个，监测断面应布设在支撑长度的三分之一部位。钢管支撑轴力计监测时，轴力计布设在支撑端头。

冠梁和围檩内力较大、支撑间距较大处的冠梁和围檩应进行其内力监测，监测断面应布设在每边的中间部位、支撑的跨中部位，在竖向上监测点的位置也应该保持一致，即应设置在各道支撑的同一平面位置处。每个监测截面布设传感器不应少于2个，布设在冠梁或围檩两侧对称位置。

5. 围护墙内力

围护墙的内力监测点应设置在围护结构体系中受力有代表性的位置和受力较大的位置。监测点平面间距宜为20～50m，每条基坑边不少于3个监测点。

监测点在竖向的间距宜为3～5m，并综合考虑在如下位置布设监测点：围护结构内支撑及拉锚所在位置、计算的最大弯矩所在的位置和反弯点位置、各土层的分界面、结构变截面或配筋率改变的截面位置。

6. 锚杆和土钉拉力

采用土层锚杆的围护体系，每层土层锚杆中都必须选择数量为锚杆总数1%～3%的锚杆进行锚杆拉力监测，并不少于3根。而且应选择在基坑每侧边中间部位、阳角部位、开挖深度变化部位、地质条件变化部位以及围护结构体系中受力有代表性和受力较大处的锚杆进行监测。在每道土层锚杆中，若锚杆长度不同、锚杆形式不同、锚杆穿越的土层不同，则通常要在每种不同的情况下布设3根以上的土层锚杆进行监测。每层监测点在竖向上的位置也应该保持一致。

土钉墙围护中土钉拉力的监测点的布置可以参考土层锚杆的布置原则。

7. 围护墙侧向土压力

作用在围护墙上的土压力监测应设置在围护结构体系中受力有代表性的位置、受力较大的位置或邻近有需要保护建（构）筑物的位置，监测点平面间距宜为20～50m，且每条基坑边不少于1个监测点。监测点在竖向的间距宜为3～5m，并综合考虑在如下位置布设监测点：围护结构内支撑及拉锚所在位置、各土层的中部。可以布设在基坑围护墙外侧面和入土段内侧面，土压力计应尽量在施工围护桩墙时埋设在土体与围护桩墙的接触面上。

由于土压力计监测得到的是水土压力合力，如需将水压力和土压力分离，则需在布设土压力盒的相应位置再布设孔隙水压力计。

8. 坑底隆起（回弹）

坑底隆起（回弹）监测应布置剖面线，剖面线间距宜为 20~50m，数量不少于 2 条，应布置在基坑中部以及距基坑一边 1/4 基坑长度处。长条形的矩形基坑可垂直长边单向布置剖面线，圆形基坑可以中心对称布置剖面线，方形或长度与宽度相近的矩形基坑可按纵横两个方向布置剖面线；剖面线应延伸到基坑外，一般在距离基坑边 1.5~2.0 倍基坑深度的范围内布设地表竖向位移监测点；剖面线上监测点间距宜为 10~30m，且数量不应少于 3 个点。

9. 坑外地下水位和孔隙水压力

施筑在高地下水位的基坑工程，基坑降水期间坑外地下水位监测的目的是检验基坑止水帷幕的实际效果，以预防基坑止水帷幕渗漏引起相邻地层和建（构）筑物的竖向位移。坑外地下水位监测井应布置在搅拌桩施工搭接处、转角处、相邻建（构）筑物处和地下管线相对密集处等，并且应布置在止水帷幕外侧 2m 处，潜水水位观测管的埋设深度一般在常年水位以下 4~5m，监测井间距宜为 20~50m，边长大于 10m 的侧边每边至少布置一个，水文地质条件复杂时应适当加密。

对需要降低微承压水或承压水位的基坑工程，监测点宜布设在相邻降压井近中间部位，间距不宜超过 50m，每条基坑边至少布设一个监测点，观测孔的埋设深度应能反映承压水水位的变化，层厚不足 4m 时，埋到该含水层层底。

10. 建（构）筑物和地下管线变形

相邻环境监测项目的确定和布设需根据地下工程种类、周边临近建（构）筑物性质、地下管线现状等确定。建（构）筑物主要监测竖向位移，当竖向不均匀位移较大，或有整体移动趋势时，增加水平位移监测。高度大于宽度的建筑物要进行倾斜监测，地下管线需同时进行竖向位移和水平位移监测，地表则主要监测竖向位移，当建（构）筑物和地表有裂缝时，应选择典型和重要的裂缝进行监测，土层中的监测项目根据需要布设。建筑物竖向位移和水平位移的布置要求详见第二章。

地下管线竖向和水平位移监测点的布设前应听取地下管线所属部门和主管部门的意见，并考虑地下管线的重要性及对变形的敏感性，结合地下管线的年份、类型、材质、管径、管段长度、接口形式等情况，综合确定监测点。

（1）给水、燃气管尽量利用窨井、阀门、抽气孔以及检查井等管线设备直接布设监测点；

（2）在管线接头处、端点、转弯处应布置监测点；

（3）监测点间距一般为 15~25m，管线越长，在相同位移下产生的变形和附加弯矩就越小，因而测点间距可大些，在有弯头和丁字形接头处，对变形比较敏感，测点间距就要小些；

（4）给水管承接式接头一般应按 2~3 个节度设置 1 个监测点；

（5）影响范围内有多条管线时，则应选择最内侧的管线、最外侧的管线、对变形最敏感的管线或最脆弱的管线布置监测点。

11. 地表和土体位移

一般垂直基坑工程边线布设地表竖向位移监测剖面线，剖面线间距为 30~50m，至少在每侧边中部布置一条监测剖面线，并延伸到施工影响范围外，每条剖面线上一般布设 5 个监测点，监测点间距按由内向外变稀疏的规则布置，作为地下管线间接监测点的地表监测点，布置间距一般为 15~25m。

在测点布设时应尽量将桩墙深层侧向位移、支撑轴力和围护结构内力、土体分层沉降和水土压力等测点布置在相近的范围内，形成若干个系统监测断面，以使监测结果互相对照，相互检验。

位于地铁、上游引水、合流污水等主要公共设施安全保护区范围内的监测点设置，应根据相关管理部门技术要求确定。

四、监测期限与频率

1. 监测期限

基坑围护工程的作用是确保主体结构地下部分工程快速安全顺利地完成施工，因此，基坑工程监测工作的期限基本上要经历从基坑围护墙和止水帷幕施工、基坑开挖到主体结构施工到±0.000 标高的全过程。也可根据需要延长监测期限，如相邻建（构）筑物的竖向位移监测要待其竖向位移速率恢复到基坑开挖前值或竖向位移基本稳定后。基坑工程越大，监测期限则越长。

2. 埋设时机和初读数

土体竖向位移和水平位移监测的基准点应在施测前 15 天埋设，让其有 15 天的稳定期间，并取施测前 2 次观测值的平均值作为初始值。在基坑开挖前可以预先埋设的各监测项目，必须在基坑开挖前埋设并读取初读数。

埋设在土层中的元件如土压力计、孔隙水压力计、土层中的测斜管和分层沉降环等需在基坑开挖一周前埋设，以便被扰动的土体有一定的稳定时间，经逐日定时连续观测一周时间，读数基本稳定后，取 3 次测定的稳定值的平均值作为初始值。

埋设在围护墙中的测斜管、埋设在围护和支撑体系中监测其内力的传感器宜在基坑开挖一周前埋设，取开挖前连续 2 天测定的稳定值的平均值作为初始值。

监测土层锚杆拉力的传感器和监测钢支撑轴力的传感器需在施加预应力前测读初读数，当基坑开挖到设计标高时，土层锚杆的拉力应是相对稳定的，但监测仍应按常规频率继续进行。如果土层锚杆的拉力每周的变化量大于 5%，就应当查明原因，采取适当措施。

3. 监测频率

基坑工程监测频率应以能系统而及时地反映基坑围护体系和周边环境的重要动态变化过程为原则，应考虑基坑工程等级、基坑及地下工程的不同施工阶段以及周边环境、自然条件的变化。当监测值相对稳定时，可适当降低监测频率。对于应测项目，在无数据异常和事故征兆的情况下，表 3-5 是国家行业标准《建筑基坑工程监测技术规范》GB 50497—2009 规定的监测频率，表 3-6 是上海市工程建设规范《基坑工程施工监测规程》DG/TJ 08-2001—2016 给出的监测频率，选测项目的监测频率可以适当放宽，但监测的时间间隔不宜大于应测项目的 2 倍。现场巡检频次一般应与监测项目的监测频率保持一致，在关键施工工序和特殊天气条件时应增加巡检频次。

基坑类别	施工进程		基坑设计开挖深度			
			≤5m	5~10m	10~15m	>15m
一级	开挖深度(m)	≤5	1次/d	1次/2d	1次/2d	1次/2d
		5~10		1次/d	1次/d	1次/d
		>10			2次/d	2次/d
	底板浇筑后时间(d)	≤7	1次/d	1次/d	2次/d	2次/d
		7~14	1次/3d	1次/2d	1次/d	1次/d
		14~28	1次/5d	1次/3d	1次/2d	1次/d
		>28	1次/7d	1次/5d	1次/3d	1次/3d
二级	开挖深度(m)	≤5	1次/2d	1次/2d		
		5~10		1次/1d		
	底板浇筑后时间(d)	≤7	1次/2d	1次/2d		
		7~14	1次/3d	1次/3d		
		14~28	1次/7d	1次/5d		
		>28	1次/10d	1次/10d		

注：1. 当基坑工程等级为三级时，监测频率可视具体情况要求适当降低；

2. 基坑工程施工至开挖前的监测频率视具体情况确定；

3. 宜测、可测项目的仪器监测频率可视具体情况要求适当降低；

4. 有支撑的支护结构各道支撑开始拆除至拆除完成后 3d 内监测频率应为 1 次/d。

上海市《基坑工程施工监测规程》的监测频率　　　　　　表 3-6

基坑开挖深度 ＼ 基坑设计深度（m）	≤4	4~7	7~10	10~12	≥12
≤4	1次/d	1次/d	1次/2d	1次/2d	1次/2d
4~7	—	1次/d	1次/d --1次/2d	1次/d~1次/2d	1次/2d
7~10			1次/d	1次/d	1次/d ~1次/2d
≥10				1次/d	1次/d

注：1. 基坑工程开挖前的监测频率应根据工程实际需要确定；

2. 底板浇筑后 3d 至地下工程完成前可根据监测数据变化情况放宽监测频率，一般情况每周监测 2~3 次；

3. 支撑结构拆除过程中及拆除完成后 3d 内监测频率应加密至 1 次/d。

原则上实施监测时采用定时监测，但也应根据监测项目的性质、施工速度、所测物理量的变化速率和总变化以及基坑工程和相邻环境的具体状况而变化。当遇到下列情况之一时，应提高监测频率：

（1）监测数据变化速率达到报警值；

（2）监测数据累计值达到报警值，且参建各方协商认为有必要加密监测；

（3）现场巡检中发现支护结构、施工工况、岩土体或周边环境存在异常现象；

（4）存在勘察未发现的不良地质条件，且可能影响工程安全；

（5）暴雨或长时间连续降雨；

（6）基坑工程出现险情或事故后重新组织施工；

（7）其他影响基坑及周边环境安全的异常现象。

当有事故征兆时应连续跟踪监测。对于分区或分期开挖的基坑，在各施工分区及其影响范围内，应按较密的监测频率实施监测工作，对施工工况延续时间较长的基坑施工区，当某监测项目的日变化量较小时，可以减少监测频率或暂时停止监测。

监测数据必须在现场及时整理，对监测数据有疑虑时可以及时复测，当监测数据接近或达到报警值或其他异常情况时应尽快通知有关单位，以便施工单位尽快采取措施。监测日报表最好当天提交，最迟不能超过次日上午，以便施工单位尽快据此安排和调整施工进度。监测数据最准确，不能及时提供信息反馈去指导施工就失去监测的作用。

五、报警值和报警制度

基坑工程施工监测的报警值就是设定一个定量化指标体系，在其容许的范围之内认为工程是安全的，并对周围环境不产生有害影响，否则，则认为工程是非稳定或危险的、并将对周围环境产生有害影响。建立合理的基坑工程监测的报警值是一项十分复杂的研究课题，工程的重要性越高，其报警值的建立就越重要，难度也越大。

监测报警值的确定要综合考虑基坑的规模和特点、工程地质和水文地质条件、周围环境的重要性程度以及基坑的施工方案等因素。报警值的确定可以有根据设计预估值、经验类比值和参照现行的相关规范和规程的规定值等方式。

监测报警值可以分为支护结构和周围环境的监测项目两大部分指标，支护结构监测项目的报警值首先应根据设计计算结果及基坑工程监测等级等综合确定。

周边环境监测项目的报警值应根据监测对象的类型和特点、结构形式、变形特征、已有变形的现状，并结合环境对象的重要性、易损性，以及各保护对象主管部门的要求及国家现行有关标准的规定等进行综合确定，对地铁、属于文物的历史建筑等特殊保护对象的监测项目的报警值，必要时应在现状调查与检测的基础上，通过分析计算或专项评估后确定。周围有特殊保护对象的基坑工程，其支护结构监测项目的报警值也受到周围特殊保护对象的控制，无论在基坑设计计算时和报警值确定时都要特殊对待。由于周围环境各边的复杂程度不同，支护结构监测报警值各边也可以不一样。

国家行业标准《建筑基坑工程监测技术规范》GB 50497—2009 将基坑工程按破坏后果和工程复杂程度区分为三个等级，根据支护结构类型的特点和基坑监测等级给出了各监测项目的报警值（见表3-7）。监测报警值可分为变形监测报警值和受力监测报警值，变形报警值给出容许位移绝对值、与基坑深度比值的相对值以及容许变化速率值。基坑和周围环境的位移类监测报警值是为了基坑安全和对周围环境不产生有害影响，需要在设计和监测时严格控制的；而围护结构和支撑的内力、锚杆拉力等，则是在满足以上基坑和周围环境的位移和变形控制值的前提下由设计计算得到的，因此，围护结构和支撑内力、锚杆拉力等应以设计预估值为确定报警值的依据，该规范中将受力类的报警值按基坑等级分别确定了设计允许最大值的百分比值。

上海市《基坑工程施工监测规程》DG/TJ-08-2001—2016 根据上海地区软土时空效应的特点以及施工过程中分级控制的需求，在监测报警值前还提出了预警值作为引起警戒措施的起始值（见表3-8）。监测预警值主要是位移值，以与基坑深度比值的相对百分数值给出。

序号	监测项目	支护结构类型	基坑监测等级								
			一级			二级			三级		
			累计值		变化速率 (mm/d)	累计值		变化速率 (mm/d)	累计值		变化速率 (mm/d)
			绝对值 (mm)	相对基坑深度控制值 (%)		绝对值 (mm)	相对基坑深度控制值 (%)		绝对值 (mm)	相对基坑深度控制值 (%)	
1	墙(坡)顶水平位移	放坡、土钉墙、喷锚支护、水泥土墙	30~35	0.3~0.4	5~10	50~60	0.6~0.8	10~15	70~80	0.8~1.0	15~20
		钢板桩、灌注桩、型钢水泥土墙、地下连续墙	25~30	0.2~0.3	2~3	40~50	0.5~0.7	4~6	60~70	0.6~0.8	8~10
2	墙(坡)顶竖向位移	放坡、土钉墙、喷锚支护、水泥土墙	20~40	0.3~0.4	3~5	50~60	0.6~0.8	5~8	70~80	0.8~1.0	8~10
		钢板桩、灌注桩、型钢水泥土墙、地下连续墙	10~20	0.1~0.2	2~3	25~30	0.3~0.5	3~4	35~40	0.5~0.6	4~5
3	围护墙深层水平位移	水泥土墙	30~35	0.3~0.4	5~10	50~60	0.6~0.8	10~15	70~80	0.8~1.0	15~20
		钢板桩	50~60	0.6~0.7	2~3	80~85	0.7~0.8	4~6	90~100	0.9~1.0	8~10
		灌注桩、型钢水泥土墙	45~55	0.5~0.6		75~80	0.7~0.8		80~90	0.9~1.0	
		地下连续墙	40~50	0.4~0.5		70~75	0.7~0.8		80~90	0.9~1.0	
4	立柱竖向位移		25~35		2~3	35~45		4~6	55~65		8~10
5	基坑周边地表竖向位移		25~35		2~3	50~60		4~6	60~80		8~10
6	坑底回弹		25~35		2~3	50~60		4~6	60~80		8~10
7	支撑内力		(60%~70%)f			(70%~80%)f			(80%~90%)f		
8	墙体内力										
9	锚杆拉力										
10	土压力										
11	孔隙水压力										

注：1. f——设计极限值；

　　2. 累计值取绝对值和相对基坑深度（h）控制值两者的小值；

　　3. 当监测项目的变化速率连续3天超过报警值的50%时，应报警。

支护结构及地表相关项目监测预警值　　　　　表 3-8

监测项目	支护结构类型	基坑监测等级		
		一级	二级	三级
围护桩墙顶部水平位移	放坡、锚拉体系、水泥土墙	—	—	0.6%h
	钢板桩、灌注桩、型钢水泥土墙、地下连续墙	0.15%h	0.25%h	0.4%h

监测项目	支护结构类型	基坑监测等级		
		一级	二级	三级
围护桩墙顶部竖向位移	放坡、锚拉体系、水泥土墙	—	—	$0.6\%h$
	钢板桩、灌注桩、型钢水泥土墙、地下连续墙	$0.1\%h$	$0.2\%h$	$0.3\%h$
围护桩墙深层水平位移	放坡、锚拉体系、水泥土墙	—	—	$0.6\%h$
	钢板桩、灌注桩、型钢水泥土墙、地下连续墙	$0.18\%h$	$0.3\%h$	$0.5\%h$
地表竖向位移		$0.15\%h$	$0.25\%h$	$0.4\%h$
立柱竖向位移		$0.1\%h$	$0.2\%h$	$0.3\%h$

注：h 为基坑设计开挖深度。

深圳市建设局对深圳地区建筑深地下连续墙给出了稳定判别标准，见表 3-9，表中给出的判别标准有两个特点，首先是各物理量的控制值均为相对量，例如水平位移与开挖深度的比值等，采用无量纲数值，不仅易记，同时亦不易搞错。其次是给出了安全、注意、危险三种指标，一种比一种需要引起重视，符合工地施工工程技术人员的思想方式。

深圳地区深基坑地下连续墙安全性判别标准　　　　　　　　表 3-9

监测项目	安全或危险的判别内容	安全性判别			
		判别标准	危险	注意	安全
侧压（水、土压）	设计时应用的侧压力	$F1=\dfrac{设计用侧压力}{实测侧压力（或预测值）}$	$F1\leqslant0.8$	$0.8\leqslant F1\leqslant1.2$	$F1>1.2$
墙体变位	墙体变位与开挖深度之比	$F2=\dfrac{实测（或预测）变位}{开挖深度}$	$F2>1.2\%$ $F2>0.7\%$	$0.4\%\leqslant F2\leqslant1.2\%$ $0.2\%\leqslant F2\leqslant0.7\%$	$F2<0.4\%$ $F2<0.2\%$
墙体应力	钢筋拉应力	$F3=\dfrac{钢筋抗拉强度}{实测（或预测）拉应力}$	$F3<0.8$	$0.8\leqslant F3\leqslant1.0$	$F3>1.0$
	墙体弯矩	$F4=\dfrac{墙体容许弯矩}{实测（或预测）弯矩}$	$F4<0.8$	$0.8\leqslant F4\leqslant1.0$	$F4>1.0$
支撑轴力	容许轴力	$F5=\dfrac{容许轴力}{实测（或预测）轴力}$	$F5<0.8$	$0.8\leqslant F5\leqslant1.0$	$F5>1.0$
基底隆起	隆起量与开挖深度之比	$F6=\dfrac{实测（或预测）隆起值}{开挖深度}$	$F6>1.0\%$ $F6>0.5\%$ $F6>0.2\%$	$0.4\%\leqslant F6\leqslant1.0\%$ $0.2\%\leqslant F6\leqslant0.5\%$ $0.04\%\leqslant F6\leqslant0.2\%$	$F6<0.4\%$ $F6<0.2\%$ $F6<0.04\%$
沉降量	沉降量与开挖深度之比	$F7=\dfrac{实测（或预测）沉降值}{开挖深度}$	$F7>1.2\%$ $F7>0.7\%$ $F7>0.2\%$	$0.4\%\leqslant F7\leqslant1.2\%$ $0.2\%\leqslant F7\leqslant0.7\%$ $0.04\%\leqslant F7\leqslant0.2\%$	$F7<0.4\%$ $F7<0.2\%$ $F7<0.04\%$

注：1. F2 上行适用于基坑旁无建筑物或地下管线，下行适用于基坑近旁有建筑物和地下管线。
　　2. F6、F7 上、中行与 F2 同，下行适用于对变形有特别严格的情况。

建筑物的安全与正常使用判别准则应参照国家或地区的房屋检测标准确定，各种建筑物变形的容许值见第二章表 2-1，表 3-10 为上海地区相邻建筑物的基础倾斜允许值。地下管线的允许沉降和水平位移量值由管线主管单位根据管线的性质和使用情况确定，否则可以由经验类比确定。经验类比值是根据大量工程实际经验积累而确定的报警值，表 3-11 是国家行业标准《建筑基坑工程监测技术规范》GB 50497—2009 的建筑基坑内降水或基坑开挖引起的基坑外水位下降、各种管线和建（构）筑物位移监测报警值。

各监测项目的监测值随时间变化的时程曲线也是判断基坑工程稳定性的重要依据，施工监测到的时程曲线可能呈现出三种形态，如果基坑工程施工后监测得到的时程曲线持续衰减，变形加速度始终保持小于 0，则该基坑工程是稳定的；如果时程曲线持续上升，出现变形加速度等于 0 的情况，亦即变形速度不再继续下降，则说明基坑土体变形进入"定常蠕变"状态，需要发出预警，加强监测，做好加强支护系统的准备；一旦时程曲线出现变形逐渐增加甚至急剧增加，即加速度大于 0 的情况，则表示已进入危险状态，必须发出报警并立即停工，进行加固。根据该方法判断基坑工程的安全性，应区分由于分部和土体集中开挖以及支撑拆除引起的监测项目数值的突然增加，使时程曲线上呈现位移速率加速，但这并不预示着基坑工程进入危险阶段，所以，用时程曲线判断基坑工程的安全性要结合施工工况来进行综合分析。

建筑物的基础倾斜允许值　　　　　　　　　　　　　　表 3-10

建筑物类别		允许倾斜
多层和高层建筑 基础	$H \leqslant 24\text{m}$	0.004
	$24\text{m} < H \leqslant 60\text{m}$	0.003
	$60\text{m} < H \leqslant 100\text{m}$	0.002
	$H > 100\text{m}$	0.0015
高耸结构 基础	$H \leqslant 20\text{m}$	0.008
	$20\text{m} < H \leqslant 50\text{m}$	0.006
	$50\text{m} < H \leqslant 100\text{m}$	0.005
	$100\text{m} < H \leqslant 150\text{m}$	0.004
	$150\text{m} < H \leqslant 200\text{m}$	0.003
	$200\text{m} < H \leqslant 250\text{m}$	0.002

注：1. H 为建筑物地面以上高度；
　　2. 倾斜是基础倾斜方向二端点的沉降差与其距离的比值。

建筑基坑工程周边环境监测报警值　　　　　　　　　　表 3-11

	项目监测对象			累计值（mm）	变化速率（mm/d）
1	地下水位变化			1000	500
2	管线位移	刚性管道	压力	10～30	1～3
			非压力	10～40	3～5
		柔性管线		10～40	3～5
3	邻近建（构）筑物位移			10～40	1～3

注：1. H——建（构）筑物承重结构高度；
　　2. 第 3 项累计值取最大竖向位移和差异竖向位移两者的小值；
　　3. 建（构）筑物整体倾斜率累计值达到 2‰或新增 1‰时应报警。

在施工险情预报中，应同时考虑各项监测项目的累计值和变化速度及其相应的实际时程变化曲线，结合观察到结构、地层和周围环境状况等综合因素作出预报。从理论上说，设计合理的、可靠的基坑工程，在每一工况的挖土结束后，应该是一切表征基坑工程结构、地层和周围环境力学形态的物理量随时间而渐趋稳定，反之，如果测得表征基坑工程结构、地层和周围环境力学形态特点的某一种或某几种物理量，其变化随时间不是渐趋稳定，则可以断言该工程是不稳定，必须修改设计参数，调整施工工艺。

报警制度宜分级进行，如深圳地区深基坑地下连续墙给出了安全、注意、危险三种警示状态。上海市《基坑工程施工监测规程》在监测报警值前还提出了预警值作为引起警戒措施的起始值，对应三种不同的警示状态，工程人员应采取不同的应对措施：

未达到预警的"安全"状态时，在监测日报表上作上预警记号，口头报告管理人员；

达到预警值的"注意"状态时，除在监测日报表上作上报警记号外，还应写出书面报告和建议，并面交管理人员；

达到报警值的"危险"状态时，除在监测日报表上作上紧急报警记号，写出书面报告和建议外，还应通知主管工程师立即到现场调查，召开现场会议，研究应急措施。

现场巡查过程中发现下列情况之一时，需立即报警：

（1）基坑围护结构出现明显变形、较大裂缝、断裂、较严重渗漏水，支撑出现明显变位或脱落、锚杆出现松弛或拔出等；

（2）基坑周围岩土体出现涌砂、涌土、管涌，较严重渗漏水，突水，滑移、坍塌，基底较大隆起等；

（3）周边地表出现突然明显沉降或较严重的突发裂缝、坍塌；

（4）建（构）筑物、桥梁等周边环境出现危害正常使用功能或结构安全的过大沉降、倾斜、裂缝等；

（5）周边地下管线变形突然明显增大或出现裂缝、泄漏等；

（6）根据当地工程经验判断应进行警情报送的其他情况。

出现以上这些情况时，基坑及周边环境的安全可能已经受到严重的威胁，所以要立即报警，以便及时决策采取相应措施，确保基坑及周边环境的安全。

第四节　监测报表与监测报告

一、监测日报表和中间报告

在基坑监测前要设计好各种记录表格和报表，记录表格和报表应分监测项目根据监测点的数量分布合理设计，记录表格的设计应以记录和数据处理方便为原则，并留有一定的空间，以便记录当日施工进展和施工工况、监测中观测到的异常情况。监测报表有当日报表、周报表、中间报告等形式，其中当日报表最为重要，通常作为施工调整和安排的依据，周报表通常作为参加工程例会的书面文件，对一周的监测成果作简要的汇总，中间报告作为基坑某个施工阶段或发生险情时监测数据的阶段性分析和小结。

监测的日报表应包括下列内容：

（1）当日的天气情况、施工工况、报表编号等；

（2）仪器监测项目的本次测试值、累计变化值、本次变化值（或变化速率）、报警值，必要时绘制相关曲线图；

(3) 现场巡检的照片、记录等；

(4) 结合现场巡检和施工工况对监测数据的分析和建议；

(5) 对达到和超过监测预警值或报警值的监测点应有明显的预警或报警标识。

监测的日报表应及时提交给工程建设有关单位，并另备一份经工程建设或现场监理工程师签字后返回存档，作为报表收到及监测工程量结算的依据。报表中应尽可能配备形象化的图形或曲线，使工程施工管理人员能够一目了然。报表中呈现的必须是原始数据，不得随意修改、删除，对有疑问或由人为和偶然因素引起的异常点应该在备注中说明。

中间报告通常包括下列内容：

(1) 相应阶段的施工概况及施工进度；

(2) 相应阶段的监测项目和监测点布置图；

(3) 各监测项目监测数据和巡检信息的汇总和分析，并绘制成相关图表；

(4) 监测报警情况、初步原因分析及施工处理措施建议；

(5) 对相应阶段基坑围护结构和周边环境的变化趋势的分析和评价，并提出建议。

二、监测特征变化曲线和形象图

在监测过程中除了要及时出各种类型的报表，还要及时整理各监测项目的汇总表，绘制特征变化曲线和形象图：

(1) 各监测项目时程曲线；

(2) 各监测项目的速率时程曲线；

(3) 各监测项目在各种不同工况和特殊日期变化发展的形象图（如围护墙顶、建筑物和管线的水平位移和竖向位移用平面图，深层侧向位移、深层竖向位移、围护墙内力、不同深度的孔隙水压力和土压力可用剖面图）。

在绘制各监测项目时程曲线、速率时程曲线以及在各种不同工况和特殊日期变化发展的形象图时，应将工况点、特殊日期以及引起变化显著的原因标在各种曲线和图上，以便较直观地看到各监测项目物理量变化的原因。特征变化曲线和形象图不是在撰写周报表、中间报告和最终报告时才绘制，而是应该用 Excel 等软件，每天输入当天监测数据对其进行更新，并将预警值和报警值也画在图上，这样每天都可以看到数据的变化趋势和变化速度以及接近预警值和报警值的程度。

三、监测报告

在监测工作时应提交完整的监测报告，监测报告是监测工作的回顾和总结，监测报告主要包括如下几部分内容：

(1) 工程概况；

包括：工程地点、工程地质、基坑工程及周边环境情况、基坑开挖和施工方案。

(2) 监测的目的和意义；

(3) 监测项目及确定依据；

(4) 监测历程及工作量；

(5) 监测方法与监测仪器和精度；

(6) 监测点布置；

(7) 监测频率和期限报警值；

（8）报警值及报警制度；

（9）监测成果分析；

（10）结论与建议。

监测报告中还应该包括如下图表：基坑支护体系、基坑周围土体（包括地下水、地表）以及周边环境监测点平面布置图，施工工况进程表，监测点布置图，各监测项目特征变化曲线图，观测仪器一览表，各监测项目监测成果汇总表。

除了（9）监测成果分析和（10）结论与建议外，其他内容监测方案中都已经包括，可以监测方案为基础，按监测工作实施的具体情况，如实地叙述实际监测项目、测点的实际布置埋设情况、监测实际的历程及工作量，监测的实际频率和期限等方面的情况，要着重论述与监测方案相比，在监测项目、测点布置的位置和数量上的变化及变化的原因等。并附上监测工作实施的测点位置平面布置图和必要的监测项目（土压力盒、孔隙水压力计、深层竖向位移和侧向位移、支撑轴力）剖面图。

（9）"监测成果分析"是监测报告的核心，该部分在整理各监测项目的汇总表、各监测项目时程曲线、各监测项目的速率时程曲线、各监测项目在各种不同工况和特殊日期变化发展的形象图的基础上，对基坑及周围环境各监测项目的全过程变化规律和变化趋势进行分析，提出各关键构件或位置的变位或内力的最大值，与原设计计算值和监测预警值及报警值进行比较，并简要阐述其产生的原因。在论述时应结合监测日记记录的施工进度、挖土部位、出土量多少、施工工况、天气和降雨等具体情况对数据进行分析。

（10）"结论与建议"是监测工作的总结与结论，通过基坑围护结构受力和变形以及对相邻环境的影响程度对基坑设计的安全性、合理性和经济性进行总体评价，总结设计和施工中的经验教训，尤其要总结根据监测结果通过及时的信息反馈在对施工工艺和施工方案的调整和改进中所起的作用。

工程监测项目从方案编制、实施到完成后对数据进行分析整理、报告撰写，除积累大量第一手的实测资料外，总能总结出相当的经验和有规律性的东西，不仅对提高监测工作本身的技术水平有很大的促进，对丰富和提高基坑工程的设计和施工技术水平也是很大的促进。监测报告的撰写是一项认真而仔细的工作，这需要对整个监测过程中的重要环节、事件乃至各个细节都比较了解，这样才能够真正地理解和准确地解释所有报表中的数据和信息，并归纳总结出相应的规律和特点。因此报告撰写最好由参与每天监测和数据整理工作的技术人员结合每天的监测日记写出初稿，再由既有监测工作和基坑设计实际经验，又有较好的岩土力学和地下结构理论功底的专家进行分析、总结和提高，这样的监测总结报告才具有监测成果的价值，不仅对类似工程才有较好的借鉴作用，而且对该领域的技术进步有较大的推动作用。

第五节　基坑工程施工监测实例

一、大众汽车基坑工程监测

1. 工程概况

大众汽车基坑实际开挖深度 7.15m，采用灌注桩挡土、搅拌桩止水的围护体系，围护灌注桩采用 ϕ650@800mm，搅拌桩体为 ϕ700@500mm（双头），止水帷幕厚 120mm。基坑外内有一条厂区电缆沟，埋土深度1.35m，电缆沟位于基坑的西侧，与基坑净间距约1.52m，该区域由于受场地限制，搅拌桩采用套打，灌注桩选用 $\phi600@750mm$。基坑内外都已打好了主体结构的工程桩（灌注桩和树根桩）。为了确保基坑施工的安全和稳定以及对周围承台桩基础和电缆沟的有效保护，实现信息化施工，需对基坑围护工程和电缆沟等进行监测。

2. 监测项目与方法

根据基坑设计方案和有关规范，监测内容为围护墙顶水平位移和竖向位移、围护墙体深层位移变形、支撑轴力、电缆沟竖向位移和水平位移、工程桩水平位移等。各测点布置见图3-29。

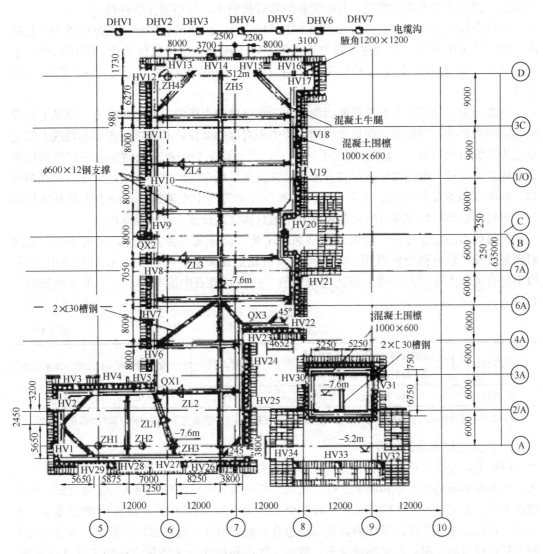

图 3-29　大众汽车基坑测点布置图

147

围护墙顶水平位移和竖向位移测点的布置，原则上是在围护墙顶两根支撑间的跨中部位，以及基坑阳角部位，测点间隔为 6～12m，共布设测点 34 个。观测标志用膨胀螺栓布设，用红漆编号。水平位移采用 J2-2 光学经纬仪观测，竖向位移采用 DSZ2 自动安平水准仪配 FS1 测微计观测，观测误差不大于 1mm。在远离基坑的地方按规范要求和工地具体情况设置基准点和水平位移测站。

围护墙体侧向观测采用在墙体内预埋测斜管或墙后钻孔埋设测斜管，用 SX-20 型伺服式测斜仪监测，测试误差小于 1mm。测斜管长度与灌注桩长度相等，沿深度 0.5～1.0m 测一个点。共埋设三个围护墙体侧向观测孔，两个设在基坑阳角部位，一个设在基坑最长边中部（预计变形最大处）。测斜管采用 $\phi120$ 的 PVC 管，其埋设方法采用桩体内预埋法。因在开挖支撑沟槽时，其中两根测斜管被破坏，后用钻孔法补救。

在受力较大的四根钢支撑上布置四个支撑轴力计，以监测这四根钢支撑的轴力变化情况，轴力计采用 FLJ40 型钢弦式轴力计，用 VW-1 振弦频率读数仪测读，测试精度优于 1%。轴力计的安装在支撑施工是进行，用一个专门的装置将轴力计安装在回檩与支撑之间。

电缆沟竖向位移和水平位移监测测点布设在电缆沟上面的混凝土盖板上，原则上布设电缆沟中心轴线与围护墙顶两根支撑间的跨中相对应的部位，并在电缆沟中心轴线上超过基坑边界处也适当布点。测点间隔为 6～12m，共布设 7 个测点。观测标志用膨胀螺栓布设，用红漆编号。电缆沟竖向位移和水平位移监测采用与围护桩顶相应监测项目相同的仪器，观测误差不大于 1mm。水平位移测站布设在电缆沟中心轴线延长线上距离基坑较远处，同时在远离基坑的地方按规范要求和工地具体情况设置水准测量基准点。

预警值由基坑设计方、监理方和监测方在基坑设计交底会上商定，见表 3-12。监测时严格按预警值分两个阶段报警，即当监测值超过预警值的 80% 时，在日报表中注明，以引起有关各方注意。当监测值达到预警值，除在日报表中注明外，专门出文通知有关各方。

基坑监测预警值　　　　　　　　　　　　　　　　　　表 3-12

观测项目	围护桩顶水平位移	围护桩顶竖向位移	围护桩体变形	支撑轴力	工程桩水平位移
预警值	20mm	20mm	25mm	200T	20mm

注：表中是电缆沟侧的预警值，电缆沟和电缆沟侧围护桩顶位移的预警值应小于表中相应监测内容的预警值。

3. 监测过程及结果分析

原则上，基坑开挖后到底板浇筑完毕每天监测一次，底板浇筑完毕后，每周测 2～3 次。而根据实际施工工序和施工进度，基坑底板由西（电缆沟侧）向东分五块浇筑，而且靠近电缆沟侧有 2m 宽没有浇底板（有几个独立承台），随结构往上施工用黄沙逐步往上充填，这样的施工工序在基坑的其他部位也有几处，因此，这些部位的基坑一直处于较不利于基坑稳定的工况，在这种情况下，监测工作必须按底板未浇筑完毕的工况进行监测，监测周期为每天一次。当电缆沟一侧结构施工到钢支撑标高，黄沙也充填到一定标高后，即从电缆沟一侧开始拆钢支撑，支撑拆除后，电缆沟一侧水平位移较大，已超过报警值，因此，为基坑、电缆沟和基坑内外工程桩的安全起见，加强了监测工作，仍为每天一次，以根据监测数据来确定支撑拆除、黄沙充填和内部结构施工的进度，从而控制基坑、电缆沟和基坑内外工程桩的水平位移。由西向东拆支撑，到东部支撑拆除后，西部（电缆沟侧）的各测点的竖向位移和水平位移均已趋于稳定，而东部各测点的竖向位移和水平位移也在二三天内趋于稳定，监测工作就此结束。

根据围护桩顶竖向位移和水平位移监测结果，从基坑开挖到支撑拆除前，围护桩顶竖向位移和水平位移均没有达到设计预警值，在支撑拆除前几天，只有 HV9 和 HV8 测点的竖向位移值和 HV19 测点的水平位移值达到预警值的 80％。在拆除支撑后，HV9 测点的竖向位移达到预警值，随后不再增加，在整个基坑开挖和底板浇筑过程中，竖向位移基本上是平稳增加的，支撑拆除过程中，各测点竖向位移一般增加 3～4mm，但都较快地趋于稳定。HV19 测点的水平位移在支撑拆除后的几天内快速增加到 54mm，随后 2 天又增加 2mm 后趋于稳定，并且另有其他 11 个测点的水平位移达到预警值，到水平位移趋于稳定时，最大水平位移测点是 HV19，其值为 56mm，远超过设计预警值 20mm，其次是 HV9 测点为 34mm，HV21 测点为 33mm。HV19 测点在支撑拆除过程产生的最大水平位移为 36mm，其主要原因是局部地方只有回填砂而没有刚度较大的换撑来传递作用于围护体系的土压力。

根据围护结构西侧电缆沟的竖向位移和水平位移监测结果，从基坑开挖到支撑拆除前，电缆沟的竖向位移和水平位移均没有达到设计预警值，在支撑拆除前几天，只有 DHV2、DHV3 和 DHV5 测点的水平位移达到预警值的 80％。支撑拆除后，DHV3、DHV5 测点的水平位移超过预警值。电缆沟的最大水平位移为 25mm（DHV3），其次是 DHV5 测点，为 22mm。

主要工况下围护桩体和土体深层侧向位移监测结果见图 3-30，由图中曲线可知：在支撑拆除前三个围护桩体深层水平位移测线管中，最大的深层侧向位移在测斜管 3 中为 17mm，位于基坑面稍上一些。由于围护体系只有一道支撑，支撑拆除后，围护桩体最大位移应在桩顶位置，所以，在拆支撑前围护桩体深层侧向位移没有达到预警值，拆支撑后

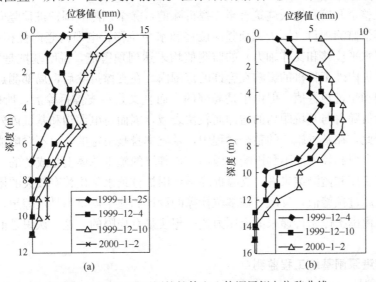

图 3-30　主要工况下围护桩体和土体深层侧向位移曲线

(a) 测斜管 1；(b) 测斜管 2

是否达到预警值可根据桩顶水平位移而定。

钢支撑轴力监测结果见图 3-31，其中 ZL3 轴力计于 12 月 16 日被破坏，只记录了基坑开挖到基坑底和底板浇筑一部分这一段时期的轴力变化，其余轴力计一直工作良好，由图中曲线可知：随基坑开挖到底，ZL4 和 ZL3 轴力计相继超过钢支撑轴力预警值的 80%，此时，这两个轴力计基本接近它们的最大值，ZL4 为 1967kN，已相当接近支撑轴力预警值。此后，随着底板的浇筑，支撑轴力基本没有大的增加，只略有波动，主要是钢支撑随温度伸缩引起的。在其他几根支撑拆除过程中，ZL1 突然增加了约 500 kN，但仍未超过预警值。

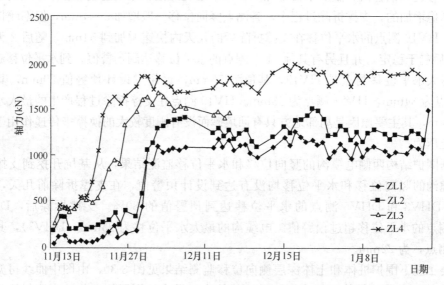

图 3-31　钢支撑轴力时程曲线

4. 结论

该基坑在整个开挖和底板施筑直至支撑拆除前，除个别测点围护桩顶竖向位移刚达到预警值外，其余监测项目（围护桩顶竖向位移和水平位移、电缆沟竖向位移和水平位移、围护桩体深层水平位移和支撑轴力）的监测值均未达到预警值，说明基坑是安全稳定的，对电缆沟和基坑内外工程桩的影响在容许的范围内。在支撑拆除后，局部测点竖向位移和水平位移达到和超过预警值，但由于是局部的，而且又是在支撑拆除后，所以是浅部的，水平位移的量值随着与基坑距离的增加而较快衰减，因而对电缆沟和基坑内外工程桩的影响并不大。因此，在基坑施工的整个过程中，基坑本身是稳定的，也不对电缆沟和基坑内外工程桩的安全引起较大的不利影响，因而，该基坑的施工总体上是成功的。

但从施工工序和监测结果看，支撑拆除导致围护桩顶水平位移有较大的增加，致使有些测点的数值超过预警值，反映了该基坑换撑的设计和施工做得不是很理想，用填砂来承受支撑拆除后由围护体系传递来的土压力这一想法是有局限的，这一认识是值得以后类似工程吸取的。

二、木渎港泵闸基坑工程监测

1. 工程概况

木渎港泵闸基坑工程开挖深度 8.05m，长约 120m，宽约 45m。基坑南侧采用放坡开挖，先按1：2的比例放坡8m，留5m宽的缓冲平台，再按1：2的比例放坡8m。在坡脚用水泥土搅拌桩加固宽2m、深4m的区域，以提高边坡的抗滑能力。基坑北侧根据基坑及周围环境情况分两部分，在进水池和泵站部位采用钻孔灌注桩加水泥土搅拌桩止水带并设1道斜土锚的围护方式，先按1：1的比例放坡1m的深度，将围护结构标高降低1m，然后施筑灌注桩和防渗搅拌桩。开挖2m深后，施工土层锚杆，再开挖到基坑底部（－3.55标高），灌注桩桩长19m，桩径$\phi800$，桩间距950，土层锚杆分长度为20m和24m两种，相间布置，锚固段长度分别为15m和19m，自由段长度均为5m。土层锚杆采用3根$\Phi25$钢筋，设计拉拔力均为295kN。在进水前池部位，基坑底部采用压密注浆对被动土体进行加固，在泵站部位，基坑底部采用搅拌桩对被动土体进行加固，在搅拌桩和灌注桩之间采用压密注浆以防止侧向绕渗。在出水池和内河道部位采用水泥土重力式挡墙加门架式挡墙的围护方式，在靠近建筑物的最小处（仅1.9m），则采用大孔径灌注桩（$\phi1200$）悬臂式结构，并对被动土体采用深层搅拌桩进行加固，施工时采用横向分步施工信息反馈工法。为了确保基坑工程的安全和质量，以及对基坑北侧西部1栋5层办公楼及1栋4层厂房的有效保护，需对基坑围护工程及周围环境进行监测。

2. 监测项目与方法

根据基坑设计方案和有关规范，监测内容主要有围护墙顶水平位移和竖向位移、围护墙体深层侧向位移、基坑内及建筑物附近地下水位、锚杆拉力、周围建筑物竖向位移和倾斜以及裂缝，各测点布置见图3-32。

由于基坑形状复杂且围护结构形式又有变化，围护桩顶水平位移和竖向位移测点布置的原则是在每种围护结构形式及每个形状变化段上都布设测点，测点间隔为10～15m，其中布设水平位移观测点10个，竖向位移观测点10个。观测标志用膨胀螺栓布设，用红漆编号。水平位移采用J2-2光学经纬仪观测，竖向位移采用DSZ2自动安平水准仪配FS1测微计观测，观测误差不大于1mm。在远离基坑的地方按规范要求和工地具体情况设置基准点和水平位移测站。

围护桩体的深层侧向位移观测采用在墙体内预埋测斜管，用SX-20型伺服式测斜仪监测，测试误差小于1mm。测斜管长度与灌注桩长度相等，沿深度1.0m测一个点。共埋设三个围护桩体深层侧向位移观测点，分别在进水前池近泵站部位、出水池部位及近4层厂房的围护结构局部处理部位。其中两个测点又尽量靠近5层办公楼和4层厂房附近的围护桩内，既利于有效地监测基坑工程的工作状态，又利于密切监测周围建筑物的变化状态。测斜管采用$\phi120$的PVC管，原方案采用桩体内预埋法，在桩体内预埋了三根测斜管。在开挖时，其中两根测斜管（QS2、QS3）被破坏，后用钻孔法补救。

在采用灌注桩加斜土锚的围护结构段内，布置4个锚杆拉力测试点。一个锚杆由三根$\Phi25$的钢筋组成，故采用$\Phi25$的钢筋应力计为测试元件，用便携式数字频率计测读，测试精度优于1‰。锚杆力计分别布设于39号、36号、24号、18号锚杆处，39号、24号锚杆的长度为24m，在39号锚杆的两根钢筋上分别埋设两个钢筋应力计，而在21号锚杆的其中一根钢筋上埋设一个钢筋应力计。36号、18号锚杆的长度为20m，在18号锚杆的两根钢筋上分别埋设两个钢筋应力计，而在36号锚杆的其中一根钢筋上埋设一个钢筋应力计。

邻近基坑的5层办公楼和4层厂房的房屋倾斜观测点设置在靠近基坑侧的两个墙角

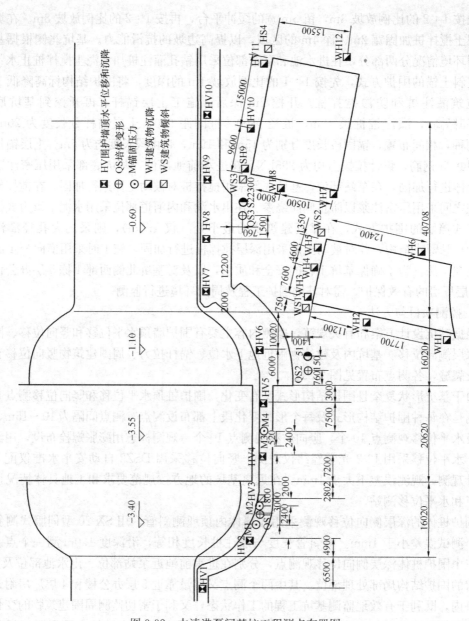

图 3-32　木渎港泵闸基坑工程测点布置图

处，共设置 4 个房屋倾斜观测点。房屋倾斜观测用 J2-2 光学经纬仪，观测房顶的水平偏移误差小于 1mm。同时在这两栋楼邻近基坑的三条墙边设置竖向位移观测点，共设置 8 个房屋竖向位移观测点，竖向位移观测采用 DSZ2 自动安平水准仪配 FS1 测微计观测，误差小于 1mm，观测点部分利用房屋原有观测点，部分用膨胀螺栓布设在房屋的基础或墙角处。

　　对房屋的现状及已有的裂缝进行描述并拍照，在已有的裂缝上涂上标记，用裂缝计测得裂缝最大和最小处的宽度，测试精度为 0.1mm，共对 7 条外墙裂缝作了监测。房屋倾斜和竖向位移观测点的埋设在搅拌桩施工前进行，监测前对房屋的现状及已有裂缝的描述及照片、测点初读数等由甲方请房屋所有者认可。

地下水位用水位观测井监测，在基坑开挖前钻孔埋设直径 $\phi80$、长 8m 的水位管，在基坑内侧进、出水池和站身各设置水位观测井，在靠近基坑侧的 5 层办公楼和 4 层厂房的两个墙角处各设置一个水位观测井，即共设置 5 个水位观测井，水位测试误差为10mm。

预警值由基坑设计方提出，见表 3-13。监测时严格按预警值分两个阶段报警，即当监测值超过预警值的 80％时，在日报表中注明，以引起有关各方注意。当监测值达到预警值，除在日报表中注明外，还应专门出文通知有关各方。

木渎港泵闸基坑监测预警值　　　　　　　　　　　　　表 3-13

观测项目	围护桩顶水平位移	围护桩顶竖向位移	围护桩体深层侧向位移	建筑物竖向位移	建筑物倾斜
预警值	100mm（50mm）*	100mm	100mm	30mm	0.004

注：（50mm）* 为 4 层厂房处的围护桩顶水平位移预警值。

3. 监测过程和监测结果

房屋倾斜、竖向位移和房屋裂缝从围护搅拌桩施工时开始，锚杆拉力是从锚杆施工后开始监测，其余项目均是从基坑开挖时开始监测。从围护搅拌桩施工到基坑开挖，房屋各监测项目的监测频率为 1 次/周；基坑开挖至底板做完，全部项目的监测频率为 1 次/d；底板做完到结构出地面，除锚杆拉力外其余项目的监测频率为 1～2 次/周。

木渎港泵闸基坑围护工程邻近房屋竖向位移监测结果明显地反映出四个竖向位移变化阶段。第一阶段反映围护桩施工对邻近房屋竖向位移的影响，竖向位移量最大到 5mm（WH3）。第二阶段反映第一层土体开挖和锚杆施工对邻近房屋竖向位移的影响，这一阶段大部分测点变化较小，而 WH9、WH10 测点在这一阶段的持续变化，反映了第四区围护桩施工对邻近房屋竖向位移的影响，最大竖向位移量达到 18cm（WH9），第三阶段反映基坑开挖到底标高时对邻近房屋竖向位移的影响，最大竖向位移量达到 20mm（WH9），第四阶段反映出水池部位打桩施工对邻近房屋的竖向位移的影响，以及四区施工的重型车辆进出的影响（WH2、WH3、WH4）。房屋竖向位移均未达到警报值的 80％，房屋最大竖向位移值为 20mm（WH9），其次是 18mm（WH10）；围护桩顶最大竖向位移值为 9mm（HV2）。

综合分析桩顶水平位移和竖向位移监测结果的变化可分为四个阶段：第一阶段反映第一层土体开挖和锚杆施工引起的桩顶水平位移和竖向位移，最大水平位移和最大竖向位移均为 4mm，而且均发现在 HV4 点；第二阶段反映基坑开挖到底标高时，引起的桩顶水平位移和竖向位移，最大水平位移为 12mm（HV4），最大竖向位移为 8mm（HV4）；第三阶段反映进水池部位打桩施工对围护桩变形的影响，HV2 的水平位移从 4mm 增加到17mm，24 天内增加了 13mm，而竖向位移增加 4mm，HV1 点的水平位移从 0 增加到11mm，18 天内增加了 11mm，而竖向位移增加 5mm；第四阶段反映四区开始打桩和做围堰，对围护桩顶有一定的影响，最大水平位移 3mm（HV7、HV8），最大竖向位移为5mm（HV8）。围护桩顶的水平位移和和竖向位移均未达到警报值的 80％，最大水平位移为 17mm（HV2），其次是 16mm（HV3）。

主要工况下围护桩体和土体深层侧向位移监测结果见图 3-33，由图中曲线可知：最大的深层侧向位移在测斜管 QS1 位于桩顶处，为 13mm，该测斜管位于桩顶水平位移测点 HV1 和 HV2 之间，HV1 的最大位移为 11mm，而 HV2 测点的水平位移 17mm，测斜管处桩顶位移刚好为两者的平均值。桩体深层侧向位移曲线表明锚杆围护体系起到了应有的作用。

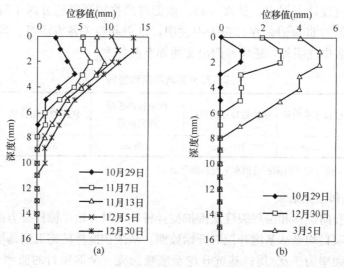

图 3-33　主要工况下围护桩体和土体深层侧向位移曲线
(a) 测斜管 QS1；(b) 测斜管 QS3

锚杆拉力时程曲线见图 3-34，在整个开挖过程中四个锚杆拉力计均未超过警报值的 80%，其中拉力值最大的是 342kN（M39 号），其次是 305kN（M36 号），均未超过设计极限拉力值。在锚杆整个使用期间，拉力没有明显的下降，一直处于稳定和略微增加状态，说明锚杆工作正常、设计合理。

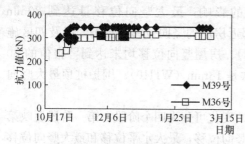

图 3-34　锚杆拉力时程曲线

地下水位的监测分两部分，S1、S2 在基坑外部，主要是为了监测搅拌桩的止水效果和了解基坑外水位的状况，S3、S4、S5 在基坑内，主要是为了监测基坑内井点降水的效果，为施工提供必要的信息。图 3-35 是 S1、S2 测点地下水位的时程曲线，由图 3-35 可知，在 8 月 11 日水位突增，是因为当天下午雨势很大，从 10 月 29 日起基坑开挖到坑底标高，由于采取了相应的降水措施，S1、S2 的地下水位分别降至 2.18m 和 1.92m，到 11 月 22 日底板浇筑完毕，S1、S2 的地下水位一直持续在这个水平波动，从 12 月 1 日开始到 3 月 9 日，地下水位回升，而且水位变动范围不大，在 1.85m 左右波动。

房屋裂缝基本处于稳定状态，共对 7 条裂缝进行监测，房屋裂缝最大缝宽为 5.5mm（A2），而且 A2 处的初始最大缝宽为 4mm，因此 A2 缝宽仅发展了 1.5mm；其次缝宽发展大的是 C2，其初始最大缝宽为 0.2mm，监测结束后的最大缝宽为 1mm，房屋裂缝随着房屋竖向位移增大而略有变化。

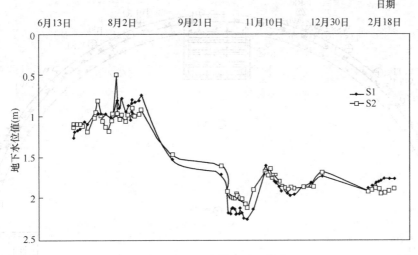

图 3-35　地下水位的时程曲线

4. 结论

该基坑在整个开挖和底板施筑直至结构做出地面，围护桩顶竖向位移和水平位移均未达到预警值，其余监测项目同样如此，说明基坑是安全稳定的，对基坑围护工程和邻近房屋的影响在容许的范围内。因而，该基坑的设计和施工是成功的。既保证了基坑工程的安全，也保护了邻近基坑的5层办公楼和4层厂房。

三、上海中心大厦项目主楼基坑工程信息化监测

1. 工程概况

上海中心大厦由1幢121层主楼（结构高度580m、建筑顶高度632m）和1幢5层商业裙房（高度38m）组成，整个场地下设5层地下室，基础形式采用桩筏基础，主楼基础埋深为31.1m，裙房基础埋深约为26.3m。立柱桩使用桩端后注浆工艺，桩径1000mm，有效桩长为35.7m，基坑围护结构采用地下连续墙（简称地墙）。主楼基坑先施工，待主楼地下室施工出±0.000后再施工裙房基坑。主楼区域地下结构采用明挖顺作法施工，裙房区域地下结构采用逆作法施工。

该工程深基坑开挖周期长、承压水降水周期长，对周边环境影响显著。同时，基坑开挖引起围护结构体系内部应力的重分布，围护结构体系的安全度需要给予重点关注。

2. 监测项目与方法

根据工程的要求、周围环境、地质及水土条件、基坑本身的特点及相关工程的经验，按照设计要求进行监测的项目有基坑围护墙顶竖向和水平位移、围护结构深层侧向位移、坑外土体深层侧向位移、坑内外土体分层竖向位移、坑内土体多点位移、坑内外潜水位、承压水位等监测项目和周边环境监测。测点具体布置见图3-36。

（1）基坑围护监测的测点布置

围护顶部变形的测点布置：在基坑周圈围护顶面上布设墙顶竖向位移及水平位移监测点16个，竖向位移测点利用长8cm带帽钢钉直接布置在新浇筑的围护顶部上，水平位移测点利用钢制三脚架固定在围护顶部。

围护结构深层侧向位移的测点布置：在基坑围护地下连续墙的钢筋笼上绑扎埋设带导

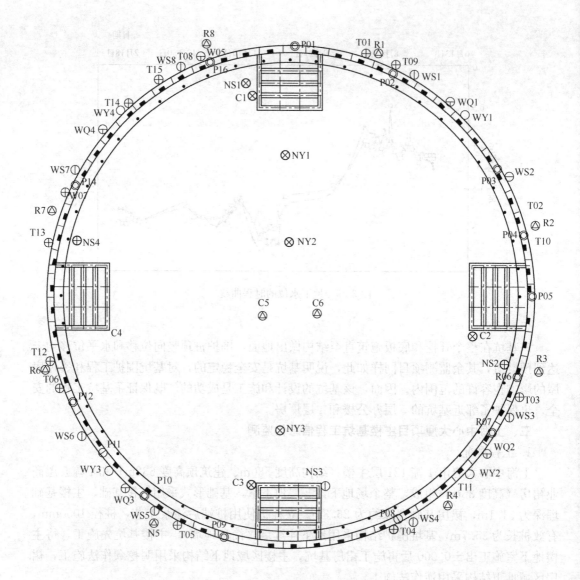

◎ P01—P12、P14、P16围护结构深层侧和位移监测孔　①WS1—WS8坑外潜水水位监测孔　△R1—R8坑外土体分层竖向位移监测孔
⊕ T01—T15坑外土体深层侧向位移监测孔　○WY1—WY4坑外承压水水位监测孔　⊕WQ1—WQ5坑外浅潜水水位监测孔
⊗ C1—C4坑外土体多点位移监测孔　　　　⊕NS1—NS4坑内潜水水位监测孔
△ C5—C6坑内土体分层竖向位移监测孔　　⊗NY1—NY3坑内承压水水位监测孔

图 3-36　上海中心大厦主楼基坑监测孔平面布置示意图

槽的 PVC 塑料管，以监测围护结构深度的侧向位移，根据施工现场情况，在基坑周圈共
布置 14 个测斜孔，孔深 45m。

　　坑外土体侧向位移的测点布置：在坑外以钻孔方式埋设带导槽 PVC 塑料管，以监测
基坑开挖过程中基坑外侧土体沿深度各点的水平位移。选择在距离基坑地下连续墙外侧
1.5 m 左右共布置 15 个测斜孔，孔深约 60 m。

　　立柱桩竖向位移的测点布置：在基坑立柱桩顶部共设置竖向位移监测点 14 个。

　　立柱桩桩身应力的测点布置：在坑内选择 8 根立柱桩进行应力监测，在每根立柱桩布
置四只钢筋应变计测试柱身应变，再由弹性模量计算立柱桩桩身应力，立柱桩桩身应力监

测桩对应立柱桩沉降监测桩。

环形支撑内力的测点布置：主楼基坑采用六道环形支撑作为支撑体系。环形支撑内力监测点布置在设计指定位置，沿环向主筋埋设钢筋应力计及混凝土应变计。

地下连续墙钢筋应力的测点布置：根据设计要求，在所监测地下连续墙槽段内设置 8 组竖向应力监测断面及 8 组环向应力监测断面，且每组竖向应力监测断面与环向应力监测断面对应布设，地下连续墙环向应力和竖向应力监测点埋设的相对标高分别为：－10.15m、－16.2m、－21.2m、－25.9m、－29.9m、－31.6m、－36.0m、－44.0m。同幅墙体内地下连续墙应力测点均在迎土面、迎坑面各设 2 个测点。共计埋设钢筋应力计数量：8×8×4（竖向应力）＋8×8×4（环向应力）＝512 只。

地下连续墙混凝土应力的测点布置，为与地下连续墙钢筋受力情况进行对比，混凝土应变计的埋设与钢筋应力计的埋设选择同一幅槽段进行，平面位置一致。

（2）水工和土工监测的测点布置

坑内、外水位观测：在基坑地墙外侧 1.5m 范围内及坑内设计确定位置分别布置潜水水位观测孔及承压水水位观测孔。根据设计要求，坑外布设潜水水位观测孔 8 孔，坑内布设潜水水位观测孔 4 孔，孔深约 24m。坑外布设承压水位观测孔 4 孔，在坑内布置承压水位观测孔 3 孔，孔深约 45m。共计布置水位观测孔 19 孔。

坑外分层沉降及坑内土体回弹观测：在基坑外布置 8 个分层沉降监测孔，在坑内布置 6 个土体回弹观测孔。

墙侧土压力的测点布置：与地下连续墙环向钢筋应力监测点平面位置基本相对应，根据设计要求，共选择 8 幅地下连续墙的迎土面及迎坑面埋设土压力监测断面。每组断面间距 4m，迎土面测点在墙深范围内沿深度从相对标高－4.0m 起布设，迎坑面测点从相对标高－32.0m 起布置。共计埋设土压力计数量：8×［12（迎土面）＋5（迎坑面）］＝136 只。

孔隙水压力的测点布置：根据设计要求，在基坑墙体内、外共计设置孔隙水压力监测孔 8 幅，孔隙水压力计埋设位置与墙侧土压力监测点对应，监测地墙内、外侧水压情况，共计 8×［12（迎土面）＋5（迎坑面）］＝136 只孔隙水压力计。

（3）周边环境监测

为了监控基础施工对周围土体的影响范围，在基坑周围共布置 4 个沉降监测剖面。每个沉降剖面从基坑围护外侧 2m 算起，按 6m 的间距分别设置 11 个竖向位移监测点。

主要采用仪器设备见表 3-14。

主要采用仪器设备 表 3-14

序号	设备仪器名称	规格型号	使用项目
1	水准仪	瑞士 WILD NA2 水准仪	竖向位移监测
2	全站仪	Leica TS30 全站仪	水平位移监测
3	测斜仪	美国 sinco	深层侧向位移监测
4	频率接收仪	国产 ZXY	应力观测
5	水位观测计	SWJ-90 水位计	水位观测
6	分层沉降仪	SWJ-90 水位计	分层沉降观测

3. 监测过程及结果分析

上海中心大厦主楼基坑信息化监测工作总历时 14 个月，监测工作紧随工程进展，在地墙、立柱桩及每道支撑施工时同步埋设各类监测元件。第一道环撑施工开始后，即开展初始值的量测；土方开挖及第二～五道环撑施工时，监测频率基本保持 1 次/d，当基坑开挖到坑底时，部分项目监测频率为 2 次/d；随着基坑大底板的施工，全部项目监测频率恢复为 1 次/d；至主楼基坑大底板浇筑完成，坑外承压水降水结束，监测频率调整为 1 次/2d。

(1) 围护顶部变形监测

在基坑顶圈梁顶部布设 Q1～Q16 共 16 个变形监测点，其中 Q1～Q7 围护顶部竖向位移历时变化见图 3-37。在第二层和第三层土方开挖阶段，坑内土体回弹带动围护墙体抬升；在第四层土方开挖阶段，主楼基坑承压井降水开始（水位深度 -17.5m 左右），受降水影响，引起基坑周边土体下沉，围护墙体的顶部位移回弹变缓；在第五层土方开挖阶段及在第六层土方开挖阶段，基坑周边土体下沉加快，导致围护墙体顶部位移呈一定下沉趋势。在主楼基坑承压水降水停止后，基坑周围土体回弹带动墙体上抬，平均上抬量约为 4mm。围护顶部在主楼基坑开挖阶段，卸土带动围护体抬升，降水引起围护体下沉，围护体隆沉是卸土和降水影响叠加的结果。

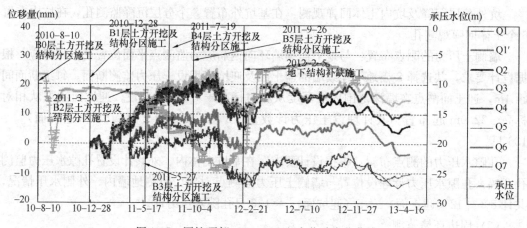

图 3-37 围护顶部（Q1～Q7 竖向位移变化曲线）

(2) 地墙内力监测

1) 地墙竖向钢筋应力监测

在主楼基坑地墙内布设 8 组地墙竖向钢筋应力监测点，其中 SG4 点的竖向钢筋应力变化见图 3-38。

在主楼基坑开挖过程中，地墙中迎坑面的竖向钢筋应力在 25～30m 以上主要表现为拉应力，在此以下反转，主要表现为压应力。表明第六道环撑有效提高临近坑底区域的围护结构刚度。地墙竖向钢筋应力主要在主楼基坑土方开挖阶段（工况②～⑦，第一～六道环撑形成期间）发展，主楼深基坑开挖、大底板及地下结构施工阶段（工况⑧～⑩）较稳定，与地墙深层侧向变形的历时曲线基本一致。

2) 地墙环向轴力监测

在主楼基坑地墙内布设 8 组地墙环向轴力监测点（包括钢筋应力和混凝土应力监测），

HG3 的地墙环向轴力变化见图 3-39，HG3 孔埋设位置为东偏南 10°左右。

在主楼基坑开挖过程中，地墙环向轴力为压应力，环向轴力的最大值主要集中在深度 16.2～21.6m 的区域，与地墙深层侧向位移最大值的情况基本一致。在深度 30m 左右，地墙环向轴力趋于零，或出现反转，表现为拉应力。

地墙环向轴力的发展主要集中在主楼基坑土方开挖阶段（工况②～⑦），随土方开挖进展，环向轴力随深度变化的曲线逐渐饱满，而在主楼深基坑开挖、大底板及地下结构施工阶段（工况⑧～⑩）较稳定，与地墙竖向钢筋应力的历时曲线变化类似。

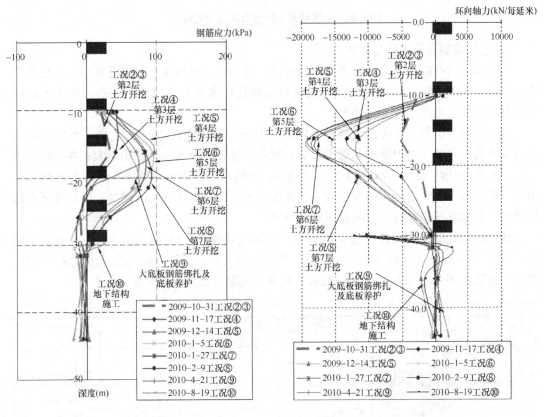

图 3-38　各工况结束时钢筋
应力随深度变化曲线

图 3-39　各工况结束时地墙环向
轴力随深度变化曲线

（3）墙侧水土压力监测

1）地墙墙侧土压力监测

地墙墙侧的土压力计埋设在地墙内、外侧面，共埋设 8 组。NT6 地墙墙侧土压力变化见图 3-40。

在整个主楼基坑开挖过程中，地墙墙侧设计坑底下迎坑面的土压力伴随着坑内土体的卸荷呈现下降趋势，尤其是土方开挖至第四层土方（开挖深度 16.0m）后，土压力下降现象更加显著，在基坑大底板钢筋绑扎及混凝土浇筑期间，土压力有一定增加，而在主楼地下结构施工期间土压力逐渐趋于稳定。

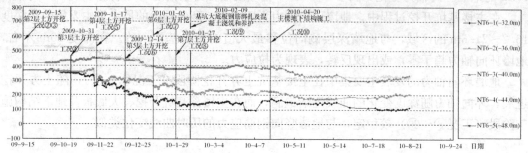

图 3-40　地墙墙侧土压力监测点变化曲线

2）地墙墙侧孔隙水压力监测

地墙墙侧的孔隙水压力计采用挂布法埋设在地墙内、外侧面，共埋设8组，其埋设个数及位置与墙侧土压力计相同。NK1的地墙墙侧孔隙水压力变化见图3-41，图上最后一条绿色粗线即为承压水位变化情况。

在工况②、③及工况④的大部分时间内，由于开挖深度在16.0m之内，承压水降水井尚未开启，主要受坑内疏干井降水影响，坑内、坑外孔隙水压力变化不大；在工况⑤第4层土方开挖初期（2009年11月22日开始），开始承压井降水，坑内、坑外的孔隙水压力有了明显的下降，之后，随着土方开挖深度增加，所需降水深度的增加，降压井开启数量增加，孔隙水压力均有一个明显下降的台阶。

迎土面的孔隙水压力在深度16.0m（④层淤泥质黏土）以上随承压水下降消散不明显，深度20.0m及24.0m（⑤、⑥层黏土和粉质黏土中）的测点的孔隙水压力有一定的消散，而深度28.0m及以下（⑦层粉砂）的测点孔隙水压力消散明显。

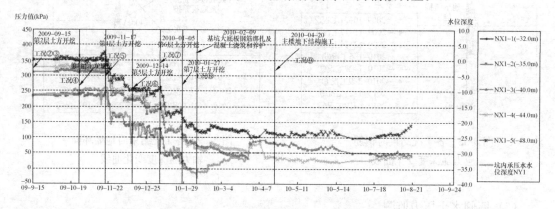

图 3-41　地墙墙侧孔隙水压力变化曲线

（4）坑内坑外土体变形监测

共实施了如下变形监测项目：坑内土体回弹、墙外土体侧向位移、墙外土体分层沉降、墙外土体地表沉降剖面。根据该工程的地质条件，坑外土体以③、④、⑤层的黏性土层为主，含水量高、触变性和灵敏度高，开挖引起的时空效应显著。在基坑开挖后，这几层土在临近基坑一定范围内，将产生不同程度的塑性流动。根据上述监测成果，在不同施工阶段、不同深度、不同距离的时间与空间场内，土体的受力与变形小结见表3-15。

不同工况下土体受力与变形对比表　　　　　　　　　　　　　　　表 3-15

阶段		土体流动补偿作用	卸荷回弹作用	叠加作用	
				至围护墙较近区域	至围护墙较远区域
基坑开挖	坑外 30m 以上	显著	显著	补偿作用为主；沉降及向基坑方向水平位移显著	降水引起的固结作用为主；显著沉降
	坑外 30m 以下	显著	显著	回弹作用为主；回弹及向基坑方向水平位移显著	降水引起的固结作用为主
	坑内土体		显著	回弹作用为主；水平位移及回弹显著	回弹作用为主；回弹显著
地下结构施工	坑外 30m 以上	基本稳定	作用降低	降水引起的固结作用为主；沉降继续发展且速率变缓，水平位移少量发展	降水引起的固结作用为主；沉降继续发展且速率变缓
	坑外 30m 以下	基本稳定	作用降低	累计回弹量减小；水平位移基本稳定	基本稳定
	坑内土体		作用降低	结构刚度与荷载发挥作用；变形基本稳定	回弹作用为主；仍有显著回弹增量

（5）环撑轴力监测

主楼基坑采用六道环形支撑作为支撑体系，各道环形支撑上分别设置 16 组环撑轴力测点，图 3-42 为各工况结束时各道支撑的轴力随围护墙体深度的变化曲线及当时温度。

在整个基坑施工过程中，各道环撑的环向轴力主要表现为受压，受土方开挖和大气温度双重影响，每道环撑各测点受力相对均匀，环撑受力整体性较好。

在各道环撑轴力变化图中均有几次较明显起伏，且日期相同，其原因与气温的突变有直接关系。该工程采用直径 122.2m 左右的圆形围护，作为支撑系统的各道环撑长度达 388m，当气温发生变化时，如此长的混凝土结构内应力的变化是相当大的；另一方面，各道环撑在整个监测期间，环撑轴力均有很大的增长，这可能与各道环撑是在温度较低的冬期浇筑，随气温升高，超长的环撑由于温度关系膨胀引起轴力增加，对该工程围护受力的安全造成不利的影响。

4. 结语

该工程基坑为超大直径无水平对撑圆

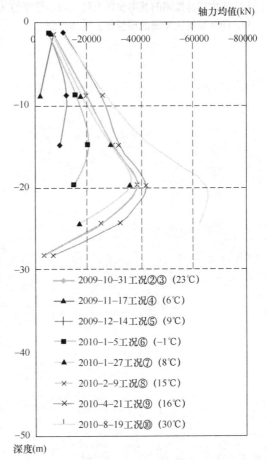

图 3-42　各工况结束时各道环撑
平均轴力随深度变化曲线

形基坑，围护结构经受大面积土方开挖、长时间承压水降水及地下结构施工等的考验。在整个基坑施工过程中，直径122.2m圆形围护结构总体变形在可控范围内，其变形始终无突变现象发生，而且能充分发挥围护结构混凝土的抗压性能和圆拱效应，使主楼基坑围护结构始终处于安全可控的范畴。

思 考 题

1. 基坑工程中用轴力计监测钢管支撑轴力的原理及其使用优点和埋设要点是什么？

2. 基坑工程中用钢筋应力计测试混凝土支撑轴力的原理是什么？

3. 基坑工程中混凝土支撑轴力的测点和监测断面的布设原则有哪些？

4. 在钻孔灌注围护桩中埋设测斜管用测斜仪测量围护桩体不同深度处的水平位移的原理以及埋设中需要注意的问题有哪些？

5. 基坑围护结构土压力盒的埋设有哪些方法及其埋设的要点？

6. 基坑相邻地下管线监测有哪些内容，测点布置有哪些方法？

7. 软土基坑工程中主要监测项目的布点原则以及所采用的监测仪器有哪些？

8. 基坑围护工程中外力和内力类监测项目有哪些？

9. 做基坑监测方案时需要收集哪些方面的资料？

10. 基坑工程监测的基本要求及施工现场监测的基本内容有哪些？

11. 什么是基坑监测的预警值？应如何制定？

第四章 岩石隧道工程施工监测

第一节 概　述

岩石隧道最早的设计理论是来自俄国的普氏理论，普氏理论认为在山岩中开挖隧道后，洞顶有一部分岩体将因松动而可能坍落，坍落之后形成拱形，然后才能稳定，这块拱形坍落体就是作用在衬砌顶上的围岩压力，然后按结构上能承受这些围岩压力来设计结构，这种方法与地面结构的设计方法相仿，归类为荷载结构法。经过较长时间的实践，发现这些方法只适合于明挖回填法施工的岩石隧道。随后，人们逐渐认识到了围岩对结构受力变形的约束作用，提出了假定抗力法和弹性地基梁法，这类方法对于覆盖层厚度不大的暗挖地下结构的设计计算是较为适合的。

另一方面，把岩石隧道与围岩看作一个整体，按连续介质力学理论计算隧道衬砌及围岩的应力分布内力。由于岩体介质本构关系研究的进步与数值方法和计算机技术的发展，连续介质方法已能求解各种洞型、多种支护形式的弹性、弹塑性、黏弹性和黏弹塑性解，已成为岩石隧道计算中较为完整的理论。但由于岩体介质和地质条件的复杂性，计算所需的输入量（初始地应力、弹性模量、泊松比等）都有很大的不确定性，因而大大地影响了其实用性。

20世纪60年代起，奥地利学者总结出了以尽可能不要恶化围岩中的应力分布为前提，在施工过程中密切监测围岩变形和应力等，通过调整支护措施来控制变形，从而达到最大限度地发挥围岩本身自承能力的新奥法隧道施工技术。由于新奥法施工过程中最容易且可以直接监测到拱顶下沉和洞周收敛，而要控制的是隧道的变形量，因而，人们开始研究用位移监测资料来确定合理的支护结构形式及其设置时间的收敛限制法设计理论。

新奥法隧道施工技术的精髓是认为围岩有自承能力，新奥法隧道施工技术的三要素：光面爆破、锚喷支护、监控量测也是紧密围绕着围岩自承能力，光面爆破是在爆破中尽量少扰动围岩以保护围岩的自承能力，锚喷支护是通过对围岩的适当加固以提高围岩的自承能力，监控量测是根据监测结果选择合理的支护时机以便发挥围岩的自承能力。

图4-1中围岩的支护力和变形曲线具有类似双曲线的形式，而衬砌的荷载—位移曲线是过原点直线，衬砌刚度越大其斜率越大。值得注意的是，在给定围岩中的隧道，刚度大的衬砌，其上面的作用荷载也大，说明增大衬砌断面厚度以增加其刚度并不能增加衬砌的安全度，这是因为衬砌刚度增加了它就承担了更多的围岩压力，而围岩自身承担的围岩压力就减

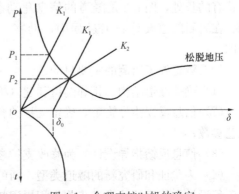

图4-1 合理支护时机的确定

少了，也即没有充分发挥围岩的自承能力，本来围岩能自己承担的荷载转移到刚度增大的衬砌上了，所以其安全度并没有增加。另外，同样刚度的衬砌，在围岩发生一定的位移量后再支护（K_1曲线右移到δ_0），作用在衬砌上的荷载就减小了，说明延迟支护后围岩的自承能力得到发挥，衬砌的安全度提高了。但是当围岩的位移发展到一定程度时围岩就会松脱而坍塌，因此衬砌支护应该有一个合适的时机，能使围岩位移得到尽可能的发展以最大限度地发挥围岩的自承能力，但也不至于发生围岩松脱。这个合理时机的确定可通过监控量测得到围岩位移时程曲线，将位移时程曲线上位移快速发展段基本结束的点定为合理支护时机点。

近20年来，我国隧道建设得到了迅猛的发展，隧道建设总里程超过10万km，数量超过10万座，并且穿越的地质条件也各种各样、复杂多变，公路隧道从单洞两车道发展到单洞四车道，隧道单洞跨度超过20m，而且各种跨度的连拱隧道、小净距隧道等特殊隧道也越来越多，近几年随着交通流量的增大，各种形式隧道改扩建施工也越来越多。这20年来这么巨量的隧道施工，绝大多数隧道都进行了施工监测，隧道施工监测的方法有了一定的进步，但技术水平并没有明显的提高，监测数据质量和真实性越来越成为隧道施工监测中的问题，导致这么多隧道施工监测的海量数据并没有能总结出可指导隧道施工的经验成果，隧道的现场监控量测仍然是隧道施工过程中必须实施的工序。

岩体中的隧道工程由于地质条件的复杂多变，在隧道设计、施工和运营过程中，常常存在着很大的不确定性和高风险性，其设计和施工需要动态的信息反馈，即要采用隧道的信息化动态设计和施工方法，它是在隧道施工过程中采集围岩稳定性及支护的工作状态信息，如围岩和支护的变形、应力等，反馈于施工和设计决策，据以判断隧道围岩的稳定状态和支护的作用，以及所采用的支护设计参数及施工工艺参数的合理性，用以指导施工作业，并为必要时修正施工工艺参数或支护设计参数提供依据。因此，监控测量是施工中的一个重要工序，应贯穿施工全过程，动态信息反馈过程也是随每次掘进开挖和支护的循环进行一次。隧道的信息化动态设计和施工方法是以力学计算的理论方法和以工程类比的经验方法为基础，结合施工监测动态信息反馈。根据地质调查和岩土力学性质试验结果用力学计算和工程类比对隧道进行预设计，初步确定设计支护参数和施工工艺参数，然后，根据在施工过程中监测所获得的关于围岩稳定性、支护系统力学和工作状态的信息，再采用力学计算和工程类比，对施工工艺参数和支护设计参数进行调整。这种方法并不排斥各种力学计算、模型实验及经验类比等设计方法，而是把它们最大限度地包含在内发挥各种方法特有的长处，图4-2是隧道的信息化动态设计和施工方法流程图。与上部建筑工程不同，在岩石隧道设计施工过程中，勘察、设计、施工等诸环节允许有同步、反复和渐进的。

岩石隧道施工监测的主要目的是：

（1）确保隧道结构、相邻隧道和建（构）筑物的安全；

（2）信息反馈指导施工，确定支护的合理时机以发挥围岩自承能力，必要时调整施工工艺参数；

（3）信息反馈指导设计，为修改支护参数和计算参数提供依据；

（4）为验证和研究新的隧道类型、新的设计方法、新的施工工艺采集数据，为岩石隧道工程设计和施工的技术进步收集积累资料。

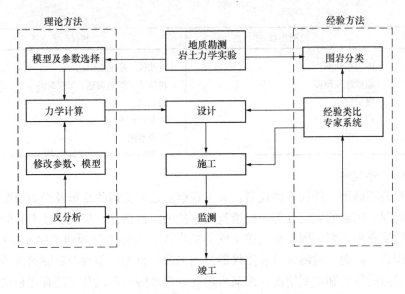

图 4-2　隧道的信息化动态设计和施工方法流程图

第二节　岩石隧道工程监测的项目和方法

　　岩石隧道工程监测的对象主要是围岩、衬砌、锚杆和钢拱架及其他支撑，监测的部位包括地表、围岩内、洞壁、衬砌内和衬砌内壁等，监测类型主要是位移和压力，有时也监测围岩松动圈和声发射等其他物理量。本节重点介绍位移和压力两种监测类型中各项目的监测仪器和方法，围岩松动圈和声发射等的监测仪器和方法在其他章节专门介绍。岩石隧道工程监测的项目和所用仪器见表 4-1。

　　衬砌结构内力监测可参考第三章。地表沉降，可采用水准仪和铟钢尺进行水准测量。

岩石隧道监测的项目和所用仪器　　　　　　　　　　表 4-1

监测类型	监测项目	监测仪器或方法
位移	地表沉降	水准仪、全站仪
	拱顶下沉	水准仪、激光收敛仪、全站仪
	围岩体内位移（径向）	单点位移计、多点位移计、三维位移计
	围岩体内位移（水平）	测斜仪、三维位移计
	洞周收敛	收敛计、激光收敛仪、巴塞特系统、全站仪
	隧道周边三维位移	全站仪
压力	衬砌内力	钢筋应力计或应变计、频率计
	围岩压力	岩土压力计、压力枕
	两层支护间压力	压力盒、压力枕
	锚杆轴力	钢筋应力计或应变计、应变片、轴力计
	钢拱架压力和内力	钢筋应力计或应变计、应变片、轴力计
	地下水渗透压力	渗压计

监测类型	监测项目	监测仪器或方法
其他 物理量	围岩松动圈 超前地质预报 爆破震动 声发射 微震事件	声波仪、形变电阻法 超前钻、探地雷达、TSP2003 测震仪 声发射检测仪 微震监测

一、洞内、外观察

洞内观察是不借助于任何量测仪器，人工观察隧道和支衬的变形及受力情况，隧道松石和渗流水情况、围岩的完整性等，以给监测直接的定性指导，是最直接有效的手段。其目的是核对地质资料，判别围岩和支护系统的稳定性，为施工管理和工序安排提供依据，并检验支护参数。因此，监测人员在用仪器监测之前，首先是细致观察隧道内地质条件的变化情况，裂隙的发育和扩展情况，渗漏水情况，观察隧道两边及顶部有无松动岩石，锚杆有无松动，喷层有无开裂以及中墙衬砌上有无裂隙出现，尤其是中墙衬砌上的裂缝，如发现有裂缝则要用裂缝观察仪密切观测记录裂缝的开展情况。隧道内观察这项工作应与施工单位的工程技术人员配合进行，并及时交流信息和资料。此项工作贯穿于隧道施工的全过程，以便为施工提供直观的信息。

洞外观察重点是洞口段和洞身浅埋段，记录地表开裂、变形及边仰坡稳定等情况。

二、地表沉降监测

地表沉降监测是采用水准仪和铟钢尺进行水准测量测定地面高程随时间的变化情况，是隧道工程施工监测中最主要的监测项目之一。进行地表沉降观测要在测区内选定适量的水准点作为观测点，并埋设标志，同时在沉降范围外的稳定处设置适量的基准点，如城市中的永久水准点或工程施工时使用的临时水准点作为基准点，根据基准点的高程确定待测点的高程变化情况。不同日期两次测得同一观测点的高程之差，即代表地面高程在这两次观测期间的变化。具体监测点埋设和监测方法见第二章。

三、洞周收敛监测

隧道内壁面两点连线方向的相对位移称为隧道洞周收敛，是隧道周边内部净空尺寸的变化。洞周收敛监测作用是监控围岩的稳定性、保证施工安全，并为确定二次衬砌的施设时间、修正支护设计参数、优化施工工艺提供依据，同时也为进行围岩力学性质参数的位移反分析提供原始数据。由于洞周收敛物理概念直观明确、监测方便，因而也是隧道施工监测中最重要且最有效的监测项目。

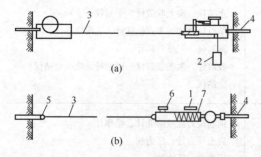

图 4-3　机械式收敛计监测示意图
(a) 穿孔钢卷尺重锤式收敛计；(b) 钢钢卷尺弹簧式收敛计
1—测读表；2—重锤；3—钢卷尺；4—固定端；
5—连接装置；6—张拉表；7—张拉弹簧

1. 机械式收敛计

图 4-3 是几种收敛计的现场测试示意图，其中图 4-3 (a) 是穿孔钢卷尺重锤式收敛计，监测的粗读元件是钢尺，细读元件是

百分表或测微计，钢尺的固定拉力可由重锤实现，由于百分表的量程有限，钢卷尺每隔数厘米宜打一小孔，以便根据收敛量的变化情况调整粗读数。图中 4-3（b）是铟钢卷尺弹簧式收敛计，收敛位移量由读数表读取，固定拉力由弹簧提供，由测力环配拉力百分表显示拉紧程度（图 4-4），采用铟钢卷尺制作的收敛计，可提高收敛计的温度稳定性，从而提高监测精度。图 4-4 是铟钢卷尺弹簧收敛计监测示意图和仪器构造图。

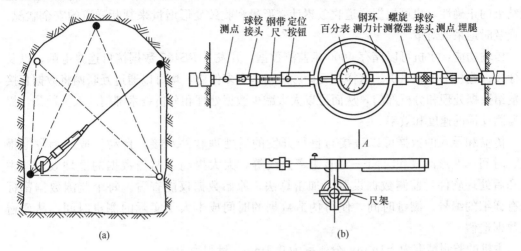

图 4-4　铟钢卷尺弹簧式收敛计
(a) 监测示意；(b) 构造图

钢钢丝收敛计和穿孔钢卷尺式收敛计的精度为 0.1mm。

机械式收敛计安装较为烦琐的过程，收敛计挂钩和洞壁卡钩的接触部位、钢卷尺的张拉力等均会影响其测量精度。当隧道断面较大时，收敛计挂设困难，严重影响监测效率，而且监测过程中悬挂于隧道中间的收敛计还会影响隧道内正常的施工作业。

跨度小、位移较大的隧道，可用测杆监测其收敛量，测杆可由数节组成，杆端一般装设百分表或游标尺，以提高监测精度，可用精密水准仪监测。一些跨度和位移均较大的洞室，也可用全站仪。

洞周收敛位移也可用巴塞特收敛系统，它是一种测量隧道横断面轮廓线的仪器，具体介绍详见第五章。

2. 激光收敛仪

激光收敛仪是作者为解决大断面隧道收敛计挂设困难而研制的，由主机、对准调节装置、固定螺栓、转换接头、反光片，以及后处理软件组成（测量示意图见图 4-5）。测量时调节对准调节装置，对准反光片上的目标点后，使用主机测得仪器与目标点间的测线长度，通过测线长度的变化实现隧道周边收敛的监测。

激光收敛仪主机开发有面板，并具有编辑、测量、计算、传输等面板功能。

编辑功能：测量前，提示输入项目名称、断面编号和测线编号等，可以进行编辑工作。

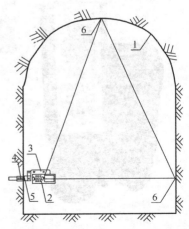

图 4-5　激光收敛仪的组成及监测原理
1—隧道围岩；2—激光收敛仪；3—对准调节装置；4—固定螺栓；5—转换接头；6—反光片

测量功能：对准目标点后，触发外接按钮测量数据并储存于主机内存中，在存储数据时，对测量数据设置了加密算法以防止数据造假。开发外接按钮的目的是避免直接在面板上按测量键引起仪器抖动而影响测量精度。

计算功能：调用该测线的前一次监测数据计算该测线的收敛变形增量，以及调用该测线的第一次监测数据（即初始读数）计算该测线的累计收敛变形量。及时地计算可了解监测结果的正确性，也可根据隧道收敛累计变形量和收敛变形增量来判断隧道的安全状况，以便及时地采取对策。

传输功能：主机可以储存 4000 条监测数据，开发了 RS485 数据接口连接电脑，以及蓝牙接口连接电脑和手机。这样，无论隧道工地有多偏僻，均可以通过互联网将数据直接传输给数据处理和分析部门，从而可以大大减少数据处理和分析技术部门的人员数量，提高监测反馈的速度和效率。

传输和导入的数据可以直接与自行开发的后处理软件对接，自动生成监测数据报表、时间—变形曲线和时间—变形速率曲线等，大大提高了监测数据的处理效率。主机和后处理软件对监测数据设置了加密算法，原始数据仅能查看。每个监测数据都标记有详细的编号、测量时间，使得伪造数据的时间成本大于实际的测量时间，从而避免数据造假。

主机的监测精度为 ±1mm，分辨率为 0.1mm，量程为 30m。

激光收敛仪主机和对准调节装置如图 4-6 所示。对准调节装置设有两个转轴，可以实现主机绕俯仰轴、回转轴进行 360°调节，同时具有锁死粗调后进行微调的功能，确保主机激光束能够精确对准前方半平面空间内的任一目标点。为了实现对准调节装置方便快捷地安装和拆卸，对准调节装置底部设置了快接母头，固定螺栓上设置了快接公头，固定螺栓埋设固定在隧道围岩上，如图 4-6（b）所示，安装时将快接母头插入快接公头，两者精密匹配，旋紧锁死螺母，即可进行激光点对准调节的操作。

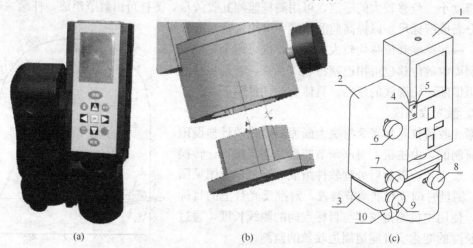

(a)   (b)   (c)

图 4-6　隧道激光收敛仪主机及快速安装对准调节装置
(a) 主机及对准调节装置；(b) 快接公头和母头；(c) 对准调节装置外观的三维图
1—激光收敛计；2—俯仰架外壳；3—回转架外壳；4—夹具；5—夹具螺母；6—俯仰粗调锁死螺母；
7—俯仰微调螺母；8—回转粗调锁死螺母；9—回转微调螺母；10—快速接头锁死螺母

为保证测量精度，拱顶监测点采用可以调节角度的合页反光片（如图 4-7），安装时调节合页的角度，使得激光束与反光片尽量能垂直。合页反光片用固定螺钉固定安装于隧道围岩壁面上。

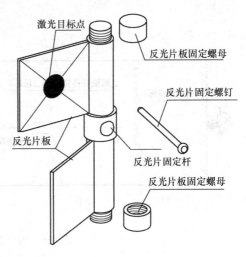

图 4-7　合页反光片

激光目标点
反光片板固定螺母
反光片固定螺钉
反光片板
反光片固定杆
反光片板固定螺母

3. 全站仪

在隧道位移监测中采用全站仪监测其三维位移的技术近年来正在探索应用中。通常采用洞内自由设站法，其步骤是：

（1）在洞口设置两个基准点，用常规测量方法测定出其三维坐标；

（2）在开挖成洞的横断面上布设若干测点，测点上贴上反射片（简易反射镜）；

（3）在基准点上安置好反射镜或简易反射镜后，选一适当位置安置全站仪，用全圆方向法测基准点和测点之间的水平角、竖直角、斜距；

（4）当测到一定远处时，再在某一断面上设两个基准点，向后传递三维坐标。

其监测原理见第三章，三维位移监测技术的优点是：

（1）可在运营隧道和施工隧道内自由设站；

（2）在一个测站上可对多个断面进行观测；

（3）各断面上测点可较多的设置。

其不足之处在于：采用该技术需要观测多测回，洞内观测时间太长。断面上设点越多，观测时间越长，对隧道开挖和隧道内运输干扰严重。由于全站仪免棱镜测量的精度限制以及测点坐标变化换算得到收敛值的误差传递，使得全站仪的实测精度难以满足隧道收敛监测的要求。

四、拱顶下沉监测

1. 水准仪

隧道开挖后，由于围岩自重和应力调整造成隧道顶板向下移动的现象称为拱顶下沉。拱顶是隧道周边上一个特殊点，通过监测其位移情况，可判断隧道的稳定性，也为二次衬砌的施设提供依据，还可作为用收敛监测结果计算各点位移绝对量的验证之用。

由于隧道拱顶一般较高，不能用通常使用的标尺测量，因此可在拱顶用短锚杆设置挂钩，悬挂长度略小于隧道高度的钢钢丝，再在下面悬挂标尺，或将钢尺或收敛计挂在拱顶作为标尺，后视点设置在稳定衬砌或地面上，然后采用水准仪监测，如图 4-8（a）所示。

为了方便钢尺或收敛计的悬挂，可以将挂钩设计成升降式套环，如图 4-8（b）所示。

对于浅埋隧道，可由地面钻孔，测定拱顶相对于地面不动点的位移。

2. 激光收敛仪

上述采用激光收敛仪监测隧道周边收敛的方法，也还可以同时测得拱顶下沉量，其原理如图 4-9 所示。隧道开挖后尽快在靠近掌子面的断面上布置呈三角形的测线 AB、BC、CA，用激光收敛仪测量三条测线 BC、BA 和 CA 的长度，隧道变形后再测量其变形后的长度，用三角形的知识就可以计算拱顶下沉。

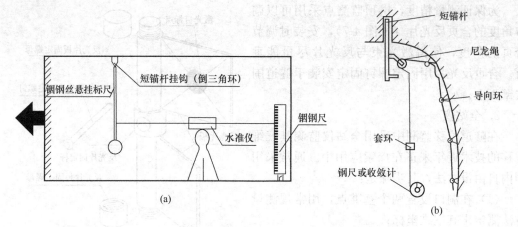

(a)

图 4-8 用水准仪监测拱顶下沉
（a）拱顶下沉监测示意图；（b）升降式套环

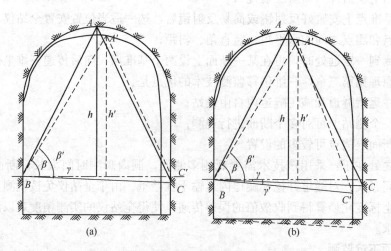

图 4-9 激光收敛仪监测拱顶下沉的原理图
（a）较好围岩中拱脚没有沉降；（b）软岩中拱脚有沉降

（1）较好围岩中拱脚没有沉降的情况

当围岩较好拱脚没有沉降时，且 B、C 两点设在同一水平线上，以 B 点为基准点，隧道围岩变形前，拱顶 A 相对于基准点 B 的初始高差 h 可由式（4-1）求得：

$$h = BA \cdot \sin\beta \tag{4-1}$$

其中

$$\beta = \arccos\left(\frac{BC^2 + BA^2 - CA^2}{2BC \cdot BA}\right)$$

式中 β——变形前测线 BC 与 BA 间的夹角。

隧道围岩变形后，用激光收敛仪测量三条测线 BC'、BA' 和 $C'A'$ 的长度，则拱顶监测点 A' 相对于基准点 B 的变形后高差 h' 可由式（4-2）求得：

$$h' = BA' \cdot \sin\beta' \tag{4-2}$$

其中

$$\beta' = \arccos\left(\frac{BC'^2 + BA'^2 - C'A'^2}{2BC' \cdot BA'}\right)$$

式中 β'——变形后测线 BC' 与 BA' 间的夹角。

式（4-1）减去式（4-2）即可得拱顶监测点 A 的拱顶下沉 u：

$$u = h - h' = BA \cdot \sin\beta - BA' \cdot \sin\beta' \tag{4-3}$$

（2）软岩中拱脚有沉降的情况

隧道开挖后尽快在靠近掌子面的断面上布置呈三角形的测线 AB、BC、CA，用水准仪测得 C 点相对于 B 点的相对高差 $\Delta y_{BC} = h_C - h_B$。以 B 点为基准点，隧道围岩变形前，拱顶 A 相对于基准点 B 的初始高差 h 可由式（4-4）求得：

$$h = BA \cdot \sin(\beta + \gamma) \tag{4-4}$$

其中

$$\beta = \arccos\left(\frac{BC^2 + BA^2 - CA^2}{2BC \cdot BA}\right)$$

$$\gamma = \arcsin\frac{\Delta y_{BC}}{BC}$$

式中　β——变形前测线 BC 与 BA 间的夹角；

　　　γ——变形前测线 BC 与水平线之间的夹角。

隧道围岩变形后，用激光收敛仪测量三条测线 BC'、BA' 和 $C'A'$ 的长度，用水准仪测得 C' 点相对于 B 点变形后的相对高差 $\Delta y_{BC'} = h_{C'} - h_B$。拱顶监测点 A' 相对于基准点 B 的变形后高差 h' 可由式（4-5）求得：

$$h' = BA' \cdot \sin(\beta' + \gamma') \tag{4-5}$$

其中，

$$\beta' = \arccos\left(\frac{BC'^2 + BA'^2 - C'A'^2}{2BC' \cdot BA'}\right)$$

$$\gamma' = \arcsin\frac{\Delta y_{BC'}}{BC'}$$

式中　β'——变形后测线 BC' 与 BA' 间的夹角；

　　　γ'——变形后测线 BC' 与水平线之间的夹角。

根据式（4-4）和式（4-5），结合用水准仪测得基准点 B 的沉降，拱顶监测点 A 的拱顶下沉 u 可由式（4-6）求得：

$$u = h - h' + h_B - h'_B = BA \cdot \sin(\beta + \gamma) - BA' \cdot \sin(\beta' + \gamma') + h_B - h'_B \tag{4-6}$$

式中　h_B——B 点的初始高程；

　　　h'_B——B 点变形后的高程；

两者之差即为 B 点的沉降。

在软岩中，隧道侧壁围岩的竖向位移一般也远小于拱顶，因此，当拱顶下沉较小时，仍然可以按拱脚没有沉降情况用式（4-3）计算拱顶沉降，因而，可以不必每次都量测脚点 B、C 的高程，但监测点布设时应读取脚点 B、C 的初始高程。

通常拱顶下沉达到报警值的 $1/2$ 时，才需要用水准仪定期量测脚点 B、C 的高程，采用拱脚有沉降情况的式（4-6）来精确计算拱顶下沉。这样的话，较好围岩中拱脚没有沉降的情况，用激光收敛仪监测拱顶下沉可以不用水准仪。即使在软岩中拱脚有沉降的情况，也只有当拱顶下沉达到其报警值的 $1/2$ 时，才少量使用水准仪监测拱脚点的下沉，而且这也比用水准仪直接监测拱顶下沉方便容易。

五、围岩体内位移监测

围岩内位移为隧道围岩内距离洞壁不同深度处沿隧道径向的变形，据此可分析判断隧道围岩位移的变化范围和围岩松弛范围，预测围岩的稳定性，以检验或修改计算模型和模型参数，同时为修改锚杆支护参数提供重要依据。为了监测隧道洞壁的绝对位移和围岩不同深度处的位移，可采用单点位移计、多点位移计和滑动式位移计等。

1. 单点位移计

单点位移计是端部固定于钻孔底部的一根锚杆加上孔口的测读装置，其构造和安设方法见图 4-10 所示。位移计安装在钻孔中，锚杆体可用直径 22mm 的钢筋制作，锚固端或用螺纹钢筋灌浆锚固，或用楔子与钻孔壁楔紧，自由端装有平整光滑的测头，可自由伸缩。定位器固定于钻孔孔口的外壳上，测量时将测环插入定位器，测环和定位器上都有刻痕，插入测量时将两者的刻痕对准，测环上安装有百分表或位移计以测取读数。测头、定位器和测环用不锈钢制作。单点位移计结构简单，制作容易，测试精度高，钻孔直径小。受外界因素影响小，容易保护，因而可紧跟爆破开挖面安设，单点位移计通常与多点位移计配合使用。

由单点位移计测得的位移量是洞壁与锚杆固定点之间的相对位移，若钻孔足够深，则孔底可视为位移很小的不动点，故可视测量值为洞壁绝对位移。不动点的深度与围岩工程地质条件、断面尺寸、开挖方法和支护时间等因素有关。

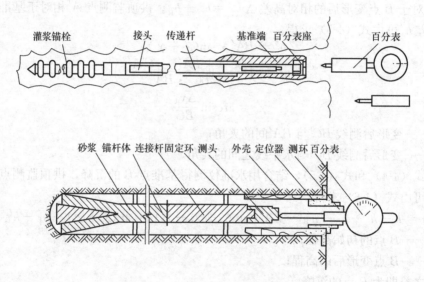

图 4-10　两种单点位移计装置

2. 多点位移计

在同一测孔内，若设置不同深度的位移监测点，可测得不同深度的岩层相对于隧道洞壁的位移量，据此可画出距洞壁不同深度的位移量的变化曲线。

图 4-11 是注浆锚固式多点位移计，由锚固器和位移测定器组成，锚固器安装在钻孔内，起固定测点的作用，位移测定器安装在钻孔口部，内部安装有位移传感器，位移传感器与锚固器之间用铟钢丝杆连接。同一钻孔中可设置多个测点，一个测点设置一个锚固器，各自与孔口的位移传感器相连，监测值为这些测点相对于隧道洞壁的相对位移量。这种将位移传感器固定在孔口上，用铟钢丝杆把不同埋深处的锚头的位移传给位移传感器，称作并联式多点位移计。

注浆锚固的锚固器的锚固头用长约 30cm 的 $\phi25$ 的螺纹钢加工而成，在远离孔口的一端钻一小孔，一根细钢丝穿过小孔用以固定注浆管。锚固头的另一头加工长 3cm，外径为

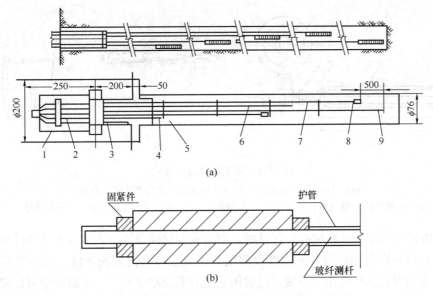

图 4-11 注浆锚固式的多点位移计

(a) 注浆锚固式的多点位移计；(b) 锚头详图

1—保护罩；2—位移传感器；3—预埋安装杆；4—排气管；5—支承板；

6—护套管；7—传递杆；8—锚头；9—灌浆管

ϕ20 的光滑圆柱状，中心攻有螺孔，铟钢丝杆可拧入螺孔，铟钢丝杆外面用 PVC 管保护，内径为 ϕ20 PVC 管插入光滑圆柱状头中，铟钢丝杆和 PVC 管均约 2m 一节，铟钢丝杆用螺纹逐节连接，两节 PVC 管间套一长 15cm 的套管，用 PVC 胶水粘结。待锚固头下到预定位置后，用砂浆灌满钻孔，待砂浆凝结后，锚固头与围岩一起运动，而铟钢丝杆由 PVC 管与砂浆和周围岩体隔离，不随围岩一起运动，因此，将锚固头处围岩的位移直接传递到孔口。一个孔中一般最多可布设 6 个测点。

该种多点位移计由于不必在钻孔中埋设传感元件，克服了多点位移计测试费用高、测点少、位移计可靠性不易检验及测头易损坏等缺点，具有一台仪器对多个测孔进行巡回监测。

六、围岩压力和两支护间压力监测

围岩压力监测包括围岩和初衬间接触压力、初衬与二衬间的接触压力以及隧道围岩内部压力和支衬结构内部的压力的监测。

1. 液压枕

液压枕，又称油枕应力计，可埋设在混凝土结构内、围岩内以及结构与围岩的接触面处，长期监测结构和围岩内的压力以及它们接触面的应力。其结构主要由枕壳、注油三通、紫铜管和压力表组成（图 4-12），为了安设时排净系统内空气，设有球式排气阀。液压枕需在室内组装，经高压密封性试验合格后才能埋设使用。

液压枕在埋设前用液压泵往枕壳内充油，排尽系统中空气，埋入测试点，待周围包裹的砂浆达到凝固强度后，即可打油施加初始压力，此后，压力表值经 24h 后的稳定读数定为该测试液压枕的初承力，以后将随地层附加应力变化而变化，定期观察和记录压力表上的数值，就可得到围岩压力或混凝土层中应力变化的规律。

在混凝土结构和混凝土与围岩的接触面上埋设，只需在浇筑混凝土前将其定位固定，

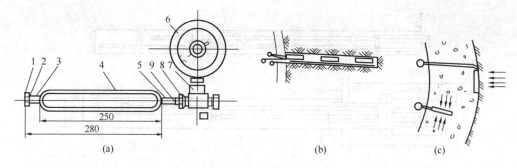

图 4-12　液压枕结构和埋设

(a) 结构；(b) 钻孔内埋设；(c) 在混凝土层内和界面上埋设

1—放气螺钉；2—钢球；3—放气嘴；4—枕壳；5—紫铜管；6—压力表；7—注油三通；8—六角螺母；9—小管座

待浇筑好混凝土后即可。在钻孔内埋设时，则需先在试验位置垂直于岩面钻预计测试深度的钻孔，孔径一般为 $\phi 43\sim45mm$，埋设前用高压风水将孔内岩粉冲洗干净，然后把液压枕放入，并用深度标尺校正其位置，最后用速凝砂浆充填密实。一个钻孔中可以放多个液压枕，按需要分别布置在孔底、中间和孔口。液压枕常要紧跟工作面埋设，对外露的压力表应加罩保护，以防爆破或其他人为因素损坏。在钻孔内埋设液压枕（图 4-12b），得到的是围岩内不同深度处的环向应力。在混凝土结构内和在界面上埋设液压枕（图 4-12c），得到分别是结构内的环向应力和径向应力。

液压枕测试具有直观可靠、结构简单、防潮防振、不受干扰、稳定性好、读数方便、成本低、不要电源，能在有瓦斯的隧道工程中使用等优点，故是现场测试常用的手段。

2. 压力盒

压力盒用于测量围岩与初衬之间、初衬与二衬之间接触应力。分别有钢弦频率式压力盒、油腔压力盒等类型。

埋设围岩与初衬之间、初衬与二衬之间的压力盒时，可采取如下几种方式：先用水泥砂浆或石膏将压力盒固定在岩面或初衬表面上，使混凝土和土压力盒之间不要有间隙以保证其均匀受压，并避免压力膜受到粗颗粒、高硬度的回填材料的不良影响。但在拱顶处埋设因为土压力盒会掉下来，采取先采用电动打磨机对测点处岩面进行打磨，然后在打磨处垫一层无纺布，最后采用射钉枪将压力盒固定在岩石表面，如图 4-13 所示。最多采用的方法是先用锤子将测点处岩面锤击平整，再用水泥砂浆抹平，待水泥砂浆达到一定强度后

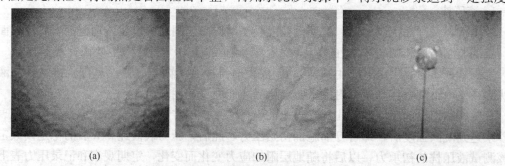

图 4-13　垫无纺布用射钉枪安装压力盒

(a) 初支表面打磨；(b) 打磨处垫无纺布；(c) 射钉枪安装压力盒

174

（约 4h），用钻机在所需位置钻孔并将 $\phi14$mm 钢筋固定在钻孔中，最后用铁丝将压力盒绑扎在钻孔钢筋上，如图 4-14 所示。埋设初衬与二衬之间的压盒时，还可以紧贴防水板将压力盒绑扎在二衬钢筋上。为了使围岩和初衬的压力能更好地传递到压力盒上，最好在围岩或初衬与压力盒的感应膜之间放一个直径大于压力盒的钢膜油囊。

七、锚杆轴力监测

锚杆轴力监测是为了掌握锚杆的实际受力状态，为修正锚杆的设计参数提供依据。

锚杆轴力可以采用在锚杆上串联焊接钢筋应力计或并联焊接钢筋应变计的方法监测，安装和监测方法与第三章监测钢筋混凝土构件内力相类似。只监测锚杆总轴力时，也可以采用在锚杆尾部安设环式锚杆轴力计的方法监测。全长粘结锚杆为了监测锚杆轴力沿锚杆长度的分布，通常在一根锚杆上布置 3～4 个测点（见图 4-15）。锚杆轴力也可以采用粘贴应变片的方法监测，对粘贴应变片的部位要经过特殊的加工，粘贴应变片后要做防潮处理，并加密封保护罩。这种方法价格低廉，使用灵活，精度高，但由于防潮要求高，抗干扰能力低，大大限制了它的使用范围。

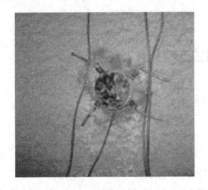
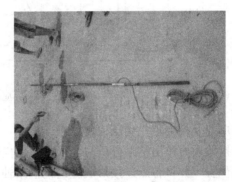

图 4-14　钢筋绑扎法安装压力盒　　　　　图 4-15　用钢筋应力计监测
锚杆轴力组装后的照片

钢管式锚杆可以采用在钢管上焊接钢表面应变计或粘贴应变片的方法监测其轴力。

八、钢拱架和衬砌内力监测

隧道内钢拱架主要属于受弯构件，其稳定性主要取决于最大弯矩是否超出了其承载力。钢拱架压力监测的目的是监控围岩的稳定性和钢支撑自身的安全性，并为二次衬砌结构的设计提供反馈信息。

钢拱架分型钢钢拱架和格栅钢拱架，型钢拱架内力可采用钢应变计、电阻应变片监测。型钢钢拱架上的钢应变计埋设如图 4-16 所示。根据型钢钢拱架内处两侧监测得到的应变值，按压弯构件的应变计算方式（见图 4-17），可按式（4-7）计算其轴力和弯矩：

$$N = \frac{\varepsilon_1 + \varepsilon_2}{2} E_0 A_0 \tag{4-7a}$$

$$M = \pm \frac{(\varepsilon_1 - \varepsilon_2) E_0 I_0}{b} \tag{4-7b}$$

式中　A_0——型钢的面积；

　　I_0——惯性矩；

　　E_0——钢拱架弹性模量。

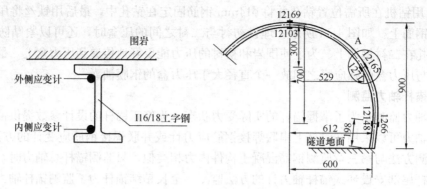

图 4-16 钢拱架压力计埋设示意图（单位：cm）

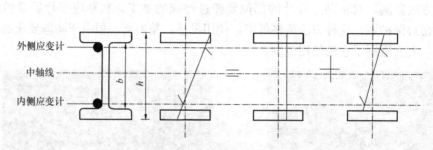

图 4-17 型钢钢架内力转化示意图

记应变受拉为正，受压为负。

钢拱架内力监测结果分析时，可在隧道横断面上按一定的比例把轴力、弯矩值点画在各测点位置，并将各点连接形成隧道钢拱架轴力及弯矩分布图。

主要承受轴力的型钢钢拱架有时也可以采用支撑轴力计监测其轴力，监测方法参见第三章。

格栅钢拱架由钢筋制作而成，其内力可以采用钢筋计（钢筋应变计或钢筋应力计）监测，具体的监测和计算方法参考混凝土结构的情况。

衬砌内力可以采用钢筋计（钢筋应变计或钢筋应力计）监测，具体的监测和计算方法与地下连续墙内力监测相类似，一般也是计算每延米的轴力和弯矩，参考第三章。

九、地下水渗透压力和水流量监测

隧道开挖引起的地表沉降等都与岩土体中孔隙水压力的变化有关。通过地下水渗透压力和水流量监测，可及时了解地下工程中水的渗流压力分布情况及其大小，检验有无管涌、流土及不同土质接触面的渗透破坏，防止地下水对工程的影响，保证工程安全和施工进度。

地下水渗透压力一般采用渗压计（也称作孔隙水压力计）进行测量，根据压力与水深成正比关系的静水压力原理，当传感器固定在水下某一点时，该测点以上水柱压力作用于孔隙水压力敏感元件上，这样即可间接测出该点的孔隙水压力。

隧道初期支护孔隙水压力计安装图如图 4-18 所示，该断面中埋设了四只孔隙水压力计，将孔隙水压力计的电缆在二衬施工完毕后通过 PVC 保护管沿电缆沟引到预埋电缆箱处进行人工或自动化采集。

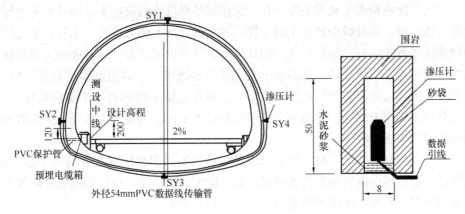

图 4-18　隧道初期支护孔隙水压力计安装图（单位：cm）

十、爆破震动监测

隧道施工爆破产生的地震波会对邻近地下结构和地面建（构）筑物产生不同程度的影响，当需要保护这些邻近地下结构和地面建（构）筑物时，需要在爆破施工期间对它们进行爆破震动监测，以便调整爆破施工工艺参数，将爆破震动对地下结构和地面建（构）筑物的影响控制在安全的范围内。连拱隧道、小净距隧道、既有隧道改建和扩建等会遇到后行隧道对先行隧道以及新建隧道对既有隧道爆破施工的影响问题，必要时需要进行爆破震动监测。

爆破震动监测主要是在被保护对象上布设速度或加速度传感器，通过控制爆破施工引起的被保护对象上速度或加速度来实现其安全保护的。监测仪器和监测方法见第六章。

<h1 align="center">第三节　监　测　方　案</h1>

岩石隧道在开工前应编制施工全过程的监测方案。监测方案编制是否合理，不仅关系到现场监测能否顺利进行，而且关系到监测结果能否反馈于工程的设计和施工，为推动设计理论和方法的进步提供依据，编制合理、周密的监测方案是现场监测能否达到预期目的的关键。岩石隧道工程施工监测方案编制的主要内容是：

（1）监测项目的确定；

（2）监测方法和精度的确定；

（3）监测断面和测点布置的确定；

（4）监测频率和期限的确定；

（5）报警值及报警制度。

一、监测项目的确定

洞内外观察是人工用肉眼观察隧道围岩和支护的变形和受力情况、围岩松石和渗流水情况、围岩的完整性等，以给监测直接的定性指导，是最直接有效的手段，通常在每次爆破施工后都需要做这项工作。

岩石隧道监测项目的确定应主要取决于：①工程的规模、埋深以及重要性程度，包括临近建（构）筑物的情况；②隧道的形状、尺寸、工程结构和支护特点；③施工工法和施工工序；④工程地质和水文地质条件。在考虑监测结果可靠的前提下，同时要考虑便于测点埋设和方便监测，尽量减少对施工的干扰，并考虑经济上的合理性。此外，所选择监测项目的物理量要概念明确，量值显著，而且该物理量在设计能够计算并能确定其控制值的量，也即可测也能算的物理量，从而易于实现反馈和报警。位移类监测是最直接易行的，因而，通常作为隧道施工监测的重要必测项目。但在完整坚硬的岩体中位移值往往较小，故也要配合应力和压力测量。在地应力高的脆性岩体中，有可能产生岩爆，则要监测岩爆的可能性或预测岩爆的时间。

对于浅埋隧道和隧道洞口段，地表沉降动态是判断周围地层稳定性的一个重要标志。能反映隧道开挖过程中围岩变形的全过程，而且监测方法简便，可以把地表沉降作为一个主要的监测项目，其重要性随埋深变浅而加大，见表 4-2。

地表沉降监测的重要性   表 4-2

埋　深	重要性	监测与否
$3D < h$	小	可不测
$2D < h < 3D$	一般	选测
$D < h < 2D$	重要	必测
$h < D$	非常重要	必测，列为主要监测项目

注：D 为隧道直径，h 为埋深。

对于深埋岩石隧道工程，水平方向的洞周收敛和水平方向钻孔的单点和多点位移计监测围岩体内位移就显得非常重要。

国家行业标准《公路隧道施工技术规范》JTG F60—2015 的规定，对复合式衬砌和喷锚式衬砌隧道施工时所进行的监测项目分为必测项目和选测项目两大类，其中必测项目见表 4-3，选测项目见表 4-4，必测项目是为了在设计、施工中保证围岩的稳定，并通过判断其稳定性来指导设计、施工。

日本《新奥法设计技术指南（草案）》将采用新奥法施工隧道时所进行的监测项目分为 A 类和 B 类（见表 4-5），其中 A 类是必须要进行的监测项目；B 类则是根据情况选用的监测项目。

隧道监控量测必测项目   表 4-3

序号	项目名称	方法及工具	布置	监测精度	监 测 频 率			
					1～15d	16d～1 个月	1～3 个月	大于 3 个月
1	洞内、外观察	现场观测、地质罗盘等	开挖及初期支护后进行	—	—			
2	洞周收敛	各种类型收敛计	每 5～50m 一个断面，每断面 2～3 对测点	0.5mm	1～2 次/d	1 次/2d	1～2 次/周	1～3 次/月
3	拱顶下沉	水准测量的方法，水准仪、钢钢尺等	每 5～50m 一个断面	0.5mm	1～2 次/d	1 次/2d	1～2 次/周	1～3 次/月

序号	项目名称	方法及工具	布置	监测精度	监 测 频 率			
					1~15d	16d~1个月	1~3个月	大于3个月
4	地表下沉	水准测量的方法，水准仪、铟钢尺等	洞口段、浅埋段 $(h_0 \leq 2b)$	0.5mm	开挖面距量测断面前后小于2b时，1~2次/d；开挖面距量测断面前后小于5b时，1次/2~3d；开挖面距量测断面前后大于5b时，1次/3~7d			

注：1. b——隧道开挖宽度；

2. h_0——隧道埋深。

隧道现场监控量测选测项目　　　　　　　　表 4-4

序号	项目名称	方法及工具	布置	测试精度	监 测 频 率			
					1~15d	16d~1个月	1~3个月	大于3个月
1	钢架压力及内力	支柱压力计，表面应变计或钢筋计	每个代表性或特殊性地段1~2个断面，每断面钢支撑内力3~7个测点，或外力1对测力计	0.1MPa	1~2次/d	1次/2d	1~2次/周	1~3次/月
2	围岩体内位移（洞内设点）	洞内钻孔，安设单点、多点杆式或钢丝式位移计	每个代表性或特殊性地段1~2个断面，每断面3~7个钻孔	0.1mm	1~2次/d	1次/2d	1~2次/周	1~3次/月
3	围岩体内位移（地表设点）	地面钻孔，安设各类位移计	每个代表性或特殊性地段1~2个断面，每断面3~5个钻孔	0.1mm	同地表沉降要求			
4	围岩压力	各种类型岩土压力盒	每个代表性或特殊性地段1~2个断面，每断面3~7个测点	0.01MPa	1~2次/d	1次/2d	1~2次/周	1~3次/月
5	两层支护间压力	各种类型岩土压力盒	每个代表性或特殊性地段1~2个断面，每断面3~7个测点	0.01MPa	1~2次/d	1次/2d	1~2次/周	1~3次/月
6	锚杆轴力	钢筋计、锚杆测力计	每个代表性或特殊性地段1~2个断面，每断面3~7锚杆（索），每根锚杆2~4测点	0.01MPa	1~2次/d	1次/2d	1~2次/周	1~3次/月
7	衬砌内力	混凝土应变计，钢筋计	每个代表性或特殊性地段1~2个断面，每断面3~7个测点	0.01MPa	1~2次/d	1次/2d	1~2次/周	1~3次/月

序号	项目名称	方法及工具	布置	测试精度	监测频率			
					1~15d	16d~1个月	1~3个月	大于3个月
8	围岩弹性波速度	各种声波仪及配套探头	在有每个代表性或特殊性地段设置	—				
9	爆破震动	测振及配套传感器	邻近建(构)筑物	—	随爆破进行			
10	渗水压力、水流量	渗压计、流量计	—	0.01MPa				
11	地表沉降	水准测量的方法,水准仪和钢钢尺,全站仪等	洞口段、浅埋段($h_0 > 2b$)	0.5mm	开挖面距量测断面前后小于 $2b$ 时,1~2次/d;开挖面距量测断面前后小于 $5b$ 时,1次/2~3d;开挖面距量测断面前后大于 $5b$ 时,1次/(3~7) d			

注：1. 钢筋计包括钢筋应力计和钢筋应变计；

2. h_0——隧道开挖深度；

3. b——隧道埋深。

围岩条件而定的各测项目的重要性　　　　　　　　　表 4-5

项目　　　　围岩条件	A 类监测			B 类监测						
	洞内观察	洞周收敛	拱顶下沉	地表下沉	围岩体内位移	锚杆轴力	衬砌内力	锚杆拉拔试验	围岩试件	洞内弹性波
硬岩地层(断层等破碎带除外)	•	•	•	△	△*	△*	△	△	△	△
软岩地层(不产生很大的塑性地压)	•	•	•	△	△*	△*	△*	△	△	△
软岩地层(塑性地压很大)	•	•	•	△	•	•	○	△	○	△
土砂地层	•	•	•	•	○	△*	△*	○	•	△

注：1. •必须进行的项目；

2. ○应该进行的项目；

3. △必要时进行的项目；

4. △* 这类项目的监测结果对判断设计是否保守是很有用的。

二、监测仪器和精度的确定

夏才初根据国际测量工作者联合会（FIG）建议的观测中误差应小于允许变形值的 1/20~1/10 的要求，结合隧道施工对预留变形量的设计值要求和隧道施工监测统计分析结果，建议公路隧道施工阶段的周边收敛和拱顶下沉的监测精度要求为 0.5~1.0mm。在通常要求条件下，Ⅰ、Ⅱ级硬岩中的二车道、三车道隧道可取较小值 0.5mm，Ⅲ、Ⅳ围岩中的二车道、三车道隧道可取较大值 1.0mm，对大变形软岩隧道变形监测的精度可以在 1.0mm 的精度要求下适当放宽。对于周边环境特别复杂，变形控制要求特别严格的公路隧道，周边收敛和拱顶下沉的监测精度要求可以专门规定，例如仍为 0.1mm。这个精度要求充分考虑了监测精度对隧道施工变形的分辨能力，具有合理性和实用价值。同时，0.5~1.0mm的监测精度在保证隧道施工安全的同时，可以促进高精度全站仪、激光收敛测量装置等非接触量测方法和仪器在公路隧道施工变形监测中应用和推广，从而提高施工变形的监测效率，也可以避免因达不到监测精度要求而引发的监测数据造假现象。地表沉降和水平位移的监测精度见表 3-4。

支柱压力计、表面应变计和各种钢筋计、土压力计（盒）、孔隙水压力计、锚杆轴力计、用于监测衬砌内力、锚杆拉力的各种钢筋应力计和应变计分辨率应不大于 0.2%FS（满量程），精度优于 0.5%。其量程应取最大设计值或理论估算值的 1.5~2 倍。监测围岩体内位移的位移计的精度可取为 0.1mm。

监测仪器的选择主要取决于被测物理量的量程和精度要求，以及监测的环境条件。通常，对于软弱围岩中的隧道工程，由于围岩变形量值较大，因而可以采用精度稍低的仪器和装置；而在硬岩中则必须采用高精度监测元件和仪器。在一些干燥无水的隧道工程中，电测仪表往往能工作得很好；在地下水发育的地层中进行电测就较为困难。埋设各种类型的监测元件时，对深埋隧道工程，必须在隧道内钻孔安装，对浅埋隧道工程则可以从地表钻孔安装，从而可以监测隧道工程开挖过程中围岩变形后的全过程。

仪器选择前需首先估算各物理量的变化范围，并根据监测项目的重要性程度确定测试仪器的精度和分辨率。

现阶段现场监测除了光学类监测仪器外，主流的电测元件是钢弦频率式的各类传感器，近几年，也有光纤传感器应用于隧道工程监测的探索和若干成功的实例。电测式传感器一般是引出导线用二次仪表进行监测，但近几年在长期监测中也有采用无线遥测的。用于长期监测的测点，尽管在施工时变化较大，精度可低些，但在长期监测时变化较小，因而，要选择精度较高的位移计。

三、监测断面的确定和测点的布置

1. 监测断面的确定

监测断面分为两种：①代表性监测断面；②特殊性监测断面。从围岩稳定监控出发，代表性监测断面是从确定二衬合理支护时机、评价和反馈施工工艺参数以及设计支护参数合理性出发，在具有普遍代表性的地段布设的监测断面。特殊性监测断面是在围岩级别差和断层破碎带，以及洞口和隧道分叉处等特别部位布设的监测断面。

监测断面的布设间距视地质条件变化和隧道长度而定，拱顶下沉和洞周收敛等必测项目的监测断面间距为：Ⅰ~Ⅱ级：30~50m；Ⅲ级：10~30m；Ⅳ~Ⅴ级：5~10m。洞口段、浅埋地段、特别软弱地层段监测断面间隔应小于20m。在施工初期区段，监测断面间距取较小值，取得一定监测数据资料后可适当加大监测断面间距，在洞口及埋深较小地段亦应适当缩小监测断面间距。当地质条件情况良好，或开挖过程中地质条件连续不变时，间距可加大，地质变化显著时，间距应缩短。表 4-6 是日本《新奥法设计施工细则》根据不同的围岩情况所要求的洞周收敛和拱顶下沉监测断面的间距，除考虑围岩性质以外，还考虑洞口段、浅埋段和前期施工的 200m 区段等。

地表沉降监测范围沿隧道纵向应在掌子面前后 $(1~2)(h+h_0)$（h 为隧道开挖高度，h_0 为隧道埋深），监测断面间距与隧道埋深和地表状况有关，当地表是山岭田野时，断面间距根据埋深定为：埋深介于两倍和两点五倍洞径时，间距为 20~50m；埋深在一倍洞径与两倍洞径之间时，间距为 10～20m；埋深小于洞径时，间距为 5～10m。当地表有建（构）筑物时，应在建（构）筑物上增设沉降测点。

选测项目应该在每个代表性地段和每个特殊性地段布设 1～2 个断面，通常布设选测项目的监测断面都要进行必测项目的监测。

各监测断面上的监测项目应尽量靠近断面布设，尤其是地表沉降、洞周收敛、围岩体内位移、拱顶下沉等位移量应尽量布置在同一断面上，围岩压力、衬砌内力、钢拱架内力和锚杆轴力等受力最好布置在同一断面上，以使监测结果互相对照，相互检验。

洞内布设的监测点必须尽量靠近开挖工作面，但太近会造成爆破的碎石砸坏测点，太远使得该断面监测项目的监测值有较大的前期损失值，所以，一般要求距开挖面 2m 范围埋设，并应保证爆破后 24h 内或下一次爆破前测读初次读数，以便尽可能完整地获得围岩开挖后初期力学形态的变化和变形情况，这段时间内监测得到的数据对于判断围岩性态是特别重要的。

洞周、拱顶下沉的监测断面间距（单位：m）　　　　表 4-6

地层条件	工 程 条 件			
	洞口附近	埋深小于 $2b$	前期施工 200m	施工 200m 后
硬岩地层 （地层破碎带除外）	10	10	20	30
软岩地层 （不产生很大塑性地压）	10	10	20	30
软岩 （产生很大塑性地压）	10	10	20	30
土砂	10	10	10～20	30

注：b 为隧道开挖宽度。

2. 地表沉降测点布置

地表沉降监测点应布置在隧道轴线上方的地表，并横向往两侧延伸至隧道距离隧道轴线一到两倍的 $(b/2+h+h_0)$（b 为隧道开挖宽度，h 为隧道开挖高度，h_0 为隧道埋深）。在横断面测点间距宜为 2～5m，轴线上方可以布置得密一些，横向向两侧延伸可以逐渐变疏一些，如图 4-19 所示。一个测区内地表沉降基准点要求数目不少于 3 个，以便通过联测验证其稳定性，组成水准控制网。

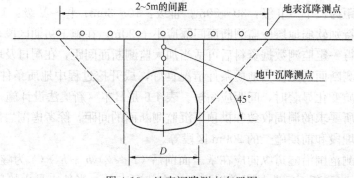

图 4-19　地表沉降测点布置图

D——隧道宽度

3. 拱顶下沉测点布置

采用全断面法和上下台阶法开挖的两车道隧道，通常在拱顶设置一个拱顶下沉的监测测点，如图 4-20（a）所示，采用全断面法、上下台阶法或三台阶法开挖三车道和四车道隧道，一般在拱顶设置一个监测点，距拱顶左右 1m 再各布设一个监测点，如图 4-20（b）所示，以便判断拱顶是否有不对称沉降。其他工法如侧壁导坑法、双侧壁导坑法等，凡开挖形成拱顶则需在拱顶布设拱顶下沉监测点。

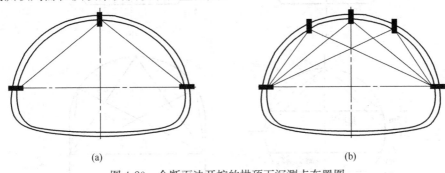

图 4-20　全断面法开挖的拱顶下沉测点布置图
(a) 一个拱顶下沉监测点；(b) 三个拱顶下沉监测点

4. 洞周收敛测线布置

洞周收敛测线布置应视开挖方法、隧道跨度、地质情况而定。三角形布置更易于校核监测数据，如图 4-21（a）所示，尤其是顶角是拱顶的三角形布置可以利用三角关系计算拱顶下沉，所以，一般均采用这种布设形式。隧道跨度较大时，可设置多个三角形的布置形式，如图 4-21（b）所示。当采用上下台阶法开挖时，其测线布设与全断面法类似，但上下台阶要分别布设三条测线，形成三角形。

只是为了监控围岩稳定性的一般性地段，可采用较为简洁的布置形式。在洞口附近、浅埋地段、有膨胀压力或偏压的特殊地段，其测线布置如表 4-7 和图 4-22 所示。布置有选测项目的断面，以及监测结果还要考虑为岩体地应力场和围岩力学参数作反分析时，则要采用有三角形的布置方案。对大跨度复杂工法施工的隧道，洞周收敛测线的布置还要根据隧道的开挖工法和开挖工序分步布置，图 4-23 呈现了 CRD 上下台阶工法四个开挖工序的洞周收敛测线的布置，可供其他工法参考。

洞周收敛的测线数　　　　　　表 4-7

施工工法	一般地段	特 殊 地 段			
		洞口附近	埋深小于 $2b$	有膨胀压力或偏压地段	选测项目量测位置
全断面开挖	一条水平测线	—	三条	三条	三条
上下台阶法	二条水平测线	四条或六条	四条或六条	四条或六条	四条或六条
多台阶法	每台阶一条水平测线	每台阶三条水平测线	每台阶三条水平测线	每台阶三条水平测线	每台阶三条水平测线

注：1. b 为隧道开挖宽度；
　　2. 其他工法见图 4-22；
　　3. 建议水平测线与拱顶下沉监测点形成三角形，可以计算拱顶下沉并与水准监测结果比较。

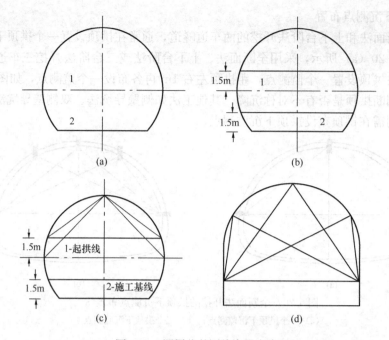

图 4-21　洞周收敛测线布设方案
（a）全断面开挖；（b）上下台阶法开挖；（c）多台阶开挖；（d）大跨度隧道

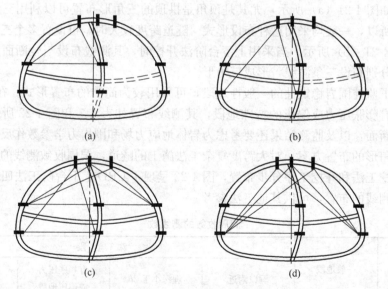

图 4-22　CRD上下台阶工法洞周收敛测线的分步布置
（a）左上侧开挖施工；（b）左下侧开挖施工；（c）右上侧开挖施工；（d）右下侧开挖施工

5. 主要选测项目

主要选测项目包括围岩体内位移、衬砌内力、围岩压力和两层支护间压力、锚杆轴力、钢架压力和内力和等，在监测断面内的测点布设见图 4-23。无仰拱时有 3 点、5 点、7 点三种布置方式，有仰拱时有 6 点和 8 点两种布置方式。一般情况下仰拱中不打设锚杆，所以在仰拱中不布设锚杆监测点。一般两车道隧道采用 3 点或 5 点布置方式，三车道

184

或四车道隧道采用 5 点或 7 点布置方式。软岩隧道有仰拱时，两车道隧道采用 6 点布置方式，三车道或四车道隧道采用 8 点布置方式，以便监测隧道底鼓等情况。

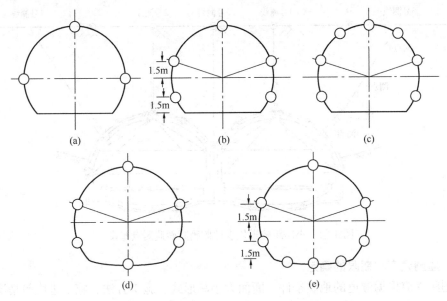

图 4-23　主要选测项目断面内测点（孔）布置示意图
(a) 3 个测点；(b) 5 个测点；(c) 7 个测点；
(d) 有仰拱的 6 个测点布置；(e) 8 点布设

监测围岩体内位移的多点位移计的钻孔深度一般应超出变形影响范围，一般一个孔中布置 4～6 个点，测孔中测点间距随位移变化梯度确定，根据弹性理论，围岩体内位移与隧道中心的距离平方呈反比，所以，靠近洞壁的测点间距小，离洞壁越远，间距可越大。另外，在节理、断层等软弱结构面两侧应各设置一个测点。

浅埋隧道可从地表打钻孔预埋，邻近有隧道时也可以从邻近隧道打钻孔预埋，这样就可以在隧道开挖影响范围到达前埋设多点位移计读取初读数，从而监测到隧道开挖前后围岩体内位移变化的全过程。浅埋隧道从地表打钻孔埋设时，一般垂直方向打一个钻孔，在垂直方向成 30°～60° 的范围内左右各打一个钻孔。在监测围岩体内位移的测孔口处洞壁上需布设洞周收敛监测点。浅埋隧道从地表钻孔埋设多点位移计的断面，要在拱顶布设拱顶下沉监测点，在地表对应部位布设地表沉降和水平位移监测点，在洞壁上对应部位布设洞周收敛监测点，从而可分析从拱顶到地表各监测点围岩向隧道内位移变化的规律，同时可验证地表沉降、围岩体内多点位移、拱顶下沉和洞周收敛各监测项目的正确性及其相互关系。

三车道隧道每个断面的监测锚杆不宜少于 5 根，连拱隧道不宜少于 6 根。长度大于 3m 的锚杆，测点数不宜少于 4 个，长度大于 4.5m 的锚杆，测点数不宜少于 5 个。

地下水渗透压力的测点布设可参考如下几点：

(1) 浅埋隧道监测钻孔宜在隧道开挖线外，监测孔数量宜不少于 3 个；

(2) 垂直方向测点应根据应力分布特点和地层结构布设；

(3) 多个测点的测点间距宜为 2～5m；

(4) 需要测定孔隙水压力等值线的，应适当加密测试孔，同一高程上测点的埋设高差宜小于 0.5m。

图 4-24 是连拱隧道监测断面内测点布设的例子。

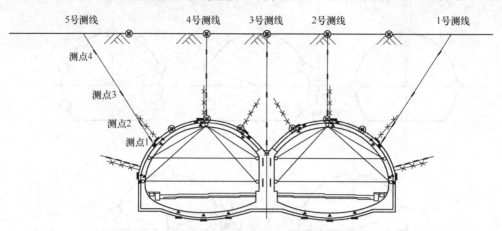

图 4-24 小净距隧道代表性监测断面监测点布设

四、监测频率和期限的确定

监测频率应根据隧道的地质条件、断面大小和形式、施工方法、施工进度等情况和特点，并结合当地工程经验综合确定。国家行业标准《公路隧道施工技术规范》JTG F60—2015 规定所有必测项目和选测项目监测频率要求（如表 4-8 所列）。

监测断面处开挖 1~15d 内，监测频率为 1~2 次/d；

监测断面处开挖 16d~1 个月内，监测频率为 1 次/d；

监测断面处开挖 1~3 个月内，监测频率为 1~2 次/周；

监测断面处开挖大于 3 个月，1~3 次/月。

洞周收敛和拱顶下沉的监测期限是到其达到稳定标准或施筑二衬为止。

对地表沉降监测频率的要求是：

当开挖面距量测断面前后小于 2b 时，监测频率为 1~2 次/d；

当开挖面距量测断面前后小于 5b 时，监测频率为 1 次/（2~3）d；

当开挖面距量测断面前后大于 5b 时，监测频率 1 次/（3~7）d。

地表沉降监测点应在隧道开挖影响范围到达前埋设并读取初读数，从而可以监测到隧道开挖前后地表沉降变化的全过程。当隧道二次衬砌全部施工完毕且地表沉降基本趋于停止时可以停止监测工作。

洞周收敛和拱顶下沉的监测频率 表 4-8

位移速度（mm/d）	量测断面距开挖面距离（m）	监测频率
≥5	—	2~3 次/d
1~5	0~2b	1 次/d
0.5~1	2~5b	1 次/（2~3）d
<0.5	>5b	1 次/（3~7）d

隧道断面内的监测频率也可以根据洞周收敛和拱顶下沉的位移速率并结合监测断面与开挖面的距离来确定，如表 4-8 所列，开挖下台阶，撤除临时支护等施工状态发生变化时，应适当增加监测频率。监测断面内各监测项目的监测频率应该相同，当隧道断面内某

个监测项目的累计值接近报警值或变化速率较大时，可以加大该断面的监测频率。

五、报警值和报警制度

1. 容许位移量和容许位移速率

容许位移量是指在保证隧道围岩不产生有害松动和保证地表不产生有害下沉量的条件下，自隧道开挖起到变形稳定为止，在起拱线位置的隧道洞周收敛位移量或拱顶下沉量最大值。在隧道施工过程中，若监测到或者根据监测数据预测到最终位移将超过该值，则意味着围岩不稳定，支护系统必须加强。

容许位移速率是指在保证隧道围岩不产生有害松动和保证地表不产生有害下沉量的条件下，在起拱线位置的隧道洞周收敛位移速率或拱顶下沉速率的最大值。

容许位移量和容许位移速率与岩体条件、隧道埋深、断面尺寸及地表建筑物等因素有关，例如矿山法施工的城市地铁隧道，通过建筑群时一般要求地表沉降容许量见表4-9。

岩石隧道地表沉降监测项目控制值　　　　　表4-9

监测等级及区域		累计值（mm）	变化速率（mm/d）
一级	区间	20～30	3
	车站	40～60	4
二级	区间	30～40	3
	车站	50～70	4
三级	区间	30～40	4

注：1. 表中数值适用于土的类型为中软土、中硬土及坚硬土中的密实砂卵石地层；

2. 大断面区间的地表沉降监测控制值可参照车站执行。

容许位移量可以通过理论计算、经验公式和参照规范取值等方法确定

苏联学者通过对大量观测数据的整理，得出了用于计算隧道容许位移量的近似公式：

拱顶：$\delta_1 = \dfrac{12b_0}{f^{1.5}}$（mm）；边墙：$\delta_2 = \dfrac{4.5H^{1.5}}{f^2}$（mm）

式中　f——普氏系数；

b_0——隧道跨度；

H——边墙自拱脚至底板的高度（m）；

δ_2值一般在从拱脚起算$(\frac{1}{3} \sim \frac{1}{2})H$段内测定。

洞周允许相对收敛量和开挖轮廓预留变形量　　　　　表4-10

围岩类别	洞周允许相对收敛量（%）			开挖轮廓预留变形量（cm）	
	隧道埋深（m）			跨度（m）	
	<50	50～300	301～500	9～11	7～9
Ⅳ	0.1～0.3	0.2～0.5	0.4～1.2	5～7	3～5
Ⅲ	0.15～0.5	0.4～1.2	1.8～2.0	7～12	5～7
Ⅱ	0.2～0.8	0.6～1.6	1.0～3.0	12～17	7～10
Ⅰ					10～15

注：1. 洞周相对收敛量系指实测收敛量与两测点间距离之比；

2. 脆性岩体中的隧道允许相对收敛量取表中较小值，塑性岩体中的隧道则取表中较大值；

3. 本表所列数据，可在施工中通过实测和资料积累作适当调整；

4. 拱顶下沉允许值一般按本表中的0.5～1.0倍采用；

5. 跨度超过11m时可取用最大值。

表 4-10 是中华人民共和国行业标准《公路隧道设计规范》JTJ 026—2016 对洞周允许相对收敛量和开挖轮廓预留变形量的规定。开挖轮廓预留变形量是隧道容许位移量极限值，在没有更精确的经验和理论数值的情况下，开挖轮廓预留变形量可以作为隧道容许位移量的重要参考。

容许位移速率目前尚无统一规定，一般都根据经验选定，例如美国某些工程对容许位移速率的规定：第一天的位移量不超过容许位移量的 1/5～1/4，第一周内平均每天的位移量应小于容许位移量的 1/20。如中华人民共和国行业标准《公路隧道施工规范》JTJ 026—2016 规定：位移速率大于 1mm/d 时，围岩趋于急剧变形状态，应加强初期支护；位移速率在 0.2～1mm/d 时，应加强监测，做好加固准备；位移速率小于 0.2mm/d，围岩变形基本属于正常。在高应力大变形、流变性、膨胀性和挤出性软岩地区，应根据隧道变形总量具体情况确定其容许变形速率。此外，一般规定，在开挖面通过测试断面前后的一二天内容许出现位移加速，其他时间内都应减速，达到一定程度后才能修建二次支护结构。

事实上，容许位移量和容许位移速率的确定并不是一件容易的事，每一具体工程条件各异，显现出十分复杂的情况，因此，需根据工程具体情况结合前人的经验，再根据工程施工进展情况探索改进。特别是对完整的硬岩，失稳时围岩变形往往较小，要特别注意。

2. 报警制度

表 4-11 是外国工程师根据工程情况制定的危险警戒标准。

警示等级及对策 表 4-11

警示等级	位移量标准	位移速率标准	位移一时间曲线	施工状态与应对措施
Ⅲ正常	$U < \dfrac{U_0}{3}$	<0.2mm/d	持续衰减	正常施工
Ⅱ预警	$\dfrac{U_0}{3} \leqslant U \leqslant \dfrac{2U_0}{3}$	0.2～1mm/d	持续上升	应加强支护，写出书面报告，例会讨论
Ⅰ报警	$U > \dfrac{2U_0}{3}$	>1mm/d	急剧上升	应采取特殊措施，立即召开现场调查会议，研究应急措施

隧道开挖后，由于围岩变形发展的时空效应，围岩的变形曲线呈现出三个阶段，如图 4-25 所示。

(1) 基本稳定阶段，主要标志是变形速率不断下降，即变形加速度小于 0；

(2) 过渡阶段，变形速度长时间基本保持恒定不变的值，即变形加速度等于 0；

(3) 破坏阶段，变形速率逐渐增加甚至急剧增加，即变形加速度大于 0。

如果隧道开挖后监测得到的变形时程曲线持续衰减，变形加速度始终保持小于 0，则围岩是稳定的；如果变形时程曲线持续上升，出现变形加速度等于 0 的情况，亦即变形速度不再继续下降，则说明围岩进入变形持续增加状态，需要发出预警，加强监测，做好加强支护系统的准备；一旦变形时程曲线出现变形逐渐增加甚至急剧增加，即加速度大于 0 的情况，则表示已进入危险状态，必须发出报警并立即停工，进行加固。根据该方法判断围岩的稳定性，应区分由于分部开挖时围岩中随分步开挖进度而随时间释放的弹塑性变形的突然增加，使变形时程曲线上呈现变形速率加速，由于这是由隧道开挖引起变形的空间效应反映在变形时程曲线上，并不预示着围岩进入破坏阶段。

在隧道施工险情预报中，应同时考虑相对变形量、变形累计量、变形速度时程曲线，结合观察洞周围岩喷射混凝土和衬砌的表面状况等综合因素做出预报。隧道变形或变形速率的骤然增加往往是围岩破坏、衬砌开裂的前兆，当变形或变形速率的骤然增加报警后，为了控制隧道变形的进一步发展，可采取停止掘进、补打锚杆、挂钢筋网、补喷混凝土加固等施工措施，待变形趋于正常后才可继续开挖。

压力类监测项目，一般实测值与容许值的比值大于或等于 0.8 时，判定围岩不稳定，应加强支护；当实测值与容许值的比值小于 0.8 时，判定围岩处于稳定状态。

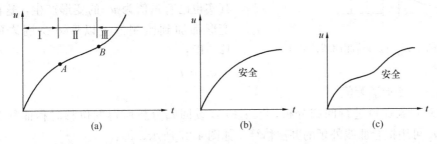

图 4-25　隧道变形时程曲线判定围岩的安全性

（a）岩体变形曲线；（b）全断面开挖；（c）分部开挖

六、监测数据处理

由于各种可预见或不可预见的原因，现场监测所得的原始数据具有一定的离散性，必须进行误差分析、回归分析和归纳整理等去粗存精的分析处理后，才能很好地解释监测结果的含义，充分地利用监测分析的成果。例如，要了解某一时刻某点位移的变化速率，简单地将相邻时刻测得的数据相减后除以时间间隔作为变化速率显然是不确切的，如图 4-26 所示，正确的做法是对监测得到的位移—时间数组作滤波处理，经光滑拟合后得时间—位移曲线 $u = f(t)$，然后计算该函数在时刻 t

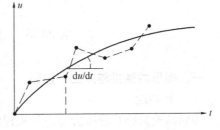

图 4-26　位移变化速率的确定

的一阶导数 $\mathrm{d}u/\mathrm{d}t$ 值，即为该时刻的位移速率。总的来说，监测数据数学处理的目的是验证、反馈和预报，即：

（1）将不同监测项目的监测数据相互印证，以确认监测结果的可靠性；

（2）探求围岩和支护系统变形或受力状态的空间分布规律，了解围岩稳定性特征，为调整施工工艺参数和修正支护系统设计参数提供反馈信息；

（3）监视围岩和支护系统变形或受力状态随时间的变化情况，对最终值或变化速率进行预测预报。

从理论上说，设计合理的、可靠的支护系统，应该是一切表征围岩与支护系统力学形态的物理量随时间而渐趋稳定，反之，如果测得表征围岩或支护系统力学形态特点的某几种或某一种物理量，其变化随时间不是渐趋稳定，则可以断定围岩不稳定，支护必须加强，或需要修改设计参数。

围岩位移与时间的关系既有开挖因素的影响又有流变因素的影响，而开挖进展虽然反

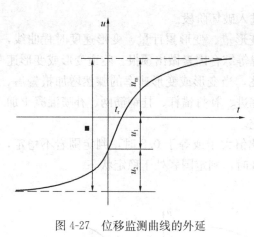

图 4-27　位移监测曲线的外延

映的是空间关系，但因开挖进展与时间密切相关，所以同样包含了时间因素。隧道内埋设的监测元件都是隧道开挖到监测断面时才进行埋设，而且也不可能在开挖后立即紧贴开挖面埋设并立即进行监测，因此，从开挖到元件埋设好后读取初读数已经历过时间 t_0，在这段时间里已有量值为 u_1 的围岩变形释放，此外，在隧道开挖面尚未到达监测断面时，其实也已有量值为 u_2 的变形产生，这两部分变形都加到监测值上以后才是围岩的全位移。即：

$$u = u_m + u_1 + u_2 \tag{4-8}$$

式中　u_m——变形监测值。

通常对观测资料进行回归分析，取 $t \geqslant 0$，设回归分析所得的位移时程曲线为 $u = f(t)$，则 u_1 可用拟合曲线外延的办法估算，如图 4-27 所示，即：

$$u_1 = f(0) \tag{4-9}$$

而根据有关文献：

$$u_2 = \lambda_0 u$$

式中　λ_0——经验系数，取 $0.265 \sim 0.330$。

所以

$$u = \frac{u_m + |f(0)|}{1 - \lambda_0} \tag{4-10}$$

第四节　隧道工程监测实例

一、相思岭连拱隧道工程监测

1. 工程概况

福泉高速公路相思岭隧道地处福建省东南部丘陵地区，洞身段上覆坡积黏性土及残坡积黏性土等，一般厚度 5~12m，最厚达 19m。下覆基岩为微风化花岗岩和石英二长斑岩，未风化角岩化英安质凝灰岩，为Ⅰ、Ⅱ级围岩。进口段为上覆含块石残坡积黏性土，层厚 17m，基岩为花岗岩，弱风化，节理发育，为Ⅱ、Ⅲ级围岩；出口段为上覆坡积黏性土、强风化凝灰岩和砂岩，厚约 20m，基岩为弱风化凝灰岩和砂岩，整体性差，富含裂隙水，为Ⅱ、Ⅲ级围岩，个别存在破碎夹层。在 K15+975 处分布有一条破碎构造带，宽为 25m 左右，属Ⅲ、Ⅳ级围岩，节理发育，富含裂隙水；在 K16+100 附近存在较多破碎夹层，宽约 40m，结构松散，含裂隙水。隧道按高速公路重丘区标准设计，为带中墙的双跨连拱结构，全长 400m，单向纵坡，中央设置宽为 1.4m 的连续中隔墙，洞轴线间距 11.65m，设计时速 100km，单向行车隧道建筑界限为净高 5m，净宽 10m，见图 4-28，隧道最大埋深为 50m。Ⅳ级围岩拱顶沉降和水平收敛的预留变形为 12cm，Ⅲ级围岩为 7cm，Ⅰ、Ⅱ级围岩岩性较好，无预留变形。

衬砌断面为曲墙式双心圆拱，分五种类型，其中 A、B、C 型衬砌为曲墙式无仰拱，D、E 型衬砌为曲墙式带仰拱的封闭式衬砌，仰拱填充采用 C10 素混凝土整体灌筑。按新奥法原理设计，采用锚喷网支护加二次衬砌构成的复合式衬砌，Ⅲ、Ⅳ级围岩地段全部架设钢支撑，间距为1.0m。Ⅰ、Ⅱ级围岩地段在局部破碎处架设钢支撑。隧道开挖为进出口同时掘进，首先进行中导洞超前掘进，支护各100m后，开始中墙砌筑，中墙砌筑70m后，开始掘进右洞，最后掘进左洞。后改为中导洞一次贯通，再掘进左右洞。在Ⅲ、Ⅳ级围岩地段，采用中导坑加侧壁导坑法开挖。隧道开挖时，中导坑超前，并浇筑中墙混凝土，然后侧壁导坑推进，正洞采用上下台阶法开挖，台阶相距30m，具体步骤见图4-28。在Ⅰ、Ⅱ级围岩地段，中导坑先行，正洞采用全断面开挖，开挖支护时，④′与⑥′合二为一，⑤′与⑦′合二为一。

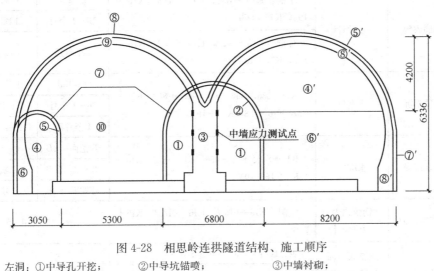

图 4-28　相思岭连拱隧道结构、施工顺序

左洞：①中导孔开挖；　　　②中导坑锚喷；　　　③中墙砌筑；
　　　④侧壁导坑开挖；　　⑤侧壁导坑锚喷支护；　⑥边墙衬砌；
　　　⑦上弧环形断面开挖；⑧上弧环形断面初期支护；⑨上弧环形断面二次衬砌；
　　　⑩下断面开挖

右洞：④′上半断面开挖；　⑤′上半断面初期支护；　⑥′下半断面开挖；
　　　⑦′下半断面初期支护；⑧′全断面二次衬砌

注：左洞适用于Ⅳ级围岩，右洞适用于Ⅲ级围岩

　　实践证明，对于中短M形连拱隧道，中导洞宜先行贯通后再进行正洞的施工，这样既利于超前预报地质情况，也利于改善洞内施工环境，避免施工工序相互干扰。左右洞开挖掌子面至少相距50m，两洞不宜齐头并进。

　　2. 监测项目和方法

　　对于Ⅲ、Ⅳ级围岩及Ⅱ级围岩局部破碎段的隧道，原设计的开挖和支护顺序为先开挖中导坑，喷锚支护和钢支撑后，再施筑中墙，然后开挖两侧导坑，喷锚支护和钢支撑后，施筑两侧边墙，然后开挖施筑临时支护、钢支撑和施筑衬砌。现将开挖支护顺序调整为将左右两个导坑取消，施筑好中墙后先拱后墙依次施筑临时支护、钢支撑和施筑衬砌。修改后，将缩短施工工期，节省施筑两侧导坑的大量费用，但对于衬砌结构和施工过程的安全有较大影响，因此需加强监测工作，以根据测试结果及时调整施工工序甚至修改设计。

　　隧道围岩监测方案设计包括监测项目的确定、监测断面及测点的布置、仪器设备的选择以及元件的埋设方法等，主要考虑了以下因素：①隧道的形状、尺寸、工程结构和支护

特点；②地应力大小和方向；③工程地质条件；④施工工序和方法；⑤在尽量减少施工干扰的情况下，要能监控住整个工程的主要部位的位移，包括各种不同地质单元和隧道结构复杂部位。基于以上考虑和原则，结合设计单位提供的隧道监控监测的建议资料，本工程采取的监测项目见表4-12，监测项目的断面布置见图4-29。各监测项目的监测目的和实施情况分述如下：

相思岭隧道监测项目布置及所用仪器 表4-12

序号	项目名称	仪器	布置断面		测读频率
1	洞周收敛	收敛计	左洞：K15＋836，K16＋188，K16＋195，K16＋050	1～15d	1～2次/d
				16～1个月	1次/2天
			右洞：K15＋920，K16＋050，K16＋157，K16＋188	1个月后	1～2次/周
2	拱顶下沉	水准仪	K15＋835，K15＋847，K15＋869，K15＋920，K16＋188，K16＋195	1～15d	1～2次/d
				16～1个月	1次/2d
				1个月后	1～2次/周
3	地表沉降	水准仪	K15＋840，K15＋856，K15＋875，K16＋188、K16＋195	开挖面<2B	1～2次/d
				开挖面<5B	1次/2d
				开挖面>5B	1次/周
4	钢支撑应力	钢弦式表面应变计	左洞：K16＋016.8、K16＋018.4、K16＋020	1次/d	
5	中墙应力	钢弦式表面应变计和钢筋应变计	表：K16＋856、K16＋875	1次/d	
			钢：K15＋945、K15＋969、K15＋020、K16＋033、K16＋085、K16＋198		
6	围岩体内位移	多点位移计	左洞：K16＋050、K15＋950	1次/d	
			右洞：K16＋050		

（1）洞周收敛

其作用是监控围岩的稳定性，保证施工安全并为二次衬砌的构造、施设时间等提供依据，进行位移反分析为修改设计参数、优化结构和施工工艺提供依据，这项测试是最直观最有效的监测项目，因而是每个隧洞监测中必须而且是最重要的监测项目，左洞监测3个断面，右洞监测5个断面，部分断面布置了3条测线，每个断面布置两个三角形闭合测线，进行12条测线的收敛监测。收敛监测采用Geokon公司的1600型钢带式收敛计，其量程近16m，分辨率为0.01mm。

（2）围岩内位移监测

它是通过钻孔多点位移计监测隧道围岩内沿轴向不同深度的轴向变形，据此可分析判断隧道围岩位移的变化范围和松弛范围，预测预报围岩的稳定性，以检验或修改计算模型和模型参数，同时为修改锚杆支护参数提供重要依据。围岩内位移监测共3个断面，均在系统监测断面上，其中一个断面的两个隧道拱顶各布置1个钻孔，而另一个断面只在一个隧道的拱顶布置1个钻孔，每个钻孔中沿深度布设有四个测点，钻孔深度为49m。测试采用由美国进口的采用注浆方式锚固的多点位移计，用频率仪测读。

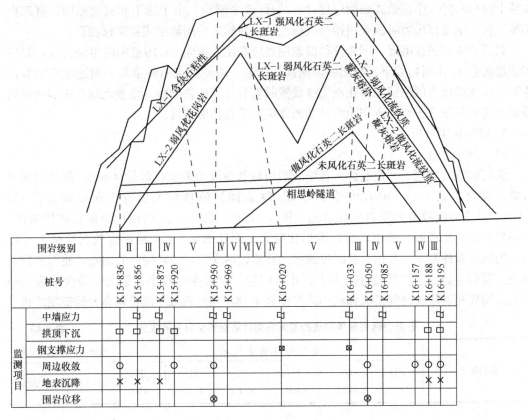

围岩级别		II	III	IV	V	IV	VI	V	IV		III	IV	V	IV	III
桩号		K15+836	K15+856	K15+875	K15+920	K15+950	K15+969	K16+020			K16+033	K16+050	K16+085	K16+157	K16+188	K16+195
监测项目	中墙应力		□	□		□			□						□	
	拱顶下沉	□	□	□	□										□	
	钢支撑应力							⊠			⊠					
	周边收敛	○			○		○				○			○	○	○
	地表沉降	×	×	×											×	×
	围岩位移				⊗						⊗					

图 4-29　监测项目的断面布置图

（3）地表沉降监测

当隧洞的埋深小于 3 倍洞径时，地表沉降动态是判断周围地层稳定性的一个重要标志，其监测结果能反映隧洞开挖过程中围岩介质变形的全过程。因此，在距两洞口约 60m 范围内，隧洞的埋深小于 40m，每个洞口布置三个地表沉降测试断面，分别距洞口约为 10m、30m、60m，每个测线布置 6 个测点，具体间距根据断面所在埋深而定。地表沉降监测采用高精度的水准仪，精度为 0.05mm。

（4）拱顶沉降监测

拱顶沉降监测的作用是判断围岩稳定性及进行位移反分析，为二次衬砌的施设提供依据。还可作为用收敛监测结果计算各点位移绝对量的验证之用。共在 6 个断面布置拱顶沉降测试点，每个断面布置 6 个测点。拱顶沉降监测采用高精度水准仪，精度为 0.05mm。

（5）中墙衬砌应力监测

其目的是监测中墙衬砌受力状态，为临时钢支撑的设置和开挖步骤的调整提供依据。共在 8 个断面上布置中墙衬砌应力测试，在每个断面上布置 6 个表面应力计，分别对称地布置在中墙两侧。采用振弦式表面应力计，用数字式频率计测读。

（6）钢支撑压力监测

其目的是监控围岩的稳定性和钢支撑自身的安全性，并为二次衬砌结构的设计提供反馈信息。在左洞 K16+010～020 之间对 3 个断面的三榀钢支撑进行了应力测试，每榀钢支撑上对称布置 5 个钢弦式表面应变计，共计 15 个测点。由于施工和安装原因，有三点不能工作。钢支撑压力测试采用振弦式应变计，经标定后用数字式频率仪测读。

洞周收敛和拱顶沉降、围岩位移的监测点应在距开挖面 2m 的范围内尽快安设，并应保证爆破后 24 小时内或下一次爆破前测读初读数。埋设测点的砂浆均需用速凝强的双快水泥。钢支撑压力的测试元件在钢支撑设置时安装并测读初读数。地表沉降和中墙衬砌的监测点需在开挖掌子面推进到距测试断面 2 倍隧道直径前布设。

3. 监测成果分析

（1）洞周收敛

洞周收敛共监测了 6 个断面，各断面洞周每条测线的最大收敛量（mm）和洞周相对收敛量综合于表 4-13。由表中结果可知：隧道围岩位移最大值发生在拱脚部位 FG（AB），且横向收敛值大于斜向收敛值，K15＋836、K15＋920 断面地处洞口破碎带区，节理发育，岩性较差，所以，收敛变形比较大，而且 K15＋836 断面收敛曲线呈上升趋势，为防止意外发生，开挖后及时喷锚加固并架设钢支撑，抑制变形的加剧，使变形趋于稳定。而洞身处由于岩性较好，为 I、II 级围岩，收敛变形较小，最大收敛变形为 1cm 左右。洞周相对收敛量的最大和最小值列于表 4-13，相对收敛变形量均在允许范围之内。

各监测断面各条测线的最大洞周收敛量和相对洞周收敛量　　　　表 4-13

监测断面	最大洞周收敛量（mm）						相对洞周收敛量（%）	
	FH (EA)	HG (EB)	FG (AB)	HI (EC)	HJ (ED)	IJ (CD)	最小值	最大值
K15＋836 左	47	44	−28				0.19	0.76
K15＋920 右	(29)	(40)	(−32)				0.29	0.66
K16＋188 左	7	5	11	6	7	8	0.08	0.11
右	(7)	(7)	(11)	(7)	(6)	(9)	(0.07)	(0.12)
K16＋195 左	6	8	11	7	6	10	0.08	0.12
右	(8)	(7)	(10)	(6)	(5)	(8)	(0.06)	(0.12)

图 4-30 是 K16＋195 断面左洞收敛时程曲线，由图可知：水平基线的收敛位移较大，可见围岩受水平地应力的作用较明显，收敛位移随着时间的推移逐渐趋向于零，围岩变位的收敛速度比较快，一般在半个月左右即达到稳定，且洞内现场观测也没有发现围岩变形

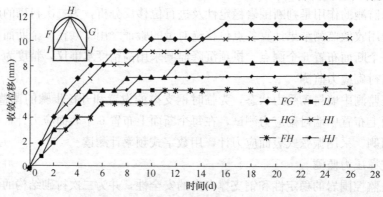

图 4-30　洞周收敛时程曲线（左洞：K16＋195 断面）

失稳的迹象，因此，可以断定隧道开挖经初次支护后围岩是稳定的。

由图可以明显看出围岩收敛位移时程曲线大致经历三个阶段：

1）从监测开始到掌子面掘进 10m（5d）的范围内，位移呈直线增长，此阶段位移量达总量的 70%～80%；

2）位移经过初期较快的增长后，速率减小，可见周边收敛受掌子面推进距离的影响明显变小。同时位移出现波动，说明收敛位移受施工因素的影响，如喷混凝土、打锚杆等；

3）当掌子面推进到 20m（10d），即大约 2 倍洞径时，位移基本收敛，不再发生变化，可见该隧道的空间影响大约为 2 倍洞径。

（2）围岩内位移

共安装了三个测孔，其中 K15＋950 处测孔的实测数据明显与常规情况不符，可能是由于灌浆不符合要求所引起的，K16＋050 左洞和右洞顶上两个测孔的测点数据是有效的。

围岩位移监测是研究围岩内部位移规律的重要手段，也是判断围岩稳定的重要依据。由监测数据发现，围岩位移普遍较小，而且各测点位移沿孔深的变化不大，这是由于围岩岩性较好，变形模量较高，因此变形较小。

围岩位移的产生，受空间效应因素的影响较为明显，即与掌子面推进距离关系密切，图 4-31 是 K16＋050 左洞围岩内位移时程曲线，由图可见随着开挖面向着监测断面的推进，围岩内位移变化大致可分为五个阶段：

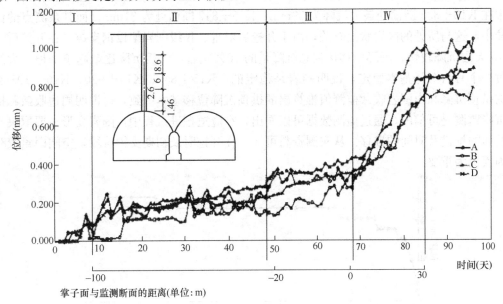

图 4-31 围岩体内位移时程曲线（左洞：K16＋050）

Ⅰ段：当仪器安装结束后，右洞施工过监测断面约 10m 时，此时位移曲线表现出较大增长；

Ⅱ段：当右洞二次衬砌施筑结束时，此时左洞出口距监测断面 100m，进口距监测断面 170m，曲线增长变缓；

Ⅲ段：当掌子面距监测点 20m 时，位移曲线斜率开始增大；

Ⅳ段：当掌子面超过监测断面后，此时曲线增长最为迅速；

Ⅴ段：当二次衬砌施工到测点后30m时，曲线趋于平稳。

从围岩内位移时程曲线可以看出，隧洞开挖后围岩内位移开始较大，随着时间的推移，大约经过30天则逐渐趋于平缓。从位移的数值上看，在掌子面推进到监测断面时，位移只产生了总量的40%左右，而掌子面推进过监测断面约30m时，位移达到总量的90%以上，可见围岩位移的空间效应大约为3倍洞径。

垂直钻孔中距洞壁不同距离点的围岩体内和拱顶下沉 表4-14

测点位置	O	A	B	C	D
与洞壁距离（m）	0	1.45	6.41（6.41）	13.04（13.14）	21.67（19.54）
最终位移（mm）	7.0（8.0）	1.04	1.02（0.78）	0.89（0.77）	0.78（0.40）

注：括号外为左洞数据，括号内为右洞数据。

见表4-14列出了垂直钻孔中距洞壁（拱顶）不同距离点的围岩体内位移，距洞壁（拱顶）距离为0点的位移即为拱顶下沉，由表可知在钻孔内各测点的围岩位移随其距洞壁距离的增加而减小，但与拱顶下沉相比，围岩体内位移值均较小，两者之间有一定的差距。初步说明围岩松弛圈的范围较小。

（3）拱顶下沉

拱顶沉降的监测时间与周边收敛基本是同时进行的，且基本在同一断面。典型的拱顶沉降时程曲线如图4-32所示，由图可知，在K15+835、K15+920测点处拱顶沉降较大，其中在K15+835断面处最大沉降为39mm，K15+847断面处为31mm。而其余测点的位移较小，这与所处的围岩状况有关，由于开挖后对Ⅲ、Ⅳ级围岩架设钢支撑，在开挖后大致10天内沉降较快，沉降位移达到总沉降量的70%左右，此后沉降逐渐趋于平稳，大约经过一个月后沉降基本稳定，说明围岩是稳定的。K15+835、K15+920、K16+195测点的拱顶沉降和由围岩收敛监测值推算出的拱顶沉降位移基本一致，这说明周边收敛和拱顶沉降监测是可信的。通过监测数据可以看出，在隧道掘进过程中，围岩变形主要取决于开挖面的推进及时间的推移。从实测资料可知，在开挖时及初期支护阶段，空间因素较时间因素更为重要。

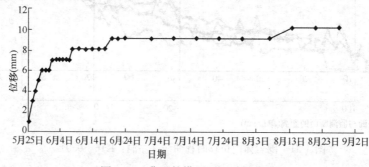

图4-32 典型的拱顶下沉时程曲线

（4）地表沉降

地表沉降也是一项围岩稳定性判别的直观监测项目，共进行5个断面的监测，每个断面5~6个测点。具代表性的监测断面的地表沉降时程曲线如图4-33所示，同一断面各测点地表沉降随时间而发展的曲线如图4-34所示。

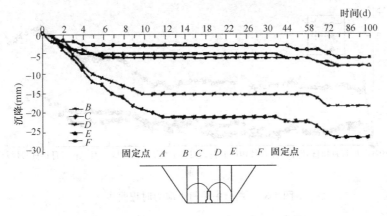

图 4-33　K16＋188 断面地表沉降时程曲线

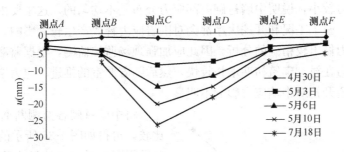

图 4-34　地表沉降的时间发展曲线（K16＋188 断面）

由图可知地表沉降在距洞口两侧 30m 范围内沉降较大，其余监测断面沉降较小，说明在距洞口 3 倍洞径的范围内地表沉降较明显。在掌子面开挖到监测断面前，各测点基本不产生沉降，仅在掌子面开挖到监测断面以后，各测点产生沉降。由图 4-33 可见沉降值中隧洞中线位置最大，两侧逐渐减小，大致呈漏斗状，沉降范围超过开挖跨度，基本是在从洞底边线沿 45°角延伸至地面这一范围。这就要求在浅埋地段从分步开挖到设计断面时，要及时施作锚喷支护，必要时，需考虑设置格栅拱架。如不能制止沉降则需考虑注浆加固地层，避免塌方。

由地表沉降时程曲线可知，地表沉降大致经历三个阶段：

1）当右洞上台阶推过监测断面 10～20m 时，地表沉降速率较大，沉降几乎呈直线增加，沉降量约达到总量的 60%～70%；

2）当工作面推过监测断面约 20m 后，地表沉降变化很小，几乎没有变化，地表基本处于稳定状态；

3）当左洞掌子面推进到距监测断面前后约 10m 时，地表沉降量再次增大，直到二次衬砌施筑到监测断面时，地表沉降基本停止，沉降最大点基本位于拱顶，在初期经过较快的增长后逐渐平稳，说明在开挖初期支护后，围岩是稳定的。

（5）中墙衬砌应力

中墙衬砌应力监测共布置了 8 个监测断面，每个断面对称布置 6 个测点。由于施工及仪器本身的原因，实际只测读到 29 个测点的数据。其中代表性的中墙衬砌应力时程曲线如图 4-35 所示。

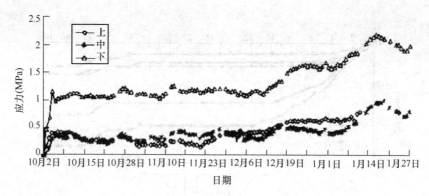

图 4-35　典型中墙衬砌应力时程曲线

中墙左侧应力较右侧大，且同一侧面不同部位的应力也不相同，一般中墙下部应力较大，上中部位应力较小，说明中墙衬砌内部应力分布是不均匀的。这主要由于连拱隧道围岩应力分布复杂，施工工况和开挖次序都会对围岩应力释放产生较大影响，用传统力学方法很难对衬砌应力做出较精确的分析，因此应加强现场监控监测，根据监测结果指导施工和设计。中墙应力在衬砌砌筑初期增长较快，然后随着洞室的推进，应力增长缓慢，呈平缓趋势，说明隧道开挖对中墙应力影响不明显。

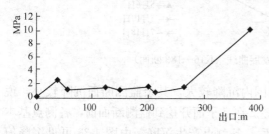

图 4-36　中墙衬砌沿轴向应力变化图

将中墙衬砌各监测断面的应力值进行比较，可得如图 4-36 所示的关系图，从监测数据可以看出中墙压力除两侧洞口较大外，其余断面较小，且变化不大，初次支护作用较明显，承担大部分围岩压力，而二衬传给中墙的压力不明显。二衬传递给中墙的压力较小，说明二衬承受围岩压力不大，主要是作为使用上的需要。由此可见，在新奥法施工中，初次支护是很关键的，它可以充分发挥围岩的自承能力。

4. 结语

通过以上的分析研究，对相思岭隧道监控总结如下：

（1）实测表明，围岩遵循"急剧变化—缓慢变化—基本稳定"的变形规律，说明该工程采用的支护结构的强度和刚度是合理有效的，具有足够的安全度，二次衬砌基本是作为使用需要和安全储备；

（2）Ⅲ、Ⅳ级围岩洞周收敛的正常变形值为 20～44mm，Ⅰ、Ⅱ级围岩洞周收敛的正常变形值为 5～11mm，平均变形速率为 0.2～0.4mm/d；

（3）Ⅲ、Ⅳ级围岩拱顶下沉的正常变形值为 20～39mm，Ⅰ、Ⅱ级围岩拱顶下沉的正常变形值为 7～13mm，平均变形速率为 0～0.15mm/d；

（4）围岩变形一般在开挖后的 5～10d 内变形较大，15d 以后基本趋于平稳，因此应加强围岩初期变形监测；工作面的影响范围一般为监测断面前后 30m 左右，围岩的变形主要产生在工作面推进后 30m 内，而且施工的影响主要是上台阶，下台阶的开挖对位移变形影响较小，右洞提前开挖对左洞的影响也比较明显，尤其是在地表沉降方面；

（5）地表沉降在距洞口 30m 内较明显，大约为 3 倍洞径，在此范围内应加强支护，并密切注意监测结果，及时预报险情，指导掘进和支护；

（6）从开挖到围岩稳定经历了应力调整过程，本工程监测结果表明这一调整过程为 15～30d。初期支护要及时、全面，使围岩在变形过程中逐渐达到稳定。

二、小净距鹤上隧道工程监测

小净距隧道是指隧道间的中间岩柱厚度小于规范建议值的特殊隧道布置形式，其双洞净距一般小于 1.5 倍洞径。小净距隧道能很好地满足特定地质和地形条件、线桥隧衔接方式，有利于公路整体线型规划和线型优化。因此，小净距隧道的结构形式成为在特定地质和地形条件下修建隧道时采用较多的一种结构形式。小净距隧道施工过程中围岩的力学性态不仅受到岩石的生成条件和地质作用的影响，还受到隧道开挖方式、支护参数、支护时机等的影响，寻求正确反映岩体性态的物理力学模型是非常困难的，因而有必要根据施工过程中的围岩监控数据分析和综合判断，进一步指导施工、完善设计。

1. 工程概况

鹤上隧道位于福州国际机场高速公路（一期）工程 A3 标段，为福建省第一座三车道小净距公路隧道。该隧道设置为接近平行的双洞，左右线桩号均为 K6+250～K6+700，隧道长 450m，设计内空断面净宽 15.052m，拱高 8.1m，含仰拱总高度 10.4m，双洞间距 7.3m。开挖毛洞中间岩柱净距 5.66～6.10m，即（0.38～0.41）B_0。（B_0 为隧道开挖跨度）。

该隧道路段属剥蚀低山丘陵地貌，进口段天然坡角 16°，出口天然坡角 20°，地形起伏较大，洞身段最大埋深约 62m，洞口浅埋段埋深 4～10m，洞口从外到内为 Ⅴ、Ⅵ 级围岩，隧道中部 F9A 断层附近有约 40m 的 Ⅴ、Ⅵ 级围岩，其余均为 Ⅲ、Ⅰ 级围岩，主要岩性为凝灰熔岩。

隧道设计断面尺寸与施工顺序如图 4-37 所示（图中 1～30 为施工顺序）。Ⅴ级围岩段采用中隔壁法施工，开挖前设置超前注浆小导管预加固，结构设计为复合衬砌，以锚杆湿喷混凝土、钢筋网等为初期支护，并辅以钢支撑、注浆小导管等支护措施。

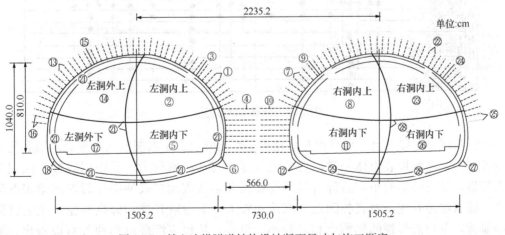

图 4-37　鹤上连拱隧道结构设计断面尺寸与施工顺序

2. 监测项目

根据公路隧道施工规范的基本要求，针对该小净距隧道的结构特点、施工工艺及地质情况，在Ⅲ、Ⅳ、Ⅴ级围岩中各设1个代表性监测断面（K6+300，K6+500，K6+630）和若干个一般性辅助监测断面，具体监测项目布置情况如图4-38所示（左右洞对称布置），代表性监测断面测点布置情况如图4-39所示。

3. 监测成果及分析

隧道监测组工作历时一年多，采集了大量监测数据。重点以隧道出口端代表性监测断面为例介绍小净距鹤上隧道的监测成果，并进行相关分析。

（1）地表沉降

在距离两洞口约60m范围内，隧道的埋深小于40m，每个洞口布置三个地表沉降测试断面，分别距洞口约为10、30、60m，在隧道出口端布设的3组地表沉降监测断面（K6+630，K6+620，K6+600断面）中，每组布设8个地表观测点（P1～P8）。以K6+630断面为例，各测点地表沉降变形趋势及地表沉降时程曲线分别如图4-40和图4-41所示。

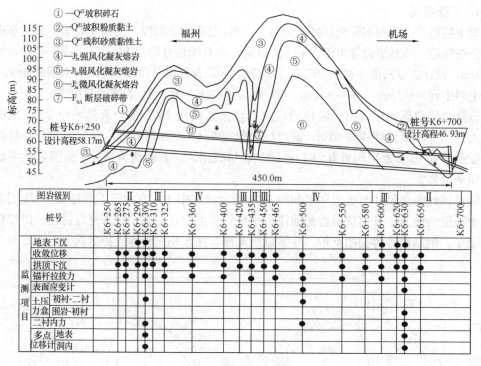

图4-38　监测项目布置图

从监测结果可以看出，该里程左洞地表平均沉降值大于右洞。这与地表地质和施工开挖等有关，左洞地表土体松散，受施工及爆破震动影响较大，而中间岩柱部位则基本为基岩，受震动影响小，后行右洞开挖扰动及多次震动爆破使得先行左洞地表沉降增大。随着隧道开挖，地表各测点下沉波动较大，上台阶开挖和仰拱开挖对地表沉降影响显著，下台阶开挖的影响则相对较小。另外，从地表沉降时程曲线可以看出，当仰拱开挖完毕时，各点下沉量平均达到最终下沉量的70%～80%，而当工作面通过监测面约30m，即约2倍洞径时，各测点下沉量为最终下沉量的85%左右，以后下沉量缓慢增长直至稳定。

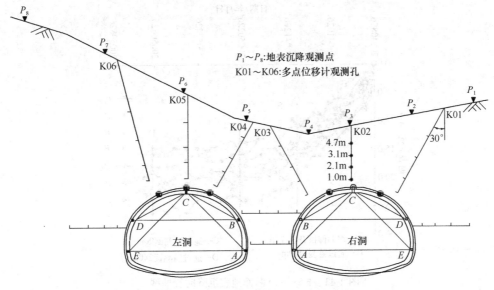

$P_1 \sim P_8$:地表沉降观测点
$K01 \sim K06$:多点位移计观测孔

图 4-39　代表性监测断面测点布置图

（2）拱顶下沉

共在 6 个断面布置拱顶下沉测试点，每个断面布置 6 个测点。拱顶下沉监测采用高精度水准仪，精度为 0.5mm。拱顶下沉纵向分布曲线如图 4-42 所示（图中Ⅲ～Ⅴ指围岩级别），部分监测断面的拱顶下沉时程曲线如图 4-43 所示，按围岩分级的拱顶下沉统计值见表 4-15。从图 4-43 中可以看出，左洞平均拱顶下沉稍大于右洞，洞口变形值大于洞身段，左洞平均下沉为 15mm，右洞平均下沉为 11mm，同样表明后掘进右洞开挖对先行左洞有一定影响。从表 4-15 中可以看出，围岩变形及稳定时间与地质条件也有较大的关系，地质条件越差，拱顶下沉变形越大，稳定时间也越长。对于Ⅴ级围岩，开挖初期拱顶下沉快速增长，锚喷支护后 30d 左右，下沉速率减小，变形缓慢增长，大约 60d 后基本达到稳定，对于Ⅳ，Ⅲ级围岩，锚喷支护 20d 左右，下沉速率减缓，大约 40d 后基本达到稳定。

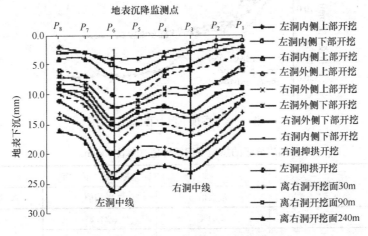

图 4-40　K6＋630 断面各测点地表沉降变形趋势

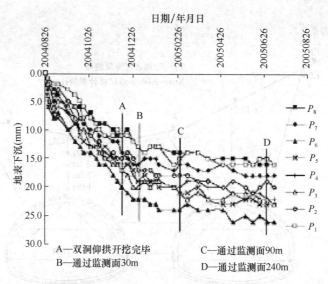

图 4-41　K6+630 断面地表沉降时程曲线

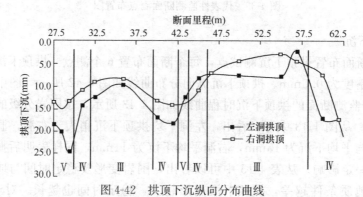

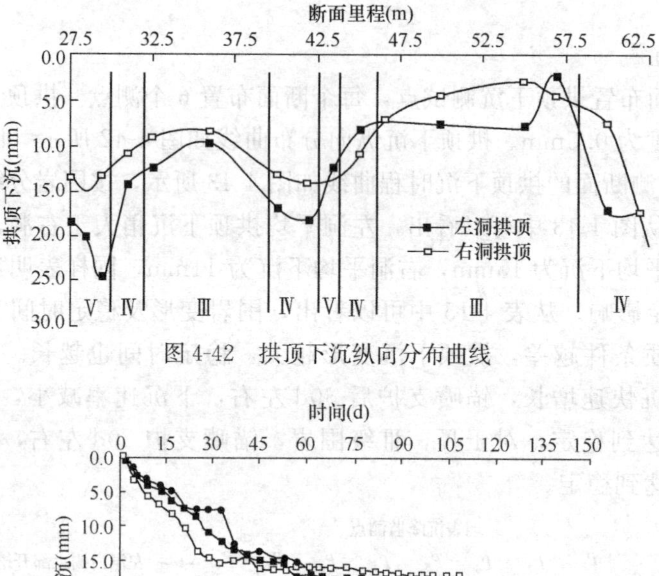

图 4-42　拱顶下沉纵向分布曲线

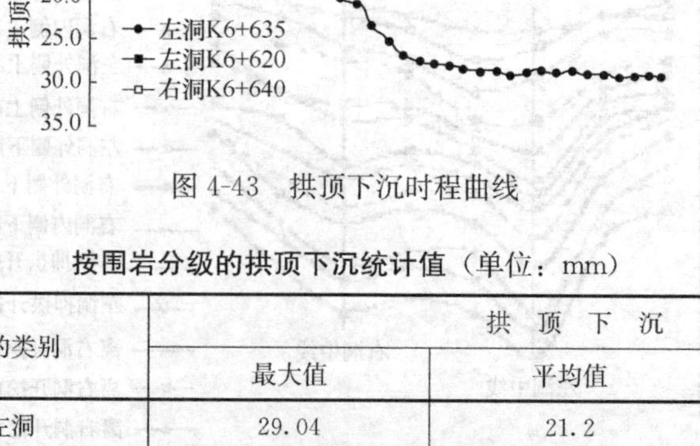

图 4-43　拱顶下沉时程曲线

按围岩分级的拱顶下沉统计值（单位：mm）　　　　　　　　　　表 4-15

围岩级别	洞的类别	拱 顶 下 沉		
		最大值	平均值	双洞平均
V	左洞	29.04	21.2	18.2
	右洞	17.21	15.2	

围岩级别	洞的类别	拱 顶 下 沉		
		最大值	平均值	双洞平均
IV	左洞	17.21	12.6	11.5
	右洞	14.05	10.4	
III	左洞	15.64	8.3	6.7
	右洞	8.45	5.0	

（3）洞周收敛

左洞监测 3 个断面，右洞监测 5 个断面，每个断面布置两个三角形闭合测线，进行 12 条测线的收敛监测。由于隧道洞口浅埋段岩性较差，且施工开挖复杂、扰动大，使得收敛变形相对较大，量测的最大水平测线收敛变形为 11mm，但相对收敛均小于 0.1%，洞身段收敛测线变形相对较小，平均为 4mm，且收敛稳定时间较快，对于 V 级围岩，稳定时间大约 30d，IV、III 级围岩大约 20d 基本达到稳定。整体上，水平测线收敛变形比其他测线收敛变形大，可以认为变形主要来自山体两侧，表明围岩水平挤压作用较明显。

图 4-44 为左洞 K6＋650 断面水平测线收敛变形、测线离掌子面的距离与时间的关系曲线。从图中可以看出，下断面开挖和仰拱开挖均使水平测线产生较大的收敛，但随后便迅速减小达到稳定。监测数据表明，当下开挖面距离监测面 60m 左右时变形趋于稳定，当仰拱面距离监测面 40m 时变形趋于稳定，时间大约是 20d。围岩变形与测点到开挖面的距离（L）和隧道直径（D）密切相关，理论上，收敛位移与 L/D 成指数关系，一般

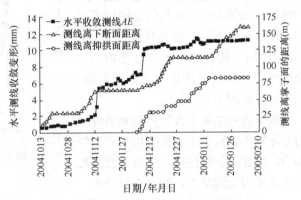

图 4-44　左洞 K6＋650 断面水平测线收敛变形、测线离掌子面的距离与时间的关系曲线

在 L/D 达到 2～3 后基本稳定，以后就迅速减小直至稳定。

（4）围岩体内位移

围岩内位移监测共 3 个断面，均在系统监测断面上，其中每个断面的两个隧道拱顶和拱部各布置 6 个钻孔，见图 4-45，每个钻孔中沿深度布设有四个测点，钻孔深度为 49m。以 K02 多点位移计观测孔为例，该测孔位于 K6＋630 断面右洞拱顶，属于 V 级围岩，4 个测点位移时程曲线及位移变化趋势线分别如图 4-46 所示。

从图 4-46 中可以看出，隧道洞周围岩位移基本上经历了"急剧变化→缓慢变化→基本稳定"的过程。隧道开挖初期，洞周围岩内部各测点变形很小，当隧道各开挖部先后通过监测面时，各测点位移显著增长，且离洞壁最近测点位移最大，离洞壁越远位移越小。从稳定时间和空间上看，当仰拱开挖完毕时，测点位移达最大位移的 85% 左右，而当仰拱面通过监测面大约 30m 时，各点位移已基本达到稳定。

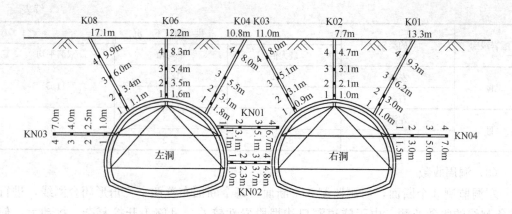

图 4-45　K6＋630 断面地表多点位移计布置示意图

（5）锚杆轴力

为了研究锚杆轴力分布规律，判断锚杆长度、密度是否合理，在多个隧道断面上沿隧道周边的拱腰和边墙打设 4 个测孔，如图 4-47；根据围岩级别不同锚杆设计长度不同，钻孔深度在 3.2～4.2m 之间，孔径 50mm，每孔内设 3 个传感器，采用钢筋计、应力计监测，测点布置如图 4-47 所示。

鉴于监测结果下台阶边墙处锚杆轴力整体较小，且小于上台阶拱腰处锚杆轴力，因此，此处仅列出部分断面拱腰处锚杆轴力监测结果，如表 4-16 所示。

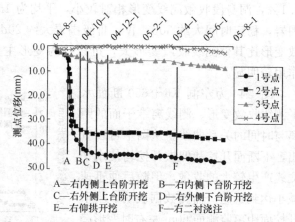

A—右内侧上台阶开挖　　B—右内侧下台阶开挖
C—右外侧上台阶开挖　　D—右外侧下台阶开挖
E—右仰拱开挖　　　　　F—右二衬浇注

图 4-46　K03 测孔各测点位移时程曲线

以 Ⅴ 级围岩为例，从表中可以看出，各监测断面锚杆轴力均相对较大，最大轴力达到 50～80kN，但整体上其最大轴力基本出现在测点 2 处，而测点 1 和测点 3 处即锚杆两端部轴力相对较小，即表明锚杆最大应力发生在锚杆前中部，锚杆对围岩的锚固作用得到了较好的发挥；在 ZK6＋475 里程处，锚杆设计长度 3.5m，虽然最大应力发生在锚杆中部，但锚杆端部应力仍相对较大，结合多点位移计量测结果，可以认为该隧道 Ⅴ 级围岩段锚杆设计长度为 4.0m 是合理可行的。整体上，在施工过程中，应进一步改进控制爆破技术，以减少爆破对围岩尤其是中间岩柱的破坏，减小围岩松动区的范围。

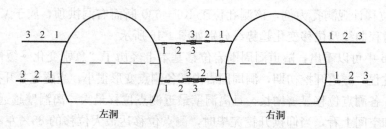

图 4-47　锚杆轴力测点布置示意图

典型断面拱腰部位锚杆轴力监测结果（单位：kN） 表 4-16

监测断面	中间岩柱侧			隧道外侧			备 注
	测点 1	测点 2	测点 3	测点 1	测点 2	测点 3	
ZK6+640	34.1	51.2	14.1	12.6	19.6	24.1	Ⅴ级围岩，锚杆 4.0m
ZK6+640	16.1	70.2	21.2	14.1	65.0	18.7	Ⅴ级围岩，锚杆 4.0m
ZK6+550	5.3	6.9	12.5	4.7	4.8	2.9	Ⅲ级围岩，锚杆 3.0m
ZK6+550	5.0	25.6	9.3	4.3	13.6	3.2	Ⅲ级围岩，锚杆 3.0m
ZK6+475	30.6	74.1	41.2	22.5	80.5	52.6	Ⅴ级围岩，锚杆 3.5m
ZK6+475	9.7	19.5	23.4	25.1	41.0	64.5	Ⅳ级围岩，锚杆 3.0m
ZK6+320	13.9	10.1	10.8	14.5	23.6	11.5	Ⅳ级围岩，锚杆 3.5m
ZK6+320	22.4	28.3	17.1	16.5	26.7	12.2	Ⅳ级围岩，锚杆 3.5m

（6）围岩压力和支护间压力

隧道左、右洞 K6+625 断面各测点压力—时间曲线分别如图 4-48（a）和图 4-48（b）所示。由于隧道分部开挖相互影响，压力盒埋设初期，随掌子面推进，各测点监测压力起伏较大，但从整体上看，当仰拱浇筑后，各点压力基本达到稳定，表明喷层起到了支撑的作用；当二衬浇筑时，洞周应力重分布，各测点压力值有所波动，但很快便趋于稳定。其中，2005 年 4 月 7 日，左洞施作二衬，可能由于施工扰动引起围岩松动以及二衬整体受力水平挤压作用，使得隧道拱顶部压力发生突变，压力增大约 0.2MPa，最大压力值达 0.48MPa，但随后便保持稳定，且其他各测点压应力也稳定收敛，最终量测值均较小，从整个断面来看，隧道是稳定的。

另外，由于隧道断面大，在分部开挖时，后施工部分对先施工邻近支护和围岩会产生多次扰动，监测中表现为压力读数逐渐减小，有时甚至出现突变，如左洞外侧上导坑拱脚 5233 号压力盒、内侧上导坑拱脚 5165 号压力盒、右洞外测下导坑拱脚 5213 号压力盒和内侧下导坑拱脚 5206 号压力盒等，根据监测结果，开挖后及时支护并在相应拱脚处打设锁脚锚杆加固，从随后的监测数据看，加固的效果非常明显。

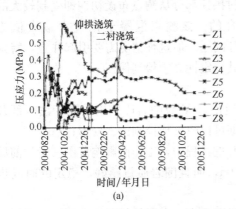

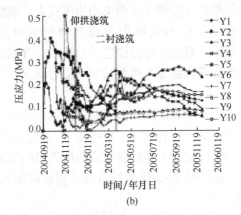

图 4-48 围岩压力和支护间压力时程曲线

（a）左洞 K6+625 断面；（b）右洞 K6+625 断面

（7）二衬内力

隧道左洞 K6＋625 断面二衬各测点轴力－时间和弯矩－时间曲线分别如图 4-49（a）、图 4-49（b）所示（轴力以受压为正，弯矩以二衬外侧受拉为正）。

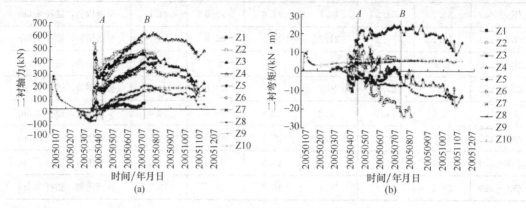

图 4-49　二衬内力时程曲线（左洞：K6＋625 断面）
(a) 轴力；(b) 弯矩

分析仰拱外侧 Z9 测点，外半幅仰拱浇筑初期，仰拱轴力迅速增长，随左洞内半幅仰拱开挖，轴力很快降低并转变为受拉，当内半幅仰拱浇筑后，内外侧仰拱封闭共同受力，各测点轴力缓慢增长直至稳定，表明仰拱已承受洞周围岩及二衬传递的压应力。就整体而言，开挖过程中仰拱轴力存在拉力，但所测得的拉力值均较小，而且随后逐渐降低转变为压力，并基本达到稳定，最大轴力约为 160kN，在监测后期，各测点的轴力均略有减小之势，但基本已达到稳定。

由图 4-49 可以看出，钢筋计埋设初期 20d 左右，洞周二衬内力经历了调整期（A线），主要为二衬浇筑混凝土固结及应力重分布所致。随掌子面推进，二衬轴力稳步增长，表明二衬开始承受部分围岩压力，大约 90d 后各点轴力达到最大值，二衬弯矩则基本保持稳定（B线）。同时，根据衬砌混凝土与钢筋位移协调，推算出洞周二衬混凝土最大压应力值约为 6MPa，远小于混凝土的抗压强度，表明二次衬砌起到了安全储备的作用。

另外，位于左洞拱顶内侧的钢筋计（202983）在监测全过程中基本为拉应力，而拱顶外侧钢筋计在监测全过程中均为压应力，表明二衬拱顶部分从测点布设初期即受到较大的围岩压力，这与从压力盒监测到的数据是吻合的。该测点混凝土拉应力最大值为 0.56MPa，且基本保持稳定，尽管不会有强度破坏问题，但这种情况需要引起注意，特别是大断面浅埋隧道，拱顶部分的受力状况更差，其稳定性必须得到保证。

4. 结语

（1）从地表沉降和洞周变形监测结果看，隧道出口 V 级围岩段采用中隔壁法分部开挖是可行的，尽管其施工工序复杂，但在进洞初期可以较好地控制围岩变形；

（2）隧道变形是时空效应共同作用的结果，开挖过程中，工作面影响范围一般为前后 30～40m，即 2～3 倍洞径范围，相应时间大约 30d，而且围岩质量越好，稳定的时间也越短；

（3）比较隧道左、右两洞的变形和受力状态可以看出，右洞的状况相对要比左洞好一些，后行右洞的开挖对先行左洞的影响十分明显，设计和施工时应对此有充分的考虑；

（4）初期支护所起作用相当明显，隧道下台阶开挖后要及时进行支护，并确保上台阶初期支护拱脚的稳定，防止产生滑移，危害隧道整体稳定；

（5）对小净距隧道，二衬是支护手段的重要组成部分，必须重视后行隧道对围岩的扰动导致对先行隧道二衬的应力重分布。根据监测结果，洞口段工作面掘进 20～30m 即可施筑二次衬砌，而洞身段，建议 40m 后施筑二次衬砌。

思 考 题

1. 岩石隧道施工监测中洞周收敛监测的原理和测线布置原则是什么？
2. 监控量测是怎样掌握合理支护时机来发挥围岩的自承能力的？
3. 岩石隧道的压力监测包括哪几种压力？
4. 岩石隧道监测的项目有哪些？分别用什么仪器？
5. 岩石隧道监测断面的确定原则是什么？
6. 注浆锚固式多点位移计的工作原理是什么？
7. 激光收敛仪与钢卷尺式收敛计相比有什么优点？
8. 用收敛仪监测隧道拱顶沉降的原理和适用条件？
9. 隧道围岩全位移是什么含义？哪些情况能监测到隧道围岩全位移？

第五章　盾构隧道工程施工监测

第一节　概　述

盾构法施工是在地表面以下暗挖隧道的一种施工方法，近年来由于盾构法在技术上的不断改进，机械化程度越来越高，对地层的适应性也越来越好。由于其埋置深度可以很深而不受地面建筑物和交通的影响，因此在水底公路隧道、城市地下铁道和大型市政工程等领域均被广泛采用。在软土层中采用盾构法掘进隧道，会引起地层移动而导致不同程度的竖向位移和水平位移，即使采用先进的土压平衡和泥水平衡式盾构，并辅以盾尾注浆技术，也难以完全防止地面竖向位移和水平位移。由于盾构穿越地层的地质条件千变万化，岩土介质的物理力学性质也异常复杂，而工程地质勘察总是局部和有限的，因而对地质条件和岩土介质的物理力学性质的认识总存在诸多不确定性和不完善性。估算盾构隧道施工引起的土体移动和地面位移的影响因素多，理论和方法也还不够成熟，无法对其做出准确的估计。所以，需对盾构推进的全过程进行监测，并在施工过程中根据监测数据积极改进施工工艺和工艺参数，以保证盾构隧道工程安全经济顺利地进行。随着城市隧道工程的增多，在既有建（构）筑物下、既有隧道下甚至机场跑道下进行盾构法隧道施工必须要求将地层移动控制到最低程度。为此，通过监测，掌握由盾构施工引起的周围地层的移动规律，及时采取必要的技术措施改进施工工艺，对于控制周围地层位移量，确保邻近建（构）筑物的安全也是非常必要的。

在盾构隧道的设计阶段要根据周围环境、地质条件、施工工艺特点，做出施工监测设计和预算，在施工阶段要按监测结果及时反馈，以合理调整施工参数和采取技术措施，最大限度地减少地层移动，以确保工程安全并保护周围环境。施工监测的主要目的是：

（1）确保盾构隧道和邻近建（构）筑物的安全

根据监测数据，预测地表和土体变形及其发展趋势以及邻近建（构）筑物情况，决定是否需要采取保护措施，并为确定经济合理的保护措施提供依据；检查施工引起的地面和邻近建（构）筑物变形是否控制在允许的范围内；建立预警机制，控制盾构隧道施工对地面和邻近建（构）筑物的影响，以减少工程保护费用；保证工程安全，避免隧道、地面和邻近建（构）筑物等的环境安全事故；当发生工程环境责任事故时，为仲裁提供具有法律意义的数据。

（2）指导盾构隧道的施工，必要时调整施工工艺参数和设计参数

认识各种因素对地表和土体变形等的影响，以便有针对性地改进施工工艺和修改施工参数，减少地表和土体的变形，控制盾构施工对邻近建（构）筑物的影响。

（3）为盾构隧道设计和施工的技术进步收集积累资料

为研究岩土性质、地下水条件、施工方法与地表和土体变形的关系积累数据，为改进设计和施工提供依据，为研究地表竖向位移和土体变形的分析计算方法，尤其是为研究特

殊的盾构隧道结构和特殊地层中的盾构施工工法等积累资料。

盾构法进出洞的施工监测与进出洞的方法有关,大多可参考基坑工程的监测方法。本章着重叙述盾构法隧道施工的监测。

第二节　盾构隧道工程监测的项目和方法

盾构隧道监测的对象主要是地层、隧道结构和周围环境,监测的部位包括地表、土体内部、盾构隧道结构以及周围道路、建(构)筑物、地下管线和隧道等,主要监测项目和所使用的仪器见表5-1。表中所列大部分监测项目中监测仪器的原理、埋设及监测方法参见第三章和第四章。其中,衬砌环竖向位移、隧道洞室三维位移的监测目的主要是得到衬砌脱出盾尾后管片的整体变形情况,以了解盾尾的注浆效果及管片结构的稳定性。地表竖向位移、土体分层竖向位移、盾构底部土体回弹、地表水平位移、土体深层水平位移、土压力、孔隙水压力以及地下水位监测的目的主要是了解和掌握盾构施工对周围岩土体的影响程度及影响范围(包括深度范围),以指导工程施工和设计。周围建(构)筑物、地下管线、道路监测的目的主要是了解和掌握盾构施工对周边环境的影响程度及安全状态。

盾构隧道工程施工监测项目和仪器　　　　表 5-1

序号	监测对象	监测类型	监测项目	监测元件与仪器
(一)	管片结构	结构变形	(1) 隧道内部收敛	钢卷尺式收敛计、激光收敛仪、巴赛特收敛系统
			(2) 衬砌环竖向位移	水准仪
			(3) 洞室三维位移	全站仪
			(4) 管片接缝张开度	测微计、位移传感器
		结构外力	(5) 管片周围土压力	土压力计、频率仪
			(6) 管片周围孔隙水压力	孔隙水压力计、频率仪
		结构内力	(7) 轴向力、弯矩	钢筋计、频率仪
			(8) 管片连接螺栓轴力	应变片、电阻应变仪
(二)	地层	竖向位移	(1) 地表竖向位移	水准仪
			(2) 土体分层竖向位移	分层竖向位移仪、频率仪
			(3) 盾构底部土体回弹	深层回弹桩、水准仪
		水平位移	(4) 地表水平位移	经纬仪
			(5) 土体深层水平位移	测斜仪
		水土压力	(6) 土压力(侧、前面)	土压力计、频率仪
			(7) 地下水位	水位观测井、标尺、钢尺水位计
			(8) 孔隙水压力	孔隙水压力探头、频率仪
(三)	相邻环境周围建(构)筑物,地下管线、铁路、道路		见表 3-1	

一、隧道内部收敛监测

盾构隧道内部收敛可采用钢卷尺式收敛计、激光收敛仪以及巴赛特收敛系统（Bassett Convergence System）进行监测，前两种监测仪器的工作原理及监测方法参见第四章。下面对巴赛特收敛系统进行介绍。

巴赛特收敛系统是一种测量隧道横断面轮廓线的仪器，由多组首尾相接内设倾角传感器的杆件组成，杆件之间用活动铰连接，隧洞壁上任一点的位移通过杆件的转动使倾角传感器产生角度变化，已知各杆件的长度和一个杆件一端的坐标点及各倾角传感器的起始倾角，就能以此为起点用以后各时刻测得的杆件倾角计算各点的变化值和坐标位置。巴塞特收敛系统配备有一个专用的数据采集系统，既可用串行口与计算机相连，也可用电话线经调制解调器与计算机相连，采集的数据可自动处理。

巴赛特收敛系统由数据量测部分、数据采集部分和数据处理部分等三个部分组成，图5-1是其安装示意图和监测实例：

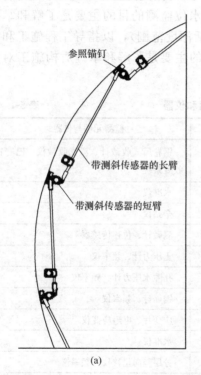

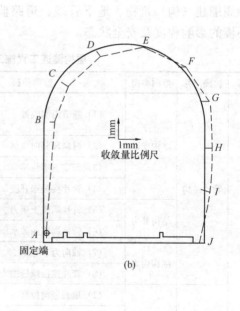

图 5-1　巴赛特收敛系统的安装和监测实例

(a) 安装图；(b) 监测实例

(1) 数据量测部分，该部分由安装在隧道断面内壁上首尾铰接的短臂杆和长臂杆组成，每根臂杆上都装有测角传感器。当监测断面发生某一变形时，臂杆通过协调运动将断面变形信息转换成一组与之对应的转角信息，并通过臂杆上的测角传感器反应和读取。

(2) 数据采集部分，采集器将按设定的采样周期自动采集并存储测角传感器的数据。

(3) 数据处理部分，该部分是一台微型计算机和专用数据处理软件。该软件利用各臂杆的端点坐标、臂杆的转角增量和温度增量等数据，计算、打印或显示出隧道壁面各测点的二维变形。

用于连接臂杆的铰分为两类，一类是安装在隧道壁面上的固定铰，固定铰同时也是壁面收敛位移的测点；另一类是呈悬浮状态的浮点铰，长、短臂杆由铰连接成不同跨度的受力零杆形式，短杆具有相同的长度，长杆则需视其跨距大小确定。臂杆的安装需做到以下要求：

(1) 各定点铰座的中心应保持在垂直隧道中轴线的同一个平面内；

(2) 各铰座的转轴线应平行于隧道的中轴线；

(3) 在浮点铰处，长、短臂的轴线应构成直角；

(4) 为了绕过隧道壁面上的障碍物（如管线、轨道等），长臂可以预制成任何适当的形式，但是杆的两端点连线与短杆在浮点铰处仍应呈直角；

(5) 定点铰座必须牢靠固定在壁面上，臂杆与铰之间必须连接紧密且转动自如，臂杆不受铰点以外的其他约束；

(6) 在有条件的情况下监测断面应尽量按闭合环式布置，以便计算结果平差计算。若闭合布设有困难也可按非闭合形式布设。

二、管片接缝张开度监测

管片接缝张开度监测主要是通过测微计或位移传感器等仪器量测管片接缝的张开距离实现，以了解管片结构变形情况。

用测微计监测管片接缝张开度时，先在管片接缝两侧各布设一根钢钉，作为管片接缝张开度的测点，用数字式游标卡尺测定接缝两侧钢钉的间距变化，即可获取管片接缝张开度的变化。

用位移传感器监测管片接缝张开度时，在管片接缝的一侧安装位移传递片，在另一侧安装位移传感器固定装置。监测时，将位移传感器固定装置安装在接缝的一侧，而将位移传感器的触头抵到接缝另一侧的位移传递片上，自动或定期用二次仪表监测位移传感器的数值，即可获取管片接缝张开度的变化。

三、管片周围土压力和孔隙水压力监测

管片周围土压力和孔隙水压力监测采用土压力计、孔隙水压力计和频率仪，以了解作用在管片外侧的受力情况，分析管片结构的稳定状态。

管片周围土压力计的埋设，先是在管片预制时，在土压力上点焊三根 $\phi 6$ 的细钢筋，在水中把细钢筋一头焊到土压力计底周边上，三根细钢筋均匀分布，形成三角支点，再将三根钢筋的另一端点焊至管片的钢筋笼上，轻压土压力计，使土压力计受压面与管片外表面平齐或略高出管片混凝土面 $1\sim2mm$，如受压面高出管片表面太多，将导致测量结果偏大；如土压计受压面低于子管片表面，测量结果将偏小。然后将土压计的正面（敏感膜）用保护板盖住，管片钢筋笼放入钢模时，应确保土压计外侧的保护板与钢模贴紧，最后浇筑混凝土。

土压力计的导线沿管片钢筋集中引到在管片内侧布置的接线盒内或专门预埋的注浆孔中，然后从接线盒或预埋注浆孔引出，一般每个注浆孔可引出三根导线，在接线盒内或预埋注浆孔中预留导线的长度一般为 $300\sim500mm$。

管片周围孔隙水压力计通常在盾构推进前从地表用钻孔法埋设，其埋设方法详见第三章。

四、管片结构内力监测

管片结构内力监测是了解和掌握管片受力情况，以分析管片的受力特征及分布规律和管片结构的安全状态。监测采用钢筋计（应力计或应变计）和频率仪。

　　管片内钢筋应力计的埋设方法与支撑内的基本相同。先将连接螺杆与长约 50cm 的等直径短钢筋焊接牢，然后将连接螺杆拧入钢筋应力计，形成测杆，对于环向钢筋应力计还需将测杆弯成与钢筋笼一样的圆弧形。然后将管片钢筋笼测点处的受力钢筋截去略大于应力计加两根连接螺杆的长度，将钢筋应力计对准受力钢筋截去的缺口处，把测杆两端的短钢筋与受力钢筋焊接牢，如图 5-2 所示，焊接时用湿毛巾护住连接螺杆，以起隔热作用保护钢筋应力计。也可以采用钢筋应变计以并联的方式，将其焊接到管片钢筋笼内外缘的主钢筋上。

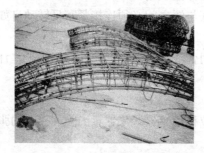

图 5-2　盾构管片钢筋应力计埋设

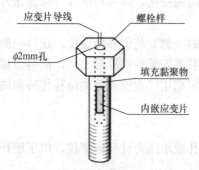

图 5-3　螺栓内部应变片安装示意图

五、管片连接螺栓轴力监测

　　管片连接螺栓轴力监测采用应变片和电阻应变仪监测，以了解和掌握螺栓的受力情况，分析管片的受力特征及管片结构的安全状态。

　　用应变片监测螺栓轴力是将应变片粘贴在螺栓的未攻丝部位，先将该部位锉平粘贴好应变片，在螺栓中心从螺栓顶部预钻一个直径 2mm 的小孔，在粘贴应变片部位的附近沿螺栓直径方向也钻一个直径 2mm 的小孔与从螺栓顶部预钻螺栓中心小孔打通，应变片的导线从这个小孔引出，如图 5-3 和图 5-4 所示，应变片的引线与接线端焊接，在接头部位涂上环氧树脂，以保护接头不被损坏，自动或定期用应变仪监测其应变值，根据螺栓的弹性模量和直径可以换算成螺栓轴力。

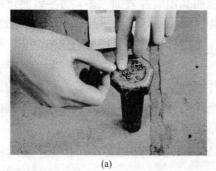
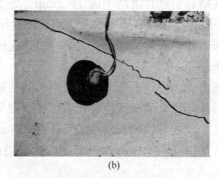

(a)　　　　　　　　　　　　　(b)

图 5-4　螺栓内部应变片安装照片

(a) 埋设前；(b) 埋设后

212

六、土体回弹监测

在地铁盾构隧道掘进中,由于卸除了隧道内的土层会引起隧道内外影响范围内的土体回弹。土体回弹是地铁盾构隧道掘进后相对于地铁盾构隧道掘进前的隧道底部和两侧土体的上抬量。一般在盾构前方埋设回弹桩采用精密水准仪测量的方法监测。底部土体回弹桩应埋入隧道底面以下 30~50cm,两侧土体回弹桩的埋设要利用回弹变形的近似对称性,对称埋设或单边埋设。根据土层土质的情况,回弹桩的埋设可采用钻孔法,参见第三章。

第三节 盾构隧道监测方案

盾构隧道监测方案编制前应该重点弄清楚地表和地下建(物)筑物的情况以及保护要求,结合盾构隧道在施工过程中可以调整的施工工艺参数。合理监测方案编制是能将及时采集地表、土体和临近建(构)筑物变形的数据反馈于施工,通过调整施工工艺参数,将地表、土体和临近建(构)筑物变形控制在允许的范围内。盾构隧道施工监测方案编制的主要内容是:

(1) 监测项目的确定;

(2) 监测方法和精度的确定;

(3) 监测断面和测点布置的确定;

(4) 监测频率和期限的确定;

(5) 报警值及报警制度。

当工程遇到下列情况时,应编制专项监测方案:

(1) 穿越或邻近既有轨道交通设施;

(2) 穿越重要的建(构)筑物、高速公路、桥梁、机场跑道等;

(3) 穿越河流、湖泊等地表水体;

(4) 穿越岩溶、断裂带、地裂缝等不良地质条件;

(5) 采用新工艺、新工法或有其他特殊要求。

编制专项监测方案时,重点是要调查清楚这些特殊情况的特殊之处,研究盾构施工对这些特殊情况的建(构)筑物变形影响的特征和规律,确定它们变形的允许值。

一、监测项目和方法的确定

盾构法隧道施工监测项目的选择要考虑如下因素:

(1) 工程地质和水文地质情况;

(2) 隧道埋深、直径、结构形式和盾构施工工艺;

(3) 双线隧道的间距;

(4) 隧道施工影响范围内各种既有建(构)筑物的结构特点、形状尺寸及其与隧道轴线的相对位置;

(5) 设计提供的变形及其他控制值及其安全储备系数。

各种盾构隧道基本监测项目确定的原则可以参见表5-2。对于具体的隧道工程,还需要根据每个工程的具体情况、特殊要求、经费投入等因素综合确定,目标是要使施工监测能最大限度地反映周围土体和建筑物的变形情况,不导致对周围建筑物的有害破坏。对于某一些施工细节和施工工艺参数需在施工时通过实测确定时,则要专门进行研究性监测。

监测项目		地表竖向位移	管片竖向位移	地下水位	建(构)筑物变形	分层竖向位移	地表水平位移	土体深层位移、衬砌变形和竖向位移、隧道结构内部收敛等
地下水位情况	土壤情况							
地下水位以上	均匀黏性土	•	•	△	△			
	砂土	•	•	△	△	△	△	△
	含漂石等	•	•	△	△	△	△	
地下水位以下，且无控制地下水位措施	均匀黏性土	•	•	△	△			
	软黏土或粉土	•	•	•	○	△	△	
	含漂石等	•	•	•	△	△	△	
地下水位以下，有压缩空气	软黏土或粉土	•	•	•	○	○	○	△
	砂土	•	•	•	○	○	○	
	含漂石等	•	•	•	△	△	△	
地下水位以下，用井点降水或其他方法控制地下水位	均匀黏性土	•	•	•	△			
	软黏土或粉土	•	•	•	○	△	△	△
	砂土	•	•	•	△	△	△	△
	含漂石等	•	•	•	△	△	△	

注：•　必须监测的项目；○　建筑物在盾构施工影响范围以内，基础已做加固，需监测；
　　△　建筑物在盾构施工影响范围以内，但基础未作加固，需监测。

表 5-3 是《城市轨道交通工程监测技术规范》GB 50911—2013 规定的盾构隧道管片结构和周围岩土体的监测项目表，表中工程监测等级可划分为三级，是根据隧道工程的自身风险等级和周边环境风险等级确定的，具体划分如下：

一级：隧道工程的自身风险等级为一级或周边环境风险等级为一级的隧道工程；

二级：隧道工程的自身风险等级为二级，且周边环境风险等级为二级~四级的隧道工程；隧道工程的自身风险等级为三级，且周边环境风险等级为二级的隧道工程；

三级：隧道工程的自身风险等级为三级，且周边环境风险等级为三级~四级的隧道工程。

其中，隧道工程的自身风险等级划分标准为：超浅埋隧道和超大断面隧道属一级；浅埋隧道、近距离并行或交叠的隧道、盾构始发与接收区段以及大断面隧道属二级；深埋隧道和一般断面隧道属三级。

序号	监测项目	工程监测等级		
		一级	二级	三级
1	管片结构竖向位移	√	√	√
2	管片结构水平位移	○	○	○
3	管片结构周边收敛	√	√	√
4	管片结构内力	○	○	○
5	管片连接螺栓轴力	○	○	○
6	地表竖向位移	√	√	√
7	土体深层水平位移	○	○	○
8	土体分层竖向位移	○	○	○
9	管片周围压力	○	○	○
10	孔隙水压力	○	○	○

注：√——必测项目，○——选测项目。

周边环境风险等级的划分见表 5-4。

周边环境风险等级   表 5-4

周边环境风险等级	等级划分标准
一级	主要影响区内存在既有轨道交通设施、重要建（构）筑物、重要桥梁与隧道、河流或湖泊
二级	主要影响区内存在一般建（构）筑物、一般桥梁与隧道、高速公路或地下管线； 次要影响区存在既有轨道交通设施、重要建（构）筑物、重要桥梁与隧道、河流或湖泊； 隧道工程上穿既有轨道交通设施
三级	主要影响区内存在城市重要道路、一般地下管线或一般市政设施； 次要影响区内存在一般建（构）筑物、一般桥梁与隧道、高速公路或地下管线
四级	次要影响区内存在城市重要道路、一般地下管线或一般市政设施

监测方法应根据监测对象和监测项目的特点、工程监测等级、设计要求、精度要求、场地条件和当地工程经验等综合确定，并应合理易行。监测过程中，应做好监测点和传感器的保护工作。测斜管、水位观测孔、分层竖向位移管等管口应砌筑窨井，并加盖保护；爆破振动、应力应变等传感器应防止信号线被损坏。

表 5-2 中建筑物的变形系指地面和地下的一切建筑物和构筑物的竖向位移、水平位移和裂缝。

二、监测断面和测点布置

1. 监测断面布置

监测断面分纵向监测断面和横向监测断面，沿隧道轴线方向布置的是纵向监测断面，垂直于隧道轴线方向布置的是横向监测断面。纵向监测断面和横向监测断面上都需进行地表水平位移和地表竖向位移监测。横向监测断面布置与周边环境、地质条件以及监测等级有关，当监测等级为一级时，监测断面间距为 50~100m，当监测等级为二级、三级时，间距为 100~150m。如下情况需专门布置横向监测断面：

（1）盾构始发与接收段、联络通道附近、左右线交叠或邻近段、小半径曲线段等区段；

（2）存在地层偏压、围岩软硬不均、地下水位较高等地质条件复杂区段；

（3）下穿或邻近重要建（构）筑物、地下管线、河流湖泊等周边环境条件复杂区段。

遇到如下情况时，需要布设横向监测断面，并且在监测断面上要布设土层深层水平位移和分层竖向位移监测项目：

（1）地层疏松、土洞、溶洞、破碎带等地质条件复杂地段；

（2）软土、膨胀性岩土、湿陷性土等特殊性岩土地段；

（3）工程施工对岩土扰动较大或邻近重要建（构）筑物、地下管线等地段。

而在隧道管片结构受力和变形较大、存在饱和软土和易产生液化的粉细砂土层等有代表性区段，需要布设横向监测断面，并且在监测断面上要布设管片周围土压力和孔隙水压力以及地下水位监测项目。

所有监测项目，无论是必测项目还是选测项目均应尽量布置在同一监测断面上。

2. 测点布设

纵向监测断面和横向监测断面上都需进行地表水平位移和地表竖向位移监测。盾构隧道管片结构变形监测中，不同监测项目一般在每个监测断面的拱顶、拱底及两侧拱腰处布置，其中拱顶与拱底的净空收敛监测点同时作为竖向位移的监测点，拱腰处的净空收敛监测点同时作为水平位移监测点。管片结构内外力监测中，不同监测项目一般在每个监测断面上布设不少于 5 个测点。

　　盾构隧道地表水平位移和竖向位移纵向监测断面测点的布设一般需保证盾构顶部始终有监测点，所以，沿轴线方向监测点间距一般小于盾构长度，通常为 3～10m 一个测点。横向监测断面上，从盾构轴线由中心向两侧一般布设 7～11 个监测点，主要影响区的测点按间距从 3m 到 5m 递增布设，次要影响区的测点按间距从 5m 到 10m 递增布设。布设的范围一般为盾构外径的 2～3 倍，在该范围内的建筑物和管线等则需进行变形监测，测点布设方法见第二章。

　　在地表竖向位移控制要求较高的地区，往往在盾构推进起始段进行以土体变形为主的监测，如图 5-5 所示。土层深层水平位移和分层竖向位移监测点一般沿盾构前方两侧布置，以分析盾构推进中对土体扰动引起的水平位移，或者在隧道中心线上布置，以诊查施工状态和工艺参数。土体回弹监测点一般设置在盾构前方一侧的盾构底部以上土体中，以分析这种回弹量可能引起的隧道下卧土层的再固结沉降。

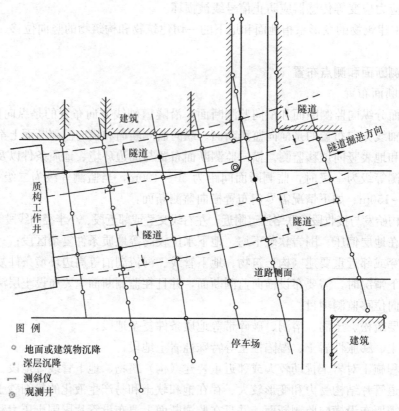

图 5-5　盾构推进起始段土体变形测点布设实例

　　盾构隧道管片结构变形监测项目一般布设在监测断面的拱顶、拱底及两侧拱腰处，其中拱顶与拱底的周边收敛监测点同时作为隧道结构竖向位移的监测点，拱腰处的周边收敛监测点同时作为水平位移监测点。管片结构内外力监测项目一般在每个监测断面上布设不少于 5 个测点。一般尽可能沿圆周均匀布置，同时结合管片分块情况，尽可能使每块管片上都埋设有管片结构内外力监测的传感器。

盾构隧道周围土层孔隙水压力和土压力的监测点一般在水压力变化影响深度范围内按土层分布情况布设，钻孔内的测点间距为2～5m，测点数量不少于3个。地下水位监测采用专门打设的水位观测井，分全长水位观测井和特定水位观测井，全长水位观测井设置在隧道中心线或在隧道一侧，井管深度自地面到隧道底部，沿井管全长开透水孔，如图5-6所示。特定水位观测井是为观测特定土层中和特定部位的地下水位而专门设置的，如监测某一个或几个含水层中的地下水位的水位观测井，设置于接近盾构顶部这样的关键点上的水位观测井，监测隧道直径范围内土层中水位的观测井，监测隧道底下透水地层的水位观测井，如图5-6所示。

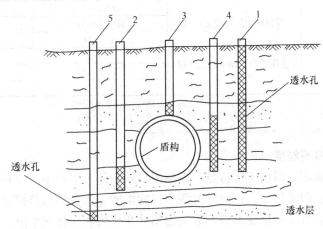

图 5-6 监测隧道周围地层地下水位的水位观测井
1—全长水位观测井；2—监测特定土层的水位观测井；3—接近盾构顶部水位观测井；
4—隧道直径范围内土层中水位的观测井；5—隧道底下透水地层的水位观测井

地下管线监测点的布置参见第三章。道路竖向位移监测必须将地表桩埋入路面下的土层中才能比较真实地测量到地表竖向位移。铁路的竖向位移监测必须同时监测路基和铁轨的竖向位移。

在监测点的布设中，还要根据施工现场的实际情况，根据以下原则灵活调整：

（1）按监测方案在现场布置测点，当实际地形不允许时，在靠近设计测点位置设置测点，以能达到监测目的为原则；

（2）为验证设计参数而设的测点布置在设计最不利位置和断面，为指导施工而设的测点布置在相同工况下最先施工部位，其目的是为了及时反馈信息，以修改设计和指导施工；

（3）地表变形测点的位置既要考虑反映对象的变形特征，又要便于采用仪器进行监测，还要有利于测点的保护；

（4）深埋测点（结构变形测点等）不能妨碍结构的正常受力，不能削弱结构的刚度和承载力；

（5）各类监测点的布置在时间和空间上有机结合，力求同一监测部位能同时反映不同的物理变化量，以便能找出其内在的联系和变化规律；

（6）测点的埋设应提前一定的时间，并及时进行初始状态数据的量测；

（7）测点在施工过程中一旦破坏，尽快在原来的位置或尽量靠近原来位置补设测点，以保证该测点监测数据的连续性。

三、监测频率的确定

《城市轨道交通工程监测技术规范》GB 50911—2013对盾构隧道施工监测频率所作的规定见表5-5所示。将开挖面前方和后方的监测频率分开规定，并根据开挖面与监测点或监测断面的水平距离确定频率的大小。开挖面前方主要监测周围岩土体和环境上的监测项目，开挖面后方则再增加管片结构上的监测项目。

盾构隧道工程施工监测频率　　　　表5-5

监测部位	监测对象	开挖面至监测点或监测断面的距离	监测频率
开挖面前方	周围岩土体和周边环境	$5D<L\leqslant8D$	1次/(3~5d)
		$3D<L\leqslant5D$	1次/2d
		$L\leqslant3D$	1次/1d
开挖面后方	管片结构、周围岩土体和周边环境	$L\leqslant3D$	(1~2次)/1d
		$3D<L\leqslant8D$	1次/(1~2d)
		$L>8D$	1次/(3~7d)

注：1. D——盾构法隧道开挖直径(m)，L——开挖面至监测断面的水平距离(m)；
2. 管片结构位移、净空收敛宜在衬砌环脱出盾尾且能通视时进行监测；
3. 监测数据趋于稳定后，监测频率宜为1次/(15~30d)。

四、报警值和报警制度

盾构隧道施工监测应根据工程特点、监测项目控制值、当地施工经验等制定监测预警等级和预警标准。监测项目控制值应按监测项目的性质分为变形监测控制值和力学监测控制值。变形监测控制值应包括变形监测数据的累计变化值和变化速率值；力学监测控制值宜包括力学监测数据的最大值和最小值。盾构施工过程中，当监测数据达到预警标准时，必须进行警情报送。

地表竖向位移和盾构隧道管片结构竖向位移、周边收敛控制值应根据工程地质条件、隧道设计参数、工程监测等级及当地工程经验等确定，当无地方经验时，可按表5-6和表5-7确定。

盾构隧道管片结构竖向位移、周边收敛控制(GB 50911—2013)　　　表5-6

检测项目及岩土类型		累计值(mm)	变化速率(mm/d)
管片结构沉降	坚硬~中硬土	10~20	2
	中软~软弱土	20~30	3
管片结构差异沉降		0.04% L_g	—
管片结构净空收敛		0.02% D	3

注：L_g——沿隧道轴向两监测点距离；
D——隧道开挖直径。

盾构隧道地表沉降控制值(GB 50911—2013)　　　表5-7

监测项目及岩土类型		工程监测等级					
		一级		二级		三级	
		累计值(mm)	变化速率(mm/d)	累计值(mm)	变化速率(mm/d)	累计值(mm)	变化速率(mm/d)
地表沉降	硬土—中硬土	10~20	3	20~30	4	30~40	4
	中软—软弱土	15~25	3	25~35	4	35~45	5
	地表隆起	10	3	10	3	10	3

注：本表主要适用于标准断面的盾构法隧道工程。

盾构隧道穿越或邻近高速工程和铁路线施工时，监测项目的控制值应根据对应行业规范的要求。对风险等级较高或有特殊要求的高速公路、城市道路和铁路线，要通过现场探测和安全性评估，并结合地方工程经验，确定其竖向位移等控制值。当无地方工程经验时，对风险等级较低且无特殊要求的高速公路与城市道路的路基、既有铁路路基竖向位移控制值可参考表 5-8，且既有铁路路基差异竖向位移控制值宜小于 $0.04\%L_t$（L_t 为沿铁路走向两监测点间距）。

路基沉降控制（GB 50911—2013）   表 5-8

监测控制量		累计值 （mm）	变化速率 （mm/d）
高速公路、城市主干道		10～30	3
一般城市道路		20～40	3
既有铁路沉降	整体道床	10～20	1.5
	碎石道床	20～30	1.5

五、地表变形曲线分析

盾构施工监测的所有数据应及时整理并绘制成有关的图表，施工监测数据的整理和分析必须与盾构的施工参数采集相结合，如开挖面土压力，盾构推力、盾构姿态、出土量、盾尾注浆量等。盾构推进引起的地表竖向位移绘制成竖向位移时程曲线图和横向竖向位移槽图，见图 5-7 所示。在地表竖向位移时程曲线图上，横坐标为时间或测点与盾构的距离，并标上重要的工况，如盾构到达、盾尾通过、壁后注浆。地表横向竖向位移槽是垂直盾构推进方向的横剖面上若干个地表监测点在特殊工况和特殊时间的地表变形的形象图，其横坐标是测点距离盾构轴线的位置。在时程曲线上要尽量表明盾构推进的位置，而在纵

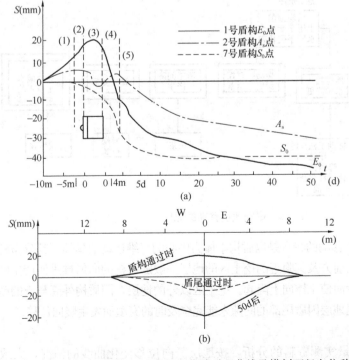

图 5-7　地表竖向位移时程曲线及横剖面竖向位移槽

向和横向沉降槽曲线，要标上典型工况和典型时间点，如：盾构到达、盾尾通过、1个月后。根据横断面地表变形曲线与预计计算出的沉降槽曲线相比，若两者较接近，说明盾构施工基本正常，盾构施工参数合理，若实测沉降值偏大，说明地层损失过大，需要按监测反馈资料调整盾构正面推力、压浆时间、压浆数量和压力、推进速度、出土量等施工参数，以达到控制沉降的最优效果。

双孔盾构隧道施工中隧道上方的横剖面地表竖向位移槽（地表沉降槽）和分层竖向位移的实测曲线如图5-8所示。

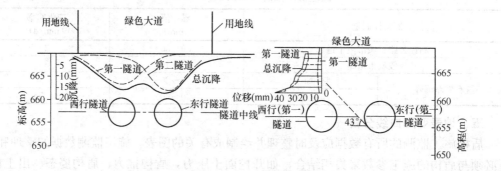

图 5-8 双孔隧道上方的沉降监测结果

盾构推进引起的地层移动因素有盾构直径、埋深、土质、盾构施工情况等，影响地层移动的原因见图5-9，其中隧道线型、盾构外径、埋深等设计条件和土的强度、变形特性、地下水位分布等地质条件是客观因素，而盾构形式、辅助工法、衬砌壁后注浆、施工管理情况是主观因素。

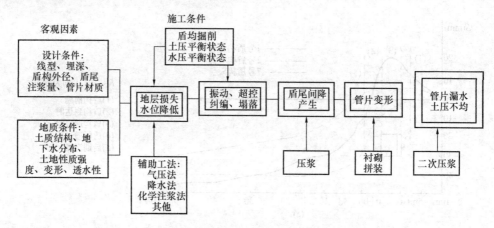

图 5-9 影响地层移动的原因

盾构推进过程中，地层移动的特点是以盾构本体为中心的三维运动的延伸，其分布随盾构推进而前移。在盾构开挖面前方及其附近的挖土区的地层一般随盾构的向前推进而产生竖向位移；但也会因盾构出土量少而使土体向上隆起。挖土区以外的地层，因盾构外壳与土的摩擦作用而沿推进方向挤压，盾尾地层因盾尾部的间隙未能完全及时的充填而发生竖向位移。

1. 地层移动特征

根据对地层移动的大量实测资料的分析，按地层竖向位移变化曲线的情况，大致可分为 5 个阶段：

(1) 前期竖向位移，发生在盾构开挖面前 3～$(H+D)$m 范围（H 为隧道上部土层的覆盖深度，D 为盾构外径），地下水位随盾构推进而下降，使地层的有效土压力增加而产生压缩、固结的竖向位移；

(2) 开挖面前的隆起，发生在切口即将到达监测点，开挖面坍塌导致地层应力释放使地表竖向位移，盾构推力过大而出土量偏少使地层应力增大，使地表隆起，盾构周围与土体的摩擦力作用使地层弹塑性变形；

(3) 盾构通过时的竖向位移，从切口到达至盾尾通过之间产生的竖向位移，主要是由于土体扰动后引起的；

(4) 盾尾间隙的竖向位移，盾构外径与隧道外径之间的空隙在盾尾通过后，由于注浆不及时和注浆量不足而引起地层损失及弹塑性变形；

(5) 后期竖向位移，盾尾通过后由于地层扰动引起的次固结竖向位移。

2. 地表竖向位移的估算

地表竖向位移的估算方法主要有派克法。派克（Peck）法认为竖向位移槽的体积等于地层损失的体积，并假定地层损失在隧道长度上均匀分布，地表竖向位移的横向分布为正态分布，如图 5-10 所示。

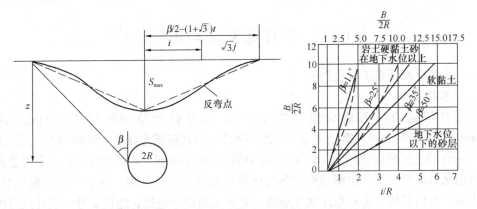

图 5-10　地面竖向位移的横向分布为正态分布

隧道上方地表竖向位移槽的横向分布的地表竖向位移量按下式估算：

$$s(x) = \frac{V_i}{\sqrt{2\pi}i}e^{\left(\frac{x^2}{2i^2}\right)} \tag{5-1}$$

式中　$s(x)$——隧道横剖面上的竖向位移量（m）；

　　　　V_i——沿隧道纵轴线的地层损失量（m^3/m）；

　　　　x——距隧道纵轴线的距离（m）；

　　　　i——竖向位移槽宽度系数，即隧道中心至竖向位移曲线反弯点的距离（m）。

沿隧道纵轴线的地表竖向位移曲线如图 5-11，某点的竖向位移量可以按下式估算：

$$s(y) = \frac{V_{i1}}{\sqrt{2\pi}i}\left[\Phi\left(\frac{y-y_i}{i}\right) - \Phi\left(\frac{y-y_t}{i}\right)\right] + \frac{V_{i2}}{\sqrt{2\pi}i}\left[\Phi\left(\frac{y-y'_i}{i}\right) - \Phi\left(\frac{y-y'_t}{i}\right)\right] \tag{5-2}$$

式中　$s(y)$——沿隧道纵轴线分布的竖向位移量（m）；

　　　　y、y_t——分别为竖向位移监测点和盾构开挖面至坐标轴原点 O 的距离（m）；

y_i——盾构推进起始点处盾构开挖面至原点 O 的距离（m）；

L——盾构长度；$y'_i = y_i - L$；$y'_f = y_f - L$；

V_{L1}——盾构开挖面引起的地层损失；

V_{L2}——盾尾空隙压浆不足及其他施工因素引起的地层损失；

Φ——标准正态分布函数。

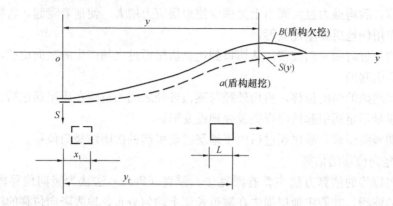

图 5-11　沿纵向隧道轴线的地面竖向位移曲线

第四节　盾构隧道施工监测实例

一、上海外滩通道工程监测

1. 工程概况

上海外滩通道工程盾构段全长 1098m，隧道衬砌结构外径 13950mm，内径 12750mm，厚 600mm，环宽 2000mm，共 549 环，盾构隧道主线最大纵坡为 5.0%。采用 Φ14270mm 的土压平衡盾构施工，从天潼路盾构工作井出洞，到福州路盾构工作井进洞。

盾构从天潼路工作井出洞后沿线穿越众多重要建（构）筑物，其中主要有浦江饭店、上海大厦、外白渡桥、南京东路地下通道、北京东路地下通道、地铁 2 号线及外滩万国建筑群。盾构沿中山东一路推进时，上方有大量管线。隧道覆土厚度约 8～24m，隧道主要分布于②$_{3-1}$灰色黏质粉土夹粉质黏土、②$_{3-2}$灰色砂质粉土、③淤泥质粉质黏土、④淤泥质黏土、⑤$_1$粉质黏土及⑤$_3$粉质黏土夹黏质粉土中。浅部土层中的地下水类型为潜水，稳定水位埋深为 0.90～2.50m（绝对标高为 0.81～2.66m），平均埋深为 1.55m（平均标高为 1.76m）。承压水分布于⑦（⑦$_1$、⑦$_2$）层和⑨层中，埋深分别为 5.35～10.31m 和 13.80m。

2. 监测项目和方法

监测项目包括：（1）周边地下综合管线竖向位移监测；（2）周边建（构）筑物竖向位移监测；（3）盾构隧道沿线地表竖向位移剖面监测；（4）隧道结构竖向位移监测；（5）隔离桩顶部竖向位移、水平位移监测；（6）隔离桩、围护结构深部水平位移监测；（7）土体分层竖向位移监测；（8）深层土体水平位移监测；（9）孔隙水压力监测；（10）土压力监测；（11）隧道管片外侧土压力监测；（12）隧道周边收敛监测。各监测项目布点情况如下：

（1）周边地下综合管线竖向位移监测

根据工程周边管线图和现场的实际情况，在盾构沿线影响范围内的上水管线上布设竖向位移监测点 80 点（编号 S1～S80），在燃气管线上布设竖向位移监测点 52 点（编号 M1～M52），在雨水管线上布设竖向位移监测点 58 点（编号 Y1～Y58），在电力管线上布设竖向位移监测点 5 点（编号 D1～D5），点距约 15m。共计布设周边地下综合管线竖向位移监测点 195 点。

（2）周边建（构）筑物监测

在盾构沿线施工影响范围内的建（构）筑物上共计设置竖向位移监测点 318 个，编号 F1～F286、F45-1、F45-2、BTD1～BTD18（北京东路人行通道内布设的监测点）、NTD1～NTD12（南京东路人行通道内布设的监测点）。

（3）隧道沿线地表竖向位移剖面监测

地表竖向位移监测同时布置横向剖面与纵向剖面。

① 横向剖面布置：苏州河以北试验段：按每 5m 设置一剖面；正常段：按每 10m 设置一剖面；进洞前 50m：按每 5m 设置一剖面。具体布置如下：在工作井往外分别以 5m、5m、5m、10m、10m、10m 间距布设一横向监测剖面。距盾构工作井 50m 范围外的其他区段，按每 50m 布置一个横向剖面，共计设置 35 个横向剖面，编号为 C1～C35。其中，第 11、12 剖面布设在苏州河防汛堤上，每组剖面测点的编号为 A～1，见图 5-12。

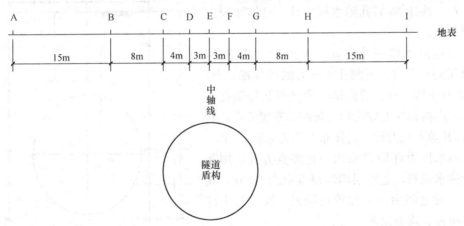

图 5-12　地表竖向位移横向剖面测点布置示意图

② 纵向剖面上的测点布置：沿隧道纵轴线方向整体形成纵向监测剖面，沿盾构隧道纵轴线每 10m 布置一组监测点，但在盾构推进出洞区段每 5m 布置一组监测点，遇建筑物、横向监测剖面线处跳过，共计布置 84 组监测点，编号为 B1～B84，每组纵向剖面监测点布置三个测点，编号为 D～F，见图 5-13，即在隧道纵轴向上方布置一个测点 E，在隧道纵轴向左右 7m（基本在盾构外边线）处各布置一个监测点 D、F。

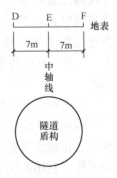

图 5-13　纵剖面上各组测点的横向布置示意图

（4）隧道竖向位移监测

在拼装完成的管片结构底部埋设竖向位移监测点，隧道进出洞段、苏州河下部每 6m（3 环）设一竖向位移监测点，其他段每 16m（8 环）设一竖向位移监测点。在盾构盾尾脱出地铁 2 号线后，在隧道轴线与地铁 2 号线相交附近区域，对测点进行加密。共计设置测点 108 个, 测点编号为: SDn (n 与管片环号相一致)。

(5) 深层土体水平位移监测

在隔离桩与保护建筑间、天潼路工作井、福州路工作井外, 以钻孔方式埋设带导槽 PVC 测斜管, 以监测施工过程中深层土体水平位移。共布置 10 个深层土体水平位移监测孔, 编号为 T01～T10。

采用 φ110 钻头干钻进成孔后, 埋设直径为 φ70 的专用 PVC 测斜管, 下管后管周用中砂密实, 孔顶附近再填充泥球, 以防止地表水的渗入。

(6) 土体分层沉降监测

在天潼路工作井外设置土体分层沉降监测孔, 编号为 FC1～FC11, 其中 FC1～FC6、FC11 测孔从孔口下每隔 4m 设置一只沉降磁环, 每孔共设置 6 只磁环; 监测孔 FC8 孔从孔口下每隔 5m 设置一只沉降磁环, 共设置 7 只磁环; FC7、FC9、FC10 测孔从孔口下每隔 3m 设置一只沉降磁环, 每孔共设置 8 只磁环。沉降磁环共计 73 只。

(7) 孔隙水压力和土压力监测

在天潼路工作井外设置 7 个孔隙水压力监测孔, 编号为 ST1～ST7, 盾构轴线两侧测孔每测孔布置 6 点, 盾构轴线上方的测孔每测孔布置 2 点, 共计 30 只孔隙水压力计。具体布设方式见图 5-14。

在天潼路工作井外设置 8 个土压力监测孔, 编号为 TY1～TY8。每测孔土压力测点布置 4 点, 共计 32 只土压力计。盾构轴线两侧测孔每测孔布置 6 点, 盾构轴线上方的测孔每测孔布置 2 点, 共计 30 只孔隙水压力计。具体布设位置见图 5-14。

孔隙水压力计埋设采用一孔多点方式, 用粗砂作为透水填料, 透水层填料厚度取为 0.8m, 孔隙水压力计之间用黏土球填料隔离, 投放黏土球时, 应缓慢、均衡投入。

(8) 隔离桩顶部竖向直位移、水平位移监测

在浦江饭店与盾构推进线路间设置的隔离桩顶上布设竖向位移、水平位移监测点, 以监测盾构推进过程中的隔离桩顶的变形, 布设 8 点, 编号 Q1～Q8。测点利用长 8cm 带帽钢钉直接布置在新浇筑的隔离桩顶部上, 并测得稳定的初始值。

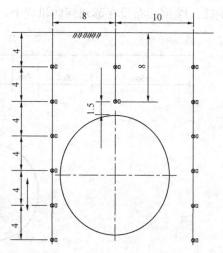

⊗ 土压计　　□ 空隙水压计

图 5-14 孔隙水压力和土压力
测点布置 (单位: m)

(9) 隔离桩及围护结构深部水平位移监测

在隔离钻孔灌注桩内埋设带导槽 PVC 测斜管, 以监测盾构推进期间隔离桩的深部水平位移。在浦江饭店侧隔离桩布置 4 个测斜孔, 编号 P01～P04, 孔深基本同桩深。在福州路工作井利用前期工作井基坑施工监测埋设的测斜管进行监测, 以监测盾构进洞前围护结构的深部水平位移, 计 1 个测斜孔, 编号 P05。

在钢筋笼上以绑扎方式埋设带导槽 PVC 测斜管, 管径为 φ70, 内壁有二组互呈 90°的纵向导槽, 导槽控制了测试方位。埋设时, 应保证让一组导槽垂直于隔离桩围护体, 另一

组平行于隔离桩墙体。

（10）隧道管片外侧土压力监测

在隧道内（上海大厦侧、地铁 2 号线断面）布设 2 个土压力监测断面，编号为 NTY1～NTY2，每个断面布置 4 个柔性土压力监测点，共 8 个柔性土压力测点。隧道管片外侧 NTY1 监测断面土压力测点布置如图 5-15 所示。

（11）隧道周边收敛监测

与隧道内土压力监测断面相对应位置布置两个收敛监测断面，编号为 L1～L2。

在每个收敛监测断面上布设 4 个测点，如图 5-16 所示。测点埋设时，先在测点位置用冲击钻打一个稍大于膨胀螺栓直径的孔，然后将顶端加工有螺孔的膨胀螺栓拧紧，再把用不锈钢制作的挂钩一端拧进膨胀螺栓即可。

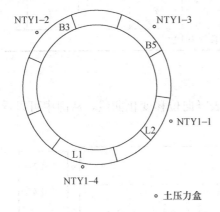

图 5-15　土压力监测断面测点布置示意图　　图 5-16　收敛监测断面测点布置示意图

3. 监测过程及结果分析

根据施工进展将监测工作分为以下几个阶段：盾构出洞段、盾构正常段、盾构进洞段，在各个阶段按盾构开挖面与监测断面的关系实施的监测频率见表 5-9。

不同盾构施工阶段的监测频率　　　　　　　　　　表 5-9

监测项目 \ 监测对象	出洞段			正常段			进洞段		
	$L=\pm50$（次/d）	$L=50\sim100$（次/d）	$L>100$（次/周）	$L=\pm50$（次/d）	$L=50\sim100$（次/d）	$L>100$（次/周）	$L=\pm50$（次/d）	$L=50\sim100$（次/d）	$L>100$（次/周）
地下管线竖向位移	5	2	1～2	2	1	2	2	2	1～2
地表竖向位移	5	2	1～2	2	1	2	2	2	1～2
建(构)筑物竖向位移	5	2	1～2	2	1	2	2	2	1～2
土体侧向位移	2	1	2	—	—	—	—	—	—
分层竖向位移	2	1	2	—	—	—	—	—	—

监测对象 监测项目	出洞段			正常段			进洞段		
	$L=\pm50$ （次/d）	$L=50\sim$ 100（次/d）	$L>100$ （次/周）	$L=\pm50$ （次/d）	$L=50\sim$ 100（次/d）	$L>100$ （次/周）	$L=\pm50$ （次/d）	$L=50\sim$ 100（次/d）	$L>100$ （次/周）
孔隙水压力	2	1	2	—	—	—	—	—	—
土压力	2	1	2	—	—	—	—	—	—
吴淞路闸桥 竖向位移	—	—	—	2	1	2	—	—	—
隧道管片外 侧土压力	—	—	—	2	1	2	—	—	—
隧道管片 周边收敛	—	—	—	2	1	2	—	—	—
隧道沉降	各施工阶段均为1次/周								

注：L表示盾构推进施工段后的距离，单位为米（m）。

（1）出洞段地表竖向位移

图5-17为盾构出洞段隧道沿线监测点的地表竖向位移变化曲线，从图中可以看出地

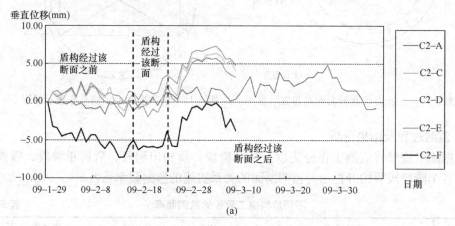

(a)

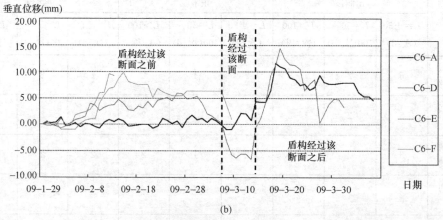

(b)

图5-17　隧道横向剖面监测点地表竖向位移历时曲线

（a）C2横剖面；（b）C6横剖面

表竖向位移变化的一般规律为：在盾构到达监测剖面前，测点有小幅向上位移，到达时，测点向下位移，随着盾构推进，测点再次向上位移，在盾尾完全脱出一段时间后，测点才向下位移并趋于收敛。

（2）出洞段深层土体水平位移

深层土体水平位移监测孔 T02、T06 位于盾构出洞段盾构轴线正上方，对于盾构轴线正上方的深层土体水平位移监测孔位移值为"＋"表示向南位移，"－"值表示向北位移。图 5-18（a）、（b）分别为 T02、T06 孔深层土体水平位移曲线图，从图中可以看出，深层土体水平位移随着盾构刀盘的接近，深层土体水平位移向盾构推进方向逐渐增大，盾构刀盘经过测斜管一段距离后深层土体水平位移达到最大，之后随着盾构的远离，深层土体水平位移有所减小。

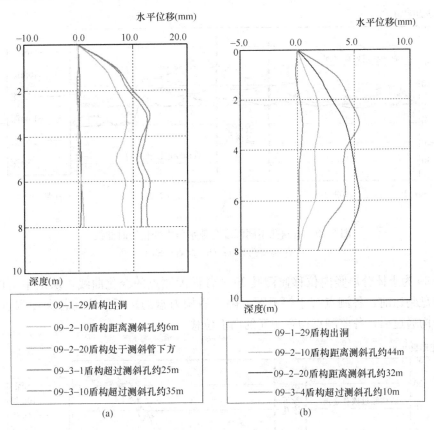

(a)

(b)

图 5-18　深层土体水平位移曲线图

(a) T02 孔；(b) T06 孔

（3）出洞段孔隙水压力

图 5-19 为孔隙水压力监测孔 ST1、ST3 各深度孔隙水压力变化曲线，从图中可以看出孔隙水压力的一般变化规律为：随着盾构刀盘的临近，孔隙水压力略有增大，盾构刀盘经过之后，孔隙水压力有小幅增加，随着盾构的远离，孔隙水压力维持一段时间后，孔隙水压力减小。

（4）出洞段土体分层竖向位移

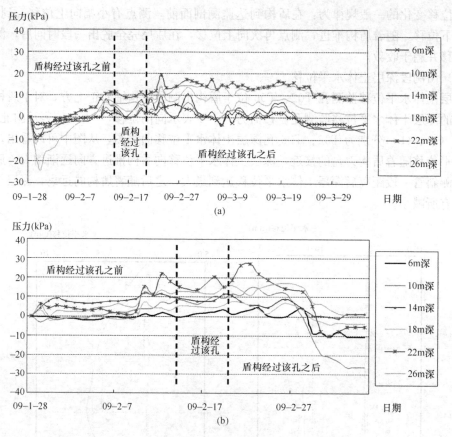

图 5-19　监测孔不同深度孔隙水压力变化历时曲线

(a) 监测孔 ST1；(b) 监测孔 ST3

图 5-20 为土体分层竖向位移监测孔 FC3 各深度测点的变化曲线，从图中可以看出，在盾构刀盘到达前，各测点有小幅下沉，随着盾构刀盘的接近，该孔各深度测点向上位移，在盾构通过后，各监测点均有明显的向上位移。

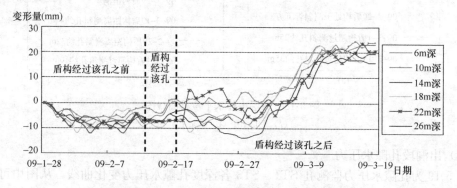

图 5-20　FC3 孔土体分层竖向位移变化历时曲线

(5) 出洞段土压力

图 5-21 为土压力监测孔 TY1、TY3 各深度土压力变化曲线。土压力监测孔 TY1、孔隙水压力监测孔 ST1 位于同一区域，变化规律有一定的类似，特别是在盾构出洞后，两

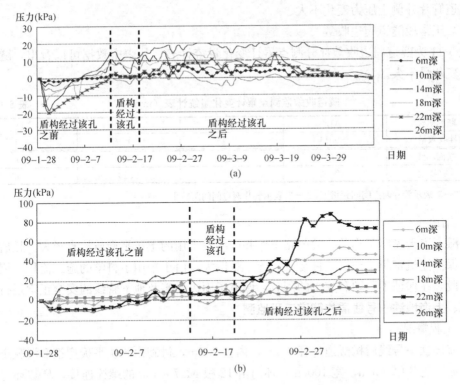

图 5-21 监测孔 TY1、TY3 各深度土压力变化曲线

(a) 监测孔 TY1；(b) 监测孔 TY1

孔部分测点压力都有突然减小的现象发生。土压力监测孔 TY3 各测点土压力在盾构通过后，22m 深测点有快速增加的过程，其他测点在盾构推进过程中变化较为平缓。

（6）正常段隧道管片外侧土压力

以 NTY1 管片外侧土压力监测断面进行分析，表 5-10 为该断面各测点最终土压力统计表。

NTY1 管片外侧土压力监测断面 表 5-10

点号	NTY1-1	NTY1-2	NTY1-3	NTY1-4
累计值	357kPa	312kPa	303kPa	387kPa

图 5-22 为 NTY1 管片外侧土压力监测断面各监测点土压力历时曲线，从图中可以看

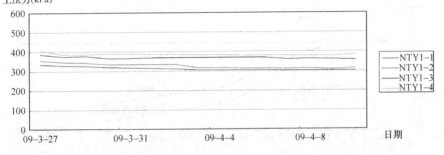

图 5-22 NTY1 管片外侧土压力监测断面各监测点土压力历时曲线

出，隧道管片外侧土压力变化不大。

（7）正常段隧道周边收敛

表5-11为隧道周边收敛部分测点累计变化量统计表，从表中数据可以看出，隧道周边收敛变化量不大。

隧道收敛监测点累计变化量统计表（mm）　　　　　　　　　　　　　表 5-11

L1 断面测线	AB	AD	BC	BD
累计收敛量	−0.14	−0.16	−0.18	−0.17
L2 断面测线	AC	AD	BC	BD
累计收敛量	−0.06	0.00	0.10	−0.02

注："＋"表示管片两点间间距增大，"－"表示管片两点间间距减小。

4. 结语

外滩通道天潼路工作井—福州路工作井区间段采用的土压平衡盾构直径大，且盾构推进沿线保护建筑密集、土层条件复杂，施工难度大，由于采用了科学的施工流程，周密的监测手段，在保证工程顺利施工的同时，保障了周边建筑及地下管线的安全正常运行。

二、上海地铁一号线盾构隧道工程监测

1. 工程概况

上海地铁一号线盾构隧道外径6.2m，内径5.5m，衬砌由6块平板型钢筋混凝土管片拼装而成，管片厚35cm，宽100cm，环向由12根 M27×400 的螺栓连接，环与环之间由16根 M30×950 的螺栓连接，隧道覆土厚6～8m。隧道所处的土层为最软弱的淤泥质粉质黏土和淤泥质黏土层，其含水量为 43.4%～59.8%，孔隙比为 1.4～1.6，粘结力为1.08～13.7kPa，内摩擦角为 7°～13°，易流塑，属高压缩性土。盾构机外径6.34m，长6.54m，盾壳后部设有6根注浆管，可在盾构推进的同时对盾尾进行注浆。静止土压力理论计算值为 0.16MPa，根据施工中的实际情况，初推段设定土压力值为 0.18～0.20MPa，推进100m后，根据现场实测数据，将设定土压力值调低为 0.16～0.18MPa。盾构推力为10000～12000kN，推进速度为 1.5～2.5cm/min。盾尾外壳与衬砌环的间隙为7cm，推进一环的空隙量为 1.4m³，盾尾同步注浆量为 2.5～3.5m³，注浆率达180%～250%，注浆压力为 0.3～0.4MPa，但实测衬砌环背面的注浆压力小于 0.2MPa。

2. 地表竖向位移监测结果

在盾构初推段施工时，对地表变形、土压力和孔隙水压力进行了监测，典型的沿盾构推进方向地表变形的变化见图 5-23，横向地表竖向位移槽的变化见图 5-24，具体变形情

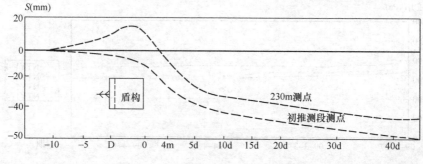

图 5-23　盾构推进方向地表变形曲线

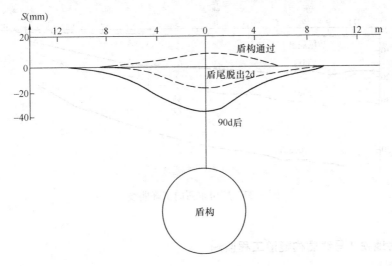

图 5-24　横向地表竖向位移槽的变化过程

况简述如下：

（1）盾构到达前（离切口 3m 以外），地表已产生变形，影响范围在 12m 以内，略小于覆土厚度与盾构直径的和；在开挖面前 5～12m，地表隆起量小于 5mm；在开挖面前 3～5m 时，地表隆起量在 10mm。

（2）盾构到达时（切口前 3m 至后 1m），地表变形量增大，隆起量增大到 15mm 以内，若因挤压而引起土体前隆，则隆起量在切口上方达到峰值。

（3）盾构通过时（切口后 1m 至盾尾脱出前），一般为地表沉降，其沉降量达 10～20mm，尤其是盾尾，也有发生先隆起后沉降现象的，这主要是因为盾壳外粘结一层土体而扩大了盾构直径所致。

（4）盾尾通过时（盾尾脱出至继续推进 4m），这是沉降量最大的阶段，可达 10～20mm，尤其是盾尾刚脱出时，若未及时同步注浆或注浆量不足，则沉降速率明显增大。

（5）盾尾通过后，扰动后的土体产生长期固结沉降，10d 后的沉降速率约为 1mm/d，30d 后降至 0.2mm/d，100d 后 0.06mm/d，100d 内的后期固结沉降可达 30mm。

横向地表沉降槽为正态曲线分布，两侧影响范围离轴线约 12m，主要影响范围离轴线约 5m 以内，其沉降量是沉降槽总面积的 80%。

3. 地面建筑物保护情况

盾构穿越一 3 层框架结构厂房，地下有一砖砌防空洞，隧道覆土厚 7.5m，为了保护厂房，实施了地面双液跟踪注浆，跟踪注浆主要在盾尾脱出时进行，以后随沉降监测数据进行多次补充压浆，厂房东西向沉降曲线如图 5-25，由图可见，厂房沉降不对称，轴线西侧沉降达 60mm，东侧略大于 20mm，沉降槽接近斜直线，不均匀沉降小于 40mm，未发现厂房开裂。

盾构还穿越一沪杭线道口，隧道覆土厚 7m，为了保护铁路，实施了地面双液跟踪注浆，并进行多次补充压浆．在盾构通过铁路时，铁路的隆起量小于 10mm，盾尾脱出时沉降量控制在 15mm 以内，后期累计沉降量控制在 30mm 以内，沪杭铁路在施工期间运营

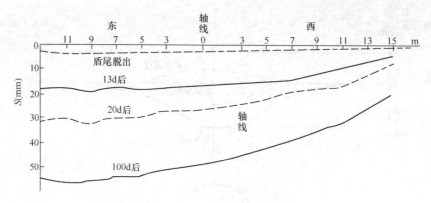

图 5-25　厂房东西向沉降曲线

正常。

三、上海地铁 2 号线盾构隧道工程监测

1. 工程概况

上海地铁 2 号线某一区间隧道为一圆形区间隧道，自江苏路站东端头井始至静安寺站西端头井止，隧道长度为 1161.376m。隧道外径为 6.2m，内径为 5.5m，隧道由预制衬砌管片拼装而成。该隧道穿越的地面道路有：愚园路（沿线长 300m）、镇宁路（横穿）、乌鲁木齐北路（横穿）、南京西路（沿线长 260m）、华山路（横穿）；隧道穿越的管线主要是道路下和住宅旁的煤气管、上水管、电缆管等，这些管线比较陈旧，结构较差。沿线的建筑物主要为 1～4 层的住宅楼，少量为 5～6 层住宅楼，附近的高层建筑有同仁医院大楼和百乐门大酒店等。

2. 监测项目和方法

监测内容主要为地面竖向位移监测、轴线附近建筑物及地下管线竖向位移。监测范围是以轴线为中心，左右 10m，和以盾构机头为中心，前方 20m，后方 30m。

（1）平面控制测量。为了布设轴线点，沿地铁轴线附近布设一条闭合平面控制导线，将轴线点放样到地面上。以 T211 和 T210A 两个控制点为起始点，沿途布设了 9 个首级控制点，然后在首级控制的基础上布设了 4 条二级控制支导线，以满足实地放样的要求。从已知水准控制点出发按二等水准测量要求测量各监测点的高程，测量闭合差 $\Delta h \leqslant \pm 1.0 \sqrt{N}$mm（$N$ 为测站数）。

（2）高程控制测量。由于监测路线较长，江苏路站和静安寺站两个水准点 II 19、II 21 相距太远，所以在沿途（距轴线 50m 以上）较稳定地区埋设了 5 个水准控制点，从 II 21 已知水准点出发按二等水准观测的要求，联测沿线各水准点后附合到 II 19 水准点上。经数据平差处理得到沿线各水准点的高程。在盾构推进位置的前方约 20m 前，测量两次监测点的高程，取平均值为初始值。

3. 监测点的布设

（1）轴线上地面监测点布设。为保证盾构顶部始终有监测点监测，所以沿轴线方向监测点间距小于 6m（盾构长 6m），因而，布设监测点时点距确定为 5m。按照设计资料每隔 5m 计算一个轴线点坐标，用已测定的导线控制点将这些轴线点放样到实地上（共 184 个轴线点，编号为 Z13～Z11580），用道钉打入地下，再用水泥固牢。垂直轴线方向每隔

30m 向两侧由近到远，分别在 2、5、9m 处布设 6 个点，共布设 31 个剖面 200 点（编号为 Z30＋2～Z1143＋2）。

（2）建筑物监测点的布设。在轴线两侧 10m 范围内建筑物墙上每隔 5～10m 布设一个监测点，共 99 个（编号为 F1～F99），用"L"形钢筋打入墙体内，再用水泥固牢。

（3）地下管线监测点的布设。在地下管线所在的地面上每隔 10m 布设一个监测点，用道钉打入地下，再用水泥固牢。共布设上水管监测点 13 个（编号为 S1～S13），煤气管监测点 12 个（编号为 M1～M10、G2、G3），电缆电话管测点 41 个（编号为 D1～D40、G1）。

4. 监测频率及报警

（1）监测频率。盾构每天推进约 10m，对地面竖向位移影响较大，所以每天监测两次（上午 7～8 时，下午 17～18 时）。

（2）报警值。按照地铁公司要求，累计上升 10mm 和下沉 30mm 为报警值。

5. 监测数据分析

（1）轴线监测点在盾构推进期间，位于盾构头部的轴线监测点有上升趋势，但上升量很小，不足 1mm，盾构头部通过之后，轴线监测点呈下降变化，沉降量较大。从监测数据分析：盾构通过的后 3d，沉降量每天在 3mm 左右，之后沉降量逐渐减小至稳定。轴线监测点累计沉降量最大为轴线 700～800m 段，为 40mm 左右（超报警值 10mm），这与该段（诸安浜路）地质条件和盾尾漏浆等因素有关；其他轴线监测点累计沉降量在 20mm 左右。

（2）剖面监测点。从轴线剖面监测点数据分析，距轴线点 2m 的剖面监测点沉降量较大（约为轴线点沉降量的 70%），5m 剖面点沉降量约为轴线点沉降量的 40%，9m 剖面点沉降量很小。所以，因盾构推进造成的影响主要集中在轴线 5m 左右的范围。

（3）地下管线监测点。管线监测点沉降量多为 2～5mm，变化较大的镇宁路口（D12～D14、S4、M2）和诸安浜路段（D15～D28、S7～S8、M7），沉降量为 10～20mm。

（4）建筑物监测点。盾构穿越区域的建筑物监测点（F7～F47）和诸安浜路邻近建筑物监测点（F59～F66）沉降量较大，为 10～20mm；其他建筑物距轴线 9m 左右，盾构推进对其影响较小，其监测点（F1～F6、F48～F51、F83～F99）沉降量为 1～3mm。

（5）盾构推进后一个月监测点沉降量在 5～15mm 左右，平均日沉降量约为 0.2mm，基本上趋于稳定。

盾构推进期间地表监测点随时间变化曲线，见图 5-26；横轴线地表监测点沉降曲线示意图，见图 5-27；纵轴线地表监测点沉降变化曲线，见图 5-28。

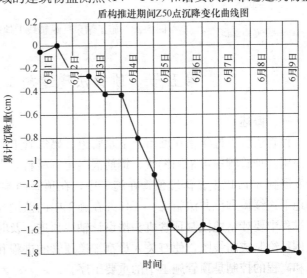

图 5-26 盾构推进期间地表监测点随时间变化曲线

233

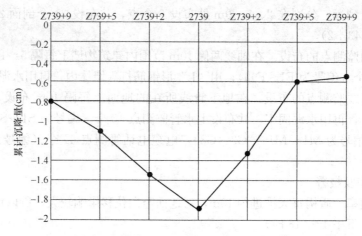

图 5-27 横轴线地表监测点沉降曲线示意图

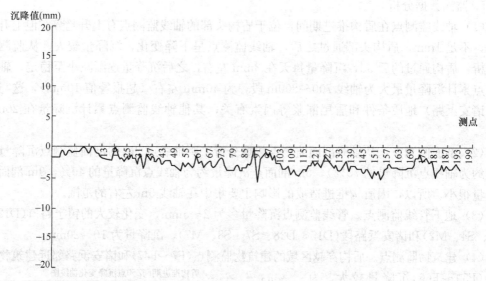

图 5-28 施工结束后纵轴线上地表沉降曲线

第五节 顶管法隧道施工监测及实例

一、概述

顶管法施工近年来在城市上下水管道、燃气管道和共同沟的施工中已经得到越来越多的使用。顶管管段可采用钢管、钢筋混凝土等材料，直径可达 4m 以上，顶管埋深也从几米发展到 30m 以上。深埋顶管在施工中，在顶管两端需开挖较深的工作井，工作井可采用地下连续墙和沉井法施工，工作井在施工中的监测与基坑工程的监测方法相类似。在顶进过程中要严格地控制顶管机头按设计轴线顶进，及时纠正偏差，将测量结果用足够大的比例尺绘制成曲线图，使有关人员都知道顶管的进程和姿态，顶管在顶进过程中的这些方向和高程的控制是顶管施工中的重要工序。

浅埋顶管要进行地表竖向位移、分层竖向位移、水土压力和地下水位等环境监测，对于埋深较大的顶管一般不必进行环境监测。在顶管的设计中采用了新方法或在施工中采用了新工艺，为保证安全并积累经验时，顶管顶进施工中可以进行如下项目的监测：顶管内力、顶管外侧土压力、顶管周围土压力和孔隙水压力、顶管接头相对位移和顶管收敛变形等。顶管施工的监测与盾构法隧道施工的监测有很多类似之处，且比其简单，因此，这里只提供一个依次顶进的两条近距离顶管隧道的监测实例。

二、合流污水外排工程监测实例

1. 工程概况

某合流污水外排工程穿越黄浦江时两条平行倒虹管采用顶管法施工，始发工作井顶管口底标高 -27.00（自然地坪 +4.50），接收工作井顶管口底标高 -10.34（自然地坪 +4.50）。顶管隧道全长 764.78m，其中自始发工作井至黄浦江边 250m 为直线段，其余主要为顺沿黄浦江底的曲线段，平均埋深在黄浦江底以下 7~8m。两平行顶管净距 1.28m，均采用内直径为 $\phi2200$ 的钢筋混凝土预制管段，每节管段长 3m，管壁厚 240mm，沿纵向配制 $\Phi10$ 钢筋，环向配制 $\Phi12$ 钢筋，主筋混凝土保护层厚度为 40mm。

顶管施工穿越地层由浦东向浦西依次为：⑦层草黄色砂质粉土、⑥-2层草黄色粉质黏土、⑥-1层暗绿色黏土、⑤-2层灰色黏砂互层、③层灰色淤泥质粉质黏土和④层灰色淤泥质黏土。顶进施工中土质变化较多，会使作用在开挖机头正面和管段外壁上的水土压力也将随之变化，导致顶管在顶进施工中所受的纵向和环向内力也将不断变化。

施工过程中进行监测的目的是保证两条顶管顶进施工的安全性以及跟踪监视第二条顶管顶进对第一条顶管的影响，必要时指导施工方调整工艺参数。此外，顶管管段设计采用德国规范，而且两条依次顶进的顶管净间距只有 1.28m（约为 0.5D），远小于上海地基基础设计规范规定的最小距离（D），因此监测结果还可验证该工程顶管隧道设计中采用的设计理论在上海地区的适用性。

2. 监测项目和方法

在顶管施工期间开展以下四个方面的监测工作：

（1）顶管内力

顶管内力监测顶管纵向和环向应力的监测。通过在管段环向和纵向钢筋上安设钢弦式钢筋应力计，用测读的环向和纵向的钢筋应力值以推算顶管所受的弯矩和轴力。管段内力监测共设 8 个监测断面，如图 5-29 所示。其中第一条隧道 5 个别位于浦东工作井出洞口以西约 10m、50m、125m，直线段与曲线段交接处及曲线段中部；第二条隧道 3 个，分别位于浦东工作井出洞口以西约 50m、125m 及曲线段中部。8 个监测断面中，距浦东或浦西工作井约 10m 的 2 个监测断面主要用于监视进出洞顶进作业的安全性，其余监测断面均兼有检验设计理论的作用。每个监测断面均在环向和纵向四个方位的内外侧钢筋上各布设一个钢筋应力计，每个断面共设 16 个，两条顶管隧道共埋设钢筋应力计 128 个，采用 GJJ 10 系列钢弦式。用 ZXY 系列 2D 型钢弦式频率接收监测，为单点手动测量。

（2）接触压力监测

为取得管段上实际承受的水土压力值，用 TYJ 系列钢弦式土压力计监测管段外壁面上的接触压力，量程为 0.5MPa。布设了 2 个接触压力监测断面，位置分别为与距浦东工作井出洞口 50m 和 125m 的两个土压力监测断面对应，每个断面均在上下左右 4 个方位各埋设 1 个土压力计。

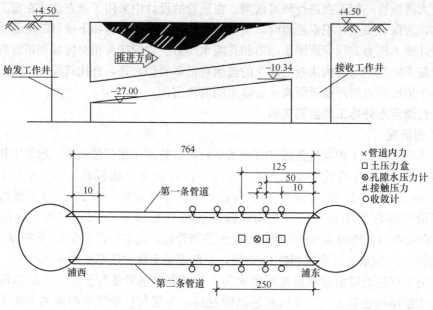

图 5-29 监测断面分布示意

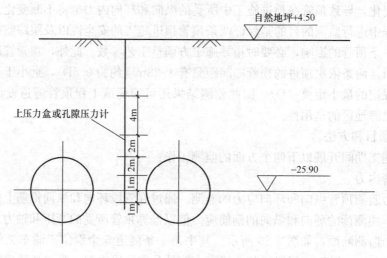

图 5-30 水土压力监测测点布设示意图

（3）水土压力监测

为确保第二条顶管顶进时管段结构的安全性，通过监测第一和第二条顶管之间的水土压力的大小和分布，验证施工工艺（顶进速率等）的合理性，监测采用土土压力计与孔隙水压力计。土土压力计的型号为 TYJ 系列钢弦式土压力计，量程为 0.5MPa，孔隙水压力计的型号为 KYJ30 系列钢弦式孔隙水压力计，量程为 0.5MPa。监测钻孔布置在浦东工作井至黄浦江岸间的直线段的顶管之间，第一测孔在距工作井出洞口 10m 远处，安装 6个土土压力计，主要监测顶管出洞时的安全性；第二测孔在距工作井以西 50m 远处布设，安装 6 个土土压力计；第三测孔在距工作井以西 52m 远处布设一个，安装 6 个孔隙水压力计；第四测孔布设在距工作井 125m 远处，安装 6 个土土压力计。土土压力计在孔内的布设位置为：两顶管的连心线上布设一个，连心线以下 1m 处布设一个，连心线以上距连心线 1m、3m、5m、9m 各布设一个，如图 5-30 所示。孔隙水压力计的埋设位置与之相同。4 个测孔共埋设土土压力计 18 个，孔隙水压力计 6 个。

（4）顶管接头相对位移监测

为了在第二条顶管顶进时监测第一条顶管管段接缝的张开情况，约每隔 50m 设置一个顶管接头相对位移监测断面，总数为 15 个，每个监测断面上均匀布设 5 个测点。在顶管接头两侧用膨胀螺栓安装测标，用数显式测微计监测两侧测标间的相对位移。

（5）顶管收敛变形监测

在两条顶管内均布设收敛变形监测装置，以测量管段在水土压力作用下的变形情况，第一条顶管约 50m 设一个收敛变形监测断面，共设 15 个断面。第二条顶管设 6 个断面，位置选为与顶管内力监测断面相一致，两条顶管共设 21 个收敛变形监测断面。断面上监测点为水平直径和垂直直径以及拱顶与水平直径上两点的连线，用膨胀螺栓形成测点。采用美国 Geokon 公司的 1600 型卷尺式伸长计测量。

3. 元件埋设方法和测读

钢筋应力计和监测接触压力的土压力计在制管厂管段制作时进行埋设。

（1）钢筋应力计

先将连接螺杆与长约 50cm 的等直径短钢筋焊接牢，然后将连接螺杆拧入钢筋应力计，形成测杆，对于环向钢筋应力计还需将测杆弯成与钢筋笼一样的圆弧形。将顶管钢筋笼测点处的受力钢筋截去略大于测力计加两根连接螺杆的长度，将钢筋应力计对准受力钢筋截去的缺口处，把测杆两端的短钢筋与受力钢筋焊接牢。焊接时用湿毛巾护住连接螺杆，以起隔热作用保护钢筋应力计。

（2）接触土压力计

截取长 300mm 直径 5mm 的细钢筋，取三根细钢筋在水中把细钢筋一头焊到土压力计底周边上，三根细钢筋均匀分布。取 5mm 左右的聚乙烯板，将其剪成与土压力计大小的圆形，用胶布将其固定在土压力计的正面，即敏感膜上。用手将土压力计按到预定测点上顶管外圈钢筋笼的外侧，然后将三根细钢筋的另一头与钢筋笼任一相接触的钢筋点焊，土压力计即固定到钢筋笼表面。置钢模时，土压力计外侧的聚乙烯板与钢模贴紧，若不贴紧，在浇筑混凝土时，利用液态混凝土的侧向挤压力，也会将土压力计挤向钢模，而聚乙烯板这时起到保护土压力计敏感膜的作用。顶管顶进前将聚乙烯板除去，顶管顶入后土压力即直接作用在土压力计的敏感膜上。钢筋应力计和土压力计的导线从专门预埋的注浆孔中引出。每个注浆孔可引出三根导线，在埋设断面上根据需要预埋几个注浆孔供导线引出用。钢筋应力计和土压力计安装好后，将导线沿钢筋笼的钢筋引到注浆孔处，导线用细铁丝绑扎到钢筋上。每个引线都必须严格标上记号，并做记录。引入注浆孔后需仔细地做好密封防水处理，监测结束后再按常规注浆孔的密封处理办法做防水处理。所有监测元件安装好后，再用监测仪器全面检查一遍。浇筑混凝土时，在钢模上面标上监测元件各埋设区的记号，浇捣时严禁振动器在埋设区域振捣。拆模后，再用监测仪器对所有监测元件全面检查一遍，以检验元件的埋设情况。

（3）土压力计和孔隙水压力计钻孔埋设

用钻孔法埋设土压力计时，需先制作固定土压力计的钢筋骨架，钢筋骨架由直径为

12mm 的钢筋焊制成梯子状，每个骨架长 5m、宽 100mm（土压力计直径约 110mm），横档间距也为 100mm。将土压力计按预先设计的间距与钢筋骨架点焊牢，再用细铁丝将土压力计与钢筋骨架绑扎加固。用直径为 120mm 的钻头钻孔到预定深度后下放钢筋骨架，下放时将钢筋骨架平面正向对准土压力的监测方向，若一节钢筋骨架长度不够，在下放时逐节焊接，直到土压力安置到所预定的位置。将钢筋骨架定位在钻孔中再用泥球充实钻孔即可。钻孔法中埋设土压力计时，用直径为 120mm 的钻头钻孔到预定深度，先在孔底填入部分干净的砂，然后将孔隙水压力计用牢固的尼龙绳系牢下放到预定位置，再在探头周围填砂，填砂段长约 1m，再采用膨胀性黏土或干燥黏土球将上部填封 1m 左右，将两个孔隙水压力计之间的水隔离开。埋设第二个孔隙水压力计时重复上述过程。

钢筋应力计、土压力计和孔隙水压力计均采用 ZXY 系列 2D 型钢弦式频率接收仪测读，为单点手动测量。监测时只要将传感器的两根引出线与频率接收仪的两根引出线分别相连，读出传感器钢弦的振动频率，根据预先标定好的频率－应力曲线即可推算钢筋应力、土压力和孔隙水压力。

钢筋应力计、接触土压力计和管段收敛变形的监测工作与顶进同步进行，即埋设监测元件后测取初读数，埋有监测断面的管段顶进后按需要每天或每两天测读一次，监测数据变化较大时监测次数适当增加，稳定后逐步减少。第二条顶管顶进完毕后仍适当测取一定量的数据，以辅助检验工程的持久稳定性和可靠性。顶管接头相对位移测标、土压力计和孔隙水压力计在第二条顶管顶进之前埋设，监测工作在第二条顶管顶进通过前开始，顶进通过后仍适当测取一段时间的数据。

4. 监测结果分析

（1）顶管轴力

由轴向钢筋应力计测取的数据，根据钢筋和混凝土变形协调原理算得 4 个管段的轴力随时间而变化的曲线，见图 5-31。顶管未贯通以前，顶管轴力随施工状态而波动，最大值达 6500kN，最小值为 2670kN，均小于实际最大顶进力 10000kN。鉴于实际最大顶进力除需克服正面轴向顶进阻力外，还需克服管壁摩擦力，因而，监测结果能反映顶管顶进时管段承受的实际轴力。顶管贯通后，纵向轴力迅速衰减，至大约 3500kN 时基本趋于稳定。

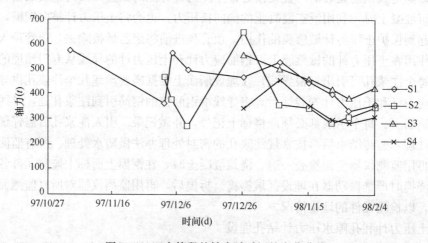

图 5-31 四个管段的轴力随时间的变化曲线

（2）接触压力和侧压系数

图 5-32 为 S1 和 S2 断面上各测点的接触压力和侧压系数随时间而变化的曲线。由图 5-32 可见顶管顶进过程中，注浆作业对接触压力的影响较大，使监测值均较高，尤其是 S1 管段。第一条顶管贯通后，注浆作业停止，接触压力迅速衰减到 $350\sim377\text{kPa}$，接近按浮重度计算时作用于管壁的理论水土压力。顶管顶进过程中，侧压力系数的变化也较大，表明一般为 $0.73\sim1.20$，个别为 0.56 和 1.6，原因似主要为注浆压力分布不均匀。第一条顶管贯通后，侧压力系数趋于 1.00 左右。可见对单孔圆形管段，顶进作业结束后承受的水土压力在管段四周趋于均匀。

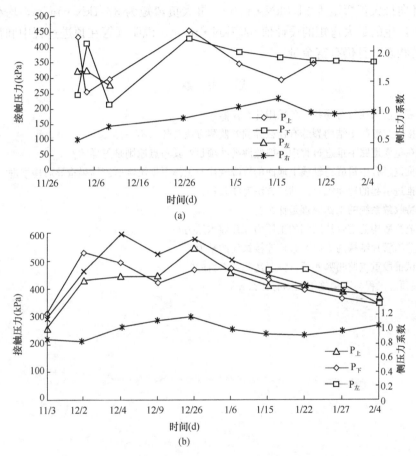

(a)

(b)

图 5-32　S1 和 S2 断面上接触压力和侧压系数时程曲线

（a）S1 断面上接触压力和侧压系数时程曲线；（b）S2 断面上接触压力和侧压系数时程曲线

（3）环向弯矩

环向弯矩由安装在顶管钢筋笼内外两侧的环向钢筋应力计获得的数据算得。约定正弯矩为外壁受压、内壁受拉的弯矩，则最大正弯矩为 31.8kN·m/m，最大负弯矩为：37.1kN·m/m，均小于管段在外荷载下产生的最大弯矩的设计值 52.7kN·m/m，说明迄今为止顶管在顶进过程中和贯通后均处于安全状态。

5. 结语

（1）监测元件的成活率为 100%，说明所采用的埋设方法是可行的；

（2）采用钢筋应力计，通过监测顶管钢筋笼轴向和环向内外圈上的钢筋应力算得顶管的纵向轴力和环向弯矩，以及用土土压力计测取接触面水土压力得出的结果符合顶管受力变形的规律；

（3）注浆压力对管段所受的接触压力有较大影响，可见，使注浆孔的注浆压力保持均匀将有利于管段的均匀受力，应引起重视；

（4）第一条顶管贯通后接触压力逐步趋于稳定，量值在上下左右方向均近于为 $350\sim377kPa$，该值接近于按浮重度计算所得的作用于管壁的垂直理论水土压力，且侧压力系数趋于 1.0，表明顶管趋于承受四周均匀的土压力，有利于管段结构保持稳定；

（5）环向最大正弯矩为 $31.8kN \cdot m/m$，最大负弯矩为 $37.1kN \cdot m/m$，均小于管段在外荷载下产生的最大弯矩的设计值 $52.7kN \cdot m/m$，说明顶管在顶进过程中和贯通后均处于安全的状态，且仍有富余量。

思 考 题

1. 盾构隧道监测项目有哪些？各采用什么仪器？
2. 盾构接缝与混凝土结构裂缝有什么异同？监测方法有什么不一样？
3. 盾构在重要道路下推进过程中一般监测哪些项目？其布点原则是怎样的？
4. 盾构推进过程中沿隧道轴线上地面的沉降规律？怎样根据沉降监测结果指导盾构推进？
5. 盾构推进引起的地面沉降的估算方法有哪几种？
6. 巴赛特收敛系统的工作原理是什么？
7. 如何监测盾构隧道管片周围的土压力和孔隙水压力？
8. 如何监测管片结构内力以及管片连接螺栓的轴力？
9. 盾构试推段重点监测哪些项目？要达到什么目的？
10. 浅埋顶管工程与盾构施工监测有什么异同？

第六章 边坡工程监测

第一节 概　　述

　　倾斜的地面称为坡或斜坡，在铁路、公路施工中形成的路堤斜坡称为路堤边坡，开挖路堑形成的斜坡称为路堑边坡，水利建设和矿山开采中开挖形成的斜坡也均称为边坡。

　　边坡按照成因可分为自然边坡和人工边坡。自然边坡是地表岩体在漫长的地质年代中经河流的冲蚀、切割以及风化、卸荷等作用形成的。人工边坡是由公路、铁路、水利水电建设和矿床开采等工程活动进行的挖方、填方所形成的。在重力、断层等不良地质构造、降雨和蓄水、工程施工扰动等单个或多个因素联合影响下，边坡稳定性受到破坏，滑体倾向于沿着一个或多个潜在滑动面向下作整体滑动而引发滑坡灾害。滑坡灾害会给建设工程和人民生命财产的安全构成巨大威胁并造成了巨大的经济损失，边坡监测是预测、预报和控制滑坡灾害产生的重要手段，是崩塌滑坡调查、研究和防治工程的重要组成部分。

　　在交通、水利水电、矿山等各建设领域中都会有大量的大型边坡工程，如：高原和山区铁路和公路高路堤和高路堑边坡、特大型水库库区边坡、大坝的坝基边坡、露采矿山的深大边坡、江河的河岸码头边坡等。由于大型边坡工程场区范围大、岩土介质性质复杂、地质构造和地应力分布不同，因此，需要通过边坡监测以达到如下目的：

　　(1) 滑坡险情的预测预报，为防灾救灾提供决策依据。

　　边坡监测是崩滑地质灾害预测预报信息获取的一种有效手段，通过监测可掌握滑动和蠕动变形发展趋势和崩塌、滑坡的变形特征及规律，预测预报崩滑体的边界条件、规模、滑动方向、失稳方式、发生时间及危害性，为决策部门提供决策依据，以制定相对应的对策及时采取防灾措施，避免和减轻工程和人员的灾害损失。

　　对边坡潜在破坏模式进行分析，确定边坡危险性区划和重点监测区，为确定边坡监测线和监测点的详细布设方案提供依据，以降低监测成本和提高监测的有效性。

　　(2) 保证边坡工程施工和运行过程中的安全。

　　通过在施工过程中的监测，跟踪和控制施工进程，保证边坡工程施工中的安全，同时，为施工工艺和施工组织的合理调整以及对原有的设计的改进提供最直接的依据，实现信息化施工。对发生滑动后加固处理的滑坡，分析评价其滑坡治理的工程效果。

　　(3) 为边坡工程设计和施工的技术进步积累资料。

　　对正在滑动的滑坡体掌握其演变过程，及时捕捉崩滑灾害的特征信息，为崩塌、滑坡的正确分析评价及治理工程提供可靠的资料和科学依据。通过对新的设计方法、新施工工艺、新的加固形式，以及对特殊地质和工程条件的边坡工程进行监测，可以验证它们的有效性并为新技术的采用提供科学依据。另外，监测结果还用于反分析计算得到边坡岩土体的特征参数并验证所采用的计算模型。

第二节　边坡工程监测的项目和方法

边坡监测的部位主要是坡顶、坡肩、坡面、坡底及相应的支挡结构，监测类型主要是变形、应力和水文，有时也包括振动等其他物理量。边坡监测的项目和所用仪器见表 6-1 所示。

边坡工程监测项目和所用仪器　　　　　　　　表 6-1

监测类型	监测项目	监测方法	监测仪器
变形监测	地面大地变形 地表裂缝 地下深部变形	大地测量法 测缝法 钻孔测斜法	水准仪、全站仪 测缝计、裂纹计 钻孔倾斜仪、多点位移计
应力监测	边坡岩体应力 锚杆（索）应力	滑动力监测法	锚杆应力计
水文监测	地表水位 地下水位 大气降水	自动监测法	水位标尺 水位自动记录仪 雨量计、雨量报警器
振动监测	爆破振动	宏观调查法 仪器监测法 波形分析法	标尺等长度量具 拾振器、记录器 地震仪检波器

目前，边坡工程监测技术已由过去的人工皮尺等简易工具的监测手段过渡到仪器监测，又正在向自动化、高精密、远程的监测系统发展。边坡工程监测可以分为变形监测、应力监测、水文监测及振动监测等类型。下面对这四种监测项目及所用仪器进行详细的介绍。

一、变形监测

变形监测分为地面变形监测、地表裂缝监测及地下深部变形监测。

1. 地面变形监测

地面变形监测分大地测量法和仪器监测法。

（1）大地测量法

由于在监测的初期，监测的重点部位往往难以确定，有时甚至事与愿违，埋设了监测仪器的地方无变形，没有埋设仪器的地方反而不稳定。因此，确定变形的范围是地面变形监测的难点，大地测量方法恰恰可以做到。大地测量方法是以变形区外稳定的测站为基准（或参照物）进行监测，能够直接监测到边坡地表的绝对位移量且不受量程的限制，可以监测到边坡变形演变的全过程，以掌握边坡工程的整体变形状态，为评估边坡的稳定性提供可靠依据。大地测量法具有技术成熟、精度较高、监控面广、成果资料可靠和便于灵活地设站监测等优点，故在边坡工程的地面变形监测中占有主导地位。但它也受到地形通视条件限制和气象条件（如风、雨、雾、雪等）的影响，具有工作量大、周期长、连续监测能力较差等不足。

常用的大地测量法主要有两方向（或三方向）前方交会法、双边距离交会法、视准线法、小角法、测距法及几何水准测量法，以及精密三角高程测量法等（见第二章）。常用前方交会法、距离交会法监测边坡变形的二维（X、Y方向）水平位移；用视准线法、小角法、测距法监测边坡的单向水平位移；用几何水准测量法、精密三角高程测量法监测边坡的竖向（Z方向）位移。常用高精度光学和光电测量仪器如精密水准仪、全站仪等仪器，通过测角、测距来完成。具体的监测方法和仪器在第二章中有详细介绍。

正倒垂线系统用于监测边坡水平位移，垂线法的基准线是一条一端固定的、铅直张紧的、直径为 1.5～2mm 的不锈钢垂线。它一般安装在竖井、竖管、空腔、钻孔或预留孔中，通过测出沿垂线不同高程的测点相对于垂线固定点的水平投影距离，来求算出各测点的水平位移值。由于沿高程的水平位移反映了观测对象挠曲情况，故也称挠度观测。

上端固定于观测对象上部或顶部、下端用重锤张紧钢丝的，称为正垂线，一般由专业竖井、垂线、悬线固定装置、重锤、垂线坐标仪和观测墩等部分组成；下端固定于建（构）筑物底部或基岩深处（视为相对不动点），上端用浮体装置将钢丝张紧，称为倒垂线，一般由专业竖井、垂线、倒垂锚块、浮筒（浮体装置）、垂线坐标仪和观测墩等部分组成。

垂线的观测方法有两种：一点支承多点观测法和多点支承一点观测法。一点支承多点观测法是指设置一条垂线，在垂线不同高程设置多个观测点进行观测，该方法正垂线和倒垂线均适用，在工程中应用广泛；多点支承一点观测法是指在同一垂直剖面的不同高程设置悬挂点，布置多条正垂线，在同一高程对每条正垂线进行观测，该方法只适用于正垂线，目前在工程中应用较少。

在垂线观测中，正垂线所测得的是相对位移，倒垂线所测得的是绝对位移，因此，工程中一般正垂线和倒垂线联合使用，将倒垂线的顶部观测点与正垂线的底部观测点置于同一高程，通过倒垂线来获得正垂线最低点的绝对位移，然后将正垂线上的各观测点的相对位移转化为绝对位移。

（2）仪器监测法

仪器监测法是用精密仪器对边坡工程进行地表位移等物理量进行监测的方法。按所采用的仪器可分为机械式仪表监测法（简称机测法）和电子仪器监测法（简称电测法）两类。其共性是监测的内容丰富，精度高，测程可调，仪器便于携带，监测成果资料直观、可靠度高，适用于边坡变形的中、长期监测。

电测法是将传感器（探头）埋设于边坡变形部位，通过二次仪表（如频率计之类）将电信号转换成容易测读的数据进行测读。该方法技术比较先进，原理和结构比机测仪表复杂，也可以进行遥测，适用于边坡变形的短期或中期监测。

电子仪器对使用环境要求相对较高，不适应在潮湿、地下水浸湿、酸性及有害气体的恶劣环境条件下工作，监测的成果资料不及机测可靠度高，其主要原因：一是传感器长期置于野外恶劣环境中工作时，防潮、防锈问题不能完全解决；二是仪器中的电子元件易老化，长期稳定性差，携带防振性差。因此，在选用电测仪器时，一定要具有防风、防雨、防腐蚀、防潮、防振、防雷电干扰等性能，并与监测的环境相适应，以保障仪器的长期稳定性及监测成果资料的可靠度。

一般而言，精度高、测程短的仪表适用于变形量小的边坡变形监测；精度相对低，测程范围大，量测范围可调的仪表适用于边坡变形处于加速变形或临崩、临滑状态时的监测。为增加可靠性、直观性，可以将机测与电测相结合使用，互相补充、校核，效果最佳。

1）引张线式水平位移计

引张线式水平位移计是由受张拉的因瓦合金钢丝构成的机械式监测水平位移的装置。其优点是：工作原理简单直观、结构耐久性好、监测数据可靠，适合于监测边坡工程中的水平位移。

其工作原理见图 6-1。在测点高程水平铺设能自由伸缩、经防锈处理的镀锌钢管，从各个测点固定盘引出因瓦合金钢丝至监测台固定标点，经导向轮，在其终端系一恒重砝码，测点移动时，带动钢丝移动，在固定标点处用游标卡尺量出钢丝的相对位移，即可算出测点的水平位移量。测点位移大小等于某时刻 t 时读数与初始读数之差，加相应监测台上固定标点的位移量。

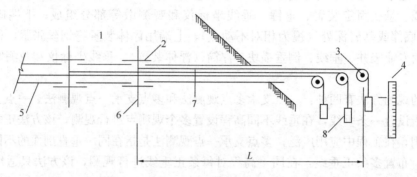

图 6-1　引张线式位移计工作原理示意图

1—边坡体；2—伸缩管接头；3—导向轮；4—游标卡尺；

5—保护钢管；6—锚固板；7—钢丝；8—恒重砝码

安装时，先埋设锚固板、固定盘，然后将伸缩接头、保护钢管组装成分线盘管路段，将组装后的管路段按观测设计要求预先分置于沟槽边坡，待穿线时再逐段抬到沟槽基床上；然后进行观测台的安装，要求观测台的位置应基本和保护钢管处于同一直线，同一高程；接下来将钢丝分别盘绕在专用绕线盘上，系上测点编号牌，将钢丝穿越管路；完成上述工作后在锚固板、固定盘处立模，填筑混凝土；最后将各测点钢丝按编号穿过分线板上的导管，绕过导向轮，并系挂砝码，同时将滑尺固定在该钢丝的适当位置，要求该测点水平变形达到最大时，滑尺仍在固定尺的量程范围内。

2）土体位移计

土体位移计是一种埋设于地表监测土体两点间相对位移的监测仪器。图 6-2 是差动变

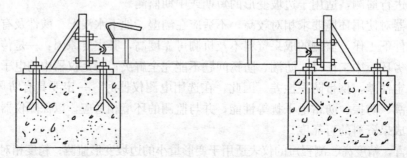

图 6-2　土体位移计安装示意图

244

压器式土体位移计安装在边坡地表的情况，安装时，应根据实际需要配制不同规格的锚固板（一般为法兰盘）、支架、固定桩等。

3）土中位移计（TS位移计）

土中位移计，也称土应变计，是挖坑埋设于填土中监测边坡地表土体间相对位移的监测仪器。其结构坚固、埋设容易、测量精度高，可测土体某部位任何一个方向的位移，可在任意方向单支埋设，亦可串联埋设。

安装埋设时多采用坑式埋设方法。测量坝体与岩坡交界面剪切位移多采用表面埋设方法。可单支埋设，亦可串联埋设。埋设过程中应特别注意固定端点的锚固端不能有位移，埋设的锚固板应与所测土体同步位移。

图6-3所示是滑动式土位移计示意图，其工作原理为：将电位器内可自由伸缩的因瓦合金钢连接杆的一端固定在位移计的一个端点上，电位器固定在位移计的另一个端点上，两端产生相对位移时，伸缩杆在电位器内滑动，不同的位移量产生不同电位器移动臂的分压，即把机构位移量转换成与它保持一定函数关系的电压输出。然后用数字电压表测出电压变化，换算出位移量。

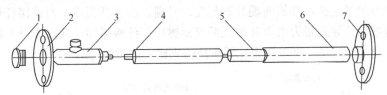

图6-3 滑线电阻式土位移计示意图

1—左端盖；2—左法兰；3—传感元件；4—连接杆；5—内护管；6—外护管；7—右法兰

2. 地表裂缝监测

（1）地表裂缝监测的方法

边坡工程地面岩土体的裂缝监测方法主要有简易观测法和测缝法。

简易观测法是通过规尺等人工的方法进行监测。可以在边坡体关键裂缝处和陡坎（壁）软弱夹层出露处埋设骑缝式简易观测桩，在建（构）筑物（如房屋、挡土墙、浆砌块石沟等）裂缝上设简易玻璃条、水泥砂浆片、贴纸片，在岩石、陡壁面裂缝处用红油漆画线作观测标记等，定期用各种规尺测量裂缝长度、宽度、深度变化及裂缝形态、开裂延伸的方向。第二章已经介绍了建筑物上监测裂缝的方法，也可以参考采用，图6-4为若干简易监测的装置。

该方法主要是通过对边坡工程

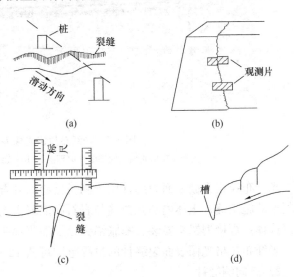

图6-4 简易监测装置

（a）设桩观测；（b）设片观测；（c）设尺观测；（d）刻槽观测

的宏观变形迹象及其有关的各种异常现象进行定期的监测，可以从宏观上掌握崩塌、边坡工程的变形动态及发展趋势。也可以结合仪器监测资料综合分析，初步判定边坡工程所处的变形阶段及中短期滑动趋势。即使是采用先进的仪器系统地对边坡工程进行监测方法监测，该方法仍然是不可缺少。

测缝法主要是利用测缝计等工具监测深部裂缝、滑带（或软弱带）的位移情况。优点是精度较高，效果较好；缺点是仪器易受地下水、气候等环境的影响和危害。目前多因仪器性能、量程所限，主要适应于初期变形阶段，即小变形、低速率，监测时间相对短的监测。

（2）测缝计法监测的仪器

地表裂缝监测的主要仪器是测缝计，它是裂缝两侧相对位移和结构接缝开合度变化的监测仪器，可用于软弱基岩中夹泥层的变形与错动、断层破碎带的变形以及边坡基岩的变形监测。测缝计可以分为单向、双向和三向测缝计。

1）光纤布拉格光栅表面裂缝计

光纤布拉格光栅表面裂缝计包括一个布拉格光栅感应元件，该元件与一个经过热处理、消除应力的弹簧连接，弹簧两端分别与光纤光栅、连接杆相连，当连接杆从传感器主体拉出，弹簧被拉长导致张力增大并由光纤光栅感应元件所感知，通过光纤光栅分析仪可精确地得到裂缝的开合度。图 6-5 为光纤布拉格光栅表面裂缝计。

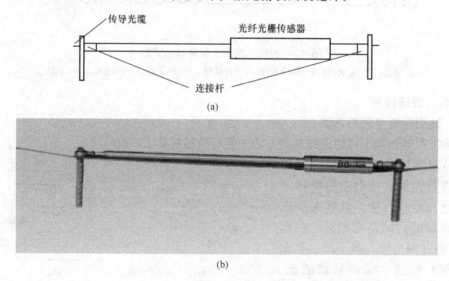

图 6-5　光纤布拉格光栅表面裂缝计
(a) 光纤布拉格光栅表面裂缝计原理图；(b) 光纤布拉格光栅表面裂缝计实物

光纤布拉格光栅表面裂缝计用于测量接缝的开合度，例如：建筑、桥梁、管道大坝等混凝土的施工缝；土体内的张拉缝与岩石和混凝土内的接缝。具体使用时有三种安装方式可以选择：焊接型锚头安装、膨胀锚头以及灌浆锚头。具体安装如图 6-6 所示。

光纤布拉格光栅表面裂缝计的量程范围可从 12～200mm。

2）三向测缝计

由单向大量程位移计构成的三向测缝计，主要用于沿两岩坡周边缝的三向位移监测，

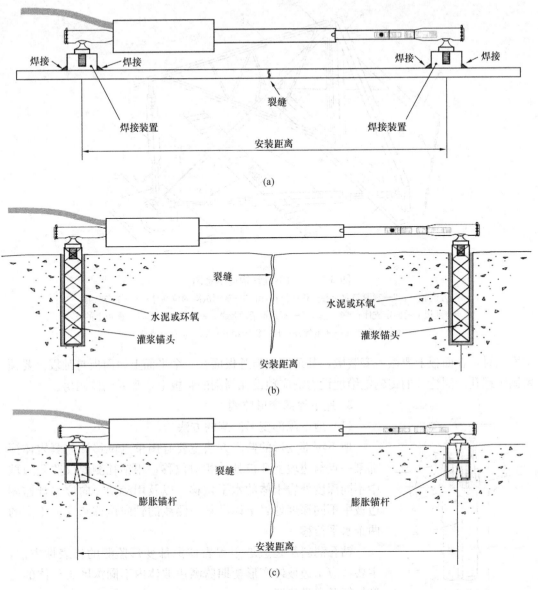

图 6-6　表面裂缝计的安装

（a）焊接型锚头安装；（b）灌浆锚头的安装；（c）膨胀锚头的安装

即沉降或上升，垂直周边缝的开合位移及沿缝向的剪切位移，应采用三向测缝计组。三向测缝计结构如图 6-7 所示。

　　三向测缝计的工作原理为通过测量标点 C 相对于 A 和 B 点的位移，计算出周边缝的开合度。当产生垂直面板的升降时，位移计 2 和 3 均产生拉伸，当面板仅有趋向河谷的位移时，位移计 3 应无位移量示出，位于上部的位移计 2 拉出，位于下边的位移计 2 压缩，如果有较大位移发生，该位移计也会拉伸。利用量程调节杆 10，可以调节每支位移计的量程在适当范围。

　　三向测缝计安装埋设要点为：三向测缝计装在趾板与面板所在的平面上。当趾板均高

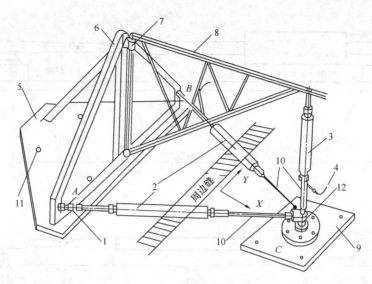

图 6-7 三向测缝计构造示意图

1—万向轴节；2—观测趋向河谷位移的位移计；3—观测沉降的位移计；4—输出电缆；
5—趾板上的固定支座；6—支架；7—不锈钢活动铰链；8—三角支架；9—面板上的
固定支座；10—调整螺杆；11—固定螺孔；12—位移计支座

出面板时，在面板上要做一安装墩，其顶部应与趾板面在一个平面上。面板与趾板上要预留固定螺孔。测缝计的传输电缆埋设沟槽应预设在周围的趾板上，直通到监测房。

3. 地下深部变形监测

（1）地下深部变形监测的方法

地下深部变形的监测方法主要有用单点位移计监测岩体深部某一点与边坡上孔口处的相对位移，用钻孔测斜仪监测边坡中不同深度处岩土体的水平位移，以及用滑动三向位移计监测边坡中不同深度处岩土体沿某一测线的轴向位移和互为正交的两个水平位移。

钻孔测斜法是边坡工程岩体深部变形监测的代表性方法，主要适应于边坡体变形初期监测边坡体内不同深度岩土体的变形特征及滑带位置。

（2）地下深部变形监测仪器

1）单双点锚固式位移计

如图 6-8 所示是埋设于基岩的单点锚固式位移计，其工作原理为将钢管焊接有凸缘盘的一端牢固灌注到钻孔底部的岩体上，钢管的另一端延伸到孔口通过变经接头与位移计连接，当岩体沿钻孔轴线方向发生位移时，钢管将位移传递到变径接头并传递给位移计，位移计式固定在孔口的，所以单点位移计监测的是孔底与孔口的相对位移。

锚栓带动传递杆延伸到钻孔孔口基准端，使得位于基准端的伸长测量仪表也随着位移产生相应的变化，随着锚点的移动，

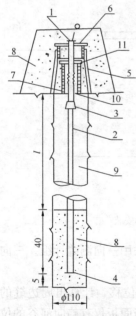

图 6-8 单点锚固式位移
计埋设示意图

1—位移计；2—钢管；3—变径接头；4—凸缘盘；5—钢三脚架；6—马蹄形垫板；7—保护钢管；8—砂浆；9—黄泥浆；10—棉丝封口；11—盖板

相对于基准端的伸长即可测出。

钻孔可以是垂直的、水平的或任意方向的斜孔。安装时钻孔深度一般要求比监测点深20～30cm。单点锚固式位移计是一种经济实用、操作简单、结构牢固、工作可靠、容易安装的监测地下深部变形的监测仪器。

2）钻孔测斜仪

钻孔测斜仪用于监测边坡不同深度处岩土体指定方向的水平位移，如图 6-9 所示为放入钻孔测斜仪在地面监测示意图。钻孔倾斜仪使用较为广泛，其原理和埋设方法参见第三章。该仪器精度高，效果好，易保护，受外界因素干扰少，监测结果较为可靠，但监测量程有限，由于需要钻探及埋设测斜管等工作，因而准备工作投入成本较大，准备时间较长。钻孔测斜仪埋设的测斜管一般为铝管和 PVC 管。在岩体中埋设测斜管时，管子与钻孔之间的空隙要用灌浆材料灌满。

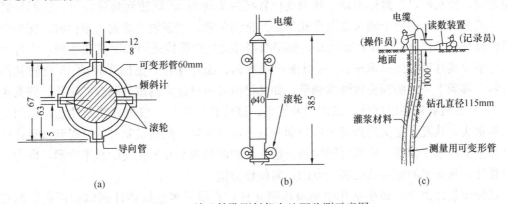

图 6-9　放入钻孔测斜仪在地面监测示意图
（a）在可弯曲管中放置倾斜计横截面；（b）倾斜仪单体；（c）由放入型倾斜计在地面测量水平位移

杆式倾斜仪主要由杆体、读数器、把手、三个球形脚（杆体的一端装一个球形脚，另一端装两个脚）、电缆和作为测读元件的高精度电子摆组成，使用时尽量使测座连线杆体指向凭经验估计的倾斜量最大的方位。量测时将仪器只有一个球形脚的一端的球形脚安放在第一个测座的圆孔中，杆体的另一端的两个球形脚则分别放在第二个测座的倒三角形槽和平面槽上。T 字形倾斜仪除主杆（长 1m）外还有一可装可卸的副杆（长 0.5m），既可卸了副杆进行主杆所指方位的单向倾斜仪量测，也能装上副杆同时对两个互成正交的方位进行双向倾斜量测，如图 6-10 所示。

3）滑动式三向位移计

滑动三向位移计是一种高精度的位移计，用于监测边坡中不同深度处岩土体沿某一测线的轴向位移和互为正交的两个水平位移。它主要由探头、测读仪、操作杆以及套管组成，如图 6-11 所示。套管通常为外径 60mm、壁厚5mm 的塑料管或铝合金管，沿套管轴向每隔 1m 放置一个具有特殊定位功能的锥形测量标志，带有 PVC 保护套。探头用操作杆送入，测头做成球形，测标下部做成圆锥形，

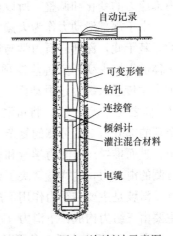

图 6-10　固定型倾斜计示意图

249

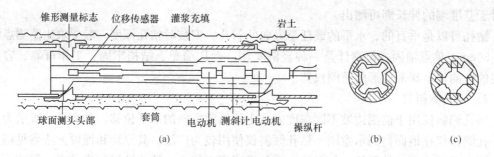

图 6-11　滑动式多点位移计

(a) 三向测头在钻孔中的布置；(b) 滑入时状态；(c) 测量状态

在测量位置时，两者可形成球面和圆锥面间的精密接触。两者都有锲口，当探头转动到滑动位置时，探头能沿着测标滑动，从滑动位置把探头转动45°就转到测量位置，往回拉紧导杆，就能使探头的两个测头在两个相邻的测标间张紧。当张紧力达到一定值时，探头中的线性位移传感器（LVDT）被触发，测得数据并通过电缆传送到数字式读数器，也可以用一台手提式计算机经过 RS-232 接口来记录数据。松开导杆，把探头转动45°就转到滑动位置，移到下一个测标位置继续测量。如此可由外向里逐点测试各测点的位移。测头主体长 1m，并装有遥测温度计，以作温差校正。该位移计探头一般也有测斜功能，因而也是测斜探头，从互为正交的两对槽口分别测量不同深度处的倾斜量就可计算得到该钻孔两个互为正交的水平位移，从而可同时测定钻孔的轴向和两个互为正交的水平变形，即为三向位移计，从而可测定沿钻孔各测点的三向位移分量。

该种位移计由于不必在钻孔中埋设传感元件，克服了多点位移计测试费用高、测点少、位移计可靠性不易检验及测头易损坏等缺点，具有一台仪器对多个测孔进行巡回检测，而每孔中的测点数不受限制的优点。

二、应力和力的监测

1. 边坡岩体应力监测

（1）边坡岩体应力监测的方法

边坡岩体应力监测主要指滑动力监测。因为在地质体变形的过程中必定伴随着地质体内部应力的变化和调整，所以监测应力的变化是十分必要的。

由于深部滑动力作为天然力学系统的一部分是不可测的，而人为力学系统是可以测量的，基于此，深部岩石力学与地下工程国家重点实验室发明了"以恒阻大变形大型锚索为主体的滑坡大变形灾害监控预警系统"。该系统的监测原理为：采用"穿刺摄动"技术，把力学传感系统穿过滑动面，固定在相对稳定的滑床之上，施加一个小的预应力扰动力 P，称之为"扰动力"，将可测的人为力学系统插入到不可测的天然力学系统中，组成一个新的部分力学量可测的复杂力学系统，即：人为力学系统＋天然力学系统＝复杂力学系统。进而推导出可测力学量和非可测力学量之间的函数关系，根据可测的力学量计算出不可测的滑动力，这样就解决了天然力学系统不可测的难题。

滑坡是主要在重力作用下产生的坡体变形，因此作用在天然滑坡力学系统的基本力系主要由三组力构成：下滑力 T_1、抗滑力 T_2 和滑体自身重力 G（见图 6-12）。

图 6-12 所示力学三角形的函数关系如下：

$$P_t = P \cdot \cos(\alpha + \theta) \tag{6-1}$$

$$P_n = P \cdot \sin(\alpha + \theta) \tag{6-2}$$

$$G_t = G\sin\alpha \tag{6-3}$$

$$G_n = G\cos\alpha \tag{6-4}$$

式中　　P——缆索应力，即远程监测
值(kN)；

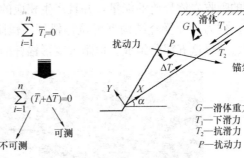

　　　　P_n——缆索应力沿滑动面的法
向分量(kN)；

　　　　P_t——缆索应力沿滑动面的切
向分量(kN)；

　　　　α——滑动面与水平面夹角(°)；

　　　　θ——锚索加固角(°)。

　　　　G——滑体自重(kN)；

图 6-12　滑坡可测力学系统示意图

　　　　G_t——滑体自重沿滑动面的切向分量(kN)；

　　　　G_n——滑体自重沿滑动面的法向分量(kN)。

当边坡处于稳定状态，具有较高的稳定安全系数时，滑动面切向各力关系：

$$G_t < P_t + F_\phi \tag{6-5}$$

当边坡岩体处于极限平衡状态，滑动面切向各力有平衡关系：

$$G_t = P_t + F_\phi \tag{6-6}$$

其中 F_ϕ 是滑体受滑动面的摩阻力（kN），根据库仑定律有：

$$F_\phi = (P_n + G_n) \cdot \tan\overline{\phi} + c \cdot l \tag{6-7}$$

将式（6-2）和式（6-4）代入式（6-7），并将式（6-1）和式（6-7）代入式（6-6）整理得：

$$G_t = P \cdot [\cos(\alpha + \theta) + \sin(\alpha + \theta) \cdot \tan\overline{\phi}] + G \cdot \cos\alpha \cdot \tan\overline{\phi} + c \cdot l \tag{6-8}$$

令　　　$k_1 = \cos(\alpha + \theta) + \sin(\alpha + \theta) \cdot \tan\overline{\phi}$

　　　　$k_2 = G \cdot \cos\alpha \cdot \tan\overline{\phi} + c \cdot l$

得　　　$G_t = k_1 \cdot P + k_2 \tag{6-9}$

式中　　ϕ——边坡滑动体各土层内摩擦角加权平均值（°）；

　　　　c——滑动面各土层黏聚力（kPa）；

　　　　l——滑动面长度（m）。

　　式（6-9）表达了在极限平衡状态下，人为力学系统和天然力学系统之间的函数关系符合简单的线性关系，即通过恒阻通信缆索上扰动力可以直接求解出下滑力大小，从而实现了对滑动面上下滑力的量测。

　　天然状态下，滑动面上的下滑力与抗滑力处于平衡状态，即 $T_1 \leq T_2$，边坡稳定。但是，当影响边坡稳定性的外部条件或内部条件发生变化后，会打破原始平衡状态，使滑坡体内的应力重新分布，当 $T_1 > T_2$ 时，边坡出现失稳破坏。所以，只要能够准确测量出 T_1 和 T_2 的大小，就可以判断滑坡体内应力的变化状态，超前预报滑坡灾害的发生时间和规模。为了能够对 T_1 和 T_2 进行测量，按照"2+1"模式，引入人为可测扰动力 P 后，可以

通过对 P 的直接监测而间接计算出滑动力 T_1 的大小，从而实现对边坡滑动力的监测。

2009 年，受以柔克刚思想的启迪，何满潮院士提出了恒阻大变形锚杆理念，研制发明了一种变形量可达 1000mm 以上的可拉伸锚杆——恒阻大变形锚杆。恒阻大变形锚杆本着一种让中有抗、抗中有让、刚柔并济的设计理念，在滑坡、崩塌等动力学灾害出现时尽可能多的吸收岩体释放的能量，并且产生相应的大变形，维护边坡的稳定，保证生产的安全进行。作为一种复合结构型可拉伸锚杆，恒阻大变形锚杆由杆体、恒阻体、恒阻套筒、托盘、螺母这五部分组成。恒阻大变形锚杆的结构如图 6-13 所示。

图 6-13　恒阻大变形锚杆结构

恒阻体是一个标准的圆台体，恒阻套筒是一个具有均匀壁厚的标准圆筒，锚杆杆体为等直径均匀直杆。恒阻体和恒阻套筒共同组成了恒阻装置，为锚杆提供恒定的支护阻力。恒阻体的直径大于杆体的直径且稍大于恒阻器套筒的内径。通过加工工艺手段将恒阻体装配于套筒底部，恒阻体外壁与恒阻套筒内壁紧密贴合，并产生较大的装配接触压力。当有外荷载作用于杆体时，套筒与锥形台之间会产生很大的摩擦力，即锚杆的工作阻力。恒阻体与恒阻套筒之间通过装配正压力而产生的摩擦力是恒阻大变形锚杆工作阻力的主要来源。

恒阻大变形锚杆即使在锚杆轴力大于锚杆设计的恒阻力后，仍然具有一定的抵抗力，并不会出现像普通锚杆一样的突然断裂、失效、围岩破坏等现象。在恒阻大变形锚杆作为支护手段的地下工程中，当巷道围岩发生一定的变形时，恒阻大变形锚杆可以随之产生拉伸变形，使得地下工程围岩再次达到了新的平衡，达到了稳定状态，消除了巷道塌方、底臌、偏帮、冒顶等巷道施工中的安全隐患。恒阻大变形锚杆采用锚杆轴力计监测。

(2) 边坡岩体应力监测仪器

Yoke 应力计为电阻应变片式传感器，由在垂直于钻孔方向沿钻孔径向布贴互呈 $60°$ 的三个应变片组成，传感器结构如图 6-14 所示。由材料力学的知识，根据垂直于钻孔平

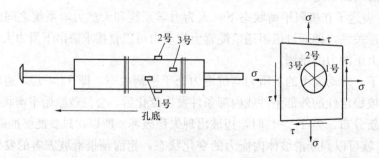

图 6-14　Yoke 应力计结构与原理示意图

面的三个不同方向的应变片的应变值可以计算该平面上的二维应力。埋设时，由钻进钻取略大于 Yoke 应力计直径的钻孔，将 Yoke 应力计放入钻孔后灌浆胶结后可以测读数据。

电容式应力计最初主要用于地震测报中监测地应力活动情况。其结构与 Yoke 应力计类似，也是由垂直钻孔方向上的 3 个互呈 60°的径向元件组成。不同之处是 3 个径向元件安装在 1 个薄壁钢筒中，钢筒则通过灌浆与钻孔壁固结合在一起。

压磁式应力计由 6 个方向上布置的压磁感应元件组成，即 3 个互呈 60°的径向元件（1号、2 号、3 号）和 3 个与钻孔轴线呈 45°夹角的斜向元件（4 号、5 号、6 号）组成，其结构如图 6-15 所示。从理论上讲，压磁式应力计可以量测测点部位岩体的三维应力变化情况。

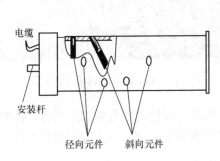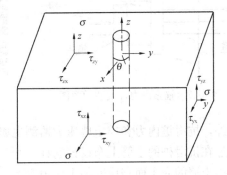

图 6-15　压磁式应力计结构示意图

以上三种应力计都只是监测岩体中压应力的，所以只有在受力条件明确的部位才可以布置该类应力计，在一个钻孔中可以埋设四支该类应力计。

该类应力计一般情况下的测试结果仅能定性地反映工程开挖过程中岩体应力的变化趋势和特点。若要定量评价岩体应力变化情况，必须结合测点部位不同开挖阶段的绝对应力测量结果，采用综合分析的方法确定。

2. 锚杆轴力和锚索拉力监测

支护锚杆在边坡工程支护系统中占有重要地位，边坡支护锚杆有土层锚杆，也有岩石锚杆，其监测原理和方法分别可以参见第三章和第四章的相关内容。

锚索是由若干根钢绞线组成。锚索拉力监测通常采用锚索测力计，见图 6-16，主要用来监测锚索等的荷载和预应力的损失情况及其破断情况。其工作原理为：当钢筒承受荷载产生轴向变形时，钢筒均布的 4 支应变计也与钢筒同步变形，应变计的变化与承受的荷载成正比；同时，环境温度变化所产生的热胀冷缩变形，也引起应变计发生变化，可以对测力计监测值进行温度修正。锚索测力计的应变计可以是钢弦频率式、电阻应变片式和差动变压器式。

图 6-16　锚索测力计

当承压垫座混凝土与锚索的锚固段混凝土的承载强度达到设计要求后，依次将内垫板、锚索测力计、工作锚具安装在承压垫座的孔口锚垫板上，钢绞线或锚索从锚索测力计中心穿过，测力计处于钢垫板和工作锚具之间锚索测力计安装示意图如图 6-17 所示，图 6-18 为锚索测力计现场安装照片。锚索施工时监测锚索应在对其有影响的周围其他工程锚索张拉之前进行张拉加荷，先进行预紧，在预紧过程中要对所有组件进行调整对中，以免锚索计偏心受力。张拉加载应匀速分级进行，并对锚索测力计进行监测，以免过载。

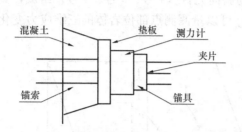 

图 6-17　锚索测力计安装示意图　　　　图 6-18　锚索测力计现场安装照片

此外，抗滑桩内力和挡土墙压力监测也属于边坡工程监测中力的监测内容，抗滑桩内力是通过在抗滑桩的主筋上布设钢筋计监测，可以参考第三章，挡土墙压力是在挡土墙施工时在挡土墙的迎土面布设安装土压力盒。

三、水文监测

边坡的滑坡多出现在雨期或河流水位骤涨剧降时，说明水是诱发滑坡发生的主要因素。人工边坡由于开挖改变了岩土体内原有的渗流场，一般会采取地表截排水等工程措施以降低岩土体内的孔隙水压力。边坡监测中应根据具体情况对地表（下）水的水质、水温、流量、孔隙水压力、水位变化、排水设施的排水量等内容进行实时监测。以边坡稳定性监测为目的的水文监测分为大气降水监测、地表水监测和地下水监测。

1. 大气降水监测

降雨量监测：降雨是触发滑坡的重要因素，因此雨量监测成为滑坡监测的重要组成部分，已成为区域性滑坡预报预警的基础和依据。降雨量一般采用数字雨量计进行监测，如图 6-19 所示。

数字雨量计又称自动雨量计、雨量监测仪，其体积小巧美观便于携带，触摸式按钮，大屏幕点阵式液晶显示，操作简捷方便。可以在电脑上实时显示参数曲线，探头具有一致性，可多点同步检测。

图 6-19　数字雨量计

2. 地表水监测

地表水监测包括与边坡岩体有关的江、河、湖、沟、渠的水位、水量、含沙量等动态变化，还包括地表水对边坡岩体的浸润和渗透作用等信息。监测方法分为人工监测、自动监测、遥感监测等。

地表水监测常用的仪器有水尺和电测水位计等。

（1）水尺

水位最直观的测读装置就是水尺，常用的水尺有直立水尺和倾斜水尺。直立水尺主要钉在桩上并面对库岸以便监测。水尺的监测范围要高于最高水位和低于最低水位0.5m。因此，直立水尺常需要设置一组水尺，相邻水尺间应有0.1～0.2m的重合。倾斜水尺安置在库岸斜坡上，适用于水流量大的地方。直立水尺与倾斜水尺的设置示意图如图6-20所示。

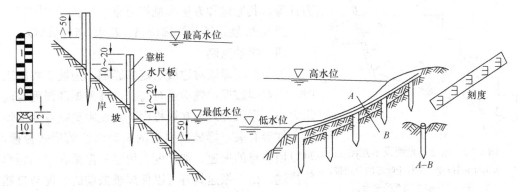

图6-20　直立水尺与倾斜水尺设置示意图

（2）浮子式遥测水位计

浮子式遥测水位计主要用作江河、湖泊、水库、河口及各种水工建筑物的水位测量。遥测水位计品种很多，但基本结构大同小异，主要由水位感应、水位传动、编码器、记录器和基座等部分组成，见图6-21。其工作原理如下所述。

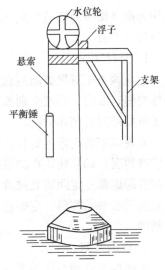

图6-21　浮子式电测水位计

浮子式遥测水位计是以浮子感测水位变化，工作状态下，浮子、平衡锤与悬索连接牢固，悬索悬挂在水位轮的"V"形槽中。平衡锤起拉紧悬索和平衡作用，调整浮子的配重可以使浮子工作于正常吃水线上。在水位不变的情况下，浮子与平衡锤两边的力是平衡的。当水位上升时，浮子产生向上浮力，使平衡锤拉动悬索带动水位轮作顺时针方向旋转，水位编码器的显示读数增加；水位下降时，则浮子下沉，并拉动悬索带动水位轮逆时针方向旋转，水位编码器的显示器读数减小。该仪器的水位轮测量圆周长为32cm，且水位轮与编码器为同轴连接，水位轮每转一圈，编码器也转一圈，输出对应的32组数字编码。当水位上升或下降时，编码器的轴就旋转一定的角度，编码器同步输出一组对应的数字编码（二进制循环码，又称格雷码）。不同量程的仪器使用不同长度的悬索能够输出1024～4096组不同的编码，可以用于测量10～40m水位变幅。

通过与仪器插座相连接的多芯电缆线可将编码信号传输给观察室内的电显示器或计算

机，用作观测、记录或进行数据处理。

3. 地下水位监测

地下水监测内容包括地下水位、孔隙水压力、土体的含水量、裂缝的充水量和充水程度等。

但在滑坡监测中，当边坡处于错动或蠕动过程时，滑坡体完整性已经遭到破坏，将形成大小、连通程度不同的裂缝，会导致水压力的下降。因此，此刻的水压力可能并不是坡体中的真实孔隙水压力，但是可以根据孔隙水压力的这种异常变化，间接反映边坡的不稳定位移。

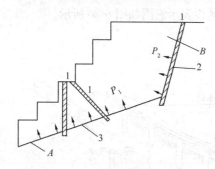

图 6-22　水压计量埋设示意图
1—水压计装置；2—平行于叶理的剪切带；
3—平行于主要节理系的平面；
P_1、P_2—水压力

地下水位监测仪器主要有电测水位计、孔隙水压力计等，其原理和方法参见第三章。

图 6-22 展示了关键部位 A、B 水压计的埋设。

四、振动监测

为了控制爆破对边坡稳定的影响，边坡工程施工时，需对爆破振动效应进行监测。爆破振动强度与药量大小、爆破方式、起爆程序、测点距离以及地形地质条件等有关，爆破所引起的振动以波的形式传播，可以用质点的振速、加速度、位移、振幅和振动频率等描述。由于振速具有可以使爆破振动的烈度与自然地震烈度相互参照、标定检测信号较容易、便于换算结构破坏相关判据的特点，因而多采用质点的振动速度作为衡量爆破地震效应强度的判据。爆破振动的监测主要包括宏观调查、仪器监测及波形分析三部分。

1. 宏观调查

宏观调查是对爆破前后在爆区以内和仪器监测点附近选择有代表性的建筑物、洞室、岩体裂缝、断层、滑坡个别孤石以及专门设置的某些器物进行监测描述和记录，以对比方法了解爆破时的破坏情况。

宏观调查的内容主要有：（1）宏观调查的位置、范围和名称；（2）地质、地形以及岩石构造情况；（3）建筑物的特征和破坏情况；（4）所设置的某些器物的移动情况；（5）必要时在距爆源一定距离处放置一些动物，以观察其爆破后的生理变化，为确定安全距离或药量提供必要的资料。主要通过描述、记录的方法，外加文字叙述、素描、照相录像等手段辅助。

2. 仪器监测

爆破振动监测系统如图 6-23 所示，由速度传感器或加速度传感器、数据记录仪及数据分析软件组成，传感器与爆破数据记录仪通过线缆连接，传感器将模拟电信号换成数字信号进行存储，再经过记录仪上的数据接口，将数据导入计算机中，通过专用分析软件在计算机上进行波形显示、数据分析、结果输出。仪器采样频率设置很重要，采样频率高则振动波形图越精准，但记录时间短，所以要兼顾采样精度和记录时间，一般设置采样频率高于 10 倍被测信号。

速度传感器或加速度传感器可采用垂直、水平单向传感器或三矢量一体传感器。爆破振动监测一般采用电磁式振动速度传感器。电磁式振动速度传感器是一种惯性式传感器。

当传感器随同被测振动物体一起振动时，其线圈与永久性磁钢之间发生相对运动，从而在线圈中产生与振动速度成正比的电压信号，从而测得振动速度。

在评定地震效应时，通常只采用地震波形图上的最大波幅值。若已知位移、速度及加速度三个物理量中的一个，经过微分或积分就可以求出其余两个。

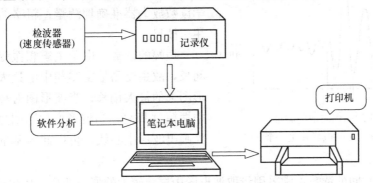

图 6-23　爆破振动监测系统示意图

在爆破振动监测中，测点的布置极其重要，直接影响监测的效果及监测结果数据的可靠性和精确性，测点布置主要依据监测目的要求进行。为了临近建（构）筑物安全的监测，测点应布设在监测对象振速最大、结构最薄弱、距离振源最近等部位，并应多点布置。为研究振动强度对距离的衰减规律和确定安全距离时，则可以布置一条多测点构成的代表性测线，在兼顾测点布置方便等情况下，确定代表性测振线应遵循以下主要原则：

（1）由于爆破地震波在爆源不同方位有明显差异，其最大值一般在爆破自由面后侧且垂直于爆心连线上，因此应沿此方向布设测点；

（2）所需要保护的边坡距离生产爆破区域较近；

（3）在测振代表线方向上的边坡抗振性能较差；

（4）为了保障振动强度衰减公式的拟合精度，测点数不宜太少。

为保证爆破地震波质点振速的准确监测，安装传感器时，位置要准确，传感器感振方向要与测量的振动方向一致，垂直速度传感器应该尽量保持与水平面垂直，水平径向速度传感器的安装应该与水平面平行并指向爆心。传感器安装要牢固，传感器要与被测体连成一体。若测点表面为坚硬岩石，可以直接在岩石表面整理出一平面。对于松、软层，在测点处则需施工传感器混凝土安装台，安装台直接接触基岩，台面抹平。每次监测前用生石膏粉加水玻璃调制成糊糊状，将传感器粘结在被施工好的测点上，约 10min 石膏凝固后即可进行监测。监测地下结构内部的强烈爆破振动时，可在内部侧壁用钻孔将钢钎嵌入岩体，并将传感器固定于钢钎上。对于一般地段，也可不安装钢钎，而直接将传感器安装在岩体表面上，以避免振动波形失真。同时，测点布置的位置会因现场条件而受到一定的限制，例如为了防止爆破后产生的飞石砸坏仪器，测点布置需要与爆破面之间有一定的安全距离。一般情况下，爆破振动应以三向监测为主，三向速度或加速度传感器能监测出 x、y 和 z 轴三个方向的振动分量，三向合速度更能反映振动强度。

首次爆破施工时，对所需监测的周边环境对象均应进行爆破振动监测，以后应根据第一次爆破监测结果并结合环境对象特点确定监测频率。重要建（构）筑物、临近隧道、桥梁等高风险环境对象每次爆破均应进行监测。

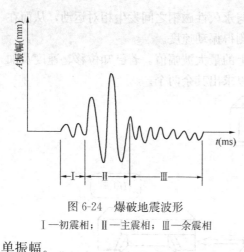

图 6-24　爆破地震波形

Ⅰ—初震相；Ⅱ—主震相；Ⅲ—余震相

3. 波形分析

在监测爆破振动效应时，将地震波分成初震相、主震相和余震相三部分，参见图6-24。地震波中几个物理量的测量方法，一般使用光学读数放大器准确地测量；粗略的测量可以使用三棱尺。

振幅的读数：由于主震相振幅大、作用时间长，故主要测量主震相中的最大振幅，即波形图上的最大偏移；当波形图对称时，量出当中振幅 A 即可，当波形变化不明显对称时，首先画出波形中心线，再以此为基准，量取最大单振幅。

振动持续时间的读数：常采用量取波形图中振幅较大的那一部分。从初至波到波的振幅值 A 这段振动称为主震段，与其对应的延续时间为振动延续时间。时间的计算是利用时间振动子的振动频率或频闪灯的时间标志作为依据。

频率和周期的读数：频率和周期互为倒数关系，由于爆破振动具有瞬时性，以量取周期为准。

第三节　监　测　方　案

边坡工程监测要了解滑坡的动态过程、稳定情况和支护系统的可靠程度，是直接为支护系统的设计和施工决策服务的，这是进行监测方案设计的基本出发点。监测方案编制要达到技术上先进、经济上可行、实施时安全、数据上可靠的目标。监测方案应目的明确、突出重点，通过对工程地质背景及工况的深入了解，确定边坡的主要滑动或变形方向，可能的滑动深度与范围，当边坡范围大，需布置多个监测区域或监测断面时，并要区分重要和一般监测区域或监测断面，重要断面的监测项目和监测点的数量应多于一般断面。监测工作应贯穿工程活动期（施工期和运行期或整治前后）的全过程，施工期和运行期监测应相结合、相衔接。选用监测仪器从考虑监测成果的可靠程度出发，一般以光学、机械和电子仪器为先后顺序，优先考虑使用光学和机械仪器。仪器监测要与人工巡查密切结合，仪器监测常以人工量测为主，重点部位考虑进行自动化监测。监测工作要尽量减少对施工的干扰。

一、监测项目的确定

不同边坡类型在不同工程阶段的监测项目的确定可以参考表6-2。

边坡监测项目的确定还应考虑地质条件、工程的重要性、边坡加固结构设计、施工和支护方法等选定。

边坡监测项目的确定　　　　　　　　　　　　　　　　表 6-2

序号	监测类型	监测项目	人工边坡		天然边坡		
			施工期	运行期	前期	整治期	整治后
1	巡视检查		√	√	√	√	√

序号	监测类型	监测项目	人工边坡		天然边坡		
			施工期	运行期	前期	整治期	整治后
2	变形监测	地面大地变形	√	√	√	√	√
3		地表裂缝	√	√	√	√	√
4		地下深部变形	√	√	√	√	√
5	应力监测	边坡岩体应力	√	√	√	√	√
6		锚杆（索）应力	√	√	√	√	√
7	水文监测	地表水位	√	√	√	√	√
8		地下水位		√	√	√	√
9		大气降水	√		√	√	√
10	振动监测	爆破振动	√		√		

无论是人工边坡还是天然边坡，在施工期和运行期都要开展巡视检查。

大地测量包括水平变形和垂直变形监测，在边坡和滑坡的不同阶段都可以采用，一般是常规监测项目。地下深部变形监测，包括测水平位移的钻孔测斜仪法和测钻孔轴向位移的多点位移计法，一般对大型边坡和重大滑坡监测时采用，地下深部变形监测可以及时发现滑动面的形成，确定其位置及监视其变化、发展。地表裂缝包括断层、裂隙、层面监测等。其监测包括裂缝的张开、闭合和剪切、位错等。一般用于施工和整治期，对于重大的裂缝，运行期和整治后也应继续监测。水文监测包括地表水水位及地下水水位变化和降雨量监测，水文监测是边坡重要监测项目，因为水的作用是影响边坡稳定和安全的重要外因，而降雨是引起水位变化的主要因素。振动影响监测一般只用于爆破开挖施工的阶段，其目的在于控制爆破规模、检验振动效果、优化爆破工艺、减少振动对边坡的影响，确保施工期边坡的稳定和安全。

二、测点布点原则

首先要确定主要边坡工程监测的范围，判定主要滑动方向和滑动面范围，按主滑动方向及滑动面范围确定测线，然后选取典型断面布置测线，再按测线布置相应监测点。

1. 测线布置

测线的布置分十字形和放射形两种方式，如图 6-25 所示。十字形布置方式对于主滑方向和变形范围明确的边坡工程较为合适和经济，通常在主滑方向上还要布设深部位移监测孔，这样可以利用有限的工作量满足监测的要求。

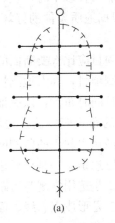 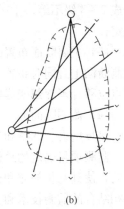

(a)　　　　　　　　　(b)

图 6-25　测线布置示意图

(a) 十字形布设；(b) 放射形布设

○ 测站；✕ 照准点；• 观测

放射形布置更适用于主滑方向和变形范围不能明确估计的边坡工程，在布置测线时可考虑不同方向交叉布置深部位移监测孔，这样可以利用有限的工作量满足监测的要求。

2. 监测网形成

考虑平面及空间的展布，所有的测线按一定规律形成监测网，监测网的形成可以是一次完成，也可以分阶段按不同时期和不同要求形成。大地测量法变形监测布置网点参照如下原则：

（1）水平位移和垂直位移监测的工作基点应设在稳定的地区，远离滑坡体，并必须与监测网点的高程系统统一；

（2）监测网点的数量在满足控制整个滑坡范围的条件下不宜过多；监测网的图形强度应尽可能高，以确保监测网点坐标有足够的精度；

（3）滑坡体上监测点的布置应突出重点、兼顾全面，尽可能在滑坡前后缘、裂缝和地质分界线等处设点。当滑坡上还设有深部位移监测孔（点）时，也应在这些监测孔（点）附近设地表变形监测点，以便互相比较、印证；

（4）监测点应布置在牢固的基座上，避免布置在松动的表层上，在满足监测要求的前提下，监测点数量宜尽量少，以减少工作量，缩短观测时间。

监测网的形成不但在平面上，更重要的是应体现在空间上的展布，如主滑面和可能滑动面上、地质分层及界限面、不同风化带上都应有监测点，这样可以使监测工作在不同阶段都能做到有的放矢。

3. 局部加强监测断面

可能形成滑动带的区域应加深加密布点，形成局部加强监测断面。局部加强监测断面应按照如下原则确定：

（1）局部加强监测断面通常选在地质条件差、变形大、可能破坏的部位，如有断层、裂隙、危岩体存在的部位，或边坡坡度高、稳定性差的部位，或结构上有代表性的部位，或做过模型试验和分析计算的典型部位等处；

（2）当局部加强监测断面需布置多个时，宜有主要断面和次要断面之分，主次断面可分成2~3级不等，主次断面根据地质条件的好坏、边坡坡度的高低、结构上的代表性等选定；

（3）主要断面布置的监测项目应比次要断面的多，自动化程度比次要断面高，且同一监测断面上宜同时布置这些监测项目，如大地测量法的地表变形监测项目、钻孔倾斜仪和多点位移计等深部变形监测项目同时布置，以保证成果的可靠性和相互印证；

（4）监测断面上监测项目的布置应以监控边坡的整体稳定性为主，兼顾局部的稳定性；逐步增设、调整和完善已经建立起来的监测网。

监测项目确定的总体技术思想是：一是针对边坡工程变形特征，采用多方案、多手段监测，使其互相补充和检核；二是选用常规与远距离监测、机械法测试与电测、地表与地下相结合的监测技术和方法；三是形成点、线、面、立体相对三维空间的监测网络和警报系统。

在监测实施过程中，监测方案能根据工程实际情况及时调整，使监测工作能有效地监测边坡工程变形的动态变化及其发展趋势，具体了解和掌握其演变过程，及时捕捉边坡滑动的特征信息，预报滑坡险情，防灾于未然。同时，为工程边坡的稳定性评价和防治提供可靠依据。

三、监测频率与期限的确定

对于不同类型、不同阶段的边坡工程，根据工程所处的阶段、工程规模以及边坡变形的速率等因素，它们的监测期限及监测频率有所不同。监测的频率受到了边坡工程的范围和监测的工作量的限制，一般在边坡工程施工的初期及大规模爆破阶段，监测频率要结合爆破工程的频率而定，一般每次爆破后至少监测一次。正常情况下，在爆破阶段完成后监测以地表及地下位移为主，一般在初测时每日或两日一次，在施工阶段3~7d一次；在施工完成后进入运营阶段，且在变形及变形速率在控制的允许范围之内时一般以每一个水文年为一周期，每两个月左右监测一次，雨期加强到一个月一次。

对变形量增大和变形速率加快的边坡，应加大监测频率，时刻注意其变形值。

特大面积边坡的监测频率可以根据边坡变形的速率和爆破施工的影响范围分区，在边坡变形速率较大的区域内增大监测频率，在爆破施工的影响区域外减小监测频率。

四、相关图件

一般对于监测的报表由于数据堆积较多，当资料大量集中后为了更好地说明问题，必要的图件是很能够说明问题的，在这里列出以下相关图件，供参考。

（1）地表位移矢量图和滑坡矢量图（图6-26）

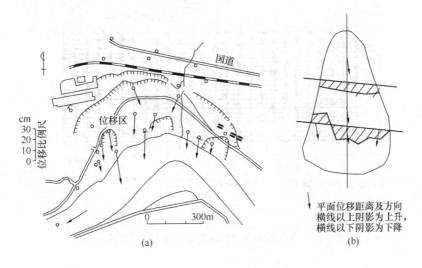

图6-26　地表位移和滑坡矢量图
(a) 地表位移矢量图；(b) 滑坡位移矢量图

（2）各时段形象曲线（图6-27）

（3）地温测试分布图等（图6-28）

最大位移深度等值线等各类图件，对不同类型的边坡工程，所侧重的图件有所不同，但位移深度曲线和位移矢量曲线是最为基本和直观的反映，一般在有条件时应是首选提供的。

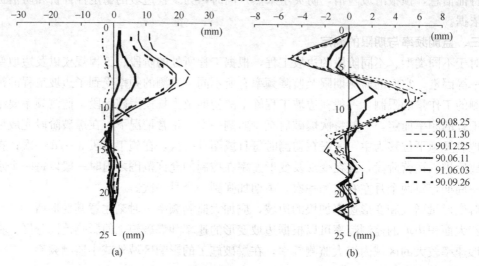

图 6-27 某孔特定时间深度—位移曲线

（a）深度—水平位移曲线；（b）深度—垂直位移曲线

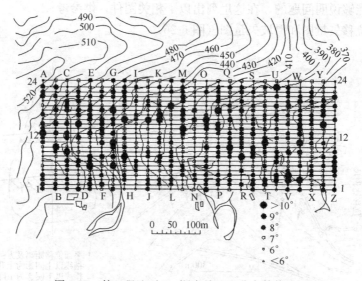

图 6-28 某工程地下 1m 深度处地温分布等值线图

第四节 边坡工程监测实例

一、209 国道湖北恩施境内边坡工程监测

1. 工程概况

209 国道宣恩境 K2027+350～K2027+500 段，在挡土墙上方设置框架锚杆，锚杆采用 φ32mm 的螺纹钢，全粘结型。其中 400～460 段布设 9 排，长度 12～16m；460～504 段布设 11～12 排，长度 12～16m。锚杆间排距 2m×2m，下倾 15°。地梁截面积 200mm ×200mm。在框格内种植草起到绿化和减少雨水对坡面的冲刷作用。在滑坡周界外缘 2～

5m 设置一圈截水沟，截水沟截面积 800mm×400mm，结合路边的边沟。所有治理工程实施完成后，修复路基路面和边沟等。

2. 监测方案与实施

（1）监测目的

边坡稳定性监测主要是采集边坡的位移信息，通过监测得到的岩土体滑动位移大小、位移方向及位移速度等直观资料，深入认识边坡变形机制和破坏特征，寻找防治措施的依据。因此本边坡工程监测有如下主要目的：

1）保证工程施工和运行的安全；

2）为理论分析和经验判断边坡稳定性提供客观标准，作为修改设计和指导施工的依据；

3）为掌握边坡变形特征和规律提供资料，以便在边坡发生严重变形时指导应急处理；

4）分析岩土体结构与边坡变形破坏的关系，预测边坡变形破坏趋势，为评价边坡的长期稳定性提供基本资料；

5）为反演分析边坡工程岩土体的力学参数提供原始实测数据。

（2）监测项目

根据相关技术规范和工程经验，主要监测项目及其所采用的仪器有：

1）采用高精度水准仪监测支护结构和地表的沉降；

2）采用高精度全站仪监测支护结构和地表的水平位移；

3）采用高精度钻孔倾斜仪监测地层的深部水平位移（测斜孔）；

4）采用钢筋应力计和频率仪监测锚杆的轴力。

本工程采用的监测仪器见表 6-3。

仪器设备使用表 表 6-3

序号	仪器设备名称/型号	仪器设备性能	数量
1	全站仪/SET-250RX	2mm±2ppm 2.0″	1
2	钻孔测斜仪/CX-801B	0.01mm/500mm	1
3	振弦式频率测定仪	400～6000Hz	1
4	钢尺水位计	±2.0mm	1
5	ϕ32 钢筋应力计	±0.2%F.S	24

（3）监测工程量

K2027＋350～K2027＋500 段监测工作量为：水平位移监测点 15 处，沉降监测点 15 处，土体深部水平位移监测点 4 处，锚杆轴力监测点 4 处。具体监测布置点如图 6-29 所示。

在 2010～2012 年期间，K2027＋350～500 工点提交的成果有：安全监测报告 40 期，警报 5 期。

3. 监测成果分析

（1）水平位移

截止到 2012 年 12 月 20 日，该段边坡水平位移最大值为－76.6mm，出现在锚杆格构加固区域上方的 7 号测点。由表 6-4 可知，锚杆格构加固区域上方边坡的位移累计值普遍较大（位移以指向公路方向为负值）。

该工点边坡的位移主要发生在 6 月，与大暴雨等气象因素有关。2011 年 6 月 20 日，

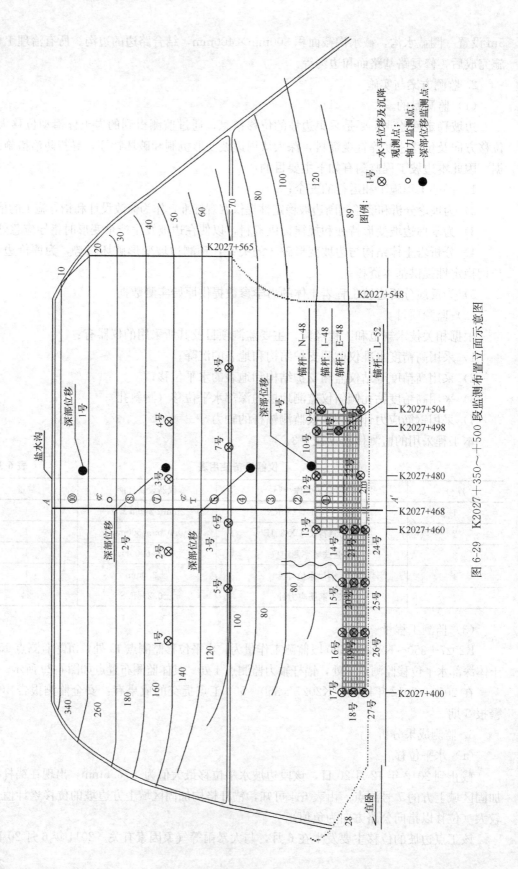

图 6-29 K2027+350～+500 段监测布置立面示意图

边坡多处出现较大的位移增量，3～8号测点的位移增量均在－28mm以上，最大位移增量出现在7号测点，与2011年6月16日的位移相比较，增量为－38.5mm，该测点累计位移值为－39.0mm；锚杆格构加固区域以上编号为1～4号的测点位移具有不同程度的变化，1号测点累计测值为－46.36mm，位移方向指向公路；测点编号为15～20号的锚杆格构加固区域的位移继续呈现回弹，18号测点累计测值为－6.3mm，位移方向背向公路。

雨期过后，边坡的位移变化较小，大部分测点测值呈缓慢增加趋势，少数测点测值出现一定程度的波动。该边坡地表位移监测成果见图6-30。

K2027＋350～500段水平位移监测成果表   表6-4

测点编号	初测日期	监测日期	上次累计位移值 (mm)	本次累计位移值 (mm)
1	2011.03.18	2012.12.19	－34.0	－34.1
2	2011.03.18	2012.12.19	－31.7	－31.8
3	2011.03.18	2012.12.19	－38.5	－38.4
4	2011.03.18	2012.12.19	－41.7	－41.8
5	2011.03.18	2012.12.19	－37.7	－37.8
6	2011.03.18	2012.12.19	－52.6	－52.6
7	2011.03.18	2012.12.19	－76.8	－76.6
8	2011.03.18	2012.12.19	－51.4	－51.6
9	2011.03.18	2012.12.19	－14.2	－14.1
10	2011.03.18	2012.12.19	－7.6	－7.7
11	2011.03.18	2012.12.19	－1.6	－1.5
12	2011.03.18	2012.12.19	－3.1	－3.1
13	2011.03.18	2012.12.19	31.5	31.4
14	2011.03.18	2012.12.19	21.1	21
15	2011.08.22	2012.12.19	－10.4	－10.4
16	2011.08.22	2012.12.19	－6.5	－6.6
17	2011.08.22	2012.12.19	－1.7	－1.7
18	2011.08.22	2012.12.19	－0.4	－0.5
19	2011.08.22	2012.12.19	－5.9	－5.8
20	2011.08.22	2012.12.19	－6.3	－6.4
21	2011.08.22	2012.12.19	10.5	10.3
22	2011.08.22	2012.12.19	0.4	0.2
23	2011.08.22	2012.12.19	－4.0	－3.9
24	2011.08.22	2012.12.19	－19.8	－19.9
25	2011.08.22	2012.12.19	－1.0	－1.1
26	2011.08.22	2012.12.19	－13.3	－13.3
27	2011.08.22	2012.12.19	－2.2	－2.1

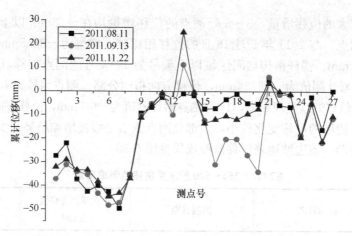

图 6-30　K2027＋350～500 段水平位移监测成果曲线图

（2）沉降

截至 2012 年 12 月 20 日，该段边坡沉降最大值为－22mm，出现在锚杆格构加固区域上方的 4 号测点。边坡沉降监测成果见表 6-5 和图 6-31。

K2027＋350～500 段沉降监测成果表　　　　　　表 6-5

测点编号	初测日期	监测日期	累计位移值（mm）	
			上次	本次
1	2011. 03. 18	2012. 12. 19	－22	－22
2	2011. 03. 18	2012. 12. 19	－14	－14
3	2011. 03. 18	2012. 12. 19	－18	－18
4	2011. 03. 18	2012. 12. 19	－16	－16
5	2011. 03. 18	2012. 12. 19	－2	－2
6	2011. 03. 18	2012. 12. 19	0	0
7	2011. 03. 18	2012. 12. 19	6	6
8	2011. 03. 18	2012. 12. 19	－3	－3
9	2011. 03. 18	2012. 12. 19	1	1
10	2011. 03. 18	2012. 12. 19	8	8
11	2011. 03. 18	2012. 12. 19	－3	－3
12	2011. 03. 18	2012. 12. 19	－10	－10
13	2011. 03. 18	2012. 12. 19	7	7
14	2011. 03. 18	2012. 12. 19	18	18
15	2011. 03. 18	2012. 12. 4	2	2
16	2011. 03. 18	2012. 12. 4	3	3
17	2011. 03. 18	2012. 12. 4	－5	－5
18	2011. 03. 18	2012. 12. 4	－7	－7
19	2011. 03. 18	2012. 12. 4	4	4
20	2011. 03. 18	2012. 12. 4	1	1

测点编号	初测日期	监测日期	累计位移值（mm）	
			上次	本次
21	2011.03.18	2012.12.4	−12	−12
22	2011.03.18	2012.12.4	3	3
23	2011.03.18	2012.12.4	−5	−5
24	2011.03.18	2012.12.4	−3	−3
25	2011.03.18	2012.12.4	−7	−7
26	2011.03.18	2012.12.4	−1	−1
27	2011.03.18	2012.12.4	−3	−3

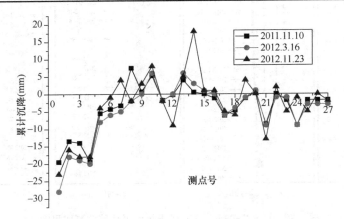

图 6-31　K2027+350～500 沉降监测成果曲线

（3）深部位移

各土体测斜孔的典型监测结果见表 6-6 和图 6-32。

K2027+350～500 段地下土体水平位移监测成果表　　　　表 6-6

测孔编号	孔顶距公路高差（m）	初测日期	监测日期	孔口累计位移量（mm）	最大累计位移量（mm）/深度（m）	
					上次	本次
1	120.6	2011.03.18	2012.12.19	11.4	12.8/3.0	12.9/3.0
2	80.9	2011.03.18	2012.12.19	−56.1	−58.4/15.0	−58.4/15.0
3	57.7	2011.03.18	2012.12.19	−8.4	−11.7/8.0	−11.7/8.0
4	41.2	2011.03.18	2012.12.19	3.2	21.3/22.5	20.5/22.5

由表 6-6 和图 6-32 可以看出，该段边坡 2 号监测孔的最大累计地下水平位移值达到 −58.4mm，出现在监测孔口下 15.0m 深处。

（4）锚杆轴力

2011 年 12 月 20 日，对该段边坡公路上方边坡的锚杆的最大轴力值为 210.6kN（拉力为正值），出现在 N-48 测点距离孔口下 6m 处。典型监测成果见图表 6-7 和图 6-33。

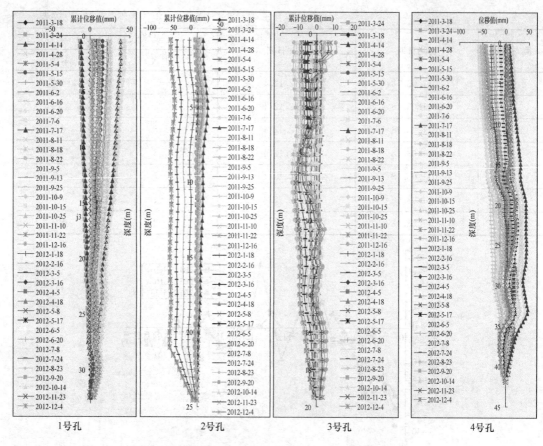

| 1号孔 | 2号孔 | 3号孔 | 4号孔 |

图 6-32　K2027+350～500 段土体水平位移监测成果图

由监测成果可以看出，2011 年 6 月 16～20 日，一些测点的锚杆轴力增长很快，N-48 测点和 L-52 测点钢筋应力计测值变化较大，其中 N-48 测点距离孔口 6m 处的轴力值为 143.9kN，较 6 月 10 日的测值增加了 110.0kN；L-52 测点的最大轴力值为 131.9kN，较 6 月 10 日的测值增加了 114.3kN。

2011 年 6 月 20 日后，锚杆轴力测点的测值呈现缓慢增加的趋势，到 2012 年 12 月 20 日，共有 3 个测点的轴力值超过钢筋应力计的监测报警值 193kN（即极限值的 80%），分别为：

(a) N-48 测点的最大轴力值为 223.0kN，出现在距离孔口下 6m 处；

(b) L-52 测点距离孔口 9m 处的轴力值为 206.4kN；

(c) L-52 测点距离孔口 12m 处的轴力值为 214.2kN。

K2027+350～500 段锚杆轴力监测成果表　　　　　　　　　　　　　　　　表 6-7

锚杆编号	测点编号	距孔口距离 (m)	初测日期	监测日期	锚杆轴力值（kN）	
					上次	本次
E-48	32976	14	2010.11.8	2012.12.19	−0.2	−0.283
	32132	12	2010.11.8	2012.12.19	−2.2	−2.315
	32146	10	2010.11.8	2012.12.19	1.0	0.158
	32946	7	2010.11.8	2012.12.19	20.7	18.853

锚杆编号	测点编号	距孔口距离 (m)	初测日期	监测日期	锚杆轴力值（kN）	
					上次	本次
E-48	32133	5	2010.11.8	2012.12.19	14.7	15.158
	32965	3	2010.11.8	2012.12.19	−17.2	−17.863
I-48	32941	16	2010.11.8	2012.12.19	4.7	4.943
	32975	14	2010.11.8	2012.12.19	3.1	3.258
	32969	12	2010.11.8	2012.12.19	9.9	10.112
	32142	9	2010.11.8	2012.12.19	30.5	30.586
	32904	6	2010.11.8	2012.12.19	27.7	27.777
	32932	4	2010.11.8	2012.12.19	27.0	27.131
	32109	16	2010.11.16	2012.12.19	18.5	18.684
	32963	14	2010.11.16	2012.12.19	4.5	4.502
	32994	12	2010.11.16	2012.12.19	−0.1	−0.131
	32900	9	2010.11.16	2012.12.19	159.6	159.993
	32989	6	2010.11.16	2012.12.19	222.8	223.001
	32945	4	2010.11.16	2012.12.19	68.6	68.021
L-52	32974	16	2010.11.16	2012.12.19	3.0	2.915
	32979	14	2010.11.16	2012.12.19	8.0	7.681
	32997	12	2010.11.16	2012.12.19	206.3	206.405
	32910	9	2010.11.16	2012.12.19	214.1	214.234
	32119	6	2010.11.16	2012.12.19	130.9	131.135
	32982	4	2010.11.16	2012.12.19	17.8	17.896

由图 6-33 可以看出，锚杆轴力出现明显变化的区域集中在距离孔口 9m 以内的区域。

（5）地下水位监测

地下水位典型监测结果见图 6-34（水位值的正值表现为水位下降，负值表现为水位上升）。

4. 结论

在 2010～2012 年的监测工作中，气候和交通状况对沉降外业监测带来了较大的影响。山区水汽较多，这在一定程度上影响到水准测量的监测读数。在水平位移监测中，除了前述的影响因素外，强烈的日光对测量精度也有较大的影响，在实测过程中对各种情况进行了认真务实的经验总结，找到问题原因的同时，也及时拿出了解决办法。

从监测成果看，K2027＋350～500 段边坡的水平位移、深部位移、沉降、锚杆轴力的监测值都有一定程度的变化。在雨期尤其是大暴雨条件下，其中 2011 年 6 月 16～20 日各监测项目的测值均有过大的增加。

（1）边坡多处出现较大的位移增量，3～8 号测点的位移增量均在−28.0mm 以上，最大位移增量出现在 7 号测点，位移增量为−38.5mm，然而，边坡仍处于稳定状态；

（2）N-48 测点和 L-52 测点锚杆轴力测值变化较大，其中 N-48 测点距离孔口 6m 处

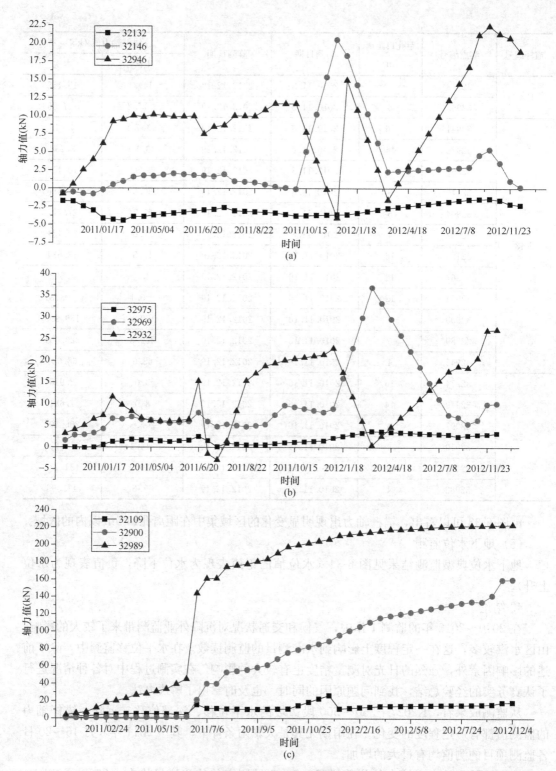

图 6-33　E、I、N、L 锚杆轴力监测成果曲线（一）

(a) E-48；(b) I-48；(c) N-48

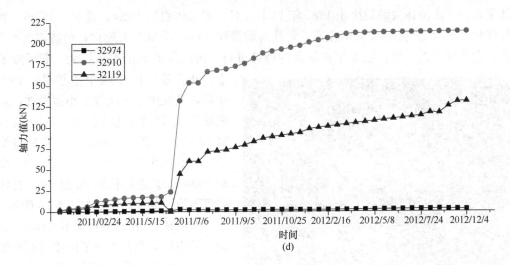

图 6-33　E、I、N、L 锚杆轴力监测成果曲线（二）

(d) L-52

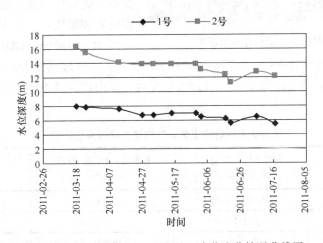

图 6-34　K2060＋030～100 段地下水位变化情况曲线图

的轴力值为 143.9kN，较 6 月 10 日的测值增加了 110.0kN，L-52 测点的最大轴力值为 131.9kN，较 6 月 10 日的测值增加了 114.3kN。

截止到 2012 年 12 月 20 日，共有 3 个测点的锚杆轴力值超过钢筋计的监测报警值 193kN（即极限值的 80%），水平位移监测点的测值也达到—76.6mm。不过每次相对变化值不大，边坡基本稳定。

二、灵宝罗山矿区滑坡体工程监测

1. 工程和滑坡灾害概况

河南灵宝罗山矿区位于小秦岭侵蚀构造中山区北坡前缘与黄河断陷盆地接触地带，矿区地势北低南高，地面海拔标高 640～1100m，山高沟深，地形地貌复杂。由于地质运动的作用，矿区地表由山地、河川阶地组成，大、小湖河从矿区中部与东部由南向北流过。

罗山矿区是一个开采 20 余年的老矿区。原以采金为主。截至 2004 年，415m 高程以上已查明的金矿体基本回采结束。多年无序的采矿活动在降雨因素的激发下诱发了严重的山体滑坡，首次山体滑坡发生于 1987 年 11 月 1 日，滑坡体斜长 192m，宽 80～120m，滑坡体体积 40m³，滑壁高约 30m 左右，舌部向前滑移 30m，造成 3 人死亡，经济损失 900 万元，企业停产近一年。随着采矿活动的持续进行，滑坡体的范围逐步扩大，现形成了

Ⅰ、Ⅱ、Ⅲ、Ⅳ号四个滑坡体。1999 年后，又发生了 3 次以上小型滑坡，形成塌陷坑 14 个，体积 14393m³，地裂缝 22 条，长度 2160m。据地质勘察统计，矿区内仍有老采空区约 50 个，面积 60000m²，总体积约 30 万 m³，具体位置不清。其分布特征如图 6-35 所示。

罗山矿区由于多年采矿活动的影响，采空区的存在改变了山体岩石原始应力平衡状态，采空塌陷、滑坡、地裂缝、危岩体等地质灾害发育。滑坡体主要由三类岩体组成：混合花岗岩、碎裂混合岩和糜棱岩。其中混合花岗岩抗压强度为 167MPa，RQD 为 77%，节理

图 6-35 罗山矿区滑坡体卫星图片

不发育；碎裂混合岩抗压强度为 76MPa，RQD 为 36%，节理间距 50～300mm；糜棱岩抗压强度为 98MPa，RQD 为 28%，节理极度发育。罗山矿区滑坡体主要岩性物理力学指标见表 6-8 所示。

罗山矿区滑坡体主要岩性物理力学指标统计表　　　　　　　　　表 6-8

岩性	重度 γ（天然/饱和）（kN/m³）	黏聚力 c（天然/饱和）（MPa）	内摩擦角 φ（天然/饱和）（°）
糜棱岩	21.685/22.05	0.020/0.018	30/29
第四系粉质黏土	17.934/19.404	0.041/0.022	19.6/15.3
第四系土石混合层	18.235/20.005	0.063/0.052	26/21
F5 构造带	21.168/21.854	0.025/0.016	35/32
混合花岗岩	26.754/27.244	7.1/6.0	44.5/42.5

滑坡体勘查结果显示：根据地形地貌、物质组成以及滑动方向等特征将罗山矿区滑坡体分为Ⅰ、Ⅱ、Ⅲ、Ⅳ号滑坡，其中Ⅰ、Ⅱ、Ⅲ号为岩土混合滑坡，Ⅳ号为土质滑坡，本实例以Ⅰ号滑坡体为主要介绍对象。

Ⅰ号滑坡体为一老滑坡体，1987 年发生过滑坡地质灾害。该滑坡体分布在小塘沟西侧的小山梁，呈长舌形状，后缘窄前缘宽。北东侧边界为小塘沟，南西侧边界为 F5 断层。南东侧边界为后缘。在滑坡体中部有醉汉树存在，侧缘有剪切张裂缝存在，其走向总体为 320°。总体滑动方向为 315°。该滑坡为凸起状斜坡地形，呈上陡下缓状，地表坡度 25°～35°，最大达 42°。滑坡体前缘最低高程约为 700m，后缘高程约为 970m，斜长约 620m，1 线宽约 110m，3 线宽约 70m，面积约为 5.58 万 m²。该滑坡存在两层滑带，第一层滑带以上的滑体面积 2.2 万 m²，厚 4～17.3m，体积约 17.3 万 m³；第二层滑带以上

的滑体厚 5~34m，体积约 122.0 万 m³，规模为大型，属深层滑坡。

Ⅰ号滑坡体属于岩石滑坡，滑体物质组成为岩土混合类物质。滑坡体前缘和中后部大部分出露第四系粉质黏土，中部为基岩，其岩性为碎裂混合花岗岩及高岭土化糜棱岩。第一层滑带以上为粉质黏土，第二层滑带以上为粉质黏土和基岩，基岩岩性主要为碎裂混合花岗岩、高岭土化糜棱岩、片麻岩及混合花岗岩。钻孔岩芯可以看出大部分岩石破碎不完整，多以碎裂岩为主。在 S1 处做试坑渗水试验，渗透系数 $k=1.856$m/d，渗透性较好。在滑坡体地表分布十余条地裂缝，主要分布在滑坡体中后部，纵横交叉，大部分垂直于主勘探线，宽约 0.1~3.0m。在 ZK1102 到后缘存在有十个塌陷坑，最大的 30m×15m，深 5~15m，主要为采空区塌陷引发所致。

综上所述，该边坡已经产生过多次失稳破坏特征，因此，采用具有负泊松比特性的恒阻大变形材料对边坡进行加固和监测迫在眉睫，早日实现对边坡失稳全过程进行实时监测，提前发出预警信息，及时撤离人员或采取相应加固措施，最大限度降低人员伤亡和降低治理成本。

2. 监测方案

(1) 监测目的

边坡稳定性监测主要是采集边坡的位移和变形信息，通过监测得到的岩土体滑动位移大小、位移方向及变形速度等直观资料，深入认识边坡变形机制和破坏特征，寻找防治措施的依据。因此，该边坡工程监测有如下主要目的：

1) 建立边坡滑动力监测预警系统；

2) 建立边坡监测预警云服务终端；

3) 建立危险边坡监测预警准则（阈值）。

通过对该煤矿历史气象、地质、水文等监测资料的统计分析，并结合试运行期间大量实测曲线和数据，建立符合现场实际的综合监测预警准则（阈值）及相应的预测预报方法，确保预警预报数据更加科学、真实，避免误报、漏报等事故发生。

(2) 监测点布设

根据实际断面工程地质概况，在保证边坡稳定性的前提下，采用经济的参数进行恒阻通信缆索监测设计，既要保证最少的投入，又要最大限度地满足监测精度需要。罗山矿区滑坡体共设置测线 11 条，其中：Ⅰ号滑坡体上布设 2 条测线、Ⅱ号滑坡体上布设 4 条测线、Ⅲ号滑坡体上布设 3 条测线、Ⅳ号滑坡体上布设 1 条测线、西山滑坡体上 1 条；共布设远程监测点 53 个，其中：Ⅰ号滑坡体上布设 11 个、Ⅱ号滑坡体上布设 17 个、Ⅲ号滑坡体上布设 17 个、Ⅳ号滑坡体上布设 6 个、西山滑坡体上 2 个。考虑到Ⅱ号、Ⅲ号、Ⅳ号滑坡体下的采矿活动的影响，分别对Ⅱ号、Ⅲ号、Ⅳ号滑坡体的测线和远程监测点进行了局部加密，详见图 6-36。

图 6-36 中测线相交处只设置一个远程监测点，不重复设置。测线间距和监测点密度总体按照Ⅱ级工程重要性标准布设，在受井工开采影响较严重地区，进行适当加密，进一步提高远程实时监测精度，为滑坡体的稳定性分析和监测提供可靠数据。每个监测点布置 1 套恒阻大变形锚索，安装 1 套智能传感、采集、发射系统，该系统原理如图 6-37 所示，对滑体下滑力进行实时监测，每根恒阻大变形缆索的恒阻力设计值为 150t，张拉力值为 180t，锁定值为 30t。

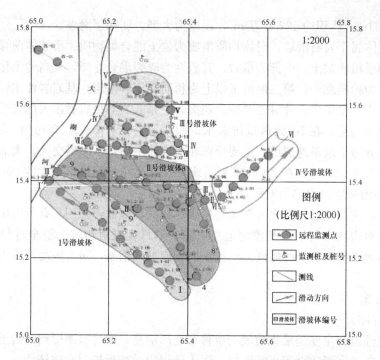

图 6-36　灵宝罗山矿区滑坡体远程监测点和测线布置平面图

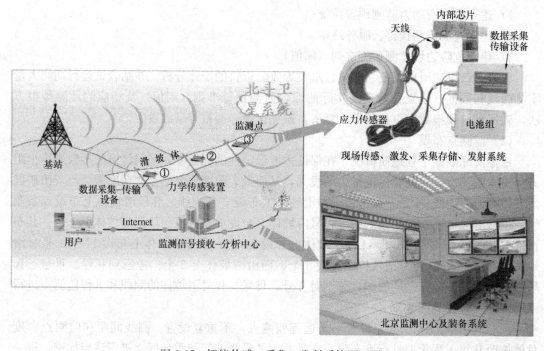

图 6-37　智能传感、采集、发射系统原理图

该智能系统根据"穿刺扰动"技术的力学原理，把多因素监测变为单一滑动力力学量监测，通过智能传感器实现扰动力动态变化的远程实时监测，并通过北斗卫星系统传输到实验室。该系统主要由以下几个部分组成：

1）力学传感器

力学传感器安装在滑坡体内部，主要是测量缆索上的力学量，能够实现对力学量的自动采集与传输功能。力学传感器主要由传感器、应变环、底座和锚板组成，如图6-38所示。

2）信号采集-传输设备

该设备安装在力学传感器上部的保护装置内，是由高精密电子部件集成的核心系统。核心电子部件主要由采集存储模块、信号发射模块和ID卡组成，其中每个ID卡有唯一的网络标识，对应一个数据库文件，可以保存该标识的监测信息。

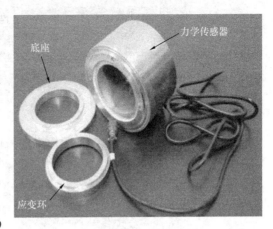

图6-38 力学传感器结构图

3）天线

天线的工作效果直接影响到滑坡监测预警预报的准确性。所以，在安装时要对天线的工作状态和效果进行校验，直到达到最优的工作状态。

（3）监测精度和量程

根据现场边坡岩土体完整性等级和破碎情况，滑动力监测精度和量程如下：

1）松散碎裂岩土体：精度为1kN，力学传感器峰值荷载：1500～2000kN；

2）完整岩体：精度为0.5kN，力学传感器峰值荷载：2500～3000kN。

该实例以Ⅰ号滑坡体作为主要监测对象，其工程地质断面图如图6-39所示。

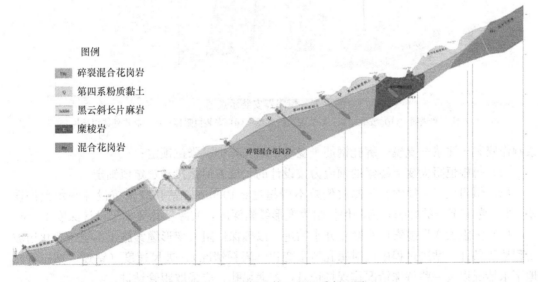

图6-39 Ⅰ号滑坡体工程地质断面图

3. 施工要求

图6-40为恒阻器安装示意图，深部滑动力监测点现场施工要求说明如下：

（1）恒阻大变形缆索施工工序为：整理坡面—确定孔位—钻孔—清孔—恒阻大变形缆

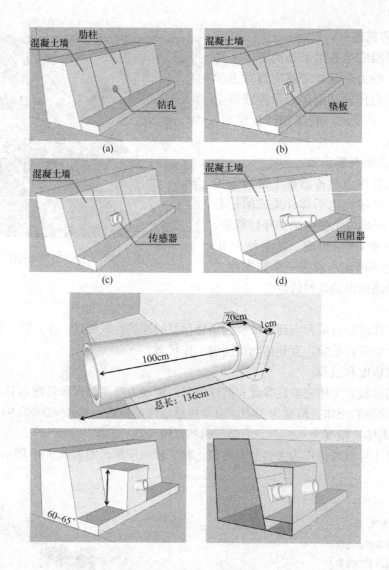

图 6-40　恒阻器安装示意图

(a) 钻孔和锚固；(b) 安装垫板；(c) 安装传感器；(d) 安装恒阻器；(e) 制作外锚固结构

索制作安装—注浆—支模—绑扎钢筋—浇筑锚墩—养护—张拉锁定；

(2) 每根恒阻大变形缆索的预应力按设计的张拉力值张拉和锁定值锁定；

(3) 恒阻大变形缆索孔位测放偏差不得超过±100mm，钻孔倾角按设计倾角允许误差±2°，考虑沉渣的影响，为确保恒阻大变形缆索深度，实际钻孔要大于设计深度1.0m；

(4) 恒阻大变形缆索成孔禁止开水钻进，以确保恒阻大变形缆索施工不至于恶化边坡工程地质条件，钻进过程中应对每孔地层变化（岩粉情况）、进尺速度（钻速、钻压等）、地下水情况以及一些特殊情况作现场记录，若遇塌孔，应采取跟管钻进；

(5) 恒阻大变形缆索孔径不小于150mm，钻孔完成之后使用高压空气（风压0.2～0.4MPa）清孔，以免孔中岩粉降低水泥砂浆与孔壁土体的粘结强度；

(6) 恒阻大变形缆索材料采用高强度、恒阻、防断预应力钢绞线，直径为15.24mm，强度1860级，要求顺直、无损伤、无死弯；

（7）锚固段必须除锈、除油污，按设计要求绑扎架线环和箍线环（箍线环采用 ϕ8 钢筋焊接成内径为 40mm 的圆环，恒阻大变形缆索由其内穿过），架线环与箍线环间距 0.75m，箍线环仅分布在锚固段，与架线环相间分布，自由段除锈后，涂抹黄油并立即外套波纹管，两头用铁丝箍紧，并用电工胶布缠封，以防注浆时浆液进入波纹管内；

（8）恒阻大变形缆索下料采用砂轮切割机切割，避免电焊切割，考虑到恒阻大变形缆索张拉工艺要求，实际恒阻大变形缆索长度要比设计长度多留 2.0m，既恒阻大变形缆索长度 $L_锚 = L_{锚固段} + L_{自由段} + 2.0m$（张拉段），锚具采用 QM15-10 型；

（9）恒阻大变形缆索孔内灌注水灰比 0.45，灰砂比 1：1，砂浆强度不低于 30MPa。采用从孔底到孔口返浆式注浆，注浆压力不低于 0.3MPa，并应与恒阻大变形缆索拉拔试验结果一致，当砂浆体强度达到设计强度 80% 后，方可进行张拉锁定；

（10）恒阻大变形缆索下端部锥形体和套管间放置树脂药卷，利用树脂药卷粘结力使其成为一个整体，套管和孔壁利用高压注浆措施进行锚固；

（11）锚墩采用 C25 钢筋混凝土现场浇筑，浇筑时预埋 QM 锚垫板及孔口 PVC 管；

（12）恒阻大变形缆索张拉作业前必须对张拉设备进行标定，正式张拉前先对恒阻大变形缆索行 1～2 次试张拉，荷载等级为 0.1 倍的设计拉力；

（13）恒阻大变形缆索张拉分预张拉、张拉、超张拉进行，每级荷载分别为 10min，分别记录每一级恒阻大变形缆索的伸长量，在每一级稳定时间里必须测读锚头位移 5 次，计拉力的 0.25、0.5、0.75、1.2 倍，除最后一级需要稳定 2～3d 外，其余每级需要稳定 5～10min，分别记录每一级恒阻大变形缆索的伸长量，在每一级稳定时间里必须测读锚头位移 5 次。

4. 监测成果

罗山矿区 53 套滑坡体远程监测预警系统正常工作，为了提高数据采集频率，避免遗漏重要数据信息，编写自适应性数据采集程序，即当滑坡体滑动面上的滑动力平稳变化时，设置采集频率为：$f = 1$ 个 /3h；当滑坡体滑动面上的滑动力变化异常时，数据采集模块会自动提高采集频率：$f = 2$ 个 /h。

按照上述数据自动采集模式，通过近 20 个月的严密动态监测，53 个监测点运行状态良好，没有出现中断和数据丢失的故障发生。该监测系统正常运行以来，掌握了大量的数据信息，为滑坡体稳定性评价和滑坡体发展趋势提供了翔实的资料。图 6-41 是 1-2 号监测点 3d 内的恒阻力数据曲线。系统安装后，近 4 个月的监测结果显示该系统具有功耗低、工作基本稳定可靠、智能性程度高、操作简便，完全符合山区监测条件，尤其是在寒冷的冬季 -15℃ 的气候条件下，仍能够长期稳定可靠的工作，这在很大程度上减轻了现场监测人员的劳动强度。

从监测结果可以看出，整个系统的工作十分稳定，没有发生数据的丢失以及传输过程中的干扰。

（1）监测点稳定性分类

通过近 20 个月的监测数据显示，罗山矿区滑坡体远程监测点总体处于稳定状态，但是局部出现异常，为了便于捕捉滑坡信息，按照一定的标准和原则对 Ⅰ 号滑坡体 11 个监测点进行分类。

1）分类原则和标准

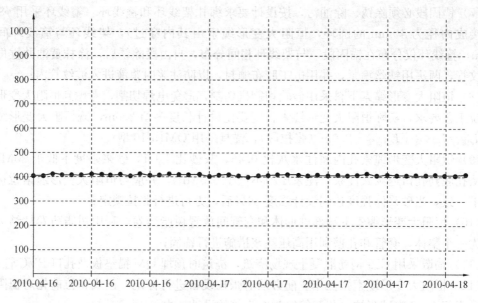

图 6-41　1-2 号监测点恒阻力曲线

罗山矿区滑坡体远程监测点分类主要依据下列原则和标准：

（a）监测点共分为两大类，即正常点和异常点；

（b）正常点的监测曲线（P-T 曲线）基本趋于平缓，忽略脉冲峰值点，作用力 P 的样本极差 $\Delta P < \pm 40kN$（4t），标准差 $s < 15$；

（c）异常点的监测曲线（P-T 曲线）呈现如下线形：稳定上涨曲线、稳定下降曲线、骤然上升曲线、骤然下降曲线、复合型曲线，忽略脉冲峰值点，作用力 P 的样本极差 $\Delta P \pm 40kN$（4t），标准差 $s > 15$；

（d）在正常监测点中，根据监测曲线缓慢上涨或缓慢下降趋势，进一步细分为：作用力上升型、作用力下降型和作用力稳定型监测点，便于实时跟踪非稳定型监测曲线的作用力变化趋势，捕捉滑坡信息。

Ⅰ号滑坡体监测点作用力变化分析统计表　　　　　　　　　　　　　　　　表 6-9

编号	NO. 1-01	NO. 1-02	NO. 1-03	NO. 1-04	NO. 1-05	NO. 1-06
ΔP (kN)	-30	20	88	20	18	18
标准差 s	5.77	4.20	23.62	3.98	4.02	3.82
编号	NO. 1-07	NO. 1-08	NO. 1-09	NO. 1-10	NO. 1-11	—
ΔP (kN)	71	-24	18	20	27	—
标准差 s	20.04	5.51	3.85	4.13	3.87	—

根据上述监测点分类原则和标准，对Ⅰ号滑坡体 11 个监测点的历史监测数据进行处理，分别计算其样本极差和样本标准差，处理后的数据如表 6-9 所示。按照处理后的数据分析，将Ⅰ号滑坡体 11 个监测点分为正常点和异常点。

2）正常点

截止到 2010 年，Ⅰ号滑坡体 11 个监测点工作正常，其中点 NO. 1-05 无规律跳跃，据查是设备故障，更换核心电路板后工作正常。对 11 个监测点的监测曲线和监测数据进行统计分析分类如下：

（a）作用力稳定型(7 个)。作用力稳定型监测点有：NO.1-02、NO.1-04、NO.1-05、NO.1-06、NO.1-09、NO.1-10、NO.1-11。

（b）作用力下降型（2 个）。作用力下降型监测点有：NO.1-01、NO.1-08。

3）异常点

截至 2010 年，罗山矿区 I 号滑坡体异常监测点共 2 个，即 NO.1-03、NO.1-07，并且都是作用力上升型异常监测点。

（2）异常点分析

1）现象

该监测点位于 I 号滑坡体顶部，监测点标高 897m，该点变化趋势呈稳步上升趋势如图 6-42 所示。

2008-7-11 至 2009-5-7，该监测点监测曲线变化率平稳，近似倾斜直线，最大拉力值 345kN，最小拉力值 231kN，变化幅度 114kN，约 10t；2009-5-8 至 2009-5-16，监测曲线陡然下降，拉力从 345kN 下降到 305kN，下降幅度约 40kN（4t）；2009-5-26 至 2009-5-28，监测曲线再次陡然下降，拉力从 305kN 下降到 384kN，下降幅度约 21kN（2t）。

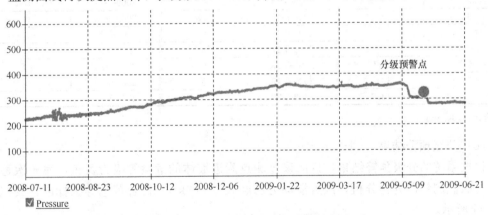

图 6-42　工程灾害监测网 NO.1-7 监测点截图

2）结果分析

该监测点位于 I 号老滑坡体顶部，植被较发育。2006 年对该监测点周边的采空塌陷区、地裂缝和危岩体等地质灾害进行了综合治理，主要治理措施是人工填埋、夯实、爆破、土地复垦等。

（a）监测点表层岩土体性质主要以人工填土为主，土体为第四系粉质黏土，颜色呈黄色、深黄色、褐色，土体为欠固结土，固结效应会对边坡岩土体应力重分布造成一定的影响。

（b）监测点深部为老采空区，巷道顶板岩层裂隙发育，为地表雨水入渗提供了通道，岩体强度降低，对边坡稳定性构成一定威胁。

（c）通过对近期降雨量统计表进行分析（图 6-43），发现 2009 年 5 月 8 日至 2009 年 5 月 15 日，罗山矿区连续降雨一周，累计集中降雨量约 110.9mm；2009 年 5 月 26 日至 2009 年 5 月 28 日，罗山矿区再次连续降雨 3 天，累计集中降雨量约 64mm（表 6-10）。降雨时间与监测点应力下降时间基本吻合。

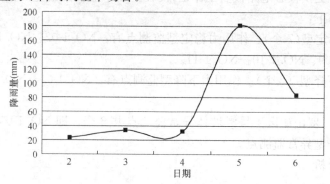

图 6-43　2009 年上半年降雨量统计图

2009 年 5 月降雨量统计表（单位：mm）　　　　　　　　　　　　表 6-10

日期	降雨量	日期	降雨量	日期	降雨量
2009-5-1	0	2009-5-11	8.0	2009-5-21	5.5
2009-5-2	0	2009-5-12	1.8	2009-5-22	0
2009-5-3	0	2009-5-13	15.1	2009-5-23	0
2009-5-4	0	2009-5-14	32.7	2009-5-24	0
2009-5-5	0	2009-5-15	2.8	2009-5-25	0
2009-5-6	0	2009-5-16	0	2009-5-26	6.5
2009-5-7	0	2009-5-17	0	2009-5-27	51.1
2009-5-8	27.0	2009-5-18	0	2009-5-28	6.8
2009-5-9	10.2	2009-5-19	0	2009-5-29	0
2009-5-10	13.3	2009-5-20	0	2009-5-30	0

合计：180.8mm。

（d）分级预警结果

根据系统的分级预警结果，目前该监测点附近坡体的危险等级为黄色，属于次稳阶段，对照监测数据进行分析，该点滑动力已经大于 400kN，符合黄色等级标准，具体如图 6-44 所示。

图 6-44　1-07 点在界面上的显示情况

5. 结论

综合上述两种情况，Ⅰ号滑坡体 NO.07 监测点存在潜在变化趋势，需要密切监测内部岩土体应力变化趋势，同时加强周围各监测点的相应变化趋势（例如：NO.1-6，NO.1-8 和 NO.2-05 监测点），以便做出合理、科学的判断。

思 考 题

1. 边坡工程的主要监测项目有哪些?
2. 边坡地表裂缝监测有哪些方法?
3. 滑动式三向位移计的监测原理是什么?
4. 恒阻大变形锚杆的工作原理是什么?
5. Yoke 应力计监测岩体应力的原理是什么?
6. 浮子式遥测水位计的原理是什么?
7. 边坡监测网形成的基本原则有哪些?
8. 在什么情况下不要局部加强监测?

第七章 软土地基路堤工程施工监测

第一节 概 述

在软土地基上修筑高等级公路路堤，最突出的问题是稳定和沉降。高速公路、高等级公路设计车速高，路面平整性要求也高，因此，软土地基路堤的施工应注意监测填筑过程及以后的地基变形动态，对路基路堤施工实行动态监测。交通运输部《公路软土地基路堤设计与施工技术细则》JTGT D31-02—2013 规定施工过程中必须进行沉降和稳定的监测，软土路基路堤的施工监测的主要目的是：

(1) 保证路堤在施工中的安全和稳定；

(2) 预测并控制工后沉降在设计的允许范围之内；

(3) 为新技术、新材料、新工艺的推广应用积累资料，为解决工程设计与施工中的疑难问题提供依据。

第二节 软土地基路堤工程监测的项目和方法

监测项目一般视工程的重要性和地基的特殊性以及监测对施工的影响程度等来确定。通常软土路基工程的监测项目包括三类：位移监测、压力监测和强度监测。位移监测包括沉降监测和水平位移监测；压力监测包括土压力监测和孔隙水压力监测；强度监测指地基承载力监测，这里不展开叙述。表 7-1 中所列项目为软土路基工程施工中常规的监测项目。

监测项目一览表 表 7-1

	监测项目	监测仪器和元件	监测目的
沉降	地表沉降	沉降板、水准仪	1. 监测地表沉降，控制加载速率； 2. 预测沉降趋势，确定预压卸载时间； 3. 提高施工期间沉降土方量的计算依据
	路基深层沉降	深层沉降标	路基某一层位以下土体沉降量，按需要设置
	路基分层沉降	导管、磁环、分层沉降仪	监测地基不同层位的沉降，确定有效压缩层的厚度
水平位移	地表水平位移	水平位移桩、测距仪、经纬仪、钢尺	监测地表水平位移兼地表隆起情况，用于路堤施工过程中的稳定性控制
	地基深层水平位移	测斜仪、测斜管	1. 监测地基深层土体水平位移，判定土体剪切破坏的位置，掌握潜在滑动面发展变化，评价地基稳定性； 2. 用于路堤施工过程中的稳定性控制

监测项目		监测仪器和元件	监测目的
压力	孔隙水压力	孔隙水压力计	测定路基中孔隙水压力，分析地基土层的排水固结特性及其对地基变形、强度变化和地基稳定性的影响
	土压力	土压力盒	1. 用于测定路堤底部和地基中的土压力，根据压力分布情况评价复合地基处理效果； 2. 用于研究土拱效应
	承载力	加载体、千斤顶、承载板等	测定地基和桩基的承载能力，可用于在构造物位置复合地基的检测
其他	十字板抗剪强度、锥尖阻力	十字板剪切仪、静力触探仪	1. 测定地基土原位强度，评价地基处理效果； 2. 计算稳定安全系数，评价地基稳定性
	地下水位（辅助监测）	水位监测管	1. 监测地下水位变化，测定稳定水位，配合其他监测项目综合判定路堤施工过程中的稳定性 2. 用于超静孔隙水压力计算
	出水量（辅助监测）	单孔出水量监测井	监测单个竖向排水井的排水量，了解其排水性能，分析地基排水固结效果

一、沉降监测

软土地基路堤工程沉降监测的目的及作用主要有：（1）控制填土速率；（2）根据实测沉降曲线预测地基固结情况，根据推定的残余下沉量确定填方预留沉降量、余宽及涵洞的预留沉降量和断面余量，同时确定构造物和路面结构的施工期；（3）为施工计量提供依据。因此，沉降监测在路堤施工中显得非常重要。沉降监测通常分为地表沉降监测、深层沉降监测和分层沉降监测等。路基土体内部分层沉降采用磁性分层沉降仪进行监测，以了解软土层在沿深度方向各层次的压缩情况，其原理方法等参见第五章。下面对地表沉降监测和深层沉降监测进行介绍。

1. 地表沉降监测

软土地基路堤工程的地表沉降监测常用的方法是在原地面上埋设沉降板用水准仪进行高程监测。沉降板由钢或钢筋混凝土底板、金属测杆和保护套管组成，如图7-1所示。底板尺寸不小于500mm×500mm×10mm，测杆采用直径40mm的钢管，为了使测杆处于自由状态，防止测杆与路基填料直接接触发生摩擦，影响沉降监测结果，应在测杆外部加保护套管，保护套管尺寸以能套住测杆并使标尺能进入套管。随着填土的增高，测杆和套管亦相应接高，每节长度不宜超过500mm。套管上口应加盖封住管口，避免填料落入管内而影响测杆自由下沉，盖顶高出碾压面高度不宜大于500mm。

工作基桩和校核基桩高程沉降监测应按二等水准测量要求进行，采用DS₁型水准仪配因瓦水准尺，监测允许误差为±1mm。路堤填筑期和预压期的沉降监测可按三级水准测量要求进行，采用DS₃型水准仪配红黑面木尺或钢瓦水准尺，监测允许误差为±3mm。当预压后期沉降小时，可采用用DS₁型水准仪配因瓦水准尺按二等水准测量要求进行监测，监测允许误差为±2mm。

2. 深层土体沉降监测

路基深层土体沉降是路基某一层位以下土体的压缩量。它可以通过在某一土层顶面或内部埋设深层沉降标采用水准仪测量标杆顶端高程的方法进行监测。

深层沉降标由主杆和保护管组成。主杆采用金属或塑料硬管，杆底端有 500～1000mm 长的以增加阻力的标头；保护管可采用废弃的钻孔钢管。深层沉降标的埋设位置应根据实际需要，如对于排水处理不能穿透整个层厚的较厚软土层，为了了解排水井下未处理软土的固结压缩情况，可设至未处理软土顶面（排水井底面）。深层沉降标埋设要点如下：

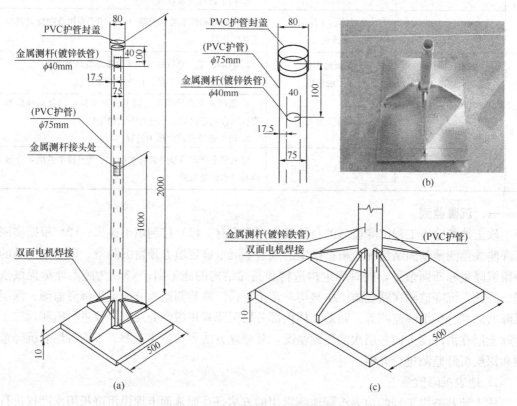

图 7-1　沉降板结构示意图及照片
(a) 沉降板结构示意图；(b) 沉降板照片；(c) 沉降板底板结构示意图

(1) 采用钻孔导孔埋设，钻孔深度深于埋置深度 300mm 以上，钻孔垂直偏差率应不大于 1.5%，并无塌孔缩孔现象存在，遇到松散软土层应下套管或泥浆护壁，成孔后必须进行清孔处理；

(2) 深层沉降标埋设时，先下保护管再下主杆，到位后再将保护管拔离主杆标头30～50cm，随填土增高，接长主杆和保护管；

(3) 当深层标至孔底定位后，用砂子填塞钻孔孔壁与波纹管或保护管之间的间隙，待孔侧土回淤稳定后，测定初始读数。

二、水平位移监测

水平位移主要包括地表水平位移和土体深层水平位移。现有的高速公路软土地基路堤工程监测资料证实：路基在路堤荷载作用下，土体最大的水平位移发生于地表以下 5～8m 的范围内，而且其值明显大于发生在地表的水平位移。由此可知，土体的破坏主要是从 5

～8m 深处的最大水平位移点逐渐向地表发展。因此，需通过地表水平位移和深层土体水平位移监测来实现对软土地基稳定性的控制。深层土体水平位移在土体中埋设测斜管，用测斜仪监测，其监测原理和监测方法参见第三章。下面对地表水平位移监测进行介绍。

水平位移监测的重点是路堤范围以外的路基侧向水平位移，它可以通过打设水平位移桩进行监测，此法设点简易，监测方便。

地表水平位移监测的水平位移桩一般采用钢筋混凝土预制，混凝土强度等级不小于M25，水平位移桩采用边长 50～100mm 的正方形木桩，长度不宜小于 1.5m，水平位移监测基桩宜采用边长 150～200mm 的正方形混凝土或钢筋混凝土预制桩，长度不宜小于1.5m，桩顶预埋不易磨损的监测标记。木桩可采用打入或开挖埋设，混凝土桩一般采用开挖埋设，埋设后桩顶露出地面的高度不宜大于 100mm。桩周围 0.3～0.5m 的深度范围内浇筑混凝土稳固桩体。

地表水平位移通常测值小，故一般要求采用精度高的经纬仪和全站仪监测。在地势平坦、通视条件好的平原地区，水平位移监测宜采用极坐标法，用光电测距仪和全站仪监测，测距允许误差为±5mm，当无测距仪时，也可以采用普通钢尺量测，量测时的标准拉力应为 100N，测距允许误差为±5mm。在地形起伏较大或水网地区宜采用前方交会法或视准线法，前方交会法要求水平位移桩与工作基桩构成三角网并且要通视，用 DJ_1 或 DJ_2 经纬仪监测，测角允许误差应为±2.5″。视准线法要求布设三级点位，由水平位移桩点、用以控制水平位移桩点的工作基桩点以及用以控制工作基桩点的校核基桩点三部分组成。工作基桩要求设置在路堤两端或两侧位移边桩的纵排或横排延长轴线上，且在地基变形影响区外，用以控制水平位移桩。水平位移桩与工作基桩的最小距离以不小于 2 倍路基底宽为宜，当采用视准线法监测时，监测仪器宜采用光电测距仪，测距仪误差为±5mm。

在监测过程中，需要用到工作基桩和校核基桩，工作基桩是作为控制测点的基准桩，因此，必须打设在变形区以外，以保证基桩的基准性和长期监测。工作基桩通常采用废弃的钻探用无缝钢管或预制混凝土桩，在硬土层中要求打入深度不小于 2.0m，在软土地基中要求打入深度大于 10m。桩周顶部直径 500mm 采用现浇混凝土固定，并在地面上浇筑1.0m×1.0m×0.2m 的监测平台，桩顶露出平台 150mm，在顶部埋设固定好刻有十字线的半圆形测头。

校核基桩用以控制工作基桩点，要求布设在变形区以外稳定的地基中，平原地区可用无缝钢管或预制混凝土板打入至岩层或具有一定深度的硬土层中，打入深度要求大于10m。丘陵或有岩体露头的区域，可采用预制混凝土桩打到硬土层或直接以坚硬的露头岩体作为校核基桩点，校核基桩四周必须采用永久性保护措施，并定期与工作基桩校核。校核基桩要求设置在远离施工现场和工作基桩而且地基稳定的位置处。

监测沉降时同时监测埋设于坡趾及以外的水平位移桩的标高以监测其地表隆起量，工作基桩及校核基桩一般也同时用于沉降监测。

三、孔隙水压力与土压力监测

在软土地区路基工程施工时的压力监测是为了掌握路基填筑过程中荷载不断增加后路基内部的受力变化等情况，以便能够全面掌握地基的稳定与沉降的发展趋势。压力监测主要有孔隙水压力监测与土压力监测等。孔隙水压力监测是为了掌握地基在承受不同排水条件下、不同附加应力时的固结状态，其监测工作原理和监测方法参见第三章。

土压力监测主要是掌握在路基施工的不同阶段地基内部土压力及其变化情况，从而了解并据此分析地基稳定情况。土压力监测包括路堤基底、土工织物底面、结构基础底面、地基浅层不同深度地基反力以及墙背等位置的接触应力等，也包括测定复合地基单桩及桩间反力，通常采用土压力计进行监测。土压力计的量程必须与被测土体应力状况相适应，根据被测点应力或反力的大小确定。监测路基竖向土压力的土压力计采用挖坑埋设法，坑槽底面应平整密实，埋设后的土压力计必须位置正确而稳固，上下四周约200mm范围用细砂填实，并保证土压力计的受力面（即承压膜）竖直朝上，如图7-2所示。埋设后的土压力计在初读数稳定后，才可进行路基的填筑工作。

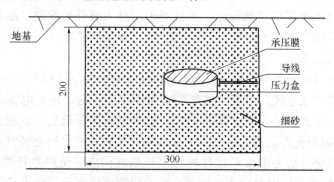

图 7-2 土压力计埋设示意图

四、地下水位及单孔出水量监测

地下水位监测主要是通过量测地下水位监测井中水位的高程来实现，以了解路堤附近地下水位随季节变化情况，并检验路基施工区的孔隙水压力。地下水位监测井的具体埋设和监测方法参见第三章。

单孔出水量监测主要是通过量测单孔出水量井的出水量来实现，以检验排水井的排水效果，分析地基土的排水固结特性。单孔出水量井的构筑方法是拟监测出水量的竖向排水体顶端挖出不少于0.5m长度的排水井，将留有排气管和排水管的出水井管套在竖向排水体顶端，周围用水泥混凝土填实，将出水井管加固稳定并隔离路基渗水进入，外引排气管和排水管至路基外的集水井。当路堤加载过程中有水排入集水井时，开始计量出水量，之后连续测定日出水量直至预压期结束。

第三节 监 测 方 案 设 计

软土路基路堤工程施工监测方案设计前要熟悉相应软土路基路堤工程的设计资料和施工图纸，弄清楚路基填筑材料和填筑工艺。软土路基路堤工程监测包括施工监测和试验工程现场监测，施工监测方案的主要设计内容包括：

（1）沉降板、水平位移桩、测斜管等监测项目布置设计、典型断面的设置；

（2）提出填筑期、预压期、路面施工期等沉降速率控制指标和侧向位移的控制指标。

试验工程现场监测方案设计的主要内容是：

（1）确定监测和试验的项目；

（2）明确监测断面和测点的布置位置；

（3）选定监测仪器和元件，明确埋设要求和保护方案；

（4）明确监测频率和监测资料整理与分析的要求；

（5）明确对监测研究报告的要求等。

软土地基路堤试验工程现场监测方案的设计要根据试验段的地质条件和地基处理方案的特点进行，必要时应对某些项目进行长期监测设计和增加必要的原位测试。在监测方案中要提出路堤施工坡率、沉降土方补加方式以及不同处理形式路段与结构物相接路段的施工期沉降预测曲线，确定填筑期、预压期、路面施工期等沉降速率控制指标和侧向位移的控制指标。

一、监测项目的确定

在软土地基路堤设计和施工中分试验工程的监测和路堤施工中监测，试验工程的监测项目见表7-1。施工中监测项目的确定应根据监测的目的按表7-2选择，主要有地表沉降、地表水平位移和地基深层水平位移，并且要进行沉降的预测工作。

软土路基路堤施工中的监测项目   表 7-2

监测项目	监测仪器和元件	监测目的
地表沉降	沉降板、水准仪	1. 监测地表沉降，控制加载速率； 2. 预测沉降趋势，确定预压卸载时间； 3. 提高施工期间沉降土方方量的计算依据
地表水平位移	水平位移桩、测距仪、经纬仪、钢尺	监测地表水平位移兼地表隆起情况，用于路堤施工过程中的稳定性控制
地基深层水平位移	测斜仪、测斜管	1. 监测地基深层土体水平位移，判定土体剪切破坏的位置，掌握潜在滑动面发展变化，评价地基稳定性； 2. 用于路堤施工过程中的稳定性控制

二、监测断面和测点布置

1. 施工监测断面和测点的布置

地表沉降一般路段每100m布设一个监测断面，在预压施工高度达到极限高度的路段，每50m布设一个监测断面；在跨度大于30m的结构物的两端相邻路堤段应各布设一个监测断面，跨度小于30m时可仅在一端布设，当软土深度或填土厚度变化较大时，在地基条件差、地形变化大的部位应加密布设。对于桥头路段，第一个监测断面设置于桥台后5～10m处，第二个监测断面设在过渡段，第三个监测断面设在桥头路段与一般路段交界段；沉降监测断面上的沉降板应设置于路中心，与结构物相邻段路堤宜在两侧路肩及边坡坡脚位置增设沉降测板。路中沉降板的设置应防止与通信管道或防撞护栏位置冲突，高速公路埋设位置宜设在路中偏右0.5～0.6m，单车道匝道仅单侧设置于土路肩处，超高路段设置于超高外侧土路肩处；有中间分隔带的双车道匝道设置于路中线处。斜交桥涵构造物相邻路段，应沿斜交方向设置。

在预压高度达到极限高度的路段应设置地表水平位移监测断面，一般路段每50m布设一个，在跨度大于30m的结构物的两端相邻路堤段应各布设一个，跨度小于30m时可仅在一端布设，在填挖交界处、沿河路段等易发生失稳的部位应增设监测断面。水平位移桩宜设置于监测断面的路堤坡脚、边沟外缘以及边沟外缘10m处，每侧设置3～4个点，并结合稳定分析在预测可能的滑裂面与地面的切面位置布设测点。于路基两侧沿监测横断面延长线上设置基准桩，并保持其与最外侧边桩的距离在 30m 以上，水平位移监测基桩应设置在地基变形影响范围之外。

在桥头高路堤等重要工程部位和大于极限填筑高度且路基填高 3m 以上的沿河、临河等凌空面大且稳定性较差的路段以及路基填高在 4.0m 以上的高路堤路段（刚性桩处理路段可放宽至 5.0m）宜设置测斜管，对地基深层水平位移进行监测，测斜管需穿越软土层并进入硬土层 1m 以上。

地表沉降、水平位移和地基深层水平位移应布置在同一横断面上。

2. 试验工程监测断面和测点的布置

试验工程段选择在方便施工组织、纵坡较小的直线段或大半径平曲线段，试验区段的长度要大于 50m，且大于路堤基底宽度的两倍，试验段路堤的断面形式、尺寸、垫料等应与实际工程情况一致。

（1）监测断面的布置

监测断面布置是监测方案设计中最重要的内容。断面布置应明确路堤范围、监测区段号、断面布置应明确监测控制点、各种监测标志和元件在各个监测断面中的水平与垂直方向上的布设位置。

监测断面垂直于路线中线并靠近试验段的中部设置，监测断面距试验段两端的距离不宜小于 5m。通常应包括地表沉降、路基深层沉降、路基分层沉降、地表水平位移以及路基深层水平位移监测项目，根据工程实际需要，监测断面上还可同时布置孔隙水压力、土压力、地下水位以及出水量等监测项目，并尽量与沉降和水平位移监测项目布置在同一垂直于路堤中线的横轴线上或附近。

一般路段沿纵向每隔 100～200m 设置一个监测断面，桥头路段应设置 2～3 个监测断面；在预压施工高度达到极限高度的路段，宜每 50m 布设一处；在跨度大于 30m 的结构物的两端相邻路堤段应各布设一处，跨度小于 30m 时可仅在一端布设；填挖交界处、沿河路段等易发生失稳的部位应设置监测断面；在地基条件差、地形变化大的部位应加密设置监测断面。

监测断面上各种监测项目和各种测点宜集中布设于垂直于路堤中线的横轴线上。当监测项目和测点多而在横轴线上布设不下时，应紧靠轴线两侧布设；当路基设有中央分隔带时，路中的测点应布设于中央分隔带中；当路基不设中央分隔带时，外露测点应采取保护措施，以防碰撞损坏。监测断面平面布置示例如图 7-3 所示。

（2）监测断面上的测点布置

外露的测标一般布设在路中、路肩、边坡及路基以外部位，路基孔隙水压和土压力、地下水位及单孔出水量等隐埋式测点根据需要可在全断面布设。边坡趾部及以外位移边桩视地基变形情况确定测点位置。孔隙水压力计要求一孔单只埋设，且在平面位置上应尽可能聚集在一起，以便于电缆集中外引和保护。监测断面布置示例如图 7-4 所示。

所有的监测标志和元件均应在地基处理后、路基填筑前埋设完毕。路基填筑必须在所有监测项目完成初读数后进行。

1）沉降测点布置

一般路段沉降板设置在路中心，桥头引道或与结构物相邻路段增设路肩及坡脚（可用

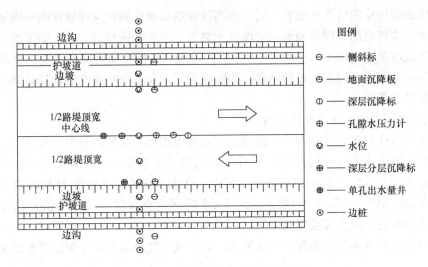

图 7-3 监测断面平面布置示例图

边桩兼测）测点。无论在路堤纵向还是在横向，沉降板布点越多，测得的结果越能反映路堤沉降的真实性。但测点越多，监测和测点保护工作量以及对施工的影响都会增加，费用也会相应地增加。

分层沉降管埋设难度较大，且外露标管对施工影响较大，又易遭碰撞损坏，所以，一般埋设于路中心，一个监测断面埋设 1～2 根分层沉降管。深层沉降标一般布设在路中心，不宜埋设于车道位置，将深层沉降标埋设需要监测的深度。

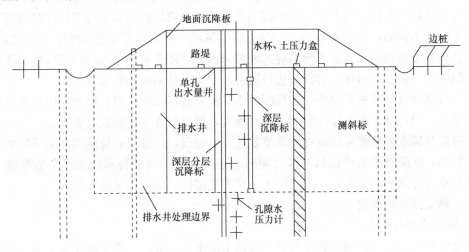

图 7-4 监测断面剖面布置示例图

2）水平位移测点布置

水平位移桩数量应以控制路基稳定的目的为标准。通常路基失稳时路堤两侧一定范围内的土体必定会有隆起的迹象，水平位移桩应埋设在最可能隆起的部位，地基失稳隆起位置一般在边坡趾部以外 10m 范围内。因此，也即在边坡坡趾、边沟外缘以及路堤两侧趾部以外 10m 范围内，并结合稳定分析在预测可能的滑裂面与地面的切面位置布设，一般在趾部及趾部以外设置 3～4 个水平位移桩，在桥头纵向坡脚、填挖交界的填方端、沿河等极易失稳的部位应酌情增加设置。同一监测断面的水平位移桩应埋设在同一横轴线上。

深层水平位移监测所用的测斜管应埋设于路基土体水平位移最大的平面位置，一般埋设于路堤边坡坡趾或边沟上口外缘1.0m左右的位置。在桥头高路堤等重要工程部位及沿河、临河等临空面大而稳定性差的路段，为防止施工中路基失稳或有效地控制路基填筑速率，宜设置测斜管。

3）孔隙水压力和土压力测点布置

孔隙水压力计宜布置在路中心、路肩以及边坡坡脚相对应的地基中，与路中心、路肩位置对应的孔隙水压力计布设在基底下15m以内的软土层中，与边坡坡脚位置对应的孔隙水压力计布设在基底下10m以内的软土层中。孔隙水压力计在深度为15m以内的软土层中竖向布设间距为2~5m，在深度大于15m的范围内宜布设1~2个，并应沿深度在每种土层中均匀布设，埋置深度应及至压缩层层底。

土压力盒要靠近路中心布置，可水平向埋置，也可竖向埋置，以测定被测地基的应力状态。

4）承载力和十字板抗剪强度测试点的布置

承载力与原位强度测试点的位置应根据工程的具体要求而定，十字板抗剪强度和静力触探测试的试验孔应分组设置，每组3~4个孔，其中1个孔用于测定天然地基的强度，另外的预留孔布设在该孔周围，用于测定路堤施工过程中不同阶段地基土强度的变化。

5）地下水位及单孔出水量测点布置

用于监测地下水位变化、配合其他监测项目综合判定路堤施工过程中稳定性的水位管应埋设在路堤边坡坡脚或路堤内。当用于测定稳定水位、校验孔隙水压力时，地下水位测点应埋设在受路堤及施工荷载应力影响范围以外。由于路堤应力影响范围是随路堤宽度和高度的不同而不同的，如26m宽度、3~4m高的路堤，一般应力可至坡脚外50m之远。

单孔出水量监测集水井要靠近路堤边坡坡脚设置，用于监测出水量的竖向排水体的宜选择在路中心、路肩、边坡中部以及边坡坡脚对应位置处的竖向排水体。

所有监测项目应尽量布置在一个横断面或尽量靠近横断面布设，监测点应在整个监测断面上布置，当地基土层和路堤断面均匀对称时，可以仅在本格断面布置。

所有监测标志和监测元件应在路堤填筑前及时埋设，在埋设和监测期间必须采取有效的保护措施，沉降板和水平位移桩等监测标志还应标上醒目的警示标志以免遭受施工车辆、压路机等碰撞和人为损坏。监测标志一旦遭受碰损，应立即复位并复测。

三、监测频率的确定

1. 沉降监测的频率

软土地基路堤沉降监测的频率与路基填筑工况密切相关，一般要求在施工期应每填一层监测一次，当路堤填高达到极限高度之后路堤极易失稳，应每天监测一次，临时中断施工或填筑间歇期，可每三天监测一次；在路堤填筑完成后的堆载预压期间，监测频率按路基稳定情况而定，第一个月内应每三天监测一次，第二个月至第三个月宜每七天监测一次，从第四个月起至预压期末可每半个月监测一次，直至预压期结束。当沉降曲线骤然变大时，要跟踪监测并分析原因，必要时需要采取措施。当路堤填筑在极限高度以下时，一般沉降和水平位移较小，监测次数可少些。

一般来说，监测频率应与沉降或水平位移速率相适应，沉降或水平位移速率小，监测频率也可减慢；反之沉降或水平位移速率越大，监测频率越要加大。

2. 试验工程稳定性监测的频率

稳定性监测的项目包括地表水平位移、地基深层水平位移、孔隙水压力、十字板抗剪强度和锥尖阻力、地下水位等，在路堤填高达到极限高度后第一个月，应每天进行一次稳定监测，临时中断施工或填筑间歇期，初始 10 天内，可每三天进行一次稳定监测，以后每隔 15～20 天监测一次，间歇期超过一个月后，可每月监测一次。

在路堤填筑加载之前，应测定各测点的初始孔隙水压力值，并将该值作为该测点孔隙水压力零点。在填筑施加每一级荷载的过程中，应在填筑加载之前和完毕之后分别监测一次。当孔隙水压力急剧增大时，应跟踪监测直到孔隙水压力消散稳定为止。在路堤施工过程中，孔隙水压力与土压力也可与沉降和水平位移同步监测。

当地下水位监测是用于配合某监测项目综合判定路堤施工过程中稳定性时，其监测频率宜与该项目监测频率相同或适当提高；用于稳定水位监测时，可每周监测一次。地下水位及单孔出水量也可与孔隙水压力和土压力同步监测。

3. 试验工程其他监测项目的监测频率

待土压力计埋设完毕并与地基土接触密合之后，同时在路堤填筑加载之前，应测定土压力计的初始读数，作为土压力的零点。在填筑施加每一级荷载的过程中，应在填筑加载之前和完毕之后分别监测一次。在填筑加载间歇期可每隔 5～10 天监测一次。地基分层沉降的监测频率与地表沉降监测的频率相同。当路堤加载过程中有水排入集水井时，开始计量出水量，之后每天监测日出水量，直至预压期结束。

试验工程路段应保证不少于一年半的监测时间。

四、监测控制要求

路基工程施工监测控制指标是一个定量化指标系统，当监测结果在其容许的范围之内时，一般认为路基工程是安全的，并且不会对周围环境产生有害影响；当监测结果超出其容许的范围时，则认为路基工程是非稳定或危险的，并将对周围环境产生有害影响。

1. 填筑期控制要求

路堤填筑过程中，应着重进行沉降和水平位移监测以控制路基稳定。当接近或达到极限填土高度时，严格控制填土速率，以免由于加载过快而造成路基破坏。一般每填一层，应进行一次监测，参考我国几条高速公路的建设情况，如表 7-3 所示。《公路软土地基路堤设计与施工技术细则》JTGT D31-02—2013 规定相应的控制标准为：路堤中心线地表沉降速率每昼夜不大于 1.0～1.5cm；坡脚水平位移速率每昼夜不大于 0.5cm。监测结果应结合沉降和位移发展趋势进行综合分析，路基填筑速率应以水平位移控制为主，如下几点可以参考：

我国几条高速公路的沉降与位移控制标准 表 7-3

控制标准 （cm/d）	京津塘高速 公路	杭甬高速 公路	佛开高速 公路	深汕高速公路 试验段	泉厦高速 公路	技术细则（JTGTD31- 02—2013）
垂直沉降	1.0	≤1.0	< 1.0	1.3～1.5	1.0	≯1.0～1.5
水平位移	0.5	≤0.5	< 0.5	0.5～0.6	0.2	≯0.5

（1）当在路基极限填筑高度以内时，填筑速率要求不大于 1.5～2.0m/月；

（2）采用排水固结法处理地基时，应控制填筑速率与地基强度增长相适应，一般路堤的沉降速率不应大于 15mm/d；桥头路堤的沉降速率不应大于 10mm/d；真空预压处理路段，在稳定抽真空时期且填土高度 5m 以下时，沉降速率不应大于 20mm/d；

（3）非排水固结法处理的路段，沉降速率不应大于 10mm/d；

（4）其他各种地基，其水平位移不应大于 5mm/24h；

（5）当监测数据超出以上范围或路堤稳定出现异常情况而可能失稳时，应立即停止加载并采取工程处理措施，待路堤恢复稳定后，方可继续填筑。

2. 预压卸载期控制要求

预压卸载时，要求推算的工后沉降量小于设计容许值，同时满足沉降速率标准时方可卸载开挖路槽并开始路面铺筑。具体控制要求如下：

（1）对欠载预压的路段，连续两个月的月沉降速率不应大于 3mm/月；

（2）对等载预压的路段，一般路段连续两个月的月沉降速率不应大于 5mm/月，桥头路段不应大于 3mm/月；

（3）对超载预压的路段，当有效应力面积比不大于 0.75 并且预压期超过 6 个月以上时，连续两个月的月沉降速率不应大于 7mm/月；有效应力面积比为 0.75～1.0 时，一般路段连续两个月的月沉降速率不应大于 7mm/月，桥头路段不大于 5mm/月，有效应力面积比超过 1.0 时，一般路段连续两个月的月沉降速率不应大于 5mm/月，桥头路段不应大于 3mm/月。

3. 施工至基层顶面后的控制要求

施工至基层顶面后，当连续两个月的沉降速率不大于 3mm/月时，可以进行铺筑沥青混凝土下面层。

第四节 软土地基路堤工程沉降预测方法

一、监测曲线

在监测过程中除了要及时出好各种类型的报表、绘制监测断面及测点布置位置平面和剖面图外，还要及时整理各监测项目的汇总表并绘制相关的成果曲线，以便做进一步的分析，如及时计算沉降和水平位移速率，当速率骤增时，应及时进行动态跟踪监测并分析原因，提出减缓填筑速率或停止填筑等有效措施，以避免地基变形过大、路堤失稳而遭破坏。软土地基路堤工程沉降监测后，应根据沉降预测资料计算工后沉降和沉降速率，确定预压稳定后铺筑路面的时间。

主要成果曲线图包括：

（1）沉降监测曲线

① 沉降—时间—荷载关系曲线，以分析沉降发展趋势，计算沉降速率；

② 分层沉降—时间—荷载关系曲线，以分析沉降发展趋势，计算沉降速率，掌握分层土体固结情况，评价地基处理效果；

③ 沉降（时间）—深度关系曲线，以论证压缩层厚度确定的适宜性；

④ 路基横向沉降盆图（不同监测时间，相应的沉降盆线）。

（2）地表水平位移监测曲线

① 地表水平位移—时间—荷载关系曲线，以分析位移发展趋势，及时确定路堤的稳定状态；

② 深层水平位移（时间）—深度关系曲线，以及时确定最大位移的位置，掌握潜在滑动面发展变化；

③ 地表横向水平位移分布图。

（3）孔隙水压力和土压力监测曲线

① 孔隙水压力—时间—荷载关系曲线，以分析地基土层的排水固结特性；

② 孔隙水压力增量—荷载压力增量关系曲线，以判断路堤与地基的稳定性；

③ 土压力—时间—荷载关系曲线，当研究土拱效应时，应绘制地基反力增量的松弛和拱效应发展情况图。

（4）地下水位和单孔出水量监测曲线

① 全年时间—地下水位变化曲线；

② 地下水位—时间—荷载关系曲线，根据曲线发展变化趋势以分析地基的稳定性；

③ 日出水量—时间—荷载关系曲线，以评价竖向排水体的排水性能，分析地基排水固结效果。

除上述成果曲线外，还可以根据其他监测资料绘制所需的监测曲线。成果曲线应该是随监测次数的增加逐项后延而成，而不是事后绘制，这样便能直观地从图上看出各测点曲线变化趋势，能全面地了解与分析地基稳定情况。

二、软土路基沉降预测方法

利用实测的荷载—时间—沉降过程线和荷载—孔隙水压力—时间关系曲线可推测 t 时刻沉降和最终沉降 S_∞，或反算地基的固结系数 C_v、C_H。

由实测的成果曲线反算地基固结系数或推算最终沉降量的方法较多，常用的有双曲线法、星野法、三点法、沉降速率法、浅岗法和人工神经网络法。这些方法经试用均有优缺点，关键是应用时需凭一定的经验和技巧，实际工程中可根据实测情况将几种方法试用一下，视拟合程度的好坏，选择与实际情况较吻合或接近的某种方法。

1. 双曲线法

双曲线法是假定下沉平均速度以双曲线形式减少的经验推测法。从填土开始到任意时间 t 的沉降量 S_t（沉降模式见图 7-5）可采用下式计算：

$$S_t = S_a + \frac{t - t_a}{\alpha + \beta(t - t_a)} \tag{7-1a}$$

式中　t_a、S_a——拟合计算起始参考点的观测时间与沉降量；

t、S_t——拟合曲线上任意点的时间与对应的沉降量；

α、β——根据监测数据通过回归求得的系数。

变换上式得：

$$\frac{t - t_a}{S_t - S_a} = \alpha + \beta \cdot (t - t_a) \tag{7-1b}$$

由图 7-6，得到 $\dfrac{t - t_a}{S_t - S_a}$ 和 $t - t_a$ 的直线关系图。从该直线与纵轴的交点和斜率，可分

别求得 α、β。

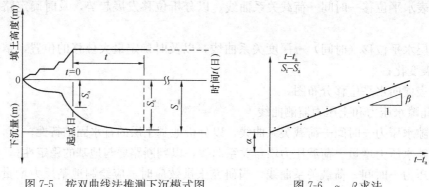

图 7-5　按双曲线法推测下沉模式图　　　图 7-6　α、β 求法

当 $t=\infty$ 时，由式（7-1a）可知，最终沉降量 S_∞ 可用下式求得：

$$S_\infty = S_a + \frac{1}{\beta} \tag{7-2}$$

荷载经过时间 t 后的残留沉降量 ΔS 用下式求得：

$$\Delta S = S_\infty - S_t \tag{7-3}$$

用此方案推测 t 时沉降，要求实测沉降时间至少在半年以上。

2. 星野法

沉降计算公式：

$$S_t = S_i + \frac{AK\sqrt{t - t_0}}{\sqrt{1 + K^2(t - t_0)}} \tag{7-4}$$

式中　t_0、S_i——拟合计算起始参考点的观测时间与沉降量；

　　　t、S_t——拟合曲线上任意点的时间与对应的沉降量；

　　　K——影响沉降速度的系数；

　　　A——$t \rightarrow \infty$ 时最终沉降值与起始参考点沉降值的差值。

将式（7-4）转换为直线方程的形式：

$$\frac{(t - t_0)}{(S_t - S_i)^2} = \frac{1}{A^2 K^2} + \frac{t - t_0}{A^2} \tag{7-5}$$

式中　$\dfrac{1}{A^2 K^2}$——直线的截距（横轴为 $t - t_0$）；

　　　$\dfrac{1}{A^2}$——直线的斜率。

计算时根据假定的几组 t_0、S_i 和实测值 S、t 点成曲线图（如图 7-7 所示），从图中选取合适的假定线，确定参数 A、K 值，再代入式（7-4），计算任意时间的沉降量 S_t。当 $t \rightarrow \infty$ 时，则 $S_\infty = S_i + A$。

必须注意，推算应在沉降发展趋势相对稳定的情况下，并且对实测沉降数据进行一定的误差处理或曲线的滤波处理后进行。

3. 三点法

根据固结理论，在不同条件、不同时间下固结度可表示为：

$$\overline{U}_t = 1 - \alpha e^{-\beta t} \qquad (7\text{-}6)$$

在时间 t 的沉降为:

$$S_t = S_d + \overline{U}_t S_c = S_\infty - \alpha e^{-\beta t} S_c \qquad (7\text{-}7)$$

其中 $\qquad\qquad S_\infty = S_d + S_c$

式中 $\quad \alpha$ ——常数;

$\qquad \beta$ ——与固结系数,排水距离有关的系数;

$\qquad S_\infty$ ——最终沉降;

$\qquad S_d$ ——瞬时沉降;

$\qquad S_c$ ——固结沉降。

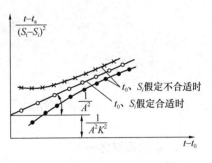

图 7-7　星野法参数 A、K 的确定

从实测早期停荷以后的 3 个时间 t_1、t_2、t_3,使 $t_2 - t_1 = t_3 - t_2 = \Delta t$,且使 Δt 尽可能大些,则:

$$S_{t_1} = S_\infty - \alpha S_c e^{-\beta(t_2 - \Delta t)} \qquad (7\text{-}8a)$$

$$S_{t_2} = S_\infty - \alpha S_c e^{-\beta t_2} \qquad (7\text{-}8b)$$

$$S_{t_3} = S_\infty - \alpha S_c e^{-\beta(t_2 + \Delta t)} \qquad (7\text{-}8c)$$

由以上三式可以求得:

$$S_\infty = \frac{S_{t_3}(S_{t_2} - S_{t_1}) - S_{t_2}(S_{t_3} - S_{t_2})}{(S_{t_2} - S_{t_1}) - (S_{t_3} - S_{t_2})} \qquad (7\text{-}9)$$

和 $\qquad\qquad\qquad \beta = \frac{1}{\Delta t} \ln \frac{S_{t_1} - S_{t_2}}{S_{t_3} - S_{t_2}} \qquad (7\text{-}10)$

$$S_c = \frac{S_\infty - S_{t_3}}{\alpha e^{-\beta t_3}} \qquad (7\text{-}11)$$

4. 沉降速率法

由固结沉降公式:

$$S_t = S_\infty - \alpha S_c e^{-\beta t} \qquad (7\text{-}12)$$

对 S_t 求导得沉降速率 $\dot{S}_t$:

$$\dot{S}_t = \alpha \beta S_c e^{-\beta t} \qquad (7\text{-}13)$$

两边求对数:

$$\ln(\dot{S}_t) = \ln(\alpha \beta S_c) - \beta t \qquad (7\text{-}14)$$

所以 $\ln(\dot{S}_t) - t$ 是线性关系,从实测的 $S_t - t$ 线可以作出 $\ln(\dot{S}_t) - t$ 线,从而可得 β 值:

$$\ln(\dot{S}_t)\big|_{t=0} = \ln(\alpha \beta S_c) \qquad (7\text{-}15a)$$

$$\alpha \beta S_c = \dot{S}_t\big|_{t=0} \qquad (7\text{-}15b)$$

$$S_c = \frac{\dot{S}_t\big|_{t=0}}{\alpha \beta} \qquad (7\text{-}15c)$$

将式 (7-15c) 代入式 (7-12) 整理得:

$$S_\infty = S_t + \frac{\dot{S}_t\,|_{t=0}}{\beta}e^{-\beta t} \qquad\qquad (7\text{-}16)$$

$$S_d = S_\infty - S_c \qquad\qquad (7\text{-}17)$$

第五节 工　程　实　例

一、监测实例之一

1. 概况

某高速公路全长近 145km，沿路经过海积、冲海积等成因的软土地基路线长为 94km，软土层厚度在 15～40m 之间，土层含水量高，压缩性大，易流变。为了指导全线施工，探讨路基软土的强度和变形特性，对软土路基试验段施工进行了三个断面的监测。

试验段的土层大致分为以下几层：

第一层为粉质黏土（厚度为 26m）；

第二层为淤泥质粉质黏土（厚度为 4.4m），含腐殖物贝壳；

第三层为淤泥质粉质黏土（厚度为 11.2m），其中在深度 13.2～17.2m 之间含砂量较高；

第四层为淤泥质黏土（厚度为 16.8m）；

第五层为粉质黏土；

第六层为粉质黏土；

第七层为砂砾石层。

软土路基相应的地基处理措施为：

Ⅳ段面（K34 + 330）软土处理办法为塑料排水板，埋深为 15m，梅花形布置，间距为 1.5m；

Ⅴ段面（K34 + 410）软基处理办法为袋装砂井，深度为 15m，间距为 2m，成梅花形分布，在砂井之上铺设一层编织布；

Ⅵ段面（K34 + 490）软基处理办法为打袋装砂井，深度为 15m，间距为 2m，梅花形布置，砂井之上铺设复合土工布层。

在原地基消除 20cm 耕作土后，回填压实做主拱坡，上铺 60cm 砂砾石，再铺 30cm 厚的碎石，然后填筑宕碴，直到预定标高，填筑高度约 3.50m，路基底面宽约 37m，顶宽约 26m。

2. 监测项目及其布置

各试验段的具体监测项目见表 7-4，埋设平面布置图 7-8 及剖面图 7-9。

从 1991 年 12 月 5 日起，试验段进入全面施工监测阶段，地表沉降、深层沉降、土压力及地下水位每次填筑加载前和加载后监测，并且两次监测的时间不超过三天，分层沉降、深层水平位移和地表水平位移在加载过程中，每 5～10 天监测一次，加载完后减 10～15 天监测一次。单孔出水量取所有出水数量，每两天取出水量。由于Ⅴ、Ⅵ段面内有河道的特殊情况，每次测量地表沉降的同时监测边桩的高程变化，以控制加载速率。地表沉降、深层沉降采用水准仪三级测量二级校核，地表水平位移用红外线测距仪进行测量。

序号	项目	元件和标志	符号	监测断面数			总数
				IV	V	VI	
1	分层沉降	分层沉降标	①	1	1	1	
2	地表沉降	地表沉降板	○	3	3	3	
3	深层沉降	深层沉降标	⊙	1	1	1	
4	深层水平位移兼测分层沉降	测斜管	⊖	2	3	3	8
5	水平位移	边桩	.	6	6	8	20
6	土压力	土压力盒		0	7	7	14
7	孔隙水压力	孔隙水压力计	+	12	12	12	36
8	单孔出水量	单孔出水量井	⊕	2	2	0	4
9	地下水位	地下水位井	#	1	2	1	4

注：地下水位每个段面南边各 1 口井，V 段面加 1 口井。

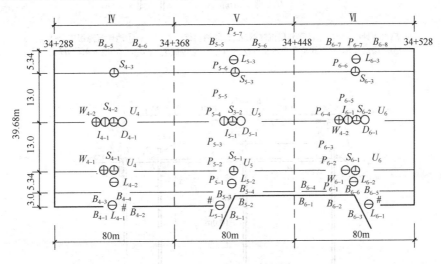

图 7-8　监测点平面布置图

3. 监测成果

（1）加载情况和基底反力

根据现场实际施工情况绘制和监测结果绘制加载过程曲线和基底反力随时间变化曲线图以及基底反力分布图（见图 7-10 和图 7-11）。从基底反力分布图看，V、VI 断面基底应力分布与上部加载有差异，V 段面最底反力为 1.05kg/cm^2，VI 断面基底反力为 0.95kg/cm^2，但荷载的面积值与反力的面积值基本相符，V 断面：$A_荷 / A_反 = 0.91$，VI 断面：$A_荷 / A_反 = 1.001$。

加载完后，基底反力局部发生重分布，但总面积基本不变。从图 7-10 看，基底压力与加载过程随时间变化基本一致，荷载增加，反力上升。

（2）路基地表沉降

到 9 月 20 日，3 个断面主要时间点地表沉降情况如表 7-5 所示，加载完成时地表沉降

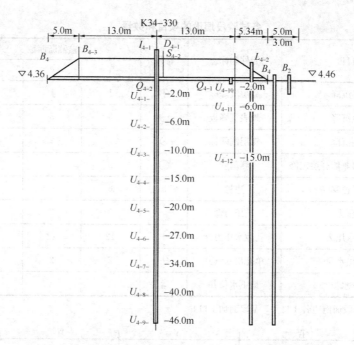

①孔隙水压计U_{4-1}～U_{4-12}；②分层沉降管D_{4-1}；③测斜管L_{4-1}，L_{4-2}；④地质沉降板S_{4-1}～S_{4-3}；
⑤深层沉降标I_{4-1}；⑥单孔出水量管Q_{4-1}～Q_{4-2}；⑦边桩B_{4-1}～B_{4-6}；⑧地下水位井h_{4-1}

(a)

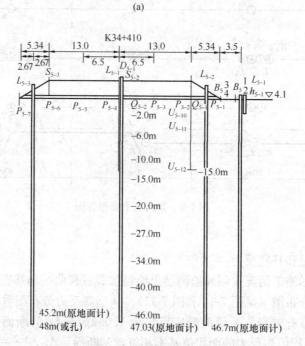

①孔隙水压力计U_{5-1}～U_{5-12}；②分层沉降管D_{5-1}；③测斜管L_{5-1}～L_{5-3}；④地表沉降板S_{5-1}～S_{5-3}；
⑤深层沉降标I_{5-1}；⑥单孔出水量管Q_{5-1}～Q_{5-2}；⑦边桩B_{5-1}～B_{5-6}；⑧地下水位井h_{5-1}；⑨土压力盒P_{5-1}～P_{6-7}

(b)

图 7-9　埋设剖面图（一）

（a）Ⅳ试验段；（b）Ⅴ试验段

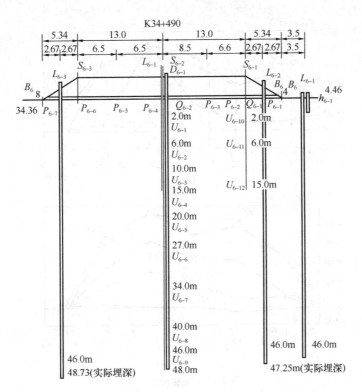

①孔隙水压力计U_{6-1}~U_{6-12}；②分层沉降管D_{6-1}；③测斜管L_{6-1}~L_{6-3}；④地面沉降板S_{6-1}~S_{6-3}；
⑤单孔出水量井Q_{6-1}~Q_{6-2}；⑥边桩B_{6-1}~B_{6-6}；⑦地下水位井h_{6-1}；⑧深层沉降标J_{6-1}；⑨土压力盒P_{6-1}~P_{6-7}

(c)

图 7-9　埋设剖面图（二）

(c) Ⅵ试验段

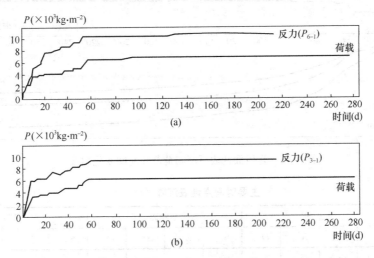

图 7-10　荷载与基底反力随时间变化曲线图

(a) P_{6-5}监测点；(b) P_{5-5}监测点

及其沉降速率变化如表 7-6，沉降随时间关系曲线见图 7-12。从表 7-6 可见在加载过程中地表沉降最大可达 19mm/d，加载完后沉降速率逐渐减小。到 9 月 20 日时，各断面的平

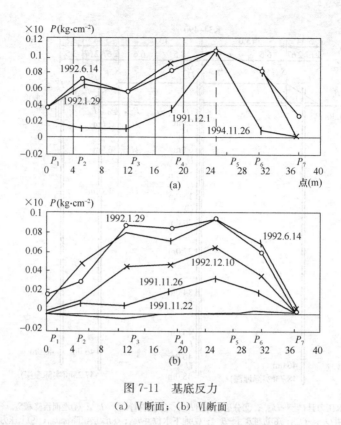

图 7-11 基底反力

(a) V 断面；(b) VI 断面

均沉降速率为IV不大于 0.38mm/d，V不大于 0.35mm/d，VI不大于 0.33mm/d。

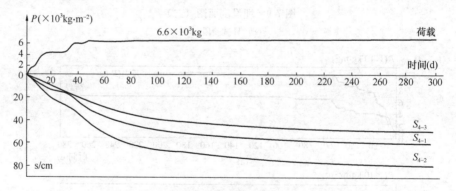

图 7-12 IV段面地表沉降与荷载随时间变化曲线

主要时间点地表沉降（cm）　　　　　　　　　　　　　　　　　　　　　　　　表 7-5

时间	IV断面				V断面				VI断面			
	S_{4-1}	S_{4-2}	S_{4-3}	D_{4-1}	S_{5-1}	S_{5-2}	S_{5-3}	D_{5-1}	S_{6-1}	S_{6-2}	S_{6-3}	D_{6-1}
加载完成	30.5	43.8	24.0	3.0	33.7	38.6	17.9	5.7	12.2	13.5	7.6	4.8
6 月 30 日	58.6	78.1	48.4	13.6	50.1	72.4	41.0	14.8	28.7	32.8	17.7	9.0
9 月 20 日	60.8	81.0	51.1	14.6	52.3	75.0	43.7	15.7	30.9	35.3	19.2	9.5

注：D为分层沉降管的管口沉降。

编号		加载过程			加载完—10日			5月10日~31日			6月30日~9月20日		
		沉降 (cm)	速率 (mm/d)		沉降 (cm)	速率 (mm/d)		沉降 (cm)	速率 (mm/d)		沉降 (cm)	速率	
			最大	平均		最大	平均		最大	平均		最大	平均
IV	S_{4-1}	30.5	14.0	6.8	24.5	8.5	2.22	3.6	1.0	0.72	2.2	0.5	0.29
	S_{4-2}	43.8	17.0	9.7	30.3	10.5	2.75	4.5	1.33	0.9	2.9	0.82	0.38
	S_{4-3}	24.0	11.0	5.3	20.9	5.5	1.90	3.5	1.3	0.7	2.8	0.73	0.36
	D_{4-1}	3.0	3.0	0.67	8.7	3.0	0.79	1.9	0.83	0.38	1.0	0.4	0.13
V	S_{5-1}	22.7	11.0	5.0	23.8	6.0	2.16	3.6	1.0	0.72	2.2	0.58	0.29
	S_{5-2}	38.6	19.0	8.6	29.4	7.5	2.67	4.4	1.33	0.88	2.6	0.64	0.34
	S_{5-3}	17.9	13.0	4.0	19.2	8.5	1.75	3.9	1.3	0.78	2.7	0.58	0.35
	D_{5-1}	5.7	3.5	1.27	7.3	2.0	0.66	1.8		0.36	0.9	0.25	0.12
VI	S_{6-1}	12.2	8.7	2.7	14.6	7.0	1.33	1.9	1.1	0.38	2.2	0.63	0.29
	S_{6-2}	13.5	10.7	3.0	16.8	8.0	1.53	2.5	2.0	0.50	2.5	0.67	0.33
	S_{6-3}	7.6	7.3	1.7	8.5	5.0	0.77	1.5	0.75	0.3	1.5	0.33	0.2
	D_{6-1}	4.8	4.0	1.07	3.4	3.0	0.31	0.8	1.0	0.16	0.3	0.25	0.04

注：D 为分层沉降管的管口沉降。

（3）深层水平位移

编号	最大深层水平位移			最大影响深度	深层水平位移及速率						
					加载过程		加载完 (1月20日~6月30日)		6月30日~9月20日		
	时间 1992 年	累计值 (mm)	深度 (m)		累计值 (mm)	速率 (mm/d)	累计值 (mm)	速率 (mm/d)	累计值 (mm)	速率 (mm/d)	
L_{4-1}	5月27日	58.3	7.5	20.5	44.0	0.5	14.0	0.09	−0.2	−0.00	
L_{4-2}	5月27日	146.5	4.5	15.5	125.3	1.4	−14.3	−0.09	3.8	0.05	
L_{5-1}	9月20日	73.2	7.0	14.5	55.5	0.6	15.5	0.10	2.2	0.03	
L_{5-2}	9月20日	163.0	6.0	15.5	132.9	1.3	25.1	0.16	5.0	0.06	
L_{5-3}	9月20日	91.3	5.5	15.5	72.8	0.7	15.2	0.10	3.0	0.04	
L_{6-1}	5月27日	17.4	6.0	15.5	13.5	0.1	0.5	0.00	2.6	0.03	
L_{6-2}	9月20日	106.3	3.0	14.5	77.5	0.9	22.5	0.14	6.3	0.08	

    深层水平位移的简要情况如表 7-7 所列，典型的深层水平位移分布图见图 7-13。表 7-7 是最大深层水平位移及其深度，以及不同加载工况时的深层水平位移和速率，由表 7-7 及图 7-13 可见，深层水平位移的最大影响深度在 0~20m 范围内，其中最大深层水平位移深度在 4.5~7.5m 之间。深层水平变形随时间变慢，也有回缩现象。从最大深层水平变形看，V 段最大（158mm），IV 段其次（111mm），VI 段最小（100mm）。可见，VI 段断面复合土工布的约束作用抑制了深层水平变形的发展。

（4）分层沉降

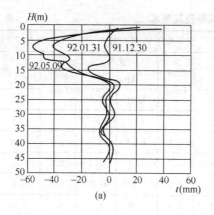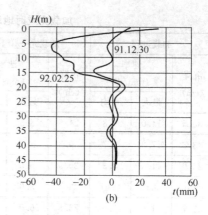

图 7-13　典型的深层水平位移分布图

(a) L_{4-1-1} 监测点；(b) L_{4-1-2} 监测点

图 7-14 给出了典型不同时间分层沉降随深度的变化曲线，表 7-8 是加载结束后及不同时间的分层沉降监测结果。

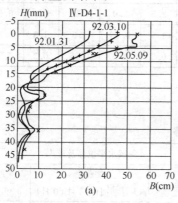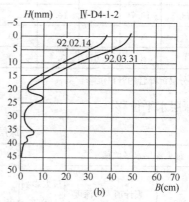

图 7-14　典型不同时间分层沉降随深度的变化曲线

(a) IV-D_{4-1-1} 监测点；(b) IV-D_{4-1-2} 监测点

分层沉降值　　　　　　　　　　　　　　　　　　　　　　表 7-8

时间	项目	总沉降 (cm)	沙井排水板范围内		砂井口下淤泥黏土层		下卧层黏土	
			压缩量 (cm)	百分率	压缩量 (cm)	百分率	压缩量	百分率
加载结束	I_{4-1}	33.5	29.5	88.0	2.5	7.5	1.5	4.5
	I_{5-1}	23.6	20.5	89.0	1.65	7.0	1.45	6.0
	I_{6-1}	9.6	8.4	87.5	0.7	7.0	0.5	5.5
6 月 30 日	I_{4-1}	83.0	70.6	85.0	6.4	7.7	6.0	7.3
	I_{5-1}	71.6	59.2	83.0	6.8	9.5	5.6	7.5
	I_{6-1}	45.0	39.1	87.0	3.1	7.0	2.8	6.0
9 月 20 日	I_{4-1}	86.6	72.5	83.7	7.4	8.5	6.7	7.8
	I_{5-1}	75.8	614	81.0	8.0	10.5	6.4	8.5
	I_{6-1}	46.9	407	86.8	3.3	7.0	2.9	6.2

（5）地表水平位移及其速率（见表 7-9）

编号	B_{4-1}	B_{4-2}	B_{4-3}	B_{4-4}	B_{4-5}	B_{4-6}	B_{5-1}	B_{5-2}	B_{5-3}	B_{5-4}
位移 (mm)	−14	−17	−22	−29	2	2	2	24	14	−3
速率 (mm/d)	−0.23	−0.23	0.15	−0.38	−0.85	−0.31	0.23	0.38	0.08	−0.07
编号	B_{5-5}	B_{5-6}	B_{6-1}	B_{6-2}	B_{6-3}	B_{6-4}	B_{6-5}	B_{6-6}	B_{6-7}	B_{6-8}
位移 (mm)	−4	−19	＊	31	2	30	+5	8	−9	35
速率 (mm/d)	−1.17	−0.5	＊	−0.54	−0.62	−0.92	−0.54	−0.85	0	0.23

注：表中边桩位移以离开路基轴线为正，反向为负。

    ＊因视线不通未测。

4. 路基沉降推算和固结度分析

用实测沉降推算最终沉降（不考虑次固结）见表 7-10、表 7-11。

编号		S_∞ (cm)	S_d (cm)	S_c (cm)	β (d^{-1})	$\overline{U}$ (a^{-1})	经验系数
Ⅳ	S_{4-1}	64.6	29.4	35.2	0.00860	96.5%	1.79
	S_{4-2}	87.1	40.3	46.8	0.00768	95.1%	
	S_{4-3}	55.9	24.2	31.7	0.00693	93.5%	
	D_{4-1}	20.9	0.6	20.3	0.00430	83.1%	
Ⅴ	S_{5-1}	56.2	19.6	36.6	0.00920	97.2%	1.41
	S_{5-2}	86.5	36.4	50.2	0.00561	89.5%	
	S_{5-3}	51.8	12.8	39.0	0.00573	89.9%	
	D_{5-1}	20.0	4.8	15.2	0.00479	85.8%	
Ⅵ	S_{6-1}	34.0	13.6	20.4	0.00624	91.7%	1.39
	S_{6-2}	40.9	8.6	32.3	0.00755	94.5%	
	S_{6-3}	19.9	6.4	13.5	0.00894	96.9%	
	D_{6-1}	9.3	2.2	7.1	0.0191	99.9%	

编号		S_∞ (cm)	S_d (cm)	S_c (cm)	β (d^{-1})	$\overline{U}$ (a^{-1})	经验系数
Ⅳ	S_{4-1}	63.7	26.5	37.2	0.0095	97.5%	1.79
	S_{4-2}	83.7	47.0	36.9	0.00857	96.4%	
	S_{4-3}	56.9	6.3	50.6	0.00857	96.4%	
	D_{4-1}	18.9	1.7	17.2	0.00511	87.4%	

编　号		S_∞ (cm)	S_d (cm)	S_c (cm)	β(d^{-1})	$\overline{U}$(a^{-1})	经验系数
V	S_{5-1}	68.0	21.4	46.6	0.00396	80.9%	1.41
	S_{5-2}	79.9	27.7	52.2	0.00896	96.9%	
	S_{5-3}	50.8	10.1	40.7	0.00644	92.3%	
	D_{5-1}	19.4	2.4	17.0	0.00567	89.8%	
VI	S_{6-1}	31.9	9.2	22.7	0.00946	97.4%	1.39
	S_{6-2}	42.3	9.4	32.9	0.00652	92.5%	
	S_{6-3}	20.1	6.5	13.6	0.00825	96.0%	
	D_{6-1}	9.4	0.1	9.3	0.01790	99.9%	

以上用三点法和沉降速率法求得最终固结沉降，比较吻合，具有一定的正确性。

根据地质资料，按经验系数求得次固结沉降如表 7-12。

按地质资料求次固结沉降　　表 7-12

		土名	厚度(m)	W(%)	C_0	$C_a=0.018W$	t_1(d)	ΔS_{II}(cm)	S_I(cm)
IV	1	粉质黏土	1.90	32.6	0.87	0.05868	400.9	0.76	20.7
	2	淤粉质黏土	17.1	44.0	1.24	0.00792	400.9	7.75	
	3	淤粉质黏土	7.0	51.8	1.40	0.009324	46244.6	—	
	4	淤粉质黏土	10.0	43.5	1.19	0.00783	46244.6	—	
	5	粉质黏土	5.1	33.8	0.97	0.006084	5780.6	0.19	
	6	粉质黏土	4.6	32.5	0.93	0.00585	5780.6	0.17	
	7								
V	1								22.6
	2	粉质黏土	0.9	33.3	0.90	0.005994	64.6	0.59	
	3	淤粉质黏土	4.4	36.9	1.01	0.006642	79.3	2.89	
	4	淤粉质黏土	10.2	44.5	1.19	0.00801	79.3	7.41	
	5	淤粉质黏土	16.9	47.8	1.30	0.008604	7979.6	—	
	6	粉质黏土	18.7	35.0	0.9	0.0063	19505.7		
	7								
VI	1	粉质黏土	1.7	33.3	0.90	0.005994	120.3	0.59	28.3
	2	粉质黏土	0.95	29.4	0.83	0.005292	120.3	0.50	
	3	淤质黏土	7.55	45.4	1.27	0.008127	290.6	4.37	
	4	淤粉质黏土	8.8	42.3	1.22	0.007614	290.6	2.44	
	5	淤质黏土	7.5	48.8	1.37	0.008784	3032.1	—	
	6	黏土	6.0	42.3	1.22	0.007614	30327.1	—	
	7	粉质黏土	20.0	32.9	0.936	0.005922	11028	—	

注：$S_I = \Sigma \Delta S_{II}$

由
$$\Delta S_I = \frac{H_i C_a}{1+e_i}\lg\frac{t}{t_1} \tag{7-18}$$

式中　t_1——主固结度达 90% 时所经历的时间。

主固结度达 90% 时所经历的时间即次固结开始,施工期 1 年,使用期为 15 年。从现场取样试验的结果得到 C_a=0.008~0.0115,与经验系数较为接近。

假使使用期为 15 年,施工期为 1 年,主固结达 90% 时开始次固结,根据沉降监测推算次固结沉降结果如表 7-13。

按实测推算次固结沉降 表 7-13

		土名	厚度(m)	W (%)	C_0	C_a = 0.018W	t_1(d)	ΔS_{II}(cm)	S_{I} (cm)
IV	1	粉质黏土	1.90	32.6	0.87	0.05868	166.1	0.99	20.7
	2	淤粉质黏土	17.1	44.0	1.24	0.00792	166.1	10.06	
	3	淤粉质黏土	7.0	51.8	1.40	0.009324	475.6	3.28	
	4	淤粉质黏土	10.0	43.5	1.19	0.00783	475.6	4.32	
	5	粉质黏土	5.1	33.8	0.97	0.006084	475.6	1.90	
	6	粉质黏土	4.6	32.5	0.93	0.00585	475.6	1.68	
V	1	粉质黏土	0.9	33.3	0.90	0.005994	256.1	0.42	22.6
	2	淤粉质黏土	4.4	36.9	1.01	0.006642	256.1	2.15	
	3	淤粉质黏土	10.2	44.5	1.19	0.00801	256.1	5.51	
	4	淤粉质黏土	16.9	47.8	1.30	0.008604	355.3	8.43	
	5	粉质黏土	18.7	35.0	0.9	0.0063	355.3		
VI	1	粉质黏土	1.7	33.3	0.90	0.005994	214	0.76	28.3
	2	粉质黏土	0.95	29.4	0.83	0.005292	214	0.43	
	3	淤质黏土	7.55	45.4	1.27	0.008127	214	4.78	
	4	淤粉质黏土	8.8	42.3	1.22	0.007614	214	4.69	
	5	淤质黏土	7.5	48.8	1.37	0.008784	123	4.99	
	6	粘土	6.0	42.3	1.22	0.007614	123	3.69	
	7	粉质黏土	20.0	32.9	0.936	0.005922	123	10.96	

剩余沉降(工后沉降)由两部分组成:主固结后期沉降和次固结沉降。假设施工期为 1 年,则可根据地质资料理论计算和实测沉降推算工后沉降。按地质资料理论计算见表 7-14,按实测沉降资料推算见表 7-15,以上两种方法求得的工后沉降基本上在 30cm 左右。

按地质资料算剩余沉降 表 7-14

	土 层	S_c	$\overline{U}_{1年}$ (%)	$\overline{U}_{15 年}$	主固结后沉降 (cm)	次固结 S_{I} (cm)	工后沉降 S_{I} (cm)	工后总沉降 S_{I} (cm)
IV	排水板内	35.7	100	100	0	7.72	7.72	31.78
	排水板下	43.2	24.1	79.8	24.06	0	24.06	
V	砂井以内	38.8	100	100	0	10.24	10.24	31.52
	砂井以下	41.8	23.2	74.1	21.28	0	21.28	
VI	砂井以内	26.3	99.7	100	0.10	7.51	7.61	18.27
	砂井以下	39.2	20.6	47.8	10.66	0	10.66	

土　层		S_c	$\overline{U}_{1年}$ (%)	$\overline{U}_{15\,年}$	主固结后沉降 (cm)	次固结 S_I (cm)	工后沉降 S_I (cm)	工后总沉降 S_I (cm)
Ⅳ	排水板内	31.5	99.2	100	0.25	10.3	10.55	24.72
	排水板下	17.0	83.7	100	2.77	10.4	13.17	
Ⅴ	砂井以内	31.8	95.9	100	1.30	7.10	8.40	25.32
	砂井以下	14.0	90.6	100	1.32	15.5	16.82	
Ⅵ	砂井以内	24.7	97.7	100	0.57	9.66	10.23	28.90
	砂井以下	9.5	99.8	100	0.02	18.74	18.74	

5. 结语

（1）为了保证施工期的稳定性，必须严格控制施工加荷速率，并认真进行监测控制。根据试验段的施工实践，因路堤高度不大，路堤在填筑过程中基本是稳定的。由于砂井排水固结的缘故，三个断面的实际最大沉降速率约为 20mm/d，实测的水平位移约 2mm/d（平均值）。当砂井深度小于 15m 时，沉降速率控制小于 10mm/d；软土层较薄，不打砂井的地基，可参照后者控制，并以连续两天的沉降作为判断依据。地表水平位移和深层水平位移以每天不超过 5mm 为宜。相应填土加载速率，要求每一层填筑厚度控制在 0.3m/d，月平均每天 0.03m 以内。

（2）在Ⅳ、Ⅴ、Ⅵ断面在路基底面分别铺设了一层复合土工布、编织布和无纺布。监测结果表明，试验段的地基稳定性都是良好的。与地质条件相同的相邻无土工布断面对比，Ⅳ和Ⅴ断面在相同的荷载条件和固结时间下，最大的沉降比无土工布的约减少 50～100mm，最后沉降速率也比较小，特别是采用土工复合布断面，相对沉降差比较均匀。由此可见，在路堤下铺设一层土工布对提高地基稳定性和调整不均匀沉降具有一定的效果，但所能提高的程度并不大。如要提高其作用效果，要增大土工布的强度和层数。在工程中必须采用强度较高的土工布并注意锚固措施，才能获得较好的效果。

（3）根据实测资料 3，分别用了三点法和沉降速率法等方法推算了最终沉降，所得的结果接近于实际，但这些方法都不易区分次固结沉降的发展，必须经过有经验的技术人员分析反复试算和统计分析等，才能获得合理的结果。

二、监测实例之二

1. 工程概况

某高速公路软基试验段（三水至四会）位于肇庆市大旺高薪技术开发区，长 485m，标准路基宽度 33.5m，地形平坦，起伏变化很小，属河流冲积平原地貌，第四系冲积层（软土）厚度较大。该试验段均采用堆载预压法进行软基加固处理。

2. 监测项目与监测方法

根据软土路基设计方案及相关规范，监测项目包括地表沉降、土体深层水平位移及孔隙水压力。地表沉降通过埋设沉降板进行监测，以监测地表以下土体沉降总量，了解地基的固结情况，预测沉降。土体深层水平位移采用测斜管进行监测，以监测地基各层位土体侧向位移量，用于稳定监测和了解土体各层侧向变形以及附加应力增加过程中的变形发展情况。地基中孔隙水压力采用孔压力计进行监测，以监测地基孔隙水压力的变化，分析地基土固结情况。

监测点布置如图 7-15 所示，每个断面均布有左中右三个沉降板监测其地表沉降。加载期间每天监测一次，加载间隙每 3 天监测一次，监测历时共计 520 天。

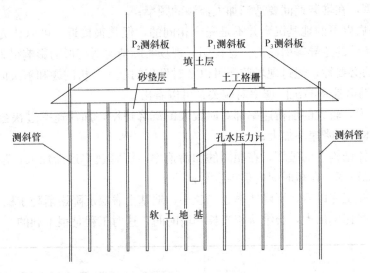

图 7-15　监测点布置示意图

3. 监测结果及分析

以下监测结果及分析以试验段 AK1+490 断面的地表沉降、土体深层水平位移及孔隙水压力等监测结果分析为例进行介绍。

（1）地表沉降

图 7-16 为 AK1+490 断面堆载—沉降监测曲线，对该图的分析表明：

1）随着堆载高度的增加和时间的推移，路基的沉降量不断增加，路基中心监测点的

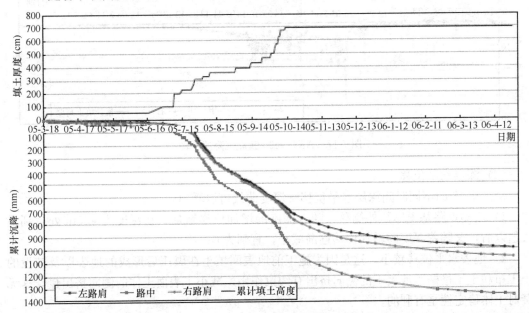

图 7-16　AK1+490 断面堆载—沉降监测曲线

沉降量明显要比两端的沉降量大，这是因为路基的附加应力比两边的要大；

2）在堆载结束，转入较长时间的静载阶段以后，沉降曲线都出现明显的拐角，沉降曲线由陡逐渐变得平坦，说明堆载阶段的沉降速率明显加快，施工时关键要加强堆载阶段沉降速率的验算，在堆载期间要适当加大监测的频率；

3）两边路肩以下的地基沉降并不是完全相同的，但是很接近，可以认为这是现场施工荷载、场地条件的差异等引起的。这说明了现场实际情况对变形的影响很大，同时也体现了现场监测的必要性，通过现场监测可以及时发现问题、分析问题和解决问题。

从图 7-17 荷载速率与沉降速率对应关系可以看出：

1）一般来说，较大的加荷速率都对应较大的沉降速率，加荷速率过快会使土体受到扰动，造成土体的沉降速率加大；

2）随着土体结构性的破坏，在相同的加荷速率下沉降速率逐渐加大，甚至停荷时也保持较大的沉降速率，在短时间内很难恢复；

3）超载土施工完以后，沉降速率越来越小，地基土表层沉降逐渐趋于稳定；

4）一旦沉降速率加大，会维持相当长一段时间，这对工程是很不利的。

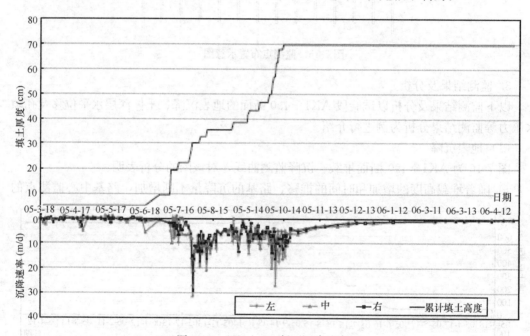

图 7-17　AK1+490 断面沉降速率图

（2）深层水平位移

从图 7-18 的不同时间深层水平位移—深度曲线可以看出：

1）监测点路基土体往外侧移，随着深度的增加位移增加，在深度为 4.5m 处达到最大值以后，又随着深度的增加位移逐渐减小，直到为 0；

2）地表水平位移较小，这是因为施工前地表回填土在碾压后形成的地表以及铺设的土工布和土工格栅对地表土的侧向挤出有约束作用，减小了表面土体的侧向挤出量，这无疑对土体稳定性是有利的。

（3）孔隙水压力

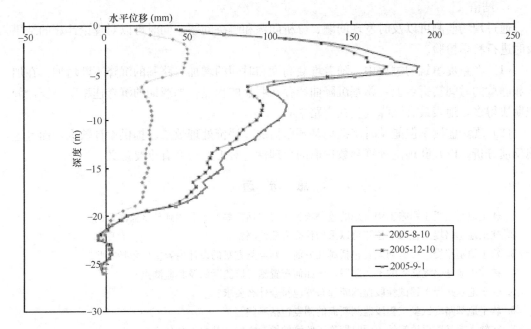

图 7-18　AK1+490 断面测斜—深度关系曲线

图 7-19 为孔隙水压力曲线图，从图中可以看出：

1）随着填土荷载增加、停歇，孔隙水压力也有规律的增长、消散；

2）浅层孔隙水压力探头压力增长、消散灵敏度远大于深层，一般浅层孔隙水压力变化剧烈，而深层则比较平缓；

3）随着孔隙水压力的逐渐消散，土体的有效应力逐渐增加，从而使土体固结强度提高。

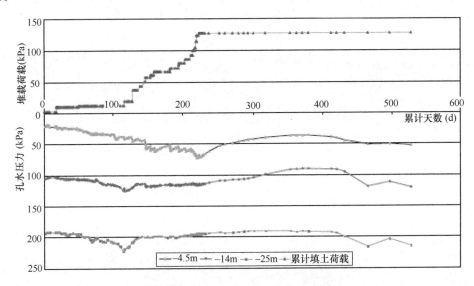

图 7-19　AK1+490 断面孔压曲线图

4. 结语

通过现场监测可以及时发现问题、分析问题和解决问题，同时可以对理论计算的结果及时进行科学检验。

（1）在路堤填筑的过程中，随着堆载高度和时间的增加，路基的沉降不断增加，在加载和静载的时间转折点上，路基沉降曲线存在明显的拐点，加载期的沉降速率明显要比静载期快得多，地表最大沉降发生在道路中心。

（2）现场监测不但能及时掌握地基预压情况、评价处理效果、提供设计数据，而且还能反馈分析，以判断理论计算参数选取的合理性，对理论研究有重要意义。

思 考 题

1. 软土地基路堤工程施工中常规的监测项目主要包括哪些？各要达到什么监测目的？
2. 软土地基路堤工程水平位移可以采用什么方法监测？
3. 软土地基路堤工程监测主要包括哪几方面？其监测方案的设计内容主要包括哪些？
4. 在软土地基路堤施工的不同路段，应如何布置施工监测断面及其监测点？
5. 软土地基路堤工程试验段监测断面布置应符合什么要求？
6. 软土地基路堤试验工程段监测断面的测点包括哪些？
7. 在软土地基路堤填筑的不同时期施工监测的控制指标及其要求是什么？
8. 软土地基路堤工程监测可以得到哪些成果曲线？其作用是什么？
9. 软土地基路堤沉降预测的方法主要有哪些？各有什么优缺点？

第八章　隧道地质超前预报

第一节　概　　述

隧道地质超前预报关心的主要地质问题有三个：一个是地质构造软弱带问题，包括断裂、溶洞、破碎带等不良地质的性质、规模、位置及产状等；第二个是含水体问题，包括含水断裂、含水溶洞、含水松散体等的位置、规模、水压大小等；第三个是掌子面前方岩土介质级别的变化问题。这三个问题都是工程物探的难点问题。地质超前预报的具体内容主要包括：(1) 不良地质体及灾害地质体的探测和预报，如掌子面前方一定范围内有无突水、突泥、岩爆及有害气体等，并查明其范围、规模、性质；(2) 不良水文地质条件预报；(3) 断层及其破碎带的探测和预报，如断层位置、性质、宽度、产状、充填物状态，是否充（含）水；(4) 围岩级别及其稳定性预报。相对于地面物探而言，隧道超前探测一般距离目标体较近，有利于探测精度和准确性的提高。但是由于隧道内空间的限制和许多干扰因素的存在，使得很多物探方法不能得到有效的应用。因此，探测方法的选择、现场观测方式的布置以及信号最佳激发方式和接收方式的确定等方面是隧道内地质超前预报的难点。多年的应用实践表明，合理地运用地震反射波法、电磁波透视法、地质雷达法、直流电法、瑞雷波法等探测方法，可以有针对性地解决一些具体的地质超前预报问题，但在探测精度、准确性和探测距离等方面仍然存在许多问题。

目前，地质超前探测研究的发展趋势是探测方法综合化，仪器设备安全、轻便化，理论模拟三维化，资料处理可视化，在不断提高超前探测精度和准确性的前提下，试图增大超前预报的距离，为地质灾害的预防和隧道方案优化设计提供科学依据。

地质超前预报工作是隧道施工中必不可少的工作。通过对掌子面前方进行地质预报，探测围岩不良地质与软弱围岩的范围，并进一步划分围岩级别，及时提出调整支护参数或加固措施的建议，在好的围岩段减弱支护以节省工程投资，而在差的围岩段加强支护以确保工程安全，真正实现隧道的动态信息化施工管理，尽量避免或减少工程事故以及由此所造成的不必要的人力、物力、财力浪费，使隧道建设的投资分配更加合理，并保证施工安全和工程质量，加快施工进度，缩短工期。

综上所述，为了适应复杂的地质环境需要和克服多种不利因素的影响而诞生出多种地质超前预报方法，但是要想选用适当的预报方法进行隧道不良地质体的精确超前预报，掌握隧道各主要预报方法的特性是开展地质超前预报的前提和基础。

第二节　隧道地质超前预报的主要物探方法

一、隧道地质超前预报方法的种类

隧道工程中主要的地质超前预报方法有如下几类：

1. 地质分析方法

地质分析法又称地质编录及结构面追踪超前地质预报法。该方法是传统的地质学方法，其特点是在预报过程中不需要借助物探、钻探等手段，主要通过地质观察、地质编录、地勘资料收集掌握隧道穿过段岩体的地质格局，概略地预测地质界线、大型断层、主要涌水段、破碎岩体、围岩级别等，简便快捷，但一般预报距离较近，即此方法适合于地层单一及地质构造较简单地区或地段进行短距离预报。该方法是在隧道每次开挖后对掌子面和左右边墙进行素描，以预测隧道掌子面前方不良地质体可能出现的类型、部位、规模，特别是对掌子面或边墙揭露的断层，调查断层产状、规模及其分布位置、延伸方向、充填物情况，并利用作图分析，推断其将在何处到达危险部位，以便隧道施工采取合理的工艺措施，避免事故的发生。地质分析方法预报是施工地质工作的重要环节，进行地质预报应从加强和重视地质工作入手。

隧道掌子面施工地质工作包括：

（1）收集并熟悉设计阶段的地质勘察资料，掌握隧道通过地层的岩性、构造格局、不良地质出现的规律；

（2）记录并描绘掌子面附近的岩体情况及不稳定结构体可能出现的位置，为下一步循环作业可能掉块的位置做出预报；

（3）推测掌子面前方的不良地质出现的可能性，为地质预报提供依据。

根据地勘资料和设计文件，按照围岩岩性（尤其软弱围岩）、工程地质、水文地质、地质构造、岩溶涌突水、有害气体（瓦斯、天然气、硫化氢、氡气等）、核辐射，将施工隧道分为地质简单、中等和复杂隧道或地段，从而有区别地对待。通过加强隧道施工地质工作和超前地质预报，提高隧址区地质勘探程度，预报掌子面前方地质情况，包括在前期地勘工作的基础上进一步确认围岩情况和预测不良地质变化。

地质分析法是首先建立在对隧址区地质情况全面熟悉和把握的基础上进行的，包括地层及岩性、构造及发育程度、水文单元及隔水层和含水层、浅埋段等。另外需要现场预报人员对相应地层岩性、厚度、构造等有较准确的判识。但当碳酸盐岩及岩溶或构造发育复杂时，借助于有效探测手段预报结果会更为准确。

2. 水平钻探法

水平钻探法是地质超前预报最直接的一种方法，通过钻探对掌子面前方的地层岩性进行鉴别，确定其埋藏距离与厚度（或宽度）、溶洞及充填的性质，查明钻探深度内地下水的赋存条件，可进行水量、水压的测定，当为煤系地层时，可确定煤层厚度和进行瓦斯含量测定，可对物探方法的地质超前预报成果进行验证，同时利用所取岩芯可进行室内试验，测试岩石的物理力学性质。目前水平钻探法，按长度分为短距离（30m以内）和长距离（大于50m）水平钻探；按取芯与否分为取芯和不取芯水平钻探，后者依据钻进过程中钻速、钻压等变化结合地质情况，判断分析钻进前方岩体的性质，但不如取芯法直接。

在钻进过程中还可采用钻孔声波、水压力井孔电视等技术预报涌水量及水压力。3~5m以内的钻孔进行放水降压、排放瓦斯也可归于水平钻探法的类型中。水平钻探法超前预报由于准确率很高在地质超前预报中占有极其重要的位置，特别是在岩溶发育地段，可验证物探超前地质预报成果，效果很好。

3. 物探方法

地球物理探测方法（简称物探方法）是间接、无损的探测方法。根据原理和特性的不同，物探方法可分为电磁波法、弹性波法和电法三大类。

(1) 电磁波法

电磁波法主要有地质雷达法、红外探测法、γ线探测法，但在隧道中主要采用地质雷达法，红外探测法主要用于探明隧道前方是否有富含水层。

1) 地质雷达法

地质雷达法是一种用于确定地下介质分布的广谱（1MHz～1GHz）电磁技术。它依据电磁波脉冲在地下传播的原理进行工作。电磁波脉冲由发射天线发出，被地下介质界面（或埋藏物）反射，由接收天线接收，然后将这些信号记录下来成图显示出来。电磁波在介质中传播时其路径、电磁场强度与波形将随所通过介质的介电性质及几何形态而变化。因此，根据接收波的传播时间（亦称双程走时）、幅度与波形资料，可推断介质的结构。

2) 红外探测法

所有物体都发射出不可见的红外线能量，能量的大小与物体的发射率成正比。而发射率的大小取决于物体的物质和它的表面状况。当隧道掌子面前方及周边介质单一时，所测得的红外场为正常场，当前面存在隐伏含水构造或有水时，所产生的场强要叠加到正常场上，从而使正常场产生畸变，据此判断掌子面前方一定范围内有无含水构造。

红外探测的特点是可以实现对隧道全空间、全方位的探测，仪器操作简单，能预测到隧道外围空间及掘进面前方30m范围内是否存在隐伏水体或含水构造，而且可利用施工间歇探测，基本不占用施工时间。但该方法只能确定有无水，至于水量大小、水体宽度、具体的位置没有定量的解释。

(2) 弹性波法

当弹性波向地下传播时，遇到波阻抗不同的地层界面时，将遵循反射定律发生反射现象，介质的波阻抗差异愈大，反射回来的信号就愈强。常用于隧道地质预报的弹性波超前预报方法有TSP超前预报法和陆地声呐法、瑞利波法、声波和超声波探测法等。

1) TSP法：TSP（Tunnel Seismic Prediction）是隧道地震预报的英文缩写，属多波多分量高分辨率地震反射波探测方法。其基本原理是应用了震动（声）波的回声原理。

震动声波是由特定位置进行小型爆破产生，布局一般是20个爆破点，沿着隧道（洞）左壁或右壁平行隧道（洞）底成直线排列。人为制造一系列有规则排列的轻微震源，形成地震源断面，这些地震源激发产生地震（弹性）波，在岩石中以球面波形式传播，当遇到不良地质体界面时，有一部分信号会反弹而产生反射（声）波。反射波信号将被高灵敏度的三分量加速度检波器所接收并记录下来。

2) 陆地声呐法：陆地声呐法是"陆上极小震—检距高宽频带弹性波反射单点连续剖面法"的简称。它在被测面表面用锤击产生震动弹性波，弹性波在岩体中传播，遇到波速和宽度不同的界面可产生反射，用在锤击点近旁设置的检波器接收这一系列反射波，逐点测取和记录，并绘成同一反射面反射波的时间剖面图，结合地质情况，就可判断出各反射界面的性质，根据发射到反射的时间 Δt，以及在岩体表面测的弹性波波速 v，就可以计算出反射面深度（距离），计算公式如下：

$$h = \frac{1}{2}v\Delta t \qquad (8-1)$$

（3）电法

电法可分为传统的直流电法、高密度电法（直流）、激发极化法（直流、交流）、瞬变电磁法（交流）、Beam 电法（交流）等。虽然从大的分类讲，电磁波法也属于电法的范畴，但电法着重研究传导电流电场的分布与畸变，而电磁波法更着重位移电流的波的传播特性与异常，另外在工作频率上也有天壤之别，因此常将电磁波法单独列出。

1）瞬变电磁法：瞬变电磁法属于时间域电磁法，简写为 TEM。它是利用不接地回线（或接地线源）向地下发送一次脉冲磁场，在一次脉冲磁场的间歇期间，利用线圈或接地电极观测二次涡流场的方法。根据接收到的二次场信息，推断前方地质体的电参数等信息，来预报掌子面前方地质体。

2）Beam 电法：Beam 电法是由德国 GEOHYDRAULIKDATA 公司开发研制的一种隧道地质超前预报方法。其是一种交流激发极化电法，通过 Beam 系统测试处于激发极化状态下的掌子面前方岩体的电阻率来探知岩体状况、空洞和水体，预报前方岩体的完整性和含水状况。

本书着重介绍物探方法中几种常用于隧道地质超前预报的典型探测方法——地质雷达法、TSP 法和瞬变电磁法的原理及其特性。

二、地质雷达法

1. 地质雷达的探测原理

地质雷达法以电磁波传播理论为基础，是一种地下甚高频—微波段电磁波反射探测法。其探测原理是：以目标体与周围介质的介电性质差异为前提，通过发射高频电磁波（中心频率为数十兆赫兹到上千兆赫兹），以宽带短脉冲形式在掌子面上由发射天线 T 送入前方，经目标体界面反射回来，由接收天线 R 接收，如图 8-1（a）所示；电磁波信号在介质中传播，遇到介电性质不同的分界面就会产生反射、色散和衰减等现象。在时域上得到反射回波及其往返传播时间，并首先沿两天线所在表面形成直达波被最先接收到，作为系统起始零点。取反射波往返时间之半，乘以相应介质的雷达波速度便得出反射目标所在深度，再根据反射波的形状、幅度及其在横向和纵向上的组合特征和变化情况，结合地

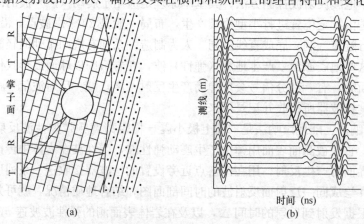

图 8-1　雷达探测原理示意图
（a）电磁波传播路径；（b）雷达探测图像

质背景，判断目标性质即进行目标识别，进行地质解释，如断层破碎带、溶洞等。发射和接收天线在测线上按一定的间距同步移动，获得该测线的雷达探测图像，如图 8-1（b）所示。

2. 地质雷达的探测方法

地质雷达系统主要由以下几部分组成：

（1）控制单元：控制单元是整个雷达系统的管理器，由计算机对如何探测给出详细的指令。控制单元控制着发射机和接收机，同时跟踪当前的位置和时间。

（2）发射机：发射机根据控制单元的指令，产生相应频率的电信号并由发射天线将一定频率的电信号转换为电磁波信号向岩体发射，其中电磁信号主要能量集中于被探测的介质方向传播。

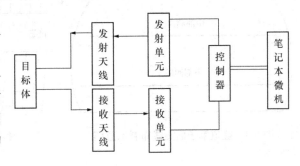

图 8-2　地质雷达系统构成框图

（3）接收机：接收机把接收天线接收到的电磁波信号转换成电信号并以数字信息方式进行存储。

（4）电源、电缆、通信电缆、触发盒、测量轮等辅助元件。

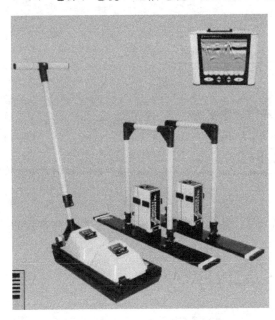

图 8-3　pulse EKKO 100A 型地质雷达

图 8-2 和图 8-3 分别为地质雷达系统构成框架图和新近推出的 pulse EKKO 100A 型地质雷达仪器设备图。

根据探测前方的岩性特征及现场的工作条件，进行每个采样点、增益和介电常数等仪器参数调整与设置，对隧道进行现场探测时，在掌子面上来回进行多次、多时窗探测，图 8-4 和图 8-5 分别为隧道掌子面探测线布置和现场探测工作过程示意图。

3. 地质雷达的技术参数

（1）地质雷达方程

地质雷达遵循几何光学原理。根据回波的单程传播时间和电磁波在相应介质中的传播速度确定目标距离，并通过综合分析判断目标性质。影响波形的因素主要有仪器性能、地下介质和界面（目标）特性。

空气一般被看作均一介质，而地层是一种高损耗的非均一导电介质，这种高损耗性表现在电磁波能量随距离呈指数衰减；非均一性即存在界面，界面两侧的介质具有不同的物理特性，在介质中地质雷达方程为：

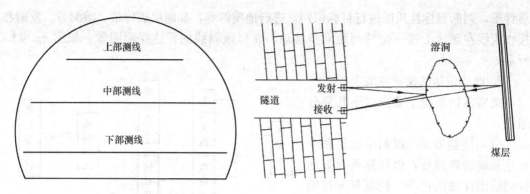

| 图 8-4　隧道掌子面测线布置示意图 | 图 8-5　隧道现场探测工作过程示意图 |

$$P_R = \frac{P_T G_T G_R \lambda^2 g e^{-2aR}}{(4\pi)^3 R^4} \qquad (8-2)$$

式中　P_R、P_T——分别为接收天线与发射天线的功率；

G_R、G_T——分别为接收天线与发射天线的增益，一般 $G_R = G_T$；

　　λ——雷达子波在介质中的波长；

　　g——目标体向后散射截面因子；

　　α——介质的衰减系数；

　　R——天线到目标体的距离。

系统的信噪比为：

$$\left(\frac{S}{N}\right) = \frac{P_R}{N_0/2} = \frac{P_T G^2 \lambda^2 g e^{-2aR}}{(4\pi)^3 R^4 (N_0/2)} \qquad (8-3)$$

式中　$N_0/2$——背景噪声的功率谱密度。

功率谱密度依赖于雷达接收天线的系统噪声，定义为：

$$N_0/2 = K_B T_0 F_N \qquad (8-4)$$

式中　K_B——Boltzman 常数（1.38×10^{-13} J/K）；

　　T_0——系统温度（290K）；

　　F_N——为系统噪声系数。

如果接收天线不完全匹配，耦合系数 $C_M < 1$。如果接收天线完全匹配，耦合系数 $C_M = 1$，则信噪比可表示为：

$$\left(\frac{S}{N}\right) = \left[\frac{P_T C_M G^2}{K_B T_0 F_N}\right] \cdot \left[\frac{\lambda^2 g e^{-2aR}}{(4\pi)^3 R^4}\right] = A \cdot B \qquad (8-5)$$

式中 A、B 分别与雷达系统、介质性质有关。

（2）地质雷达的探测距离

地质雷达所能探测到的目标体的深度称为地质雷达的探测距离，当（S/N）$=1$ 时，为最大探测距离。由式（8-5）可知，当一个地质雷达系统选定后，因子 A 也就随之确定了。因此，地质雷达波在介质中传播的距离 R，主要由电磁波长 λ，目标体向后散射截面因子 g，介质的衰减系数 α 所决定。下面定性地分析同一目标体在衰减介质中传播距离。

在均匀的衰减介质中，电磁波传播的波长 λ 与衰减系数 α 为：

$$\lambda = V/f = \frac{C}{f\sqrt{\mu_r \varepsilon_r}} \tag{8-6}$$

$$\alpha = \frac{\sigma \cdot Z_0}{2 \cdot W \cdot R \cdot \varepsilon_r} \tag{8-7}$$

式中 C——电磁波在自由空间中的传播速度；

μ_r——介质的相对磁导率；

ε_r——介质的相对介电常数；

σ——导电率；

Z_0——自由空间的波阻抗；

W——能量衰减系数；

f——电磁波的频率。

由式（8-5）、式（8-6）、式（8-7）可知，地质雷达的传播距离，仅与介电常数、磁导率、电导率以及电磁波的频率有关。

从而看出，雷达波进入地下介质后，速度变小，波长缩短，因此分辨率有较大提高。

（3）界面（目标）的电磁特性

地下界面的特性（包括电磁特性和形状特性）直接影响着电磁波的反射，能够反映界面电磁特性的物理量是反射系数，由于功率反射系数 η 与场强反射系数 L 呈平方关系，即 $\eta = L^2$。对于地下只有一个界面的情形，可导出电场反射系数 L，即

$$L = \frac{Z_2 - Z_1}{Z_2 + Z_1} \tag{8-8}$$

式中 Z_1、Z_2——分别为第 1、2 层介质的波阻抗（Ω）；

L——电场反射系数。

地下有多个界面时，求解某一界面的反射系数要考虑到其他各个界面对该界面的影响，故情形较为复杂。对于地下有 3 层介质的情形，第 1 个界面的电场反射系数为：

$$L_1 = \frac{(Z_2 + Z_3)(Z_2 - Z_1) + (Z_3 - Z_2)(Z_2 + Z_1)\exp(2jk_2 h_2 \cos\theta_2)}{(Z_2 + Z_1)(Z_3 + Z_2) + (Z_2 - Z_1)(Z_3 - Z_2)\exp(2jk_2 h_2 \cos\theta_2)} \tag{8-9}$$

式中 Z_1、Z_2、Z_3——1、2、3 层介质的波阻抗（Ω）；

k_2——第 2 层介质的传播常数；

h_2——第 2 层介质的厚度（m）；

θ_2——第 2 层介质的折射角（°）。

从公式可以看出，界面两侧介质的波阻抗差异越大，反射越强，而波阻抗的差异体现在介电常数 ε、电导率 σ 和磁导率 μ 的差异上，一般岩石为非强磁性岩石，$\mu \approx \mu_0$，变化不大，而变化较大的是 ε 和 σ，因此，反射系数主要取决于界面两侧介质的介电常数和电导率的差异，这种差异越大，反射越强。

（4）高频电磁参数（ε、σ）的影响因素

磁导率的影响可忽略，则电磁波在介质中的传播距离实际仅由介电常数、导电率与雷达波的频率决定，可由能量衰减系数 W 来表示：

$$W = 2\pi f \varepsilon \sigma \tag{8-10}$$

当电磁波的频率越高，它在介质中衰减越快，传播距离越短；当电磁波的频率一定时，介质的相对介电常数较大，电导率较大时，地质雷达波会很快衰减，传播距离短，地

质雷达探测的深度浅。反之，介质的相对介电常数较小，电导率也较小时，地质雷达波衰减慢，传播距离远，地质雷达探测的深度较深。表8-1列出了一些常见介质的相对介电常数、电导率、电磁波在介质中的传播速度与吸收系数。据此可知，地质雷达波在金属中传播会很快衰减，而在空气中几乎不会衰减。

介质的相对介电常数、电导率、介质中的传播速度与吸收系数　　　　表 8-1

介质	ε_r	σ (ms/m)	v (m/ns)	β (dB/m)
空气	1	0	0.3	0
淡水	80	0.5	0.033	0.1
海水	80	3×10^4	0.01	1000
干砂	3~5	0.01	0.15	0.01
饱和砂	20~30	0.1~1.0	0.06	0.03~0.3
石灰岩	4~8	0.5~2	0.12	0.4~1
泥岩	5~15	1~100	0.09	1~100
粉砂	5~30	1~100	0.07	1~100
黏土	5~40	2~1000	0.06	1~300
花岗岩	4~6	0.01~1	0.13	0.01~1
岩盐	5~6	0.01~1	0.13	0.01~1
冰	3~4	0.01	0.16	0.01
金属	300	10^{10}	0.017	10^8
PVC 塑料	3.3	1.34	0.16	0.14

地下介质的高频电磁参数 ε、σ 由介质自身的性质决定，并受赋存的外部环境影响。在雷达频率为160MHz时岩石的介电常数 ε_r 变化较大，一般为 3.0~9.0，个别介质可达40，水为81。岩石的电导率变化较大，可从 10^{-2}~10^{-8} 量级，石墨可达 10^4~10^6 量级。

介电常数随工作频率的升高而降低，在微波段趋于稳定；随地层含水量的增加而增大，但在含水量超过 5% 后增加趋缓；在高温、高压下不发生变化。随着工作频率的提高和 ε_r、σ 的随之变化，地层对电磁波的衰减也急剧增大，电导率随工作频率和温度的升高而升高。另外，地层的电导率还具有各向异性。

综上所述，地下非均一介质由于介电常数与电导率的明显差异而构成了电磁波反射界面，如含水层与围岩、空洞、溶洞、陷落柱、断层面及煤层顶底板等都是良好的反射界面。

(5) 分辨率

地质雷达的分辨率是指对多个目标体的区分或小目标体的识别能力，取决于脉冲的宽度，频带越宽，时域脉冲越窄，它在射线方向上时域空间的分辨率就越强，或者说深度方向上的分辨率越高。地质雷达的分辨率可分为垂直分辨率和水平分辨率，地质雷达在垂直方向和水平方向上所能分辨的最小异常体的尺寸称为垂直和水平分辨率，其主要取决于介质的吸收特性、天线方向及移动步距等因素。理论上可把 $\lambda/8$ 作为垂直分辨率的极限（波长 λ），但考虑到噪声等因素，一般把 $b=\lambda/4$ 作为垂直分辨率的下限。

雷达剖面的水平分辨率通常可用费涅尔（Fresnel）带的直径来说明。根据惠更斯电磁波干涉原理，当反射界面的埋深为 H，发射、接收天线间的距离远小于 H 时，第一 Fresnel 带的直径可按下式计算：

$$d_F = \sqrt{\frac{\lambda H}{2}} \tag{8-11}$$

式中　λ——雷达子波的波长，$\lambda = v/f$；

　　　H——异常体埋藏的深度。

地质雷达对于单个异常体的横向分辨率要远小于第一菲涅尔带半径。然而要区分两个水平的相邻异常体所需最小横向距离要大于第一菲涅尔带半径。在噪声较强的场地环境中，地质雷达分辨率将大大减小。

4. 地质雷达的信号采集方案分析

地质雷达的信号采集方案涉及场地环境分析及测量参数的优选。测量参数选择合适与否关系到地质雷达测量的应用效果。选取的测量参数包括天线频率、发射一接收天线间距、时窗、采样率、测点间距等。从大量的工程实践中我们发现正确选择天线频率与发射一接收天线间距极其重要。

（1）场地环境分析

每接受一个地质雷达测量任务都要对目标体特征与所处环境进行分析，以确定地质雷达测量能否取得预期效果。

目标体的电性（介电常数与电导率）必须搞清，地质雷达应用成功与否取决于目标介质是否有足够的反射与散射能量为系统所识别。当围岩与目标体相对介电常数分别为 ε_h 与 ε_t 时，目标体功率反射系数 P_r 的估算式为：

$$P_r = \left| \frac{\sqrt{\varepsilon_h} - \sqrt{\varepsilon_t}}{\sqrt{\varepsilon_h} + \sqrt{\varepsilon_t}} \right|^2 \quad (P_r \geq 0.01) \tag{8-12}$$

一般情况下可参考表 8-1，特殊应用可进行介质的介电常数的测试工作。

围岩的不均一性尺度必须有别于目标体的尺度，否则目标体的响应将淹没在围岩变化特征之中而无法识别。

测区的工作环境必须搞清。当测区内存在大范围金属体或无线电射频源时，将对地质雷达探测形成严重干扰。由于地质雷达信号在介质中以指数衰减，在空气中以几何级数衰减，地面上大的物体（如大石块、树等）会形成较强的散射。

此外，测区的地形、地貌、温度、湿度等条件也将影响测量能否顺利进行，必须搞清。

（2）天线中心频率的选择

天线中心频率的选择应兼顾目标体深度、目标体最小尺寸以及天线尺寸是否符合场地的需要。一般来说，在满足分辨率且场地条件又许可时，应该尽量使用中心频率较低的天线。如果要求的空间分辨率为 x（单位：m），围岩相对介电常数为 ε，则天线中心频率可由下式初步选定：

$$f = \frac{150}{x\sqrt{\varepsilon}} \tag{8-13}$$

根据初选频率，利用雷达探测距离方程（8-5），可计算出探测深度。如果探测深度小于目标深度，则需降低频率以获得适宜的探测深度。

（3）发射-接收天线间距的选择

地下半空间的辐射场强 $E^{(1)}$ 公式：

$$E^{(1)} = \frac{\omega^2 \mu_0 p}{4\pi} \cdot \frac{z\cos\theta_0}{\cos\theta_0 + \sqrt{n^2 - \sin^2\theta_0}} \cdot \frac{e^{jk_1 r}}{r} \tag{8-14}$$

式中 ω——天线频率；

     μ_0——媒介质磁导率；

     p——源的电偶极矩；

     n——媒介质的折射率；

     θ_0——电磁波的入射角；

     j——相位参数，表示相位超前 $90°$；

     k_1——相位常数，等于 $2\pi/\lambda$；

     z——天线长度；

     r——源到观测点的距离。

图 8-6 为理论与按比例模型实测的电偶极子辐射方向图，条件为：天线互相平行且垂直于测线，θ_c 为界面上的临界角对应最大辐射场强。从图中可以看出：（1）地下介质的介电常数愈大，偶极子源的辐射功率就愈往下集中；（2）地下辐射场 $E^{(1)}$ 在临界角 $\sin\theta_c = \sqrt{\varepsilon_0/\varepsilon_1}$ 方向上辐射方向强度最大。

在设计地质雷达探测方案时，发射一接收天线间距是一个很重要的参数。适当选取发射一接收天线间距，可使来自目标体回波信号增强。由图 8-6 可知在介电折射率随深度而增加的情况下反射振幅系数随辐射角增大而增加，在临界角时达到最大。然而同时，地质雷达的记录振幅由于几何波前扩散与衰减项增大的影响趋于减少，因而存在有一个使反射振幅最大的最优天线间距，在不同地区，由于地层衰减的不同，该发射一接收天线间距一般是不同的。最优的发射一接收天线间距一般通过实验选取或依经验值选定。

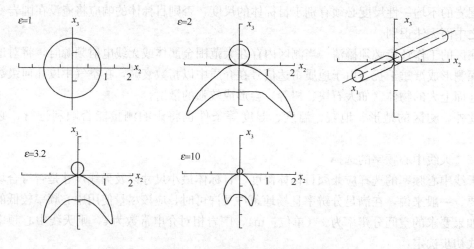

图 8-6　不同介电常数地表面上偶极天线辐射方向图

（4）天线的极化方向

偶极子是地质雷达天线辐射线性极化波。偶极子接收天线对地下目标体散射波的极化方向比较敏感，它依赖于入射电磁波的极化方向。这意味着设计测量方案时，在进行数据处理和地质解释中，极化是一个须考虑的重要因素。

天线的取向要保证电场的极化方向平行于目标体的长轴方向或走向方向，在某些情况下，当目标体的长轴方向不明或要提取目标的方向特性时，最好使用两组正交方向的天线分别进行测量。

（5）工作特性

工作频率越高，波长越大，能量衰减越慢，探测深度越大，同时分辨率越低。此外探测深度还取决于介质的衰减系数、接收器的信噪比和灵敏度、发射器发射功率、系统总增益、目标的反射系数、几何形状及其产状等。

地质雷达在隧道工程地质超前预报中，得到如下认识：

1）地质雷达可进行短距离地质预报，根据所采用的工作频率不同，2GMHz～50MHz，探测距离从0.2～40m，并可分辨较小的地质异常目标；

2）地质雷达对水敏感，并能够探测中风化—强风化破碎带或断层破碎带、溶洞；

3）在掌子面附近实施超前探测时，地质雷达系统由于工作频率高，因此不受交流电、机械振动等干扰，但为了取得高质量信号对掌子面表面平整状况有一定要求；

4）由于可分辨较小尺寸的目标，所以在地质情况较为复杂或不均一性较突出的情形下，现场应有较大测线密度才不易漏探；

5）地质雷达对反射目标体远处一侧的边界定位有时还不准确，但可与地震波法（TSP或TGP）长距离预报方法结合使用，相互印证。

三、TSP法

1. TSP法的探测原理

TSP法（Tunnel Seismic Predication，隧道地震预报）是在隧道掌子面后方沿隧道边墙布置多个浅钻孔作为炮点，激发地震波，利用三分量传感器在远离掌子面的某测点接收来自前方界面的反射波，通过对所接收的地震信号进行处理，提取有效信号和反射界面，其工作原理如图8-7所示。

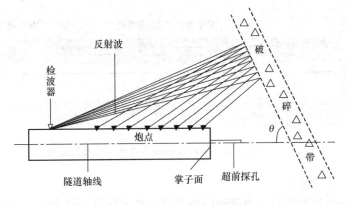

图8-7 TSP法工作原理示意图

2. TSP法的探测方法

TSP法超前地质预报系统包括硬件部分和软件部分。硬件部分主要由三维地震波接收器、数据记录存储单元以及起爆设备三大部分组成。接收器主要用来接收地震波信号，数据记录存储单元将接收器采集到的信号放大，模数转换并进行预报过程控制，数据信号记录存储。起爆设备主要用来引爆电雷管和炸药。软件部分用来做信号计算分析处理并打印最终预报结果。图8-8为TSP203plus系统仪器构成。

TSP方法为地震勘探中的负视速度法。其探测方法是：在隧道围岩以排列方式激发地震波，通常在隧道的左或右边墙，布置24个炮点用小炸药量激发地震波，布置两个接收孔，通过检波器分别接收24道激发所产生的反射波。地震波在向三维空间传播的过程中，遇到有波阻抗差异的界面，即地质岩性变化的界面、构造破碎带、岩溶发育带等，会产生弹性波的反射现象，即一部分地震信号反射回来，一部分信号透射进入前方介质。这种反射波被布置在隧道围岩内的高灵敏度地震检波器接收下来，输入到仪器中进行信号的放大、数字采集和处理，实现拾取掌子面前方岩体中的反射波信息，达到预报的目的（图8-7、图8-9）。图8-10中隧道上方和下前方会形成地震波反射，是因为岩体中存在的岩性变化带和构造破碎带，其介质的密度与其传播弹性波的速度乘积，与正常岩体介质的密度和传播弹性波的速度乘积具有明显的差别，像玻璃的背后附有水银会反光一样。岩体介质的密度和传播弹性波的速度乘积物理学中称为"波阻抗"，岩体中界面两侧介质"波阻抗"的差异越大，其界面上反射地震波的能力越强，反之亦然。

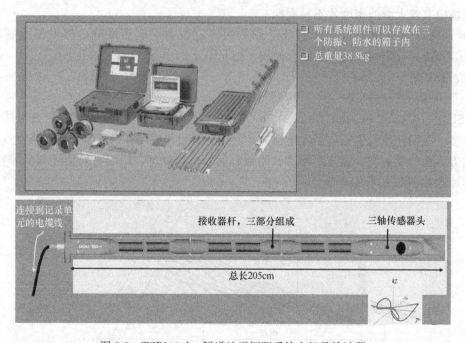

图 8-8　TSP203plus 隧道地震探测系统主机及检波器

布孔应满足如下要求：

（1）激发孔和接收孔均应垂直隧道轴线布置，高度建议一般均为 1.5m；

（2）激发孔布置在隧道边墙同一侧，炮点数为 18～24 个（建议一般为 24 个），炮点间距为 1.5m，第一个炮孔距接收孔的距离为 15～20m（建议一般为 20m），最后一个炮孔应紧邻隧道掌子面；

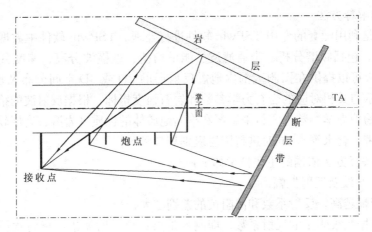

图 8-9 TSP 探测原理之一

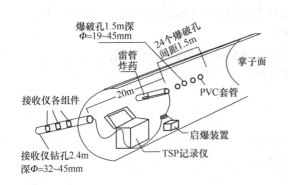 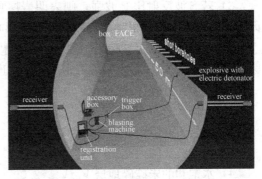

图 8-10 TSP 法现场探测图

（3）炮孔孔径为 ϕ38mm，接收孔孔径为 ϕ45mm；

（4）炮孔深度为 1.5m，接收孔孔深 1.95m；

（5）炮孔向隧道侧墙内围岩中倾斜，倾斜角度为 10°，接收孔在隧道左右两侧墙各布置一个接收孔，均应向隧道侧墙外（洞内）倾斜，倾斜角度为 5°～10°；

（6）将专用钢管插入接收孔中，用环氧树脂通过风钻将钢管与孔壁围岩密贴，用专用清洗工具清洗钢管，再将接收传感器小心插入钢管中，保证接收片对准掌子面。

图 8-10 为现场探测布置图。炮孔中的装药量可参考表 8-2，然后将雷管插入药卷一并装入孔底。接收孔中的钢管应插入孔底，并用厂家所提供的环氧树脂或现场所用锚固剂将钢管与围岩紧密接触。

TSP 在坚硬岩石中的装药配置情况   表 8-2

炮孔序号	炮孔到接收器的距离（m）	爆炸索（爆炸速度 7000m/s）质量（g）		乳化炸药（爆炸速度 5600m/s）质量（g）	
		较硬岩层	较软岩层	较硬岩层	较软岩层
1～2	20～21.5	10	15	50	75
3～4	23～24.5	15	30	75	100
5～24	26～54.5	20	40	100	150

3. TSP 的解释方法

TSP 数据是利用配套的专用 TSPwin 软件进行处理。TSPwin 软件中数据处理流程有 11 个主要步骤，包括频谱分析、带通滤波、能量均衡、纵横波分离、速度分析和偏移归位等。处理结果可以提供在探测范围内地震反射层的 2D 或 3D 空间分布及反射层提取，同时还可以显示与其相对应的岩石力学参数和岩石强度指标。根据反射波的拾取及其动力学特征、岩石物理力学参数等资料来解释和推断地质体的性质（岩溶、岩层软弱带、断层带、节理裂隙带、含水等），同时进行围岩级别划分和预报。

TSP 探测解释方法依据的主要技术如下：

（1）P 波、S 波及反射振幅

1）反射振幅越高，反射系数和波阻抗的差别越大；

2）正反射振幅表明正的反射系数，即刚性地层；负反射振幅则指向软弱岩层，从相同的构造中，比较 P 波和 S 波反射振幅的特殊作用；

3）若 S 波反射比 P 波强，则表明岩层包含水或盐水，比较任何反射振幅必须小心，因为反射振幅易受随机噪声和数据处理的影响；

4）V_p/V_s 较大的增加或泊松比 δ 突然增大，常常因流体的存在而引起；

5）若 V_p 下降，则表明裂隙密度或空隙度增加。

（2）P 波与 S 波的速度比

1）坚固的岩石 $V_p/V_s < 2.0$，$\delta < 0.33$；

2）当岩石孔隙内充满水时，V_p/V_s 从 1.4→2.0；

3）当岩石孔隙内充满气时，V_p/V_s 从 1.3→1.7；

4）水饱和的未破碎地层 $V_p/V_s > 2.0$。

4. TSP 法的工作特点

TSP 法探测由于隧道内观测系统的布置受到限制，观测系统排列只能布置在隧道壁上，探测效果除和掌子面前方的断层、软弱夹层、破碎带等不良地质体的性质有关外，产状及其与隧道轴线的夹角将是最主要的影响因素。若空间角很小，接近于与轴线平行，将严重影响到探测结果的精度；同样的地质条件，空间角越大，能观测到的反射界面就越短，获得的界面信息就越少，不利于成果解释。溶洞和溶腔的探测效果与其形状、规模和走向密切相关，隧道掌子面正前方、走向与轴线一致的洞穴或没有足够长度的横切轴线的洞壁的溶腔未必能准确地探测到。含水体与围岩之间的密度差异远小于它们的电性差异，用弹性波法探水不如电法和电磁法有效。

由于掌子面的尺寸相对探测对象的距离而言要小得多，因此隧道内的地震波场是三维波场。使得 TSP 超前预报系统在复杂探测条件下的精度大打折扣；对与隧道呈大角度相交的面状软弱带（如断层、软弱夹层、地层分界等）探测效果较好，但对不规则形态的地质缺陷（如溶洞、暗河）及岩体含水情况等探测效果仍不够理想。

对探测区宏观地质情况的了解，可以把握主要不良地质空间分布规律及其与隧道的空间关系，正确选择搜索角和调谐角，指导观测系统的排列布置（震源和传感器位置），对不良地质体的发育程度、位置、性质、规模有初步的认识，有利于 TSP 探测成果的解译。

将高灵敏度的传感器安置在结构面与隧道掌子面前进方向夹角大于 90° 的隧道壁一侧，能有效地接收来自远距离的微弱反射信号。探测距离与探测精度是一对矛盾体，越远越容易出错，误差也越大，可通过提高震源质量、信噪比和接收质量来提高探测和解译精度。

四、瞬变电磁法

1. 瞬变电磁法的探测原理

瞬变电磁法（TEM）的基本原理是电磁感应定律。它利用不接地回线或接地线源向地下发送一次脉冲磁场，在一次场的间歇期间，用线圈观测由地下地质体产生的感应电磁场（称二次场或瞬变场）随时间的衰减特性，通过观测该瞬变场在空间上的分布规律和随时间的变化规律来解决地质问题的方法，它是电法勘探的分支方法。由于瞬变场的强度及延迟时间与地下地质目标体的电性、规模及产状等参数有关，地质体的导电性越好，瞬变场的强度就越大，且热损耗就越小，故衰减越慢，延迟时间越长。因此，根据瞬变场的特征，就可以判断地下地质体的电性和规模，根据剖面测量结果可推断出其赋存位置、埋深及产状等。

2. 瞬变电磁法的探测方法

瞬变电磁法的仪器如图 8-11 和图 8-12 所示。探测时要确定的内容有：

（1）工作装置确定：瞬变电磁法工作装置种类繁多，由发、收线圈相对位置的不同组合，可产生不同工作装置。选择何种工作装置，主要是要根据欲解决的地质任务而定，但也受使用的仪器、设备性能的制约。目前国内的仪器大多功率较小，主要适合做重叠回线装置。重叠回线装置为瞬变电磁法特有的组合，它与目的物耦合最紧，发射线圈逐测点移动，不会有激发盲区，发射磁矩和接收磁矩均较大；其次，中心回线（探头）装置也较常用。

图 8-11　PROTEM 数字接收机

图 8-12　TEM47HP 发射机

（2）发射线圈边长确定：一般应根据被探测对象的几何形态和大致产状，选择最佳边长计算公式进行计算。如：探测球体计算公式为 $b=0.7d$，其中：b 为回线边长，d 为球体中心埋深，以计算值为原则加以考虑，最终线圈边长的大小是要通过实地试验（已知区）或模拟实验结果确定。

（3）采样延时：从理论上讲，采样延时越长，获得的信息量越多，勘探深度越大。但是，采样延时过长会降低工作效率，采样延时合适的计算公式为 $t_e = 1.59 \times 10^{-6} \sigma d^2$，式中：$d$ 为最大探测深度，σ 为地层的电导率。

（4）仪器工作参数：包括脉冲关断时间、第一测道采样延时、发射电流脉宽、叠加次数、发射电流强度等。其中，脉冲关断时间、发射电流强度与仪器性能相关，一般关断时间越短，电流强度越大，所产生的一次场能量越强。第一测道采样延时设置得越合理，获得的异常强度就越大；叠加次数的选择应根据工作区域内干扰水平确定，但应等于或大于25次。

3. 瞬变电磁法的解释方法

瞬变电磁法对溶洞比较敏感。高感应电压所对应的溶洞应为充水或充泥溶洞，低感应电压所对应的溶洞应为空的干溶洞，如图8-13所示。

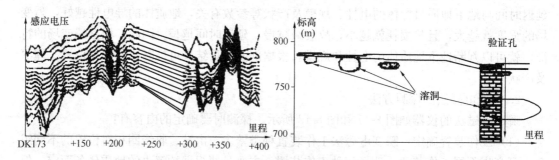

图8-13　多测道感应电压曲线图及实际推断验证图

该方法的探测能力首先要考虑瞬变电磁的探测深度，瞬变电磁的探测深度与发送磁矩、覆盖层电阻率及最小可分辨电压有关。

$$d = 0.55 \left(\frac{M\rho_1}{\eta} \right)^{\frac{1}{5}} \qquad (8\text{-}15)$$

式中　M——发送磁矩；

　　　ρ_1——电阻率；

　　　η——最小可分辨电压，它的大小与目标层几何参数和物理参数以及观测时间段有关。

瞬变电磁场在大地中主要以扩散形式传播，在这一过程中，电磁能量直接在导电介质中由于传播而消耗。由于趋肤效应，高频部分主要集中在地表附近，较低频部分传播到深处。

4. 瞬变电磁法的特点

（1）断电后观测纯二次场，可以进行近区观测，减少旁侧影响，增强电性分辨能力；

（2）可采用加大功率的方法增强二次场信号，提高信噪比，从而增加勘探深度；

（3）穿透高阻地层能力强；

（4）由于采用人工源方法，随机干扰影响小；

（5）采用重叠回线装置工作，可以避免地形影响；

（6）线圈形状、方位要求相对不严格，测地工作简单，工效高；

（7）由于测磁场，受静态位移的影响小；

（8）通过多次脉冲激发，场的重复观测叠加和空间域多次覆盖技术的应用，可以提高信噪比和观测精度；

（9）可以通过选择不同的时窗窗口进行观测，有效地压制各种噪声，可以获得不同勘探深度，使剖面与测深工作集于一体。

五、Beam 电法

德国 GEOHYDRAULIK DATA 公司（以下简称 GD 公司）开发研制的 Beam 系统（Bore—Tunneling Electrical Ahead Monitoring）是当前国际上一种较新的电法类隧道地质超前预报方法。Beam 系统通过测取与岩体空隙有关的电能储存能力参数 PFE（Percentage frequency effect）和视电阻率的变化，预报前方岩体的完整性和含水状况。目前，该项技术在我国应用还较少。

1. Beam 电法的探测原理

Beam 电法就是一种交流激发极化电法。通过测试处于激发极化状态下的掌子面前方岩体的电阻率来探知岩体状况、空洞和水体。岩体在人工电场作用下会发生复杂的电化学过程，并形成一个随时间增加而增长的极化电场，它叠加在人工电场和由于电性差异而产生的异常电场上。习惯上把人工电场以及因电性差异而产生的电场称为一次场，而把极化电场称为二次场，它们的叠加称为总场。总场经数分钟后趋于饱和。如果切断电源，一次场随即消失，但二次场仍然存在，并随时间增加而逐渐衰减，几十秒至几分钟后衰减至零。激发极化电法就是通过分析激发极化电场的分布以达到探测隧道前方不良地质体以及找矿、找水或解决其他地质问题的一种物探方法。

2. Beam 电法的探测方法

Beam 电法的探测方法是通过沿掌子面外围的环状电极（A1）发射一个屏障电流，并在内部发射一个测量电流（A0），以便电流聚焦进入要探测的岩体中，通过测量岩体的交流变频激发极化特征，计算出岩体视电阻率和一个与岩体孔隙有关的电能储存能力参数 PFE 的变化来预报前方岩体的完整性和含水性（见图 8-14、图 8-15）。

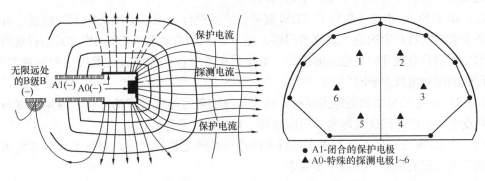

图 8-14　Beam 工作原理示意图　　　　图 8-15　掌子面探测电极布置示意图

Beam 系统由主机、数据采集解译软件、连接线路、数据转换盒、A0 电极、A1 电极和 B 电极组成，能够将整个极化过程中岩层电阻系数的变化过程记录下来。特殊水体或空洞、高孔隙率的地下介质如洞穴等对激发极化的参数有相当大的影响，因此，Beam 电法能够对这些工程地质问题做出准确的预测。相对传统的电法探测，Beam 电法的核心在于改善了电法测试的灵敏度和稳定性，利用同性电极相排斥的原理，通过在隧道掌子面环形布置的正电极 A1 建立的保护电场，使正电极 A0 产生的电流呈放射状向隧道纵深传播得更远，B 极一般作为接地电极（负极）。

现场数据采集时在掌子面四周或离掌子面后方 5m 处布置一环形供电电极（A1 极）发射互斥的电流，环形供电电极不少于 9 支，等间距布置在掌子面外沿，打孔安置并注少量水耦合；测量电极（A0 极）共 6 支也按环形布置，半径小于供电环 1m 左右（A1、A0 布置在同一个掌子面时）；离掌子面 300～600m 远处布置 1 根负极（即 B 极）作为无穷远极，与 A1、A0 极构成回路。该环形电极接入 1 个组合控制开关，由 Beam 系统按一定的程序可对测取的数据进行自动解译，并且以可视化的形式将岩体质量以及是否含水以颜色深浅来表示，直观、清晰，便于现场技术人员操作使用。

3. Beam 电法的解释方法

通过探测取得掌子面前方岩体的视电阻率和频率效应百分比（PFE）。岩体及其含水性不同，电性和极化特征不同，因此频率响应也不同。Beam 系统供电提供了两个频率（f_1 和 f_2）的电流分别是 I_1 和 I_2，测量取得电位 U_1 和 U_2 之后通过下式计算视电阻率 R（Ω_m）和频率效应百分比 PFE（%）：

$$R_{f_1} = \frac{U_{f_1}}{I_{f_1}} \tag{8-16}$$

$$R_{f_2} = \frac{U_{f_2}}{I_{f_2}} \tag{8-17}$$

$$PFE = \frac{(R_{f_1} - R_{f_2})}{R_{f_1}} \times 100\% \tag{8-18}$$

4. Beam 电法的特点

（1）Beam 电法能对隧道掌子面前方富含水洞段进行较为准确的预报，对岩性变化界面、岩石破碎带及含水情况预报具有一定的准确性和有效性，对于裂隙、岩溶、断层也有良好的反映，但对于它们的性质却难以判断。

（2）由于 Beam 电法主要针对 TBM 掘进方式而设计，用于钻爆法施工的隧道会有测试设备安装时间过长影响施工进度的问题，还需对其测试设备的安装操作方式进行适当改进，如采用饼状电极外包裹盐水海绵套、电极采用绝缘杆支撑附着在洞壁上的测量方式，则可以适当缩短电极安装时间。

（3）Beam 电法只能做近距离预报，最大预报距离为隧道跨度的 5 倍，测量精度与测试的频度有关，即测试次数越密，精度越高，预报的效果越好。

（4）Beam 电法同样不能对含水层或水体进行准确定位和定量，对掌子面前方大规模水体的预测预报效果还有待进一步探索。

因此，Beam 电法现阶段只能是与地质雷达和 TSP 配合使用，形成相互补充、互为印证的地质超前预报技术。

第三节　隧道地质超前综合预报方法

一、各种地质超前预报方法在隧道中的适应性

鉴于工程施工和费用原因，对于一个具体的隧道工程，不可能采用所有的地质超前预报方法，必须有针对性选择地质超前预报方法。表 8-3 为隧道常用地质超前预报方法的适

应性对比表。

地质超前预报方法适应性一览表　　　　　　　　　　表 8-3

方法	种类	探测距离(m)	探测耗时	适应性及优缺点
地质分析法	地质素描	10	30min	利用地质理论和作图法，结合勘察资料，进行开挖面前方地质条件的预测预报。设备简单，操作方便，费用低，不影响施工，占用时间约 30min，但对地质专业技术要求高
电法	直流电法	500		预报距离较远。对水敏感，但不能准确定位和估算水量；隧道内使用时原理和方法局限性大，给解释带来很大困难
	高密度电法	500		超前预报距离较远。对水敏感，但不能准确定位和估算水量；隧道内使用时原理和方法局限性大，给解释带来很大困难
	激发极化法	30～50		对水敏感，但不能准确定位和估算水量
	瞬变电磁法	50～100		对水敏感，但不能准确定位和估算水量
	Beam 电法	60～80		针对 TBM 掘进方法设计的隧道电法预报仪，探测含水体、破碎带等，不能准确定位、定量，对钻爆法开挖在掌子面探测费时过长，较其他电法价格昂贵，国内使用较少
电磁波法	地质雷达	0.2～40	1h	对洞穴、富水区预测有独到之处，可判定强风化破碎带，探测时间约 1h，但预报距离短，有多解性，需专业人才判别
	红外探测法	20	30min	辅助探水预报。有无水的预报准确率高，探测速度快，约 30min，但无法定量测水，只能反映大致距离
弹性波法	TSP202/203	100～200	1.5h	预报距离长，效果好，适用范围广，预报时间约 1.5h，但费用高，多解性
	陆地声呐	100～130		长距离超前预报
	多波探测	50～80		短距离超前预报
	瑞利波法	50～80		较短距离超前预报
水平钻探法	超前钻孔	5～100	8～20h	效果好，判识率高，但费时费工，约 8～20h，效率较低

从表 8-3 可知每种地质超前预报方法都有自己的适用性以及优势和局限性，而隧道施工过程中将会遇到各种复杂工程地质条件与水文地质条件，单靠表 8-3 中某一种超前预报方法进行地质超前预报将会导致预测准确度有限或费用太高等问题。为了提高地质超前预报的准确度、节约费用和缩短工期，需将几种超前预报方法结合使用，来综合地预报掌子面前方围岩地质情况，利用各种超前预报方法的仪器特点和适用范围来探测几种常见的不良地质体，这就是隧道地质超前综合预报方法。

二、隧道地质超前预报的综合物探技术

采用地震波法与地质雷达结合，可解决施工过程中的相应地质问题，如围岩风化破碎带、断层破碎带、围岩局部富水区域、石灰岩岩溶发育情况等。日常预报工作以物探为主，在遇到疑难问题时预报报告中会提出打超前探孔进行水平钻探法预报。物探方法中，首先使用地震预报方法（TSP）进行长距离预报（100～150m），使用电磁波法（地质雷达法）进行短距离预报（30m 左右），根据实际围岩地质情况，可灵活组合，二者可单独使用，也可结合使用，并相互确认和印证。

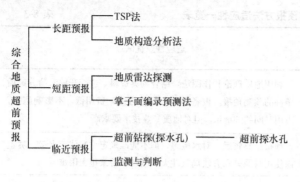
图 8-16 隧道地质超前预报的阶段

电磁波法（地质雷达）与弹性波法（TSP）二者结合，其优点是可得到两种不同类型的波的参数和特征图像资料，在有可能出现不良地质情况时应进行临近监测预报，并使用超前钻探作为控制风险的最终手段。

实施综合超前地质预报技术必须清楚地掌握隧道超前预报各阶段所能达到的准确度和目的（见图 8-16）。

因而，预报分 3 个阶段：长距离预报（100m＜预报距离＜150m）；短距离预报（预报距离＜30m）；临近勘测预报。根据每个阶段及手段的准确性和可靠性，把超前地质预报分为 3 类，见表 8-4。

隧道地质超前预报的阶段及预报准确度   表 8-4

类别	预报阶段	预报准确度
1类	长距离预报	①能初步确定前方主要灾害体存在，且能初步确定主要灾害体的位置、大小、性质； ②对前方与前后围岩性质差异不大或局部小型灾害体不能准确判断或无法查明； ③能初步确定前方的围岩级别
2类	短距离预报	①能比较准确查明前方灾害体的位置、形状、大小； ②能排除前方不明灾害体的存在； ③对前方灾害体的物性有比较准确的判断
3类	临近勘测预报	①能查明前方灾害体的准确位置、形状、大小； ②对前方灾害体的物性、灾害特点有准确的判断和认识

超前地质预报是隧道信息化施工的有机组成部分，在隧道信息化施工中占有重要的地位。超前地质预报工作可以减少隧道地质灾害的发生，降低隧道建设成本，保证隧道施工安全。建设单位根据超前地质预报成果组织协调各相关单位采取相应的工程处理方案；超前地质预报结果可为设计单位设计变更提供重要的参考；施工单位根据预报成果采取合理的施工方法及相应的工程应对措施。超前预报的准确性是其工程应用基础。

相对于 TSP、超前地质钻孔、红外探水仪等超前地质预报方法而言，地质雷达探测和地质素描具有成本低、操作简单、对施工干扰小等优点，既能保证超前预报的准确性，又便于操作，因而具有广泛的应用基础。

隧道超前地质综合预报方法是以工程地质报告为基础，主要是结合地质雷达探测与地质素描，同时参考现场监控量测的数据，对施工期间隧道掌子面前方的地质情况进行预报。该预报方法主要包括：洞内观测、地质素描、监控量测及地质雷达探测四个方面，其中地质素描的主要任务是通过收集资料、现场地质素描宏观地掌握掌子面前方围岩岩性、地质构造及含水情况。监控量测的主要内容包括：地表下沉、拱顶下沉、洞周收敛等。

广义的隧道地质超前预报是综合方法的运用，包括地质分析法、物探法、钻探法；而通常所谓的地质超前预报是指仅应用物探法进行的狭义日常地质超前预报，偶尔辅以超前钻孔作为控制风险的最终手段。隧道地质超前预报的任务一是预报不良地质体，二是划分和认证围岩级别，减少突发性和不可预见性工程地质灾害。

隧道施工中所遇到的有危害性的不良地质现象，主要包括溶洞或地下暗河、强风化带、断层破碎带、软弱围岩、浅埋段地层及其性质或特征，另外还有比较特殊的膨胀性围岩、黄土、流砂、含瓦斯地层等。

如云梧高速公路根据工程地质、水文地质等特征，隧道围岩主要为碎屑岩（砂岩、粉砂岩等）及其相应的变质岩，部分地段为石灰岩，地下岩溶通道及地下水并不十分发育，地下水位一般较高，并结合各种隧道地质超前预报物探方法以往使用的经验及效果，除考虑探测效果外，以在达到预报要求的前提下尽量少占用仪器资源为原则，隧道地质超前预报采用如下组合物探技术：

（1）长距离预报目前应用较为成熟的物探技术是 TSP203plus，因此，选用 TSP203plus。

（2）短距离预报，由于在长距离预报中已选用了 TSP203plus 地震波法，地震波法的分辨率较地质雷达低，且与地质雷达法的预报距离基本为一个数量级，另外为了从电磁波的角度反映围岩的电磁特性，对地震波法反映围岩的弹性波特性起到补充和印证作用，故应选用地质雷达法进行短距离超前地质预报。

（3）瞬变电磁法与 Beam 电法均为电法。二者都对水反应敏感，探测距离相近，但 Beam 电法在掌子面操作复杂，现场费时长，因此在探水预报时应选用瞬变电磁法。

（4）地质雷达与 TSP 结合进行长短结合物探法超前地质预报，在隧道围岩含水较丰富，可能涌水或突水的地段再增加瞬变电磁法或红外探水辅助方法。但在现有资源的情况下，建议选择 TSP203plus、地质雷达、瞬变电磁法或红外探水法进行超前地质预报。

三、隧道地质超前综合预报实施方案

在隧道施工地质超前预报中需要一种实用的超前预报综合方法。简单地说，隧道地质超前预报就是利用一些仪器来探测隧道掌子面前方围岩的地质构造、工程地质条件与水文地质条件等。超前地质预报主要需要两个方面的知识：物探知识与地质理论知识。超前地质预报仪器只是探测掌了面前方围岩中的异常情况，难以具体判定出是哪种不良地质情况。由于地质基础理论知识和地质工作经验方面的欠缺，盲目相信探测结果，往往易导致预报结果对界面性质的判断失误或错误，而不进行界面产状的修正又造成隧道掌子面前方界面距探测面所在位置距离不准。因此，单纯地依靠物探方法来预报隧道掌子面前方围岩情况是不可靠的。同理，如单纯地依靠地质理论知识与工作经验，仅用地质素描法、工程地质综合分析法等来预报隧道掌子面前方围岩地质情况也是不科学的，由于所掌握的物探知识有限，往往表现为对探测结果的茫然，而固守于对地质条件的掌握和经验，难以做出大胆的判断。只有把两者结合起来才能提高超前预报的准确度，保证超前预报快速进行，少占用隧道施工时间，才是一种实用的超前预报综合方法。故在实际操作过程中把超前预报方法与地质素描法、超前地质预报与地质分析方法有机地结合起来不失为一种很好的选择。地质素描为超前预报探测结果提供地质理论基础，尽可能地消除超前预报中的不唯一性，提高通过超前预报来探测隧道掌子面前方地质灾害的精度，而超前预报又加深地质素描预报的深度和范围。

综上所述，隧道地质超前综合预报方法为：

（1）搜集前期地质勘察资料和既有勘测成果：研究、熟悉并掌握隧道通过地层的岩性、构造概貌、不良地质出现的规律，把握隧道所要穿过的高风险地段的位置、长度、地质类型、特点，分析勘察工作的详细程度。

（2）掌子面地质描述或地质编录：当前掌子面处于设计图上的哪个位置（桩号），围岩岩性及结构、构造，硬度或强度，处于构造的哪个部位，风化程度，节理裂隙发育程度，渗漏水情况，围岩完整性与稳定性等，并初步推测或判断掌子面前方的不良地质出现的可能性，从而为接下来的超前地质预报提供基础资料和依据。该观察描述同时也为下一次预报时调整所使用仪器及工作参数、工作方式提供依据。

（3）选用有效探测手段进行掌子面超前探测：在较宏观和较微观上分别以前期地勘资料和掌子面观察描述为基础和依托，进行掌子面超前探测，并依据探测成果资料和所处地质背景进行超前地质解释及预报。即使用有效探测手段，工作在掌子面、现场与既有地勘资料之间，都是隧道地质超前预报的工作范畴。

该方法所强调的是以较宏观的既有地质勘探资料和较微观的动态掌子面地质资料为依托，在运用所选择的有效物探手段进行探测之后的基础上进行地质超前预报，三者缺一不可。

为了对隧道掌子面前方地质体的规模、位置及其性质进行探测预报，从而为采取正确的施工方法提供决策性依据，在较为复杂的地质条件下，如断层较多，或围岩破碎（地层结构性破碎、构造破碎、不同岩性的接触带破碎、风化破碎），浅埋段风化破碎，围岩级别变化频繁，有明显承压水，石灰岩岩溶较为发育，或有可能涌水突泥等，应采取由两种物探方法构成的超前地质预报方法的组合技术，其基本组合是一般破碎围岩采用 TSP 和地质雷达组合，对与水有关的围岩采用 TSP 和瞬变电磁法或红外探水仪组合，并重视和加强地质工作。

为了达到长短结合、取长补短、相互印证、提高预报准确性的目的，地质超前综合预报可按以下方案实施：

（1）超前地质预报开始之前，应根据地质勘察报告及相关地质调查结果，将隧道所穿越地层按工程地质和水文地质复杂程度分为地质构造简单、中等和复杂三种。制定详细的超前地质预报方案。

（2）认真、深入运用综合预报方法，将所掌握的整体的、宏观的地质情况与具体的掌子面微观地质情况结合起来，将预报地段的地质背景条件与运用有效探测手段所取得的成果有机结合起来。

（3）首先运用 TSP 仪器探测出掌子面前方 150m 范围内（复杂情况下 100m 内）的不良地质体属性、位置与空间分布规模，结合地质学的地质构造分析法，做出长期预报。

（4）利用地质雷达进一步探测掌子面前方 30m 范围内的不良地质体的准确属性、较准确位置与空间分布规模，以近距离印证 TSP 地震仪的反预报结果，提高探测预报准确度，结合掌子面的地质编录，做出短期预报。

（5）在水文地质较为复杂段，进一步采用瞬变电磁法或红外探水仪。

（6）长距离超前地质预报应在隧道中不良地质体的宏观地质分析预报的基础上进行，要在隧道施工过程中连续进行，贯穿于全隧道。短距离超前地质预报，主要在长距离超前地质预报的基础上，选择在隧道开挖和掘进的地质复杂区段中断续进行。当然，不同区段，依据地质复杂程度，可以采用其中的一种预报方法，也可以采用两种方法，实施地质超前组合预报。

（7）超前钻探是临近勘测预报的重要手段。通过超前钻探（可取芯）可较为直接地鉴别围岩岩性、风化程度、破碎程度、节理裂隙发育程度、是否含水、含有害气体等，从而有效地鉴别前方一定范围（30~60m）内的不良地质和围岩级别，并作为控制和降低风险的最后有效手段。由于隧道开挖炮眼数量较多，且风钻或掘岩台车打眼比较方便，对其中的几个炮眼加深至5~8m作为预报探测孔，会收到较好的效果。有以下情况之一时需对掌子面前方实施超前钻孔探测：

① 用其他方法无法准确判断不良地质体的属性、位置与空间分布规模，详勘资料划定的富水地段；

② 根据以上物探方法综合判断出不良地质体可能有严重突水、涌泥或崩塌等施工隐患的目标地段；

③ 当前掌子面渗水或涌水严重的地段。

施工时，探孔全断面布置 3~5 个（图8-17），探孔长 30~50m，周边探孔的终孔宜超出开挖轮廓线 1~1.5m。钻孔采用小孔径钻机取芯，以降低预报费用，对拱顶探孔（图 8-17中的探孔 1）采用 $\phi75$mm 孔钻机取芯，其余探孔采用 $\phi50$mm 孔钻机取芯。为减小对工程进度的影响，可采用高效率钻机（如每小时钻 30m左右的设备）。

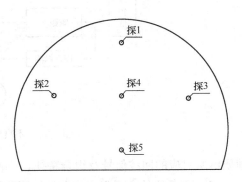

图 8-17　超前探孔布置示意图

（8）根据以上预报分析结果，并结合断面的监控量测信息、炮眼或炮眼延伸孔所探明的情况，得出地质超前综合预报的结论。

第四节　隧道工程中不良地质的评定方法

根据地质超前预报的适应性和超前预报组合技术，为了准确地预报隧道围岩中的不良地质体，应按图 8-18 所示的流程图开展综合地质超前预报。

本节重点论述地质分析法判定岩溶、富水、断层破碎带等不良地质体以及围岩级别的依据和方法。

一、不良地质和围岩级别的判定依据

（1）地质分析法的判定依据主要是按照从未知到已知，由粗到细的原则，即在任何地质情况不明的情况下，首先通过地面地质调查和观测进行地面地质填图，通过岩矿鉴定、同位素测定、地层层序对比、地质构造判断，从而基本确定某地区的地层岩性及地质组合、地质时代、较大地质构造（褶曲、断层、各大类岩石的粗略分布），在此基础上根据工程需要可进一步开展详查或精查勘探。使用物探方法进行地质超前预报对获取的信号进行解译则应遵循由已知到未知的原则，即首先熟悉隧道区基本地质情况，逐渐找到典型的

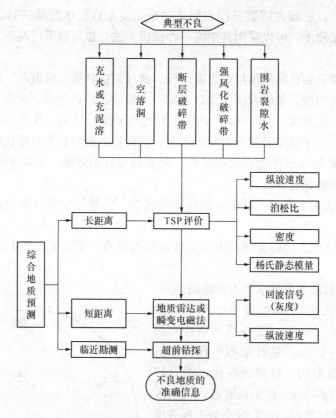

图 8-18　不良地质体预报的流程图

地质体所对应的回波信号及组合特征，以便对未知区进行回波信号的地质解释。

（2）TSP法的主要判定依据是计算所得到的纵波速度 V_p 或纵横波速比、密度、泊松比等，按其解释技术进行不良地质体和围岩级别的判别。

（3）地质雷达法的主要判定依据是雷达回波的组合特征和信号衰减变化。一定的目标体对应着一定的回波特征，当遇到水或软弱破碎带时信号应有明显衰减。当然，仪器对多大的地质异常有所反映，则应取决于异常的大小、构成异常的介质差异大小、仪器的探测深度。探测深度越大，分辨率越低，反之亦然。地下水对地质雷达信号有显著衰减影响，因此根据雷达信号的衰减相对大小，可定性判断围岩的含水量的相对大小，同时可分析判定围岩强风化破碎带或断层破碎带等不良地质现象。

（4）瞬变电磁法判定依据是瞬变场的强度及延迟时间与地下地质目标体的电性、规模及产状等参数有关，地质体的导电性越好，瞬变场的强度就越大，且热损耗就越小，故衰减越慢，延迟时间越长。因此，充水或充泥溶洞、含水层、含水裂隙带、软弱泥岩或泥岩、强-全风化带等应对应高感应电压，完整的花岗岩、石灰岩、砂岩、空的干溶洞等应对应低感应电压。

二、典型不良地质体的判定方法

1. 充水或充泥溶洞

石灰岩中岩溶形态有：溶蚀孔洞、溶蚀裂隙、溶槽或溶缝、岩溶漏斗、落水洞、溶洞、地下暗河。其充填状态也不同，有充填砂砾、黏土、充水或充水充泥，有无充填、半充填、充满或带压。

未充填的干溶洞与空洞的物理性状、地球物理特性、特征是相似的。

（1）TSP 对较大溶洞的反映

充水或充泥溶洞对应部位（图 8-19 中阴影区）的纵波速度、泊松比、密度、杨氏静态模量等参数首先变高，然后变低，这一点与地质雷达相似，也与理论符合，并在解释图上有明显异常反映。但所反映出的溶洞纵向范围较大（15m 左右），由于波长较长和分辨率较低的原因，TSP 不能直观地分辨出溶蚀孔洞、溶蚀裂隙等尺寸较小的反射目标。

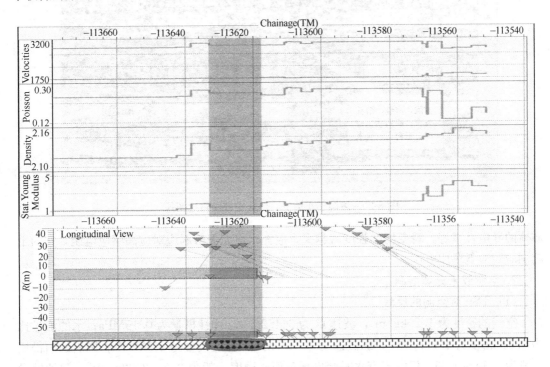

图 8-19　溶洞的 TSP 有关参数特征

由于地下水对纵波、横波的阻隔影响不同，即纵波为压缩波（弹性波），围岩的密度一般为 $2200\sim2800\mathrm{kg/m^3}$，纵波速度为 $3000\sim5500\mathrm{m/s}$，而水的密度为 $1000\mathrm{kg/m^3}$，纵波速度为 $1460\mathrm{m/s}$。当纵波穿过含水层时，纵波在围岩与水体界面应产生明显反射，同时一部分能量透过含水层。而横波为剪切波，水的剪切模量为零，理论上讲横波不能通过强含水层，因此在岩体与水体的交界面处应形成强的横波反射，且进入或经过水体后横波衰减为零。所以，通过对横波、纵波各自反射幅度的对比分析，可定性判定掌子面前方是否有含水层或含水溶洞。

（2）地质雷达对溶洞的反映

地质雷达对溶蚀孔洞或溶蚀裂隙、溶槽或溶缝、溶洞或地下暗河所反映出的图像特征是不同的（图 8-20）。另外，对干的空溶洞与充水、充泥的溶洞的反映也是截然不同的，充水、充泥的溶洞的雷达回波信号是显著衰减的。

（3）瞬变电磁仪对溶洞的反映

由于瞬变场的强度及延迟时间与地下地质目标体的电性、规模及产状等参数有关，地

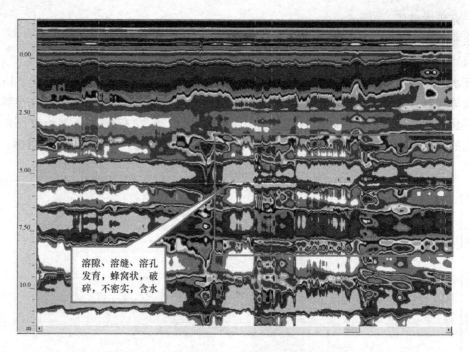

図中文字：溶隙、溶缝、溶孔发育，蜂窝状，破碎，不密实，含水

图 8-20 溶隙、小溶缝、溶孔发育段雷达图像

质体的导电性越好，瞬变场的强度就越大，故充水或充泥溶洞应对应高感应电压，空的干溶洞应对应低感应电压。

2. 空洞或未充填溶洞

（1）TSP 对空洞的反映

空气的密度为 $1.29kg/m^3$，波速 C_s 为 $344.2m/s$，弹性模量为 $0.15MPa$；水的泊松比为 0.5，密度为 $1000kg/m^3$，纵波速度为 $1460m/s$，弹性模量为 $2.13MPa$；围岩的泊松比一般为 $0.14\sim0.36$，但围岩有水时会出现负值，密度一般为 $2.2\sim2.92g/cm^3$，弹性模量为 $50\sim90GPa$。空洞或未充填溶洞中的物质为空气或真空，在 TSP 的 2D 成果及有关力学参数反演曲线上对应的纵波速度、泊松比、密度、杨氏静态模量等参数相对变低（图8-21）。

（2）地质雷达对空洞的反映

图 8-22 是一个地质雷达探测坎儿井的回波幅度衰减曲线，坎儿井宽度为 $60cm$，高度 $1.3m$，顶界埋深 $6m$，使用频率 $160MHz$。这时，地质雷达在空气中的波长为 $1.875m$，而进入坎儿井所处的砂砾层（其相对介电常数约为 9）的波长变为 $0.62m$。从图中看出，在坎儿井对应的平面部位和顶界深度出现明显衰减。

实际应用中，当使用的雷达频率很低时，即其波长相对于探测对象尺寸很大时，雷达灰度图上基本无反映或至多是一个强反射点（白点），不易于分辨解释；当使用的雷达频率较高时，即其在相应介质中的波长显著小于探测对象尺寸时，雷达灰度图上出现典型的反射弧，如图 8-23 所示；当空洞尺寸规模远远大于所使用的工作波长时，反射图像出现强反射条带，有时由于受初次反射表面的影响出现波浪形或锯齿形，如图 8-24 所示。

空洞或溶洞的反射波形特征本应是相似的，但由于工作频率、空洞尺寸规模以及空洞

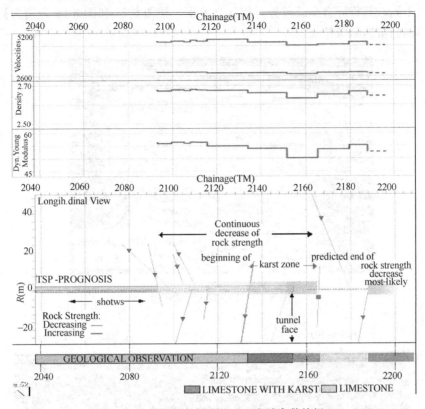

图 8-21　未充填溶洞的 TSP 有关参数特征

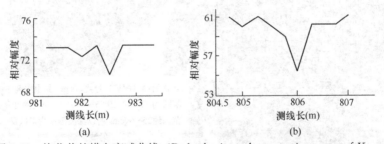

(a)　　　　　　　　　　　　(b)

图 8-22　坎儿井的横向衰减曲线（Radar horizontal attenuation curve of Karez）

图 8-23　典型的小空洞（溶洞）灰度图图像

的赋存条件不同，其特征有显著差异，须认真鉴别，如图 8-24 和图 8-25 分别为衬砌脱空和未填充溶洞的雷达图像特征。

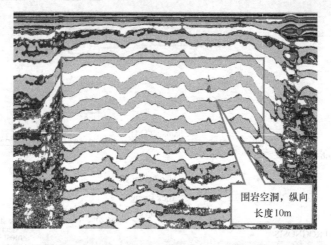

围岩空洞，纵向长度10m

图 8-24　大空洞灰度图图像

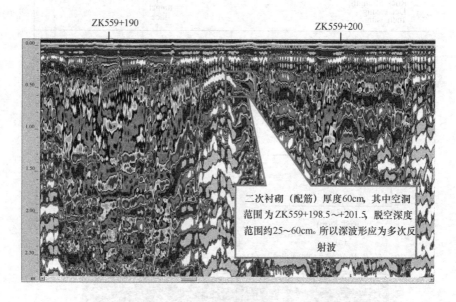

二次衬砌（配筋）厚度60cm，其中空洞范围为 ZK559+198.5～+201.5，脱空深度范围约25～60cm。所以深波形应为多次反射波

图 8-25　衬砌脱空

溶洞和空洞有着相类似的雷达回波特征：衬砌背后的空洞在灰度波形图上表现为一组弧形强反射波，这组强反射波的后面往往还紧跟着一组幅度较低的强反射波（多次反射），见图 8-26。较小的空洞弧形表现明显，较大的空洞往往呈现出波浪形的强反射波或呈亮白色。计算空洞的起止深度时，小的空洞可采用围岩的电磁波速度或相对介电常数，大的空洞要采用空气的速度。判别空洞时要注意排除因天线抖动或脱离衬砌表面所造成的假空洞（可以剔除）。

3. 断层破碎带

（1）TSP 对断层破碎带的反映

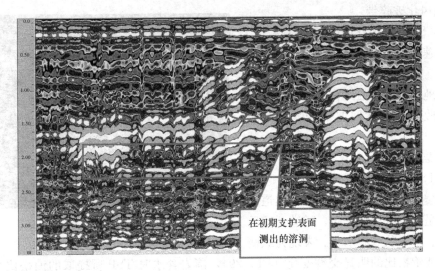

图 8-26　未充填的溶洞

断层破碎带所对应部位的纵波速度、密度、杨氏静态模量等参数首先变高，然后变低，其实际位置对应于变低部位，泊松比整体变高，这与理论基本相符。如果断层是在发育石灰岩中，则极有可能发育成为溶洞（图 8-27）。

（2）地质雷达对断层破碎带的反映

因断层破碎带的破碎程度、风化程度、糜棱岩化、硅化或钙化程度不同，其雷达图像特征也有显著差异。例如，破碎风化较强则雷达信号衰减强，反之亦然。糜棱岩硅化或钙化后衰减很弱，另外波形组合特征也不同。

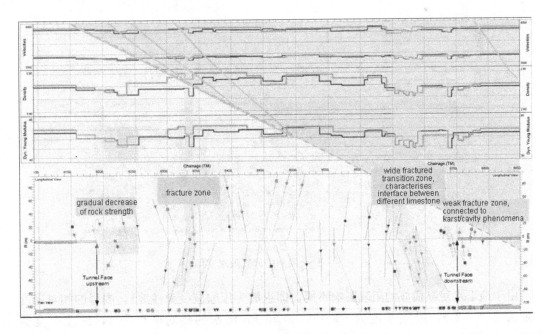

图 8-27　TSP 探测断层、溶洞

4. 强风化破碎带

（1）TSP 对强风化破碎带的反映

纵波速度低（显著低于 3000m/s），密度低。

（2）地质雷达对强风化破碎带的反映

所接收到的雷达回波信号强烈衰减（图 8-28）。

5. 围岩裂隙水

（1）TSP 对围岩裂隙水的反映

由于裂隙发育是不均一的，在隧道纵向上往往呈条带状局部分布，隧道开挖后呈涌水状、淋水状或滴水状。表现为纵横波速度比或泊松比的明显交替变化（图 8-29），围岩含水时 TSP 所提取的泊松比会出现负值。

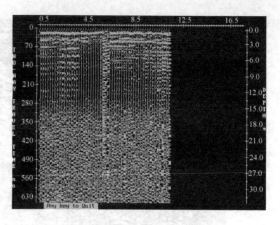

图 8-28 掌子面前方强风化带

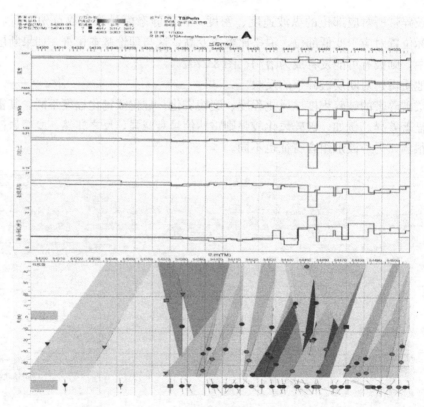

图 8-29 TSP 探测围岩裂隙水实例

由于地下水对纵横波的阻隔影响不同，即纵波为压缩波（弹性波），围岩的相对密度一般为 2.2～2.8，纵波速度为 3000～5500m/s，而水的相对密度为 1，纵波速度为 1460m/s。当纵波穿过含水层时，纵波在围岩与水体界面产生明显反射，同时一部分能量透过含水层。

而横波为剪切波，水的剪切模量为零，理论上讲横波不能通过强含水层，因此在岩-水交界面处应形成强的横波反射，且经过水体后横波衰减为零。所以，通过对横波、纵波各自反射幅度的对比分析，可定性判定掌子面前方是否有含水层或含水溶洞。

（2）地质雷达对围岩裂隙水的反映

所接收到的雷达回波信号显著衰减，如图8-30所示。

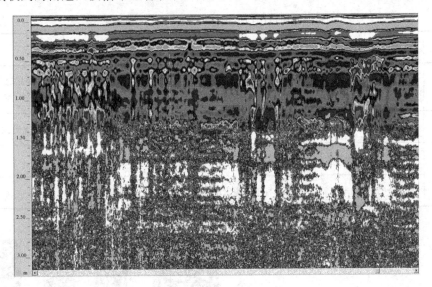

图 8-30　围岩含水示例图

第五节　工　程　实　例

广梧高速公路包含10多座隧道。茶林顶隧道围岩由残坡积土、全-弱风化砂岩和灰岩以及白云质灰岩等组成，存在围岩软弱、断层破碎带和含水溶洞等多种不良地质体，可能发生坍塌冒顶、涌水、涌泥等多种地质灾害，地质条件较为复杂。

采用探测长度较大的TSP法进行地质超前预报。该预报段围岩纵波速度范围为1080~2500m/s，泊松比范围为0.23~0.33，密度范围为1.81~2.03g/cm³。TSP预报成果和隧道实际开挖后对比结果详见表8-5。

TSP 地质超前预报推测结果一览表　　　　　　　　　　　　　　　　表 8-5

序号	里程桩号	长度（m）	推断结果	推断围岩级别	开挖后实际情况
1	LK71+699~706	7	该段岩体与当前开挖面相同，主要为黏土，强度低，自稳条件差	V	V
2	LK71+706~730	24	岩体主要为黏土及全风化灰岩，总体强度低，但比之前变硬，局部软弱，局部有存在小溶洞的可能	V	V
3	LK71+730~771	41	岩体总体较完整，但强度较低	V	V
4	LK71+771~792	21	岩性较之前变硬，局部节理裂隙较发育	VI	V
5	LK71+792~828	36	岩体总体强度较之前变强，节理裂隙发育，局部破碎含水	IV	V

从表 8-5 对比结果可知，结合地质勘察和掌子面地质素描资料的 TSP 预报技术对于不复杂围岩地质体的预报是切实可行且可进行围岩级别的划分。但是随着隧道施工向前推进，围岩岩性交替变化并出现灰岩，为了能查明围岩不良地质体——溶洞位置及其含水情况，在 TSP 法的基础上又采用了地质雷达法进行组合预报。表 8-6 和图 8-31 分别为地质雷达预报结果和分析成果图。

茶林顶隧道进出口段地质雷达探测解释结果表　　　　　　　　　　　　表 8-6

掌子面	探测里程段	探测解释结果
进口左线	LK71+714.5～744.5	里程 71+723～727 隧道上部岩层松散，里程 71+739～743 沿开挖方向隧道右侧部位岩层松散或有空洞
进口右线	RK71+872～902	里程 RK71+893 附近岩层存在垂向分布岩石碎块。未发现有大范围松散区
出口左线	LK74+058～028	岩层局部存在软硬不均，未发现有大范围松散区或空洞
出口右线	RK74+020～73+995	存在垂直于隧道走向方向岩层界面，未发现有大范围松散区或空洞

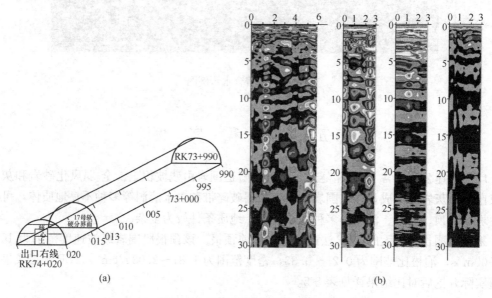

图 8-31　地质雷达预报分析结果图
(a) 预报地质分析成果图；(b) 雷达剖面图像

以地质勘查资料为基础，借鉴掌子面地质素描资料的 TSP 法和地质雷达法的长短结合很好地解决了茶林顶隧道一般性围岩段的地质超前预报工作，不仅探明了不良地质体的类型和位置，而且为地质灾害的预防和整治提供了科学依据。但是在围岩较为复杂的灰岩溶洞区域，该隧道段还有选择地采用了水平超前钻探测技术，很好地解决了隧道溶洞区的坍塌、涌水和涌泥等地质灾害。

根据地质综合超前预报原理开展的茶林顶隧道左线预报的围岩和开挖揭示的围岩情况对比结果见表 8-7。

段落	长度（m）	勘查结果围岩级别	综合超前预报围岩级别	实际开挖揭示围岩级别
LK71+708～LK71+771	63	IV	V	V
LK71+771～LK71+870	99	IV	IV	V
LK71+870～LK71+988	118	III	V	V
LK71+988～LK72+040	52	IV	IV	V
LK72+040～LK72+144	104	IV	V	V
LK72+144～LK72+166	22	III	IV	V
LK72+166～LK72+192	26	III	V	V
LK72+192～LK72+244	52	IV	IV	V
LK72+244～LK72+306	63	III	V	V
LK72+306～LK72+348	42	III	V	V
LK72+348～LK72+390	42	IV	IV	IV
LK72+390～LK72+408	18	III	IV	IV
LK72+408～LK72+425	17	III	IV	IV
LK72+425～LK72+430	5	III	IV	V
LK72+430～LK72+451	21	III	IV	V
LK72+451～LK72+455	4	III	IV	V
LK72+455～LK72+470	15	III	IV	IV
LK72+470～LK72+471	1	III	IV	V
LK72+471～LK72+496	25	IV	III	V
LK72+496～LK72+501	5	IV	III	IV
LK72+501～LK72+555	54	IV	IV	IV
LK72+555～LK72+568	13	IV	III	IV
LK72+568～LK72+651	83	IV	IV	IV
LK72+651～LK72+661	10	IV	III	IV
LK72+661～LK72+731	70	IV	IV	IV
LK72+731～LK72+739	8	III	V	V
LK72+739～LK72+758	19	III	IV	IV
LK74+127～LK74+062	65	IV	V	V
LK74+062～LK74+029	33	IV	IV	V
LK74+029～LK74+000	29	IV	V	V
LK74+000～LK73+947	53	IV	IV	V
LK73+947～LK73+941	5	III	IV	V
LK73+941～LK73+930	11	III	IV	IV
LK73+930～LK73+900	30	III	IV	IV
LK73+900～LK73+892	8	III	IV	IV

茶林顶隧道左线围岩级别预报成果表 表 8-7

段落	长度（m）	勘查结果围岩级别	综合超前预报围岩级别	实际开挖揭示围岩级别
LK73+892～LK73+860	32	Ⅲ	Ⅲ	Ⅳ
LK73+860～LK73+830	30	Ⅳ	Ⅳ	Ⅴ
LK73+830～LK73+817	13	Ⅲ	Ⅳ	Ⅴ
LK73+817～LK73+747	70	Ⅲ	Ⅳ	Ⅳ
LK73+747～LK73+734	13	Ⅲ	Ⅳ	Ⅴ
LK73+734～LK73+714	20	Ⅲ	Ⅴ	Ⅴ
LK73+714～LK73+677	37	Ⅲ	Ⅳ	Ⅴ
LK73+677～LK73+651	26	Ⅲ	Ⅴ	Ⅴ
LK73+651～LK73+626	25	Ⅲ	Ⅴ	Ⅴ
LK73+626～LK73+621	5	Ⅲ	Ⅴ	Ⅴ
LK73+621～LK73+617	4	Ⅳ	Ⅴ	Ⅳ
LK73+617～LK73+520	97	Ⅲ	Ⅳ	Ⅳ
LK73+520～LK73+493	27	Ⅲ	Ⅳ	Ⅳ
LK73+493～LK73+469	23	Ⅲ	Ⅳ	Ⅳ
LK73+469～LK73+452	16	Ⅲ	Ⅳ	Ⅴ
LK73+452～LK73+442	10	Ⅲ	Ⅴ	Ⅴ
LK73+442～LK73+439	3	Ⅲ	Ⅳ	Ⅴ
LK73+439～LK73+397	42	Ⅲ	Ⅳ	Ⅳ
LK73+397～LK73+393	4	Ⅳ	Ⅲ	Ⅳ
LK73+393～LK73+352	41	Ⅳ	Ⅳ	Ⅴ
LK73+352～LK73+342	10	Ⅲ	Ⅳ	Ⅴ
LK73+342～LK73+327	15	Ⅲ	Ⅲ	Ⅳ
LK73+327～LK73+286	41	Ⅲ	Ⅴ	Ⅴ
LK73+286～LK73+271	15	Ⅲ	Ⅳ	Ⅴ
LK73+271～LK73+253	18	Ⅲ	Ⅴ	Ⅴ
LK73+253～LK73+230	23	Ⅲ	Ⅴ	Ⅴ
LK73+230～LK73+222	8	Ⅲ	Ⅳ	Ⅳ
LK73+222～LK73+121	101	Ⅲ	Ⅴ	Ⅳ
LK73+121～LK73+034	86	Ⅲ	Ⅳ	Ⅳ

从表 8-7 可知，茶林顶隧道左线实施地质综合超前预报长度为 2142m，其中通过预报手段划分围岩级别长度与实际开挖揭示出来的围岩级别一致的共 1338m，约为总预报长的 65%，而前期地质勘察报告提供的与开挖揭示出来的围岩级别一致的仅 214.9m，仅占总长的 10%。虽然超前地质预报围岩级别的准确率看似不高，但是打破了超前预报不能预报围岩级别的传统思想，并且误差在一个围岩级别范围内，基本能满足工程需要。

次步隧道段围岩纵波速度范围为 1149～3655m/s，泊松比范围为 0.1～0.38，密度范围为 1.83～2.16g/cm³。预报成果见表 8-8。

次步隧道 TSP 地质超前预报推测结果 　　表 8-8

序号	里程桩号	长度(m)	推断结果	推断围岩级别	开挖后实际情况
1	LK132＋827～866	39	该段纵横波速变化平缓，密度和模量较低，与掌子面岩性相同，主要由粉质黏土组成，含有大量灰白色全风化花岗岩，岩石呈半土状，手捏即碎，强度较低	V	V
2	LK132＋866～918	52	纵横波速变化幅值较大，密度和动态杨氏模量较前者增大，岩体强度较前段提高，反射面较多，主要由粉质黏土和强风化花岗岩组成，自稳性较差	V	V
3	LK132＋918～935	17	纵横波速大幅下降且均匀，密度和模量较前者下降，说明岩性均匀，但强度较低	V	V
4	LK132＋935～960	25	纵横波速变化幅值、密度和动态杨氏模量波动较大，岩体强度变化剧烈，反射面较多，主要由粉质黏土和强风化花岗岩组成，自稳性差	V	V
5	LK132＋960～LK133＋025	50	该段纵横波速、密度和模量较前者下降，主要由粉质黏土和全风化花岗岩组成，强度较低。局部密度和模量剧增，岩性主要为强风化花岗岩，强度较高	V+	V
6	LK133＋010～025	15	主要为坡积粉质黏土，强度较低，自稳性较差	V+	V

息村大山隧道段围岩纵波速度范围为 2762～5979m/s，泊松比范围为 0.0～0.34，密度范围为 2.62～3.02g/cm³。预报成果如表 8-9。

表 8-10 是在石牙山隧道变质砂岩段左线 LK114＋875～LK115＋065 段进行的 TSP 地震波法探测结果，在一次预报距离为 200m 地段，围岩中多处含有裂隙水，开挖后拱顶淋水，围岩级别为 II 级。

息村大山隧道 TSP 地质超前预报推测结果表 　　表 8-9

序号	里程桩号	长度(m)	推测结果	推断围岩级别
1	LK114＋875～887	12	与掌子面岩性相同，主要由微风化砂质板岩组成，节理裂隙发育，岩石强度高	II
2	LK114＋887～906	9	泊松比较前段增大，密度和静态杨氏模量较前段降低，岩石强度减小，反射面较多，节理裂隙较发育，局部极发育呈破碎状	III
3	LK114＋906～914	8	密度和静态杨氏模量与前段基本相同，但反射面较少，节理裂隙发育，局部较发育	III

序号	里程桩号	长度 (m)	推测结果	推断 围岩级别
4	LK114+914~928	14	密度和静态杨氏模量比前段明显增大，反射面为正反射且反射面较少，岩体完整性好，节理裂隙局部发育，岩石强度较高	Ⅱ
5	LK114+928~949	21	密度和静态杨氏模量较前段减小，反射面较少，岩体完整性好，节理裂隙局部发育，岩石强度高	Ⅱ
6	LK114+949~964	15	密度和静态杨氏模量较前段增大，但反射面较多，节理裂隙较发育，局部极发育呈破碎状，含水，岩石强度高	Ⅲ
7	LK114+964~LK115+008	44	反射面较少，岩体完整性好，节理裂隙局部发育，岩石强度高	Ⅱ
8	LK115+008~014	6	反射面较多，节理裂隙极发育，岩石强度高	Ⅲ
9	LK115+014~049	35	反射面较少，岩体完整性好，节理裂隙局部发育，岩石强度高	Ⅱ
10	LK115+049~065	16	密度和静态杨氏模量较前段增大，反射面增多，节理裂隙发育，局部较发育，岩石强度高	Ⅱ

石牙山隧道 TSP 地质超前预报推测结果表　　　　　表 8-10

序号	起讫里程	长度 (m)	推断结果	推断围岩级别
1	RK54+306~+392	86	节理不太发育，围岩完整稳定，基本无地下水渗出	Ⅱ
2	RK54+392~+403	11	节理有所发育，围岩局部有少量地下水	Ⅱ
3	RK54+403~+433	30	节理裂隙不太发育，围岩结构较完整，基本无地下水	Ⅱ
4	RK54+433~+443	10	节理有所发育，围岩局部有少量地下水，开挖后可能局部淋水	Ⅱ
5	RK54+443~+483	40	节理有所发育，围岩局部有少量地下水	Ⅱ
6	RK54+483~+506	23	节理裂隙不太发育，围岩结构较完整，基本无地下水	Ⅱ

思 考 题

1. 隧道地质超前预报的主要地质现象有哪些？预报的具体内容又是什么？
2. 隧道地质超前预报的主要方法有哪些？
3. 地质雷达的探测原理和主要组成部分是什么？
4. TSP法探测的方法和布孔要求是什么？
5. 瞬变电磁法探测时要确定的内容及该方法的主要特点有哪些？

6. Beam 电法的探测原理和主要特点是什么？

7. 隧道常用地质超前预报方法的适应性及优缺点各是什么？

8. 隧道地质超前预报可以分为哪三个阶段？各阶段预报准确度如何？

9. 地质超前综合预报的具体实施方案有哪些？

10. 对不良地质和围岩级别进行地质预报时常用的判定方法有哪些？各方法的判定依据分别是什么？

附录 1 基坑工程各类监测项目监测日报表样表

附录 1-1 墙（坡）顶水平位移和竖向位移监测日报表样表

（ ）监测日报表　　　　第___页　共___页

第___次

工程名称：_____　　　　报表编号：_____　天气：_____

观测者：_____　　计算者：_____　　测试日期：_____年__月__日

点号	水平位移量（mm）				备注	竖向位移量（mm）				备注
	本次测试值	单次变化	累计变化量	变化速率		本次测试值	单次变化	累计变化量	变化速率	
说明	1. 所填写数据正负号的物理意义； 2. 测点损坏的状况（如被压、被毁）； 3. 备注中注明该测点数据正常或超限状况				测点布置示意图					
工况										

项目负责人：_____　　　　监测单位：_____

注：应视工程及测点变形情况，定期绘制测点的数据变化曲线图。

附录 1-2 支护结构深层水平位移监测日报表样表

（　　　　）监测日报表　　　第___页　共___页

第___次

工程名称：＿＿＿＿＿＿＿＿＿＿＿＿＿＿＿　　　　报表编号：＿＿＿＿＿＿天气：＿＿＿＿

观测者：＿＿＿＿＿＿　　计算者：＿＿＿＿＿＿　　测试日期：＿＿＿＿年_月_日

孔号：＿＿＿＿＿＿

深度 (m)	本次位移 (mm)	单次变化 (mm)	累计位移 (mm)	变化速率 (mm/d)	
					测点布置示意图
备注	说明：1. 所填写数据正负号的物理意义； 　　　2. 测点损坏的状况（如被压、被毁）； 　　　3. 注明该测点数据正常或超限状况				

累计位移最大值：＿＿＿＿mm，深度位于＿＿＿＿m

本次位移最大值：＿＿＿＿mm，深度位于＿＿＿＿m

施工工况：开挖深度＿＿＿m

项目负责人：＿＿＿＿＿＿＿＿＿　　　　　　监测单位：＿＿＿＿＿＿＿＿＿＿

附录 1-3 桩、墙体内力及土压力、孔隙水压力检测日报表样表

（　　　　　）监测日报表　　　　第___页　共___页

第___次

工程名称：_____　　　报表编号：_____天气：_____

观测者：_____　　　计算者：_____　　　测试日期：_____年_月_日

组号	点号	深度 (m)	本次应力 (kPa)	上次应力 (kPa)	本次变化 (kPa)	累计变化 (kPa)	备注	组号	点号	深度 (m)	本次应力 (kPa)	上次应力 (kPa)	本次变化 (kPa)	累计变化 (kPa)	备注

说明	说明： 　1. 测点埋设位置、朝向等要素；所填写数据正负号的物理意义； 　2. 测点损坏的状况（如被压、被毁）； 　3. 备注中注明该测点数据正常或超限状况	测点布置示意图
工况		

项目负责人：_____　　　　　　监测单位：_____

注：应视工程及测点变形情况，定期绘制测点的数据变化曲线图。

附录 1-4 支撑轴力、拉锚拉力监测日报表样表

（　　　　　）监测日报表　　　第___页　共___页

第___次

工程名称：_____　　　报表编号：_____天气：_____

测试者：_____　　计算者：_____　　测试日期：_____年_月_日

点号	本次内力 (kN)	单次变化 (kN)	累计变化 (kN)	备注	点号	本次内力 (kN)	单次变化 (kN)	累计变化 (kN)	备注

说明	说明： 1. 所填写数据正负号的物理意义； 2. 测点损坏的状况（如被压、被毁）； 3. 备注中注明该测点正常或超限状况	测点布置示意图
工况		

项目负责人：_____　　　　监测单位：_____

注：应视工程及测点变形情况，定期绘制测点的数据变化曲线图。

附录 1-5　地下水水位、墙后地表沉降、坑底隆起监测日报表样表

（ ）监测日报表　　　　第___页　共___页

第___次

工程名称：_____　　报表编号：_____天气：_____

测试者：_____　　计算者：_____　　测试日期：____年_月_日

组号	点号	初始高程 （m）	本次高程 （m）	上次高程	本次变化量 （mm）	累计变化量 （mm）	变化速率 （mm/d）	备注

说明	说明： 1. 所填写数据正负号的物理意义； 2. 测点损坏的状况（如被压、被毁）； 备注中注明该测点正常或超限状况	测点布置示意图
工况		

项目负责人：_____　　　　　监测单位：_____

注：应视工程及测点变形情况，定期绘制测点的数据变化曲线图。

352

附录1-6 巡视监测日报表样表

(　　)监测日报表　　　第___页　共___页

第___次

工程名称：_____　报表编号：_____天气：_____

观测者：_____　　　　　　　　观测日期：_____年_月_日_时

分类	巡视检查内容	巡视检查结果	备注
自然条件	气温		
	雨量		
	风级		
	水位		
支护结构	支护结构成型质量		
	冠梁、支撑、围檩裂缝		
	支撑、立柱变形		
	止水帷幕开裂、渗漏		
	墙后土体沉陷、裂缝及滑移		
	基坑涌土、流砂、管涌		
施工工况	土质情况		
	基坑开挖分段长度及分层厚度		
	地表水、地下水状况		
	基坑降水、回灌设施运转情况		
	基坑周边地面堆载情况		
周边环境	地下管道破损、泄漏情况		
	周边建（构）筑物裂缝		
	周边道路（地面）裂缝、沉陷		
	邻近施工情况		
监测设施	基准点、测点完好状况		
	观测工作条件		
	监测元件完好情况		
观测部位示意图			

项目负责人：_____　　　　　　监测单位：_____

附录2 岩石隧道工程各类监测项目监测样表

附录2-1 隧道施工地质调查表

隧道名称：　　　　　　　　　　　　　　　　　　　　　表格编号：

开挖面里程						埋深（m）				
开挖面尺寸		宽度（m）		高度（m）		面积（m²）			开挖方式	
定性指标	工程地质岩组		岩性					岩层走向与隧道轴线的夹角			
			产状								
	岩层厚度	级别	巨厚层		厚层		中层		薄层		松散层
		层厚（m）	>1		0.5～1		0.1～0.5		<0.1		……
	岩体结构		巨块状整体结构		大块状砌体结构		层状镶嵌结构		压碎结构（碎裂结构）	碎裂、散体结构	松软散体结构
	节理情况	组次	产状		间距（m）	长度（m）	缝宽（mm）	粗糙度	充填物		性质
		1									
		2									
		3									
		4									
	嵌合程度		紧密		较紧密		不紧密		松散		
	风化程度		未风化		微风化		弱风化		强风化		全风化
	地下水特征		干燥	渗水	点滴状出水		淋雨状	涌流状出水	含泥沙情况		侵蚀性
	断层		产状		破碎带宽度		破碎带特征		与隧道夹角		
	稳定性	掌子面									
		洞周									
		支护结构									
定量指标	单轴饱和抗压强度（MPa）		坚硬岩	较坚硬岩		较软岩	软岩		极软岩	取样编号	试验编号
			>60	30～60		15～30	5～15		≤5		
	围岩弹性纵波速（km/s）										
	边墙素描图			开挖面素描图			工作面补充描述或影像记录				
	左边墙		右边墙								

填表：　　　　　审核：　　　　　　　　　　　　　　日期：　　年　月　日

354

附录 2-2 施工阶段围岩级别判定卡

隧道名称：表格编号：

里程桩号			距洞口距离（m）				埋深（m）		

岩性指标	岩石类型（名称）				黏聚力 $c=$ _____ MPa；$\phi=$ _____				
	单轴抗压极限强度 $R_c=$ _____ MPa				点荷载强度 $I_x=$ _____ MPa				
	变形模量 $E=$ _____ MPa				泊松比 $\nu=$				
	天然重度 $\gamma=$ _____ kN/m³				其他				
	岩石坚硬程度评定		坚硬岩	较坚硬岩		较软岩		软岩	极软岩

岩体完整状态	地质构造影响程度			轻微		较重		严重	极严重
	地质结构面	间距（m）	>1.5	0.6~1.5		0.2~0.6		0.06~0.2	<0.06
		延伸性	极差	差		中等		好	较好
		粗糙度	明显台阶状		粗糙波纹状		平整光滑有擦痕		平整光滑
		张开性（mm）	密闭 <0.1	部分张开 0.1~0.5		张开 0.5~1.0		无充填张开 >1.0	黏土充填
	风化程度	未风化		微风化		弱风化		强风化	全风化
	岩体纵波速度 V_{pm}（km/s）			岩石纵波速度 V_{pr}（km/s）			岩体完整系数 K_v		
	岩体体积节理数 J_v								
	岩体完整程度评定		完整	较完整		较破碎		破碎	极破碎

修正指标	地下水状态								
	地质构造应力状态								
	主要软弱结构面与隧道轴线夹角								

围岩级别判定		原设计			建议变更		

备注						

记录者		复核者			日期	

355

附录2-3 周边位移监测记录表（采用收敛计量测）

断面桩号 ZK11+	测线编号	量测时间（年-月-日-时）	工作面里程	温度	尺孔读数	百分表读数1	百分表读数2	百分表读数3	百分表平均值	温度修正值	修正后观测值	累计收敛值	当次收敛值	间隔时间	收敛速率	备注
		y-m-d-t	m	℃	m	mm	mm	mm	mm	mm	mm	mm	mm	d	mm/d	

自检意见				监理意见						

测量		计算		复核		技术负责人		项目负责人		测量日期	

附录2-4 拱顶下沉监测记录表

项目名称					合同段		
桩号		埋设日期			施工单位		

测线编号	量测时间 年-月-日-时	实测温度 ℃	测点高程（mm）			修正值	修正后测点高程	相对初次值 Δv	相对上次下沉值	间隔时间	收敛速率	备注
			第一次	第二次	平均	mm	mm	mm	mm	d	mm/d	

自检意见				监理意见			

测量		计算		复核		技术负责人		项目负责人		测量日期	

参 考 文 献

[1] 夏才初，潘国荣. 土木工程监测技术. 北京：中国建筑工业出版社，2001(7).

[2] 夏才初，李永盛. 地下工程测试理论与监测技术. 上海：同济大学出版社，1999.

[3] 钱难能. 当代测试技术. 上海：华东化工学院出版社，1992.

[4] 李造鼎. 岩体测试技术. 北京：冶金工业出版社，1983.

[5] 《城市测量手册》编写组. 城市测量手册. 北京：测绘出版社. 1993.

[6] 陈健，陶本藻. 大地变形测量学. 北京：地震出版社，1987.

[7] 武汉测绘学院. 同济大学. 控制测量学. 北京：测绘出版社，1986.

[8] 候国富，樊炳奎等. 建筑工程测量. 北京：测绘出版社，1987.

[9] 吴翼麟，孔祥元等. 特征精密工程测量. 北京：测绘出版社，1993.

[10] 合肥工业大学，重庆建筑大学，天津大学和哈尔滨建工学院. 测量学. 北京：中国建筑工业出版社，1995.

[11] 陈龙飞，金其坤. 工程测量学. 上海：同济大学出版社，1990.

[12] 二滩水电开发有限责任公司. 岩土工程安全监测手册. 北京：中国水利水电出版社，1999.

[13] 岳建平，华锡生. GPS在大坝变形监测中的应用. 大坝观机与土工测试，1996.

[14] 李大心. 探地雷达方法与应用. 北京：地质出版社，l994.

[15] 沈飚. 探地雷达波波动方程研究及其正演模拟，物探化探计算技术，1994(16).

[16] 刘大杰，施一民等. 全球定位系统(GPS)的原理与数据处理. 上海：同济大学出版社，1996.

[17] 姚连壁. 全球定位系统(GPS)及其在高等级道路勘测中的应用. 同济大学博士论文，1997.

[18] 袁振明. 声发射技术及其应用. 北京：机械工业出版社，1985.

[19] 潘国荣，李伟. 多台测量机器人在地铁隧道自动化监测中的开发与应用. 山东科技大学学报(自然科学版)2015年第34卷第2期：79-85.

[20] 潘承毅，何迎晖. 数理统计的原理与方法. 上海：同济大学出版社，1993.

[21] 杨惠连. 误差理论与实验设计. 北京：机械工业出版社，1988.

[22] 宋寿鹏. 数字滤波器设计及工程应用. 镇江：江苏大学出版社，2009.

[23] 高北晨，杨腾峰等. 多维粗差的逐步期踢除. 铁路航测，1997(1).

[24] 岳建平，田林亚. 变形监测技术与应用. 北京：国防工业出版社，2010.

[25] 侯建国，王腾军，周秋生. 变形监测理论与应用. 北京：测绘出版社，2011.

[26] 伊晓东，李保平. 变形监测技术及应用. 郑州：黄河水利出版社，2007.

[27] 中华人民共和国行业标准. 建筑变形测量规范 JGJ 8—2007. 北京：中国建筑工业出版社，2007.

[28] 上海市工程建设规范. 基坑工程施工监测规程 J 13459—2016. 上海：同济大学出版社，2016.

[29] 黄声享，尹辉，蒋征. 变形监测数据处理. 武汉：武汉大学出版社，2003.

[30] 陈永奇，吴子安，吴中如. 变形监测分析与预报. 北京：测绘出版社，2003.

[31] 赵志靖主编. 高层建筑施工手册. 第二版. 上海：同济大学出版社，1997.

[32] 秦惠民，叶政青. 深基础施工实例. 北京：中国建筑工业出版社，1992.

[33] 深圳市勘察测绘院，深圳市岩土工程公司. 深圳地区建筑深基坑支护技术规范 SJG03—96.

[34] 赵扬宏等编著. 高层建筑深基坑围工程实践与分析. 上海：同济大学出版社，1996.

[35] 葵院南主编. 深基坑工程设计施工手册. 北京：中国建筑工业出版社，1998.

[36] 刘建航，候学渊主编. 基坑工程手册. 北京：中国建筑工业出版社，1997.

[37] 崔江余，梁仁旺著. 建筑基坑工程设计计算与施工. 北京：中国建材工业出版社，1999.

[38] 林宗元. 岩土工程试验监测手册. 沈阳：辽宁科学技术出版社，1994.

[39] 《工程地质手册》编写委员会. 工程地质手册. 北京：中国建筑工业出版社，1992.

[40] 宰金珉. 岩土工程测试技术. 北京：中国建筑工业出版社，1986.

[41] 水利能源部. 岩体力学测试及高坝坝基原位监测技术研究. 长春：水利部东北勘察设计院研究所 1990.

[42] 《岩土工程手册》编写委员会编. 岩土工程手册. 北京：中国建筑工业出版社，2011(7).

[43] 蔡美峰，何满潮，刘东燕. 岩石力学与工程(第二版). 北京：科学出版社，2013(9).

[44] 张永兴，许明. 岩石力学. 第三版. 北京：中国建筑工业出版社，2015(8).

[45] 宰金珉，王旭东，徐洪钟. 岩土工程测试与监测技术. 第二版. 北京：中国建筑工业出版社，2016(8).

[46] 同济大学工程地质教研室. 德兴铜矿大山村选矿厂高边坡稳定状况监测报告书. 上海：同济大学工程地质教研室，1993.

[47] 布雷尔. 岩石力学及其在采矿中的应用. 北京：煤炭工业出版社，1990.

[48] 唐春安. 岩石破裂过程中的灾变. 北京：煤炭工业出版社，1993.

[49] GB50330—2013 建筑边坡工程技术规范. 北京：中国建筑工业出版社，2014(5).

[50] 刘兴远. 边坡工程：设计·监测·鉴定与加固. 北京：中国建筑工业出版社，2007(12).

[51] 郑颖人，陈祖煜，王恭先. 边坡与滑坡工程治理. 第2版. 北京：人民交通出版社，2010(8).

[52] 张斌. 滑坡地质灾害远程监测关键问题研究[D]. 中国矿业大学(北京)，2010.

[53] 陶志刚，李海鹏，孙光林，尹利洁，张秀莲. 基于恒阻大变形锚索的滑坡监测预警系统研发及应用[J]. 岩土力学，2015，10：3032-3040.

[54] 王尚庆等. 长江三峡滑坡监测预报. 北京：地质出版社 1999.

[55] DB33/T 904—2013 公路软土地基路堤设计规范.

[56] JTGT D31—02—2013 公路软土地基路堤设计与施工技术细则.

[57] 杨林德主编. 软土工程施工技术与环境保护. 北京：人民交通出版社，2000.

[58] 谷兆祺，彭守拙，李仲奎. 地下洞室工程. 北京：清华大学出版社，1994.

[59] 上海市工程建设规范. 地基基础设计规范 DGJ08—11—1999.

[60] 城市隧道和地铁车站的施工监控. 隧道译丛，1994(3.)

[61] 钱福元主编. 土层地下建筑施工. 北京：中国建筑工业出版社，1980.

[62] 王国峰，杨腾峰等. 隧道洞室位移量测技术的发展方向. 铁路航测，1998(1).

[63] Fisher, el al. Processing ground penetrating radar data [J]: Processing of the 5th International Conference on GFR, 1994.

[64] M. T. Tanner, el al. Complex trace analysis [J], Geophysics, 1979, 44: 1041~1063.

[65] T. E. Scheuer and d. W. Oldenbe. Local phase velocity from complex seismic data [J]. Geophysics, 1988, 53: 1503~1511.

[66] Xiaoxian zeng and George A. Mctnechan. GPR characterization of buried tanks and pipes. Geophysicst, 1997, 62(6): 797~806.

后　记

　　书稿总算可以交给出版社了，从起意编著这本教材到完稿已经有十年多时间了。十年多来，未完成这本教材成了我时时刻刻的心病。而且，这本教材曾被教育部批准为十二五重点规划教材，错过了出版时间，也觉得很对不起教育部和出版社。其实我做事是不喜欢拖的，主要原因是这本教材是在我们1999年编著了《地下工程测试理论与监测技术》（同济大学出版社）和2001编著了《土木工程监测技术》（中国建筑工业出版社）的基础上重组编著，想把它编著成一本好的本科教材，另一方面是这方面的新技术和新方法不断涌现，新的监测对象和新的挑战也不断出现，编著时想把这些新的东西尽量反映进去。为了这个编一本好的本科教材的目标，有时整整两天纠结于写好一个概念而没有任何进展。而停停写写持续十年多，前面写好的章节回过去看看又变得过时了，只能重新收集资料重新编写，但这样下去也永远不会有个穷尽的时候，所以，虽然这个书稿自己也不是十分满意，也只好暂且叫出版社出版，待五年、八年以后再修订完善吧！

　　即使如此，自己也是付出了较大的代价，推掉了一些横向的科研项目，放弃了一些申报纵向科研项目的机会，错过了晋岗和高峰团队等折腾计划的申报时间，分心了手头正在做的科研项目而没有使科研做得预想得那么好，甚至减少了与研究生的交流时间耽误了他们的学业。在现在这个量化考核的"挣工分"年代，编著一部教材的"工分"远不如写一篇EI源刊论文，而付出的时间和精力大概是其数十倍吧。能静下心来编著教材实属不易，支撑我们完成此举的动力是作为教师的一份责任心。近几年提倡发扬匠人精神，匠人精神就是对工作执着，对所做的事情和生产的产品精益求精、精雕细琢、追求极致的精神。匠人是技艺高超、精湛的人，有了匠人精神的人才能成为真正的匠人，是匠人精神造就了匠人。教师也称教书匠，前几十年这是对教师的蔑称或谑称，指的是那种整天埋头苦干不思考，只满足于为那份工资做好本职工作的教师。在呼唤匠人精神的新时代，可否赋予教书匠新的含义？他们是具有匠人精神教学水平高超精湛的教师。编著好教材当然应该是新型教书匠工作的一部分，从编著这部教材的过程中深刻体会到做好一个匠人是多么的难，更认识到匠人精神的伟大，在我们这个浮躁的时代，更需要大力弘扬匠人精神。

　　作为高校重点建设教材得到了绍兴市的资助，在此谨表感谢！在编著这部教材的过程中，刚好参与上海市工程建设规范《基坑工程施工监测规程》的修订工作，也参加了中华人民共和国行业规范《公路隧道施工技术规范》修订各阶段的评审会，在参加《规程》修订讨论会和《规范》评审会的过程中，全国该方面的专家也提供了大量有益的信息和思路，上海岩土工程勘察设计研究院有限公司褚伟洪总工程师提供了上海中心大厦主楼基坑工程和上海外滩通道工程监测的工程实例，大大地为本教材增光添色，深表感谢！最好衷心感谢出版社吉万旺编辑对本教材出版的大力支持和付出的艰辛努力！

夏才初

2016年11月18日于志廉楼